U0293199

中文版 AutoCAD 2016 室内设计从入门到精通

王 栋 李晶璐 刘 筱 编著

天津大学出版社
TIANJIN UNIVERSITY PRESS

内 容 简 介

本书通过大量实例详细介绍了如何使用 AutoCAD 2016 绘制室内设计图纸的流程、方法和技巧。内容包括：室内设计基本理论知识、AutoCAD 2016 基础知识、AutoCAD 2016 基本操作、二维图形的绘制、二维图形的编辑与修改、图案填充、文字与表格、图层、图块、尺寸标注、图形的打印与输出、常见室内设施图的绘制、室内平面图的绘制、室内立面图的绘制、室内剖面图及详图的绘制、办公室效果图的绘制、顶棚布置图的绘制。

本书附带光盘中提供了所有场景实例的 DWG 文件和实例的多媒体教学视频文件。

本书内容翔实，图文并茂，语言简洁，思路清晰，实例丰富，是初学者和有一定经验的技术人员学习 AutoCAD 室内设计的理想参考书，也可作为大中专院校和社会培训机构室内设计、环艺设计及相关专业的教材使用。

图书在版编目（CIP）数据

中文版 AutoCAD 2016 室内设计从入门到精通/王栋，李晶璐，刘筱编著.
—天津：天津大学出版社，2016.4
ISBN 978-7-5618-5553-9

Ⅰ．①中…　Ⅱ．①王…　②李…　③刘…　Ⅲ．室内装饰设计—计算机辅助设计—AutoCAD 软件
Ⅳ．①TU238-39

中国版本图书馆 CIP 数据核字（2016）第 082691 号

出版发行	天津大学出版社	
地　　址	天津市卫津路 92 号天津大学内（邮编：300072）	
电　　话	发行部：022-27403647	
网　　址	publish.tju.edu.cn	
印　　刷	天津泰宇印务有限公司	
经　　销	全国各地新华书店	
开　　本	185mm×260mm	
印　　张	31	
字　　数	774 千	
版　　次	2016 年 4 月第 1 版	
印　　次	2016 年 4 月第 1 次	
定　　价	69.00 元（含光盘）	

前　　言

1. AutoCAD 2016 中文版简介

AutoCAD 是美国 Autodesk 公司于 20 世纪 80 年代初为计算机应用 CAD 技术而开发的绘图程序软件包，经过不断完善，现已成为国际上流行的绘图软件。AutoCAD 具有良好的用户界面，通过交互菜单或命令行方式便可以进行各种操作，其多文档设计环境，让非计算机专业人员也能很快地学会使用。在不断实践的过程中可以更好地掌握它的各种应用和开发技巧，从而不断提高工作效率。

AutoCAD 具有广泛的适应性，可以在各种操作系统支持的微型计算机和工作站上运行，并支持分辨率由 320×200 到 2 048×1 024 的各种图形显示设备 40 多种、数字仪和鼠标器 30 多种，以及绘图仪和打印机数十种，这就为 AutoCAD 的普及创造了条件。

2. 本书内容介绍

全书共 17 章，循序渐进地介绍了 AutoCAD 2016 在室内设计中的基本操作和功能，详细讲解了 AutoCAD 2016 的基本操作、二维图形的绘制和编辑、图形标注的操作等主体内容。

第 1 章主要介绍了室内设计的概念、风格、基本原则，以及在 AutoCAD 中绘制室内装修施工图的制图规范等，通过对本章的学习，可以使读者对室内设计的基本知识有一个简单的了解，从而为后面的学习做好铺垫。

第 2 章主要讲解 AutoCAD 2016 的一些基础知识。包括 AutoCAD 2016 的启动与退出、AutoCAD 2016 的主要功能、工作界面、图形文件的管理等内容，只有掌握了这些基本知识，在后面的学习中才可以做到绘制自如。

第 3 章主要介绍绘图前的准备与设置。在计算机上绘图面临着一些问题，数字化图纸的最大问题就是受显示设备的限制，图纸是看得见摸不着的，因此需要采用合理的软件工具设置，使设计人员能够熟练地使用，并且在计算机的辅助下，成倍地提高设计效率，最终绘制出美观的图纸。

第 4 章主要介绍 AutoCAD 二维图形的绘制，包括点、线、圆、圆弧、矩形、正多边形和椭圆的绘制方法。二维图形命令是在实际应用中最大的命令之一，使用二维图形命令可以更准确、快速地绘制图形。

第 5 章主要介绍二维图形的编辑与修改。AutoCAD 2016 提供了丰富的图形编辑命令，如复制对象、调整对象位置以及编辑对象形状和线段等。使用这些命令，可以修改已有图形或通过已有图形构造新的复杂图形。

第 6 章主要介绍图案填充的使用，其中讲解了如何创建填充边界、使用与编辑填充图案以及渐变色的填充等，通过对本章的学习，希望读者可以掌握图案填充工具的使用方法。

第 7 章主要介绍文本的注释和编辑功能，此外还介绍了表格的应用。文字对象对 AutoCAD

图像而言，是一种很重要的元素，通常在进行各种设计的时候，我们不仅要绘出图形，还要在图形中标注一些文字，比如：技术要求、注释说明等，通过文字的标注，可以对图像加以解释。除此之外，表格在 AutoCAD 图形中也有大量的应用，如明细表、参数表等。

第 8 章主要介绍了图层的基本概念，其中包含图层的新建、重命名和删除等基本操作，图层颜色、线型和线宽等属性的设置方法，以及图层过滤器的使用和图层的管理。

第 9 章主要介绍图块、外部参照和设计中心，在现有的文档中可以把已有的图形文件以参照的形式插入到当前图形中（即外部参照），或是通过 AutoCAD 设计中心浏览、查找、预览、使用和管理 AutoCAD 图形、块、外部参照等不同的资源文件。通过对本章内容的学习，读者应掌握创建与编辑块、编辑和管理属性块的方法，并能够在图形中附着外部参照图形。

第 10 章主要介绍尺寸标注的有关概念和术语，然后介绍如何创建符合国家规定的建筑标注样式、如何控制标注样式，以及通过典型的建筑实例来讲解标注的应用技巧。

第 11 章主要介绍图形打印与输出的相关知识，包括模型空间、图纸空间、布局、打印机的设置、页面设置等，通过对本章的学习，希望读者能够学会如何打印一份完美的 CAD 图形。

第 12 章主要介绍各种常见室内设施图的绘制。

第 13 章以室内平面户型图的设计为出发点，讲述了室内装饰设计理念和装饰图的绘制技巧，其中包括室内家具布局、文字说明和尺寸标注等。通过对本章的学习，掌握室内平面图的具体绘制过程和操作技巧，为后面章节的学习打下良好的基础。

第 14 章主要介绍了室内立面图的绘制，其中包括绘制客厅立面图、餐厅立面图、厨房立面图、卧室立面图、书房立面图、卫生间立面图，希望通过对本章的学习可以掌握室内立面图相关绘制方法。

第 15 章主要介绍了室内剖面图及详图的绘制，从绘制窗台剖面图、天花剖面图、玄关详图和隔断详图等经典实例来学习装修详图的绘制方法和具体的绘制过程。

第 16 章主要讲解了 AutoCAD 办公室效果图的绘制方法与技巧，通过对本章的学习，读者可以进一步了解 AutoCAD 2016 在室内设计中的应用，同时也让读者对不同类型的室内设计有更多的了解。

第 17 章主要介绍了顶棚布置图的绘制，从顶棚绘制的要求、分类及顶棚平面图、屋顶和布置灯具实例来学习装修顶棚布置的绘制方法和具体的绘制过程。

3. 本书约定

为便于阅读理解，本书的写作风格遵从如下约定：

- 本书中出现的中文菜单和命令将用【】括起来，以示区分。此外，为了使语句更简洁易懂，本书中所有的菜单和命令之间以竖线（|）分隔，例如，单击【修改】菜单，再选择【移动】命令，就用选择【修改】|【移动】命令来表示。
- 用加号（+）连接的两个或三个键表示组合键，在操作时表示同时按下这两个或三个键。例如，Ctrl+V 是指在按下 Ctrl 键的同时，按下 V 字母键；Ctrl+Alt+F10 是指在按下 Ctrl 和 Alt 键的同时，按下功能键 F10。
- 在没有特殊指定时，单击、双击和拖动是指用鼠标左键单击、双击和拖动，右击是指用鼠标右键单击。

4. 光盘介绍

为了方便读者学习，本书附赠光盘中提供了书中实例的 DWG 文件，以及演示实例设计过程的语音视频教学文件。通过观看视频教学文件，读者可快速掌握书中所介绍的知识，并运用到实际工作中，有效提高工作效率。

本书内容充实，结构清晰，功能讲解详细，实例分析透彻，适合 AutoCAD 的初级用户全面了解与学习，同样可作为各类高等院校相关专业以及社会培训班的教材使用。

本书主要由王栋、李晶璐、刘筱共同编写，其中王栋（河南机电高等专科学校）负责编写第 1～6 章，李晶璐（河南科技学院）负责编写第 7～11 章，刘筱（河南科技学院）负责编写第 12～17 章。其他参与编写的人员还有李梓萌、王珏、王永忠、安静、于舒春、王劲、张慧萍、陈可义、吴艳臣、纪宏志、宁秋丽、张博、于秀青、田羽、李永华、蔡野、李日强、刘宁、刘书彤、赵平、周艳山、熊斌、江俊浩、武可元等。由于作者水平有限，书中存在的疏漏和错误之处，敬请读者批评指正。在本书编写过程中得到了同事、家人和朋友的大力支持和帮助，在此对他们一并表示感谢。书中存在的错误和不足之处，敬请广大读者批评指正。

编　者

2016 年 4 月

目　　录

第 1 章　室内设计基本理论知识

第 2 章　AutoCAD 2016 基础知识

第 3 章　AutoCAD 2016 的基本操作

第 4 章　二维图形的绘制

第 5 章　二维图形的编辑与修改

第 6 章　图案填充

第 7 章　文字与表格

第 8 章 图层

第 9 章 图块

第 10 章 尺寸标注

第 11 章　图形的打印与输出

第 12 章　常见室内设施图的绘制

第 13 章　室内平面图的绘制

第 14 章　室内立面图的绘制

第 15 章　室内剖面图及详图的绘制

第 16 章　办公室效果图的绘制

第 17 章　顶棚布置图的绘制

室内设计基本理论知识

本章导读：

基础知识
- ◆ 室内设计的概念
- ◆ 室内设计的基本原则

重点知识
- ◆ 室内设计风格
- ◆ 室内设计的要求及规范

提高知识
- ◆ 线型
- ◆ 常用绘图比例

　　本章首先讲解了室内设计的概念原理、风格、基本原则，然后讲解了在 AutoCAD 中绘制室内装修施工图的制图规范等。

1.1 室内设计的概念

　　所谓室内就是指建筑的内部空间，而设计是指将计划和设想表达出来的活动过程。室内设计就是对室内空间进行组合设计的过程。

- 室内装修：是指住宅主体结构完成之后，如果住宅的建筑布局有不方便和不合理的地方，可以在不破坏住宅整体结构的前提下，对建筑结构进行改造施工，以达到方便、合理的目的。
- 室内装饰：是经过装修处理之后对家居的进一步装潢修饰。室内装饰着重外观和视觉方面的研究，借此来提高生活环境的质量和突出家庭的个性。室内装饰的内容一般包括对地面、墙面、顶棚等界面的处理，装饰材料的选用，以及对家具、灯具和陈设物品的选用和配置。
- 室内设计：是根据建筑的使用性质、所处环境和相应标准，运用各种技术手段和建筑美学原理来创造功能合理、舒适优美、能够满足人们物质和精神生活需要的室内环境。室内设计既包括视觉环境和工程技术方面的问题，也包括声、光、热等物理环境以及氛围、意境等心理环境的内容。

1.1.1 空间设计

　　空间设计是室内设计的起点，也是室内设计最基本的内容。空间设计主要包括对空间的利用和组织、空间界面处理两个部分。空间设计的标准要求是室内环境合理、舒适、科学与使用功能相吻合，并且符合安全要求。

空间组织是根据原建筑设计的意图和主人的具体意见对室内空间平面布置予以完善、调整和改造，包括设计会客、餐饮、睡眠等功能空间的逻辑关系，以及对不同区域合理连接和对交通路线的安排。

空间界面主要是指墙面、隔断、地面和顶棚，它们的作用是分隔空间和确定各功能空间之间的沟通范围。界面设计就是按照空间组织的要求对室内的各种界面进行处理，包括设计界面的形状以及界面和结构的连接构造。

1.1.2 装饰材料与色彩设计

装饰材料的选择，是室内设计中直接关系到实用效果和经济效益的重要环节。在选择装饰材料时首先要考虑室内环境保护的要求，其次考虑是否符合整体设计思想、是否符合装饰功能的要求，同时还要符合业主的经济条件。除了环保、功能和经济等方面外，材料的质地也会给人不同的感觉。粗糙质感会使人感觉稳重、粗犷，细滑质感会使人感觉轻巧、精致。合理运用材质的变化，可以极大地加强室内设计的艺术表现力。

色彩是室内设计中最生动、最活跃的因素，它能对人的生理、心理以及室内效果的体现产生很重要的影响。色彩设计的标准要求是色彩与色光的配置应该适合室内空间的需要，各装饰面和各种家具陈设的色彩应该与主色调相协调。

在色彩设计上，首先要从整体环境出发，考虑空间的功能特性、气候朝向、地域和民族审美习俗等因素。色彩可分为冷色和暖色两大类，暖色给人以温暖的感觉，容易使人感到兴奋；冷色给人以清凉的感觉，使人感到沉静。室内的色彩设计虽然比较灵活，但是也要遵循一定的规律。例如同一房间的主色调不要超过 3 种、天花板颜色不能比墙面颜色深等。

1.1.3 采光与照明

采光与照明设计的标准要求是自然采光与人工光源相辅相成，照明应满足室内设计的照度标准，灯饰应该符合功能要求。在进行室内照明设计时，应该根据室内使用功能、视觉效果以及艺术构思来确定照明的布置方式、光源类型和灯具造型。灯具的布置方式就是确定灯具在室内空间的位置，根据灯具的布置方式可以把照明分为环境照明、重点照明和工作照明 3 种类型。

环境照明在室内进行均匀的照明，环境照明的光线主要来自壁灯、吊灯等高处的光源。重点照明用于突出艺术装饰或某个需要引人注目的对象，从而达到强调物体的目的，嵌入式射灯、轨道射灯都可以提供重点照明的光线。工作照明是在做用眼较多的工作时所需要的高亮度光线照明，例如书房中的台灯、梳妆台两侧的灯具等。

在灯具的样式方面，灯具的尺寸、造型、颜色都要与室内的装饰、色彩、陈设等保持风格上的协调统一，从而体现出整体的设计效果。

1.1.4 陈设与绿化

陈设是指室内除了固定于墙、地、顶面的建筑构件和设备外的一切实用或专供观赏的物品。设置陈设的主要目的是装饰室内空间，进而烘托和加强环境气氛，以满足精神需求，同时许多陈设还应具有实际的使用功能。

家具是最重要的陈设。作为现代室内设计的有机构成部分，它既是物质产品又是精神产品，是满足人们生活需要的功能基础。在选择和设计家具时既要考虑家具的造型、色泽、质地和工艺等，还要符合使用功能并且与总体设计基调和谐。家具应符合人体工程学，另外还要特别注意家具的摆放位置和分割空间作用。

室内绿化具有改善室内小气候的功能，更重要的是室内绿化可以使室内环境生机勃勃，令人赏心悦目。绿色陈设的表现形式是多种多样的，最常见的有盆栽、盆景和插花等。室内植物的选择是双向的，对室内来说，是选择什么样的植物较为合适，对于植物来说，应该是什么样的室内环境才适合生长。所以在设计绿化时不能盲目进行单方面选择。

1.2　室内设计的优点

本节首先来了解一下室内设计的优点。

1.2.1　多层次、多样化、多风格

室内设计作为一门新兴的学科，在现代的环境设计中得到长足的进步。室内设计呈现多层次、多样化、多风格的发展趋势已成必然。既有追求简洁明快，体现纯粹而高雅的抽象艺术之美的现代风格的设计；又有流露出质朴清新、充满田野风情、以简朴自然为主题的设计；还有反映对文脉的重视，对历史文化的寻求，通过传统构件、古典符号的精心运用，营造怀旧情怀的设计；更有以现代材质构筑富有时代感、体现高科技的空间环境设计……不同主题的构想、不同风格的展现，在注重艺术性表现的同时，创造适合人们生活和工作的优美环境。

1.2.2　自然、绿色、环保

进入新世纪人们越来越深刻地反思自己在创造物质世界的同时给地球环境和人类健康造成的危害，自然、绿色、环保的环境意识已成为人们的共识。自然界的景物往往成为室内设计的素材，呼唤起人们对自然的爱护，使自然和谐地与人、与环境共存。从可持续发展的宏观要求出发，人们也更注意考虑节能问题与节省室内空间，重视防止环境污染的"绿色装修材料"的运用，创造人工环境与自然环境的相互协调，以利于身心健康。

1.2.3　文化与艺术、时代感与历史文脉

当今，人们注重将生活环境和审美意识相结合，并不断上升到对人文因素的关注。从传统文化、古典艺术中寻找积极的元素，兼收并蓄地方风格、历史文化、传统风格、现代技术等因素，讲究装饰性、象征性、隐喻性，以新的装饰语言、新的表现形式丰富现代室内设计。同时室内空间、界面线形，或室内家具、灯具、设备等内含物的整合协调，给人以环境艺术

的感受。所以室内设计与装饰艺术、与工业设计的关系更为密切，并更注重在室内空间中体现精神因素及文化的内涵。

1.2.4 大众的参与

在室内设计进一步专业化与规范化的同时，大众对室内设计的积极参与趋势有所加强。21 世纪是丰富多彩的时代，人们对自己的生存环境多了一份忧患意识，多了一些理性的思考，追求个性特色、追求审美意境、追求健康环境已成为大众的共识。由于室内空间环境的创造离不开使用者的切身需要，使用者的积极参与不仅体现大众素质的提高，也使得设计师能在倾听使用者的想法和要求的过程中，把自己的设计构思与使用者进行沟通，达成共识，这将使设计的使用功能更具实效、更为完善，有利于贴近生活、贴近大众的需求。

1.2.5 更新周期加快

现代科学技术的飞速发展导致社会生活节奏的不断加快，生活质量不断提高，人们对其生活与工作环境、娱乐活动场所等提出了更高层次的要求，尤其在室内环境的更新上，更新周期相应缩短，节奏趋快。对空间质量的要求从物质体现向精神需求发展，个性化、多样化的设计已成为时代的潮流。所以，室内设计自身的规范化进程要进一步完善，使设计、施工、材料、设施、设备之间的协调和配套关系加强。同时在设计、施工中，认真考虑因时间因素引起的对平面布局、界面构造与装饰等相应的一系列问题。如设施、选用材料的适当超前，设备的预留位置，装饰材料置换与更新的方便等，这些要求将会日益突出。

1.3 室内设计风格

室内设计风格就是一个时期的室内设计特点以及规律在设计中的表现。家庭环境所需要的风格和气氛主要是根据房间的用途和性质，以及居住者的职业、性格、文化程度、爱好等来决定的。室内设计风格的分类很多，按照地域和文化划分可分为中式风格、欧式风格等，按照时代又可分为古典风格、现代风格和后现代风格。

1.3.1 古典中式风格

古典中式风格以中式园林建筑、中国明清时期的传统家具为室内陈设和以黑、红为主色调构成的装饰色彩为代表。中国传统室内设计的特点是总体布局对称均衡、端正稳健、格调高雅，具有较高的审美情趣和社会地位象征。

由于现代建筑很少能够提供中国传统的室内构件，所以古典中式风格主要体现在家具、装饰和色彩方面。

中式家具是体现中式风格家居的主角，中国传统室内家具有床、桌、椅、凳、案等，善用紫檀、楠木、胡桃等木材，表面施油而不施漆。中国传统室内陈设包括字画、匾幅、瓷器等。在装饰细节上崇尚精雕细琢、富于变化，追求一种修身养性的生活境界。

1.3.2　古典欧式风格

古典欧式风格的特点是重视比例与尺度的把握，其次是背景色调的作用，由墙纸、地毯、窗帘等装饰织物组成的背景色调对控制整体效果起到了决定性的作用。在色彩上主要以红蓝、红绿、粉黄色为色调关系，能够充分体现出华丽、高贵的情调。

新古典欧式风格是继承了古典风格中的精华部分并予以提炼的结果。它摒弃了古典风格的烦琐，但又不失豪华与气派。其特点是以直线为基调、追求整体比例的美，对复杂的装饰予以简化或抽象化，表现出注重理性、讲究节制、结构清晰的精神。

1.3.3　现代风格

现代风格也可称现代简约风格，它是当前最具影响力的一种设计风格。现代风格是现代派建筑的兴起，由各种新型材料的出现而逐渐发展起来的。现代风格在居室设计中主张简洁、明快的格调，强调使用功能以及造型的简洁化和单纯化，可以说"少即是多"是对现代风格精髓的最好概括。

在具体的设计中现代风格特别重视对室内空间的科学、合理利用，强调室内按功能区分的原则进行，家具布置与空间功能密切结合，主张废弃多余的、烦琐的、与功能无关的附加装饰。在装饰手法上注重室内各种用品、器物之间的统一和谐。材料方面大多采用最新工艺与科技生产的材料与家具，例如玻璃、皮革、金属等。室内光线色彩以柔、淡雅的色调为主，努力创造出一种宁静、舒适的整体室内环境气氛。

1.3.4　后现代风格

后现代风格具有对现代主义纯理性的逆反心理，它一反现代风格所主张的"少即是多"的观点，认为现代风格所追求的简洁单一过于冷漠、缺少人性化，已不能满足现代多样化的需求，后现代风格主张在美化装饰居室时要兼容并蓄，只要能够保证整体协调，无论古今中外都要加以采用。

后现代主义强调室内装饰效果，推崇多样化，反对简单化和模式化，追求色彩特色和室内意境。后现代风格使室内装饰的空间组合趋向繁多和复杂，天花板和墙面的装修选用加减法，营造一种空间相互穿插的感觉，使空间的整体联系感更强。后现代风格还多用夸张、变形、断裂、叠加等手法，形成隐喻象征意义的居室装饰格调。另外后现代风格还常用抽象而富有想象力的装饰品起到画龙点睛的作用。

后现代风格家居极力张扬个人主义，其设计难点是如何能使多种风格在兼容并蓄中达到统一、和谐，而不使人有生硬感和拼凑感。

1.3.5　自然风格

自然风格力求表现悠闲、舒畅、田园生活情趣，这种设计理念正好满足在快节奏中的现代人回归自然、贴近自然的愿望，使人们回到家中可以更好地减轻压力、舒缓身心。

自然风格的设计摒弃人造材料的制品，厅、窗、地面一般均用原木材质，木质以涂清油为主，透出原木特有的结构和纹理。局部墙面用粗犷的毛石或大理石同原木相配，使石材特有的粗犷纹理打破木材略显细腻和单薄的风格。

织物也是自然风格设计中的重要元素，在织物质地的选择上多采用棉、麻等天然制品。家具也多采用藤竹材质，除了家具的材质以外，自然风格还强调家具和陈列品的随意、自然摆放。在绿化布置方面注重与家具陈设结合，使植物能够融于居室、相得益彰。

1.4 室内设计的基本原则

室内设计的基本原则主要有以下几个方面。

1.4.1 室内装饰设计要满足现代技术要求

建筑空间的创新和结构造型的创新有着密切的联系，二者应取得协调统一。

充分考虑结构造型中美的形象，把艺术和技术融合在一起。这就要求室内设计者必须具备必要的结构类型知识，熟悉和掌握结构体系的性能、特点。现代室内装饰设计，它置身于现代科学技术的范畴之中，要使室内设计更好地满足精神功能的要求，就必须最大限度地利用现代科学技术的最新成果。

1.4.2 室内装饰设计要符合地区特点与民族风格要求

由于人们所处的地区、地理气候条件的差异，各民族生活习惯与文化传统的不同，在建筑风格上存在着很大的差别。我国是多民族的国家，各个民族的地区特点、民族性格、风俗习惯以及文化素养等因素的差异，使室内装饰设计也有所不同。设计中要有各自不同的风格和特点，要体现民族和地区特点。

1.4.3 室内装饰设计要满足使用功能要求

室内设计是以创造良好的室内空间环境为宗旨，把满足人们在室内进行生产、生活、工作、休息的要求置于首位，所以在室内设计时要充分考虑使用功能要求，使室内环境合理化、舒适化、科学化；要考虑人们的活动规律，处理好空间关系、空间尺寸、空间比例；合理配置陈设与家具，妥善解决室内通风、采光与照明，注意室内色调的总体效果。

1.4.4 室内装饰设计要满足精神功能要求

室内设计在考虑使用功能要求的同时，还必须考虑精神功能的要求（视觉反映心理感受、艺术感染等）。室内设计的精神功能就是要影响人们的情感，乃至影响人们的意志和行为，所以要研究人们的认识特征和规律；研究人的情感与意志；研究人和环境的相互作用。设计者要运用各种理论和手段去冲击影响人的情感，使其升华达到预期的设计效果。室内环境如能突出地表明某种构思和意境，那么，它将会产生强烈的艺术感染力，更好地发挥其在精神功能方面的作用。

1.5 室内设计制图基本知识

本节将详细介绍室内设计图纸绘制的基本知识。

1.5.1 室内设计制图方式

室内设计制图有手工制图和电脑制图两种方式。手工制图又分为徒手绘制和工具绘制两种方式。

手工制图是设计师必须掌握的技能，也是学习 AutoCAD 软件或其他电脑绘图软件的基础。尤其是徒手绘制，往往是体现设计师素养和职场上的闪光点。采用手工制图的方式可以绘制全部的图纸文件，但是需要花费大量的精力和时间。电脑制图是指操作绘图软件在电脑上画出所需图形，并形成相应的图形文件，通过绘图仪或打印机将图形文件输出，形成具体的图纸。一般情况下，手绘方式多用于方案构思、设计阶段，电脑制图多用于施工图设计阶段。这两种方式同等重要，不可偏废。在本书里，我们重点讲解应用 AutoCAD 2016 绘制室内设计图，对于手绘不做具体介绍，读者若需要加强这项技能，可以参看其他相关书籍。

1.5.2 室内设计制图程序

室内设计制图的程序是跟室内设计的程序相对应的。室内设计一般分为方案设计阶段和施工图设计阶段。方案图包括平面图、顶棚图、立面图、剖面图及透视图等，一般要进行色彩表现，它主要用于向业主或招标单位进行方案展示和汇报，所以其重点在于形象地表现设计构思。施工图包括平面图、顶棚图、立面图、剖面图、节点构造详图及透视图，它是施工的主要依据，因此它需要详细、准确地表示出室内布置和各部分的形状、大小、材料、构造做法及相互关系等各项内容。

1.5.3 室内设计制图规范

1. 图幅、图标及会签栏

图幅即图面的大小。根据国家规范，按图面的长和宽的大小确定图幅的等级。室内设计常用的图幅有 A0（也称 0 号图幅），其余类推 A1、A2、A3 及 A4，每种图幅的长宽尺寸如表 1-1 所示。图标即图纸的图标栏，它包括设计单位名称、工程名称、签字区、图名区及图号区等内容。

表 1-1　图幅及图框尺寸

单位：mm

图幅代号	A0	A1	A2	A3	A4
B×L	841×1 189	594×841	420×594	297×420	210×297
图框边距 c	10			5	

A0、A1 及 A2 图框允许加长，但必须按基本图幅的长边（L）成 1/4 倍增加，不可随意加长。其余图幅图纸均不允许加长。
同一工程项目，各专业所用图幅，除目录和材料表外不宜多于两种。

2. 基本线型

室内设计施工图制图，应选用如表 1-2 所示的基本线型。

表 1-2　基本线型

名称		线性	线宽	一般用途
实线	粗	————————	b	主要可见轮廓
	中	————————	0.5b	可见轮廓线
	细	————————	0.25b	可见轮廓线、图例线
虚线	粗	— — — — —	b	见各有关专业制图标准
	中	- - - - - -	0.5b	不可见轮廓线
	细	- - - - - -	0.25b	不可见轮廓线、图例线
单点长画线	粗	— · — · —	b	见各有关专业制图标准
	中	— · — · —	0.5b	见各有关专业制图标准
	细	— · — · —	0.25b	中心线、对称线等
双点长画线	粗	— ·· — ·· —	b	见各有关专业制图标准
	中	— ·· — ·· —	0.5b	见各有关专业制图标准
	细	— ·· — ·· —	0.25b	假象轮廓线、成型原始轮廓线
折断线		———∿———	0.25b	断开界线
波浪线		∿∿∿∿	0.25b	断开界线

3. 线型构造

各项线形构造均有严格规定，常用 LTSCALE 取值如表 1-3 所示。

表 1-3　线型构造

比例	LTSCALE 取值
1:1	5
1:20	100
1:50	250
1:100	500
1:500	2 500

4. 线宽

室内设计图主要由各种线条构成，不同的线型表示不同的对象和不同的部位，代表着不同的含义。为了图面能够清晰、准确、美观地表达设计思想，工程实践中采用了一套常用的线型，并规定了它们的使用范围，现统计如表 1-4 所示。

表 1-4　线宽组

单位：mm

线宽比	线宽<1:150	线宽≥1:150	常用线形名称
b	0.5	0.7	粗实线、粗虚线
0.5b	0.25	0.35	中实线、中虚线
0.25b	0.13	0.18	细实线、细虚线、细点画线、细双点画线、折断线、波浪线、轴线、剖面填充线
其他	0.13	0.13 或 0.18	设备图纸中的建筑背景线

5. 字体

（1）字高

- 图面字高应严格采用 2.5、3.5、5、7、10、14、20mm 等七类字高，高宽比设置为 0.7。
- 汉字字高应不小于 3.5mm，英文字符与数字高度应不小于 2.5mm。
- 一般情况下 A0、A1 号图纸的图签中图名采用 10mm 字高，A2、A3 号图纸的图签中图名采用 7mm 字高。
- 图纸中图面表达部分的图名宜采用 7mm 及以上字高，设计说明部分采用 5mm 字高，图中文字标注或引注采用 3.5mm 字高，尺寸标注采用 2.5mm 字高。

（2）字间距及行距

字间距宜使用标准字间距，行距宜采用 1.5 倍行距。

（3）字体

标准图签内及说明的字体应由集团或各子/分公司统一选定，如华东院统一选用 HZS（长仿宋体），使用字体类型 STYLE 定为 ECADI（hzs.shx、hztxt.shx），并符合字体间距要求，图签中图名等标题可选用其他字体。上海院一般字体为数字选用单线体 SA-RS，汉字选用单线体 SA-HZ；标题字体数字选用 SA-RC，汉字选用 SA-SHZ。另外，考虑到特殊符号的调用，允许使用 Word 编写各专业统一说明，字体选用仿宋_GB2312。

6. 尺寸标注

这里就具体在室内设计图中进行标注时，提出一些标注原则：

- 尺寸标注应力求准确、清晰、美观大方。同一张图纸中，标注风格应保持一致。
- 尺寸线应尽量标注在图样轮廓线以外，从内到外依次标注从小到大的尺寸，不能将大尺寸标在内，而小尺寸标在外。
- 最内一道尺寸线与图样轮廓线之间的距离不应小于 10mm，两道尺寸线之间的距离一般为 7~10mm。
- 尺寸界线朝向图样的端头距图样轮廓的距离应不小于 2mm，不宜直接与其相连。
- 在图线拥挤的地方，应合理安排尺寸线的位置，但不宜与图线、文字及符号相交；可以考虑将轮廓线用作尺寸界线，但不能作为尺寸线。
- 对于连续相同的尺寸，可以采用"均分"或"（EQ）"字样代替。

7. 文字说明

在一幅完整的图纸中用图线方式表现得不充分和无法用图线表示的地方，就需要进行文字说明，例如材料名称、构配件名称、构造做法、统计表及图名等。文字说明是图纸内容的重要组成部分，制图规范对文字标注中的字体、字的大小、字体字号搭配等方面作了一些具体规定。

- 一般原则是采用字体端正、排列整齐、清晰准确、美观大方、避免过于个性化的文字标注。
- 一般标注推荐采用仿宋字，标题可用楷体、隶书、黑体字等。
- 标注的文字高度要适中。同一类型的文字采用同一大小的字。较大的字用于较概括性的说明内容，较小的字用于较细致的说明内容。
- 字体及大小的搭配注意体现层次感。

8. 常用绘图比例

下面列出常用绘图比例，读者根据实际情况灵活使用。

- 平面图：1:50、1:100 等。
- 立面图：1:20、1:30、1:50、1:100 等。
- 顶棚图：1:50、1:100 等。
- 构造详图：1:1、1:2、1:5、1:10、1:20 等。

1.6　本章小结

本章阐述了室内设计的定义、内容，室内设计的分类，室内设计的基本原则和一般方法，计算机绘图的基本知识。作为室内设计的基础理论，读者应从室内设计的定义和基本原则出发，熟悉室内设计的工作方法和设计要求，结合实际工程，深化认识室内设计的方法与技巧。

1.7　问题与思考

1. 什么是室内设计？
2. 室内设计风格一般有哪几种？

AutoCAD 2016 基础知识

本章导读：

基础知识
- ◈ 了解 AutoCAD 2016 的主要功能
- ◈ 掌握软件的启动与退出

重点知识
- ◈ 认识 AutoCAD 2016 工作界面
- ◈ 文件的保存与关闭

提高知识
- ◈ 掌握绘图功能的使用

本章主要讲解 AutoCAD 2016 的一些基础知识。主要包括 AutoCAD 2016 的主要功能、AutoCAD 2016 的启动与退出、工作界面、图形文件的管理等，只有掌握了这些基本知识，在后面学习中才可以做到绘制自如。

2.1 AutoCAD 发展历程

CAD（Computer Aided Design，计算机辅助设计）诞生于 20 世纪 60 年代，是美国麻省理工学院提出的交互式图形学的研究计划，由于当时硬件设施昂贵，只有美国通用汽车公司和美国波音航空公司使用自行开发的交互式绘图系统。

20 世纪 70 年代，小型计算机费用下降，美国工业界才开始广泛使用交互式绘图系统。

20 世纪 80 年代，由于 PC 的应用，CAD 得以迅速发展，出现了专门从事 CAD 系统开发的公司。当时 VersaCAD 是专业的 CAD 开发公司，所开发的 CAD 软件功能强大，但由于其价格昂贵，故得不到普遍应用。而当时的 Autodesk 公司（美国电脑软件公司）是一个仅有员工数人的小公司，其开发的 CAD 系统虽然功能有限，但因其可免费复制，故在社会上得以广泛应用。同时，由于该系统的开放性，该 CAD 软件升级迅速。

设计者很早就开始使用计算机进行计算。有人认为 Ivan Sutherland（伊凡·萨瑟兰郡）1963 年在麻省理工学院开发的 Sketchpad（画板）是一个转折点。Sketchpad 的突出特性是它允许设计者用图形方式和计算机交互：设计者可以用一枝光笔在阴极射线管屏幕上绘制到计算机里。实际上，这就是图形化用户界面的原型，而这种界面是现代 CAD 不可或缺的特性。

CAD 最早的应用是在汽车制造、航空航天以及电子工业的大公司中。随着计算机变得更便宜，应用范围也逐渐变广。

CAD 的实现技术从那个时候起经过了许多演变。这个领域刚开始的时候主要被用于生成和手绘的图纸相仿的图纸。计算机技术的发展使得计算机在设计活动中得到更有技巧的应用。

如今，CAD 已经不仅仅用于绘图和显示，它开始进入设计者的专业知识中更"智能"的部分。

随着计算机科技的日益发展，性能的提升和更便宜的价格使得许多公司都已采用立体的绘图设计。以往，碍于计算机性能的限制，绘图软件只能停留在平面设计，欠缺真实感，而立体绘图则冲破了这一限制，令设计蓝图更实体化，3D 图纸绘制也能够表达出 2D 图纸无法绘制的曲面，能够更充分表达设计师的意图。

2.2 软件的启动与退出

使用 AutoCAD 之前首先要启动该软件，下面将详细介绍 AutoCAD 2016 的启动与退出的方法。

2.1.1 软件的启动

AutoCAD 2016 的启动方法有很多种，用户需要了解以下几种常用的启动方法：

● 在 Windows 桌面双击 AutoCAD 2016 快捷图标 。
● 双击已经存盘的任意 AutoCAD 2016 图形文件 。
● 选择【开始】|【所有程序】|Autodesk|AutoCAD 2016-简体中文（Simplified Chinese）|AutoCAD 2016-简体中文（Simplified Chinese）命令，如图 2-1 所示。

图 2-1 从【所有程序】中打开 AutoCAD 2016

2.1.2 软件的退出

AutoCAD 2016 的退出方式有很多种，用户需要了解以下几种常用的退出方法：
● 单击 AutoCAD 2016 工作界面右上角的【关闭】按钮 。

- 右击系统任务栏中的 AutoCAD 2016 图标，在弹出的快捷菜单中选择 ⊠ 关闭窗口 命令，如图 2-2 所示。
- 单击 AutoCAD 2016 软件左上角的【菜单浏览器】按钮 Ａ，在弹出的菜单中单击【退出 Autodesk AutoCAD 2016】按钮，如图 2-3 所示。

图 2-2　选择【关闭窗口】命令

图 2-3　通过【菜单栏浏览器】按钮关闭

2.3　管理图形文件

在绘制图形之前，首先需要熟练操作图形文件，如新建、保存、打开和关闭等，下面分别进行详细的讲解。

2.3.1　新建图形文件

启动 AutoCAD 2016 之后，按【Ctrl+N】组合键，系统默认新建一个以【acadiso.dwt】为样板的【Drawing1】图形文件，为了更好地完成更多的绘图操作，用户可以自行新建图形文件。在 AutoCAD 2016 中可以通过以下几种方法新建图形文件：

- 在菜单栏中选择【文件】|【新建】命令。
- 单击快速访问区中的【新建】按钮 。
- 单击【菜单浏览器】按钮 Ａ，在弹出的菜单中选择【新建】|【图形】命令，如图 2-4 所示。
- 在命令行中执行【NEW】命令。
- 按【Ctrl+N】组合键。

图 2-4　新建图形文件

执行以上任意一种命令，都将弹出如图 2-5 所示的【选择样板】对话框，若要创建基于默认样板的图形文件，单击 打开⑩ 按钮即可。用户也可以在【名称】列表框中选择其他样板文件。

单击 打开⑩ 按钮右侧的 按钮，可弹出如图 2-6 所示的菜单，在其中可选择图形文件的绘制单位，若选择【无样板打开-英制】命令，将以英制单位为计量标准绘制图形；若选择【无样板打开-公制】命令，将以公制单位为计量标准绘制图形。

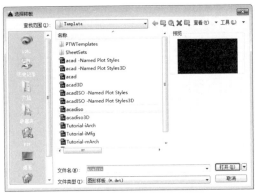

图 2-5 【选择样板】对话框   图 2-6 【打开】下拉菜单

2.3.2 保存图形文件

在计算机上进行任何文件处理的时候，都要养成随时保存文件的习惯，防止出现电源故障或发生其他意外事件时图形及其数据丢失。保存图形文件包括保存新图形文件、另存为其他图形文件和定时保存图形文件 3 种，下面分别进行讲解。

1. 保存新图形文件

保存新图形文件也就是保存从未保存过的图形文件，主要有以下几种方法：

● 在菜单栏中选择【文件】|【保存】命令
● 单击快速访问区中的【保存】按钮 ![]。
● 单击【菜单浏览器】按钮 ![A]，在弹出的菜单中选择【保存】命令，如图 2-7 所示。

图 2-7 选择【保存】命令

● 在命令行中执行【SAVE】命令。
● 按【Ctrl+S】组合键。

第一次保存文件时，执行上述任意操作后，都将弹出如图 2-8 所示的【图形另存为】对话框，在该对话框的【保存于】下拉列表中选择要保存到的位置，在【文件名】文本框中输入文件名，然后单击 保存(S) 按钮，保存文件并关闭对话框。返回到工作界面，即可在标题栏显示文件的保存路径和名称。

在 AutoCAD 2016 中，用户可以将图形文件保存为如图 2-9 所示的几种不同扩展名的图形文件。

图 2-8　弹出【图形另存为】对话框

图 2-9　展开文件类型

各扩展名的含义如下：

● DWG：AutoCAD 默认的图形文件类型。

● DXF：包含图形信息的文本文件或二进制文件，可供其他 CAD 程序读取该图形文件的信息。

● DWS：二维矢量文件，使用该种格式可以在网络上发布 AutoCAD 图形。

● DWT：AutoCAD 样板文件，新建图形文件时，可以基于样板文件进行创建。

2. 另存为其他图形文件

将修改后的文件另存为一个其他名称的图形文件，以便于区别，方法如下：

● 单击【菜单浏览器】按钮，在弹出的菜单中选择【另存为】命令，如图 2-10 所示。

图 2-10　选择【另存为】命令

● 在命令行中执行【SAVEAS】命令。

执行以上任意一个操作，都将弹出如图 2-8 所示的【图形另存为】对话框，然后按照前面学习的保存新图形文件的方法保存即可，用户可在其基础上任意改动，而不影响原文件。

提示

如果另存为的文件与原文件保存在同一目录中，将不能使用相同的文件名称。

3. 定时保存文件

为了避免因停电等意外事件发生造成图形文件丢失，可以对其设置自动保存命令。定时保存图形文件就是以一定的时间间隔，自动保存图形文件，具体操作如下：

在命令行中执行【OPTIONS】命令，弹出【选项】对话框，然后切换至【打开和保存】选项卡。在【文件安全措施】选项组中选择☑自动保存(U)复选框，在下面的文本框中输入所需的间隔时间，这里输入 8，如图 2-11 所示，然后单击 确定 按钮，关闭该对话框。即可对图形文件进行定时保存。

提示

设置的定时保存图形文件的时间不宜过短，因为频繁的保存操作会影响软件的正常使用，也不宜过长，否则不易于实时保存，一般设置为 8~10 分钟。

AutoCAD 的【选项】对话框为用户提供了特别实用的系统设置功能，在这里可以方便地进行全方位的设置与修改，如改变窗口颜色、十字光标大小、字体大小、是否显示滚动条，以及自动捕捉标记的颜色等。

选择【工具】|【选项】命令，或执行【OPTIONS】命令，都可以打开【选项】对话框。在该对话框中包括【文件】、【显示】、【打开和保存】、【打印和发布】、【系统】、【用户系统配置】、【绘图】、【三维建模】、【选择集】、【配置】和【联机】11 个选项卡，如图 2-11 所示。

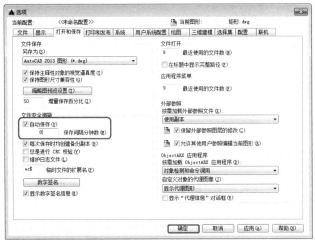

图 2-11 输入间隔时间

知识链接：

在【选项】对话框中各个选项卡的功能介绍如下。

【文件】选项卡：该选项卡用于确定 AutoCAD 搜索支持文件、驱动程序文件、菜单文件和其他文件时的路径，以及用户定义的一些设置。

【显示】选项卡：该选项卡用于控制图形布局和设置系统显示，包括【窗口元素】、【布局元素】、【十字光标大小】、【显示精度】、【显示性能】和【淡入度控制】等选项组。

【打开和保存】选项卡：该选项卡用于设置是否自动保存文件、自动保存文件的时间间隔、是否保持日志和是否加载外部参照等，包括【文件保存】、【文件安全措施】、【文件打开】和【外部参照】等选项组。

【打印和发布】选项卡：该选项卡用于设置 AutoCAD 的输出设备，包括【新图形的默认打印设置】、【常规打印选项】和【打印和发布日志文件】等选项组。在默认情况下，输出设备为 Windows 打印机，但在很多时候，为了输出较大的图形，也可能需要使用专门的绘图仪。

【系统】选项卡：该选项卡用于设置当前图形的显示特性，设置定点设备、是否显示OLE 特性对话框、是否显示所有警告信息、是否显示启动对话框和是否允许长符号名等，包括【硬件加速】、【当前定点设备】、【布局重生成选项】、【数据库连接选项】、【常规选项】和【安全性】等选项组。

【用户系统配置】选项卡：该选项卡用于优化系统，设置是否使用右键快捷菜单和对象的排序方式，包括【Windows 标准操作】、【插入比例】、【超链接】、【坐标数据输入的优先级】、【字段】和【关联标注】等选项组。

【绘图】选项卡：该选项卡用于设置自动捕捉、自动追踪等绘图辅助工具，包括【自动捕捉设置】、【自动捕捉标记大小】、【AutoTrack 设置】、【对齐点获取】和【靶框大小】等选项组。

【三维建模】选项卡：该选项卡用于控制三维操作中十字光标指针显示样式的设置。

【选择集】选项卡：该选项卡用于设置选择对象方式和控制显示工具，包括【拾取框大小】、【选择集模式】、【夹点尺寸】和【夹点】等选项组。

【配置】选项卡：该选项卡用于实现新建系统配置、重命名系统配置和删除系统配置等操作。

【联机】选项卡：该选项卡用于实现登录 A360 账户同步图形或设置。

2.3.3 打开图形文件

在 AutoCAD 2016 中，若计算机中有保存过的 AutoCAD 图形文件，用户可以将其打开进行查看和编辑，具体操作方法如下：

- 在菜单栏中选择【文件】|【打开】命令。
- 单击快速访问区中的【打开】按钮 ➢。
- 单击【菜单浏览器】按钮 A，在弹出的菜单中选择【打开】命令，如图 2-12 所示。
- 直接在命令行中输入【OPEN】命令。
- 按【Ctrl+O】组合键。

执行以上任意一种命令，系统都将自动弹出【选择文件】对话框，在【查找范围】下拉列表中选择要打开文件的路径，在中间的列表框中选择要打开的文件，单击 打开(0) 按钮将打开该图形文件，如图 2-13 所示。

单击 打开⑩ 按钮右侧的 ▾ 按钮，系统将弹出如图 2-14 所示的菜单，在该菜单中可以选择图形文件的打开方式。

图 2-12　选择【打开】命令

图 2-13　选择要打开的文件

图 2-14　【打开】下拉菜单

该菜单为用户提供了以下几种打开图形文件的方式。

● 打开：选择该命令将直接打开图形文件。

● 以只读方式打开：选择该命令，文件将以只读方式打开。用户可以对以此方式打开的文件进行编辑操作，但保存时不能覆盖原文件。

● 局部打开：选择该命令，系统将弹出【局部打开】对话框。如果图形中的图层较多，可采用【局部打开】方式只打开其中某些图层。

● 以只读方式局部打开：以只读方式打开图形的部分图层。

2.3.4 【上机操作】——打开图形文件

下面将通过实例讲解如何打开图形文件，具体操作如下：

01 启动 AutoCAD 2016，单击快速访问区中的【打开】按钮 ，弹出【选择文件】对话框，打开随书附带光盘中的 CDROM\素材\第 2 章\矩形.dwg 文件，然后单击 打开⑩ 按钮，如图 2-15 所示。

图 2-15　选择素材文件

02 返回工作界面即可看到所选的【矩形.dwg】图形文件已被打开，效果如图 2-16 所示。

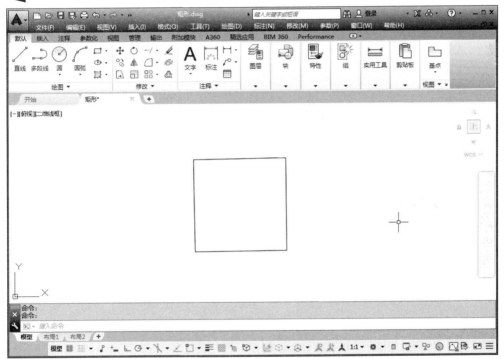

图 2-16　打开素材文件

2.3.5　关闭图形文件

编辑完当前图形文件，如果要关闭当前图形文件，可以使用以下几种方法将其关闭：

● 单击标题栏中的【关闭】按钮 ✖ 。
● 在标题栏上右击，在弹出的快捷菜单中选择【关闭】命令，如图 2-17 所示。

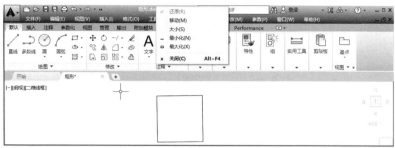

图 2-17 关闭图形文件

- 在命令行中执行【CLOSE】命令。
- 按【Ctrl+F4】组合键。
- 选择【文件】|【关闭】命令，如图 2-18 所示。

执行了上述操作后，如果当前图形文件没有存盘，AutoCAD 就会弹出如图 2-19 所示的提示对话框。

图 2-18　选择【关闭】命令　　　　图 2-19　AutoCAD 的提示对话框

在提示对话框中有 3 个按钮，含义分别如下：

- 【是】按钮：如果单击该按钮，将弹出【图形另存为】对话框，表示在退出之前，先要保存当前的图形文件。
- 【否】按钮：如果单击该按钮，则表示不保存当前的图形文件，直接退出。
- 【取消】按钮：此按钮表示不执行退出命令，返回工作界面。

2.3.6 【上机操作】——新建、保存和关闭图形文件

下面将通过实例来综合练习本节的知识。具体操作如下：

01 启动 AutoCAD 2016 之后，按【Ctrl+N】组合键，弹出【选择样板】对话框，选择【acadiso.dwt】文件，如图 2-20 所示。单击【打开】按钮系统将自动新建名为【Drawing1.dwg】的文件，如图 2-21 所示。

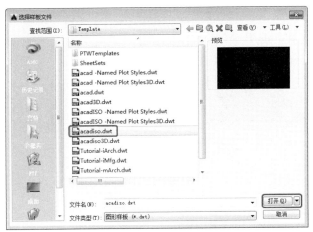

图 2-20 选择样板

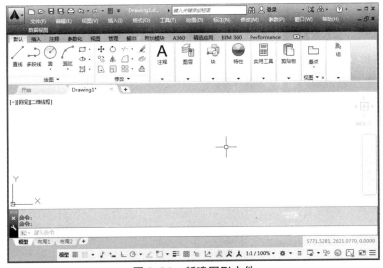

图 2-21 新建图形文件

02 按【Ctrl+S】组合键,弹出【图形另存为】对话框,在【保存于】下拉列表中选择【桌面】选项,将文件命名为【新建文件】,单击 保存(S) 按钮,如图 2-22 所示。

图 2-22 保存文件

03 返回 AutoCAD 2016 工作界面，即可看到标题栏上的图纸名称由原来的【Drawing1.dwg】变成了【新建文件.dwg】，如图 2-23 所示。

04 单击标题栏上的【关闭】按钮 **×** ，即可关闭软件。返回桌面即可看到刚保存的【新建文件.dwg】图形文件的快捷方式图标，如图 2-24 所示。

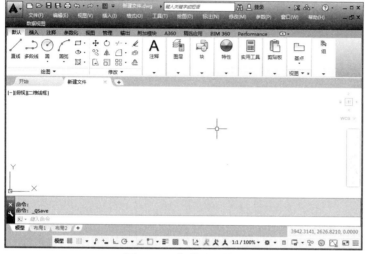

图 2-23 完成后的效果

图 2-24 快捷方式图标

2.4 AutoCAD 2016 的工作界面

AutoCAD 工作界面是 AutoCAD 显示、编辑图形的区域，一个完整的 AutoCAD 工作界面包括标题栏、菜单栏、工具栏、选项卡、绘图区、十字光标、坐标系图标、命令行窗口和状态栏等，如图 2-25 所示。

下面对 AutoCAD 2016 工作界面的组成部分进行详细介绍。

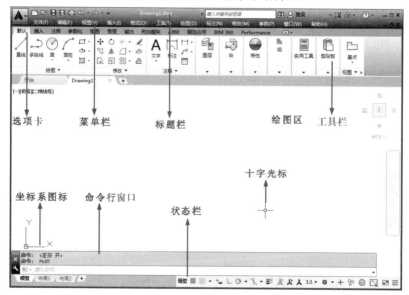

图 2-25 工作界面

2.4.1 标题栏

在 AutoCAD 2016 中文版绘图窗口的最上端是标题栏。在标题栏中，显示了系统当前正在运行的应用程序。用户第一次启动 AutoCAD 时，在 AutoCAD 2016 绘图窗口的标题栏中，将显示启动时创建并打开的图形文件 Drawing1.dwg，如图 2-26 所示。下面分别介绍标题栏中各功能的作用。

图 2-26 标题栏

- 【菜单浏览器】按钮 A ：位于整个 AutoCAD 工作界面的左上角，单击该按钮可以打开相应的操作菜单，如图 2-27 所示。

- 快速访问区：快速访问区位于工作界面的顶部，用于显示当前正在运行的工作文件名称和常用工具。默认情况下显示 7 个按钮，包括【新建】按钮 、【打开】按钮 、【保存】按钮 、【另存为】按钮 、【打印】按钮 、【放弃】按钮 和【重做】按钮 。

- Drawing1.dwg ：显示当前正在打开的文件名称。

- 键入关键字或短语 ：搜索栏，通过搜索栏可以查找一些帮助信息，在此可以输入任何搜索术语。在文本框中输入要查找的内容后单击 按钮即可进行搜索。

图 2-27 单击【菜单浏览器】按钮

- 登录 ：用于账户登录，发布信息。

- 【交换】按钮 ：用于与用户进行信息交换，默认显示该软件新增内容的相关信息。

- 【帮助】按钮 ：用户可以通过【帮助】按钮查找相应的帮助信息。

- 控制按钮 ：可以分别最大化、最小化、关闭工作窗口。

2.4.2 菜单栏

菜单栏集成了 AutoCAD 所有的工作菜单，位于工作界面标题栏的下方。菜单主要分为下拉菜单和快捷菜单两种。

1. 下拉菜单

在 AutoCAD 2016 的菜单栏中共有 13 个菜单，用户可以根据自己的需要选择相应命令进行操作，如图 2-28 所示。

图 2-28 AutoCAD 2016 菜单栏及下拉菜单

知识链接:

选择下拉菜单命令时会有以下几种情况:

● 当命令后面跟有快捷键时,按下相应的快捷键就可以执行一条相应的 AutoCAD 命令,如图 2-29 所示。

● 当命令后面带有黑三角形标记时,单击黑三角形标记,随后打开的是下一级子菜单,此时即可进一步选择相应的命令,如图 2-30 所示。

图 2-29　下拉菜单中命令的使用 1　　　**图 2-30　下拉菜单中命令的使用 2**

● 当命令后面带有省略号标记时,单击该命令就会弹出相应的对话框,用户可以根据需要在弹出的对话框中进行设置,如图 2-31 所示。

● 当下拉菜单中的命令呈灰色,表示该命令在当前状态不可用。

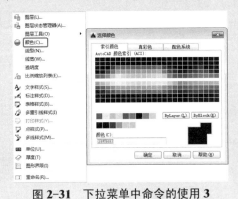

图 2-31　下拉菜单中命令的使用 3

　　2．快捷菜单

　　在 AutoCAD 中,除了下拉菜单外,还有快捷菜单。如在绘图区的空白处右击会弹出一个快捷菜单。

 知识链接:

　　在 AutoCAD 2016 中,如果不使用快捷菜单,用户可以将其设置为禁止使用。当设置了禁止使用快捷菜单后,在绘图过程中,若右击,则表示确认该选项;完成绘图后,若右击,表示重复上一步操作的命令。

下面将通过实例讲解设置快捷菜单功能，具体操作步骤如下：

01 选择【工具】|【选项】命令，如图 2-32 所示，弹出【选项】对话框，切换至【用户系统配置】选项卡，如图 2-33 所示。

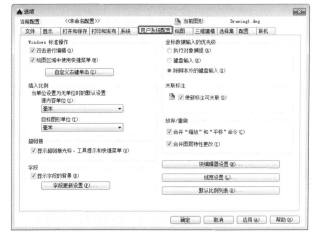

图 2-32 【工具】下拉菜单　　　　　　　图 2-33 【用户系统配置】选项卡

02 在【Windows 标准操作】选项组中单击【自定义右键单击】按钮，如图 2-34 所示。弹出【自定义右键单击】对话框，在【命令模式】选项组中可以进一步选取右键执行命令的方式，如图 2-35 所示。

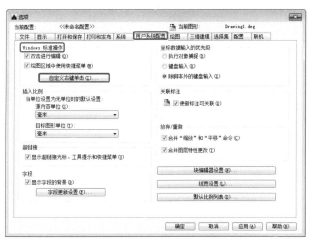

图 2-34 单击【自定义右键单击】按钮　　　图 2-35 【自定义右键单击】对话框

03 在【Windows 标准操作】选项组中取消选择【绘图区域中使用快捷菜单】复选框，则禁止在绘图区域中使用快捷菜单，如图 2-36 所示。

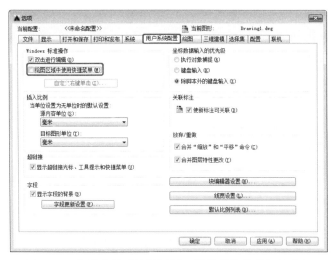

图 2-36　取消选择【绘图区域中使用快捷菜单】复选框

2.4.3　工具栏

工具栏是一组图标型工具的集合，把光标移动到某个图标，稍停片刻，即在该图标一侧显示相应的工具提示，同时在状态栏中显示对应的说明和命令名。此时，单击图标即可启动相应命令。

在 AutoCAD 2016 中，系统提供了 20 多种工具栏，在默认设置下，AutoCAD 2016 只在工作界面中显示【绘图】、【修改】、【注释】、【图层】、【块】、【特性】、【组】和【实用工具】等工具栏，利用这些工具栏中的按钮可以方便地进行各种操作。

用户可以根据需要将某个工具栏复制到工具栏面板中。具体操作过程为：

01 在标题栏中单击 ▼ 按钮，如图 2-37 所示，在弹出的下拉菜单中选择【工作空间】命令，即可在上方显示如图 2-38 所示界面，单击 草图与注释 按钮，在弹出的下拉菜单中选择【自定义】命令，弹出【自定义用户界面】对话框。

图 2-37　选择【工作空间】命令

图 2-38　选择【自定义】命令

02 在打开的【自定义用户界面】对话框中展开【工具栏】选项，选择所需工具栏并右击，在弹出的快捷菜单中选择【复制到功能区面板】命令即可，如图 2-39 所示。

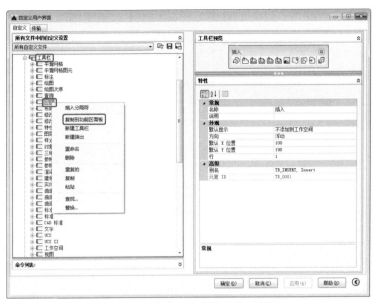

图 2-39 【自定义用户界面】对话框

2.4.4 选项卡

选项卡类似于老版本 AutoCAD 的菜单命令，AutoCAD 2016 根据其用途做了规划，在默认情况下，工作界面中包括【默认】、【插入】、【注释】、【参数化】、【视图】、【管理】、【输出】、【附加模块】、【A360】、【精选应用】、【BIM 360】、【Performance】选项卡，如图 2-40 所示。单击某个选项卡将打开其相应的编辑按钮；单击选项卡右侧的【显示完整的功能区】按钮 ⚬▾ 下拉列表中的【最小化为面板按钮】命令，可收缩选项卡中的编辑按钮，只显示各组名称，如图 2-41 所示；此时单击选项卡右侧的【显示完整的功能区】按钮 ⚬▾ 下拉列表中的【最小化为面板标题】命令，可将其收缩为如图 2-42 所示的样式，再次单击 ⚬▾ 按钮将展开选项卡。

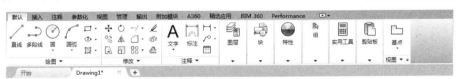

图 2-40　默认情况下的选项卡

图 2-41　执行【最小化为面板按钮】命令后的效果

图 2-42　执行【最小化为选项卡】命令

2.4.5 绘图区

绘图区是指位于标题栏下方的大片空白区域，如图 2-43 所示。用户可以在区域内绘制、显示与编辑各种图形，同时还可以根据需要关闭某些工具以增大绘图空间。如果图纸比较大，需要查看未显示的部分，可以单击窗口右边的垂直滚动条和下边的水平滚动条的箭头按钮，或拖动滚动条上的滑块来移动和显示图纸，也可以按住鼠标中键进行拖动，得到需要显示的图形部分后松开鼠标中键，这使得用户可以更好地绘制图形对象。此外，为了方便更好地操作，在绘图区的右上角还动态显示坐标和常用工具栏，这是该软件人性化的一面，可为绘图节省不少时间。

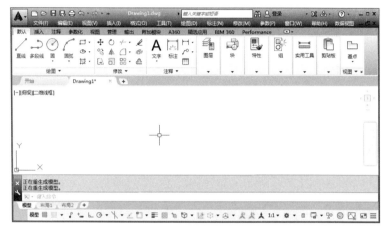

图 2-43　绘图区

在绘图区，系统默认显示的颜色为黑色，用户可以根据自己的需求将其更改为其他颜色，具体操作步骤如下：

01 在绘图区右击，在弹出的快捷菜单中选择【选项】命令，如图 2-44 所示。

02 弹出【选项】对话框，在【选项】对话框中选择【显示】选项卡，如图 2-45 所示。单击【窗口元素】选项组中的【颜色】按钮，弹出【图形窗口颜色】对话框，如图 2-46 所示。

03 在【图形窗口颜色】对话框中，在【颜色】下拉列表中选择【白】并单击【应用并关闭】按钮，绘图区变白效果如图 2-47 所示。

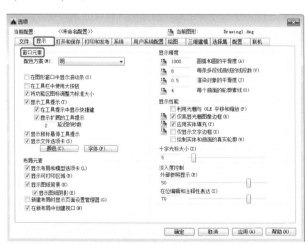

图 2-44　【选项】命令　　　　　图 2-45　【选项】对话框

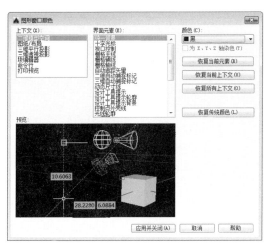

图 2-46 【图形窗口颜色】对话框

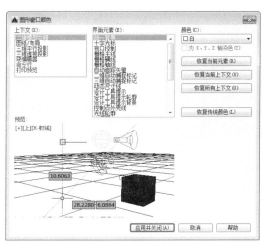

图 2-47 绘图区变白效果

2.4.6 十字光标

在绘图区中，光标变为十字形状，即十字光标，它的交点显示了当前点在坐标系中的位置，十字光标与当前用户坐标系的 X、Y 坐标轴平行，如图 2-48 所示。系统默认的十字光标大小为 5，该大小可根据实际情况进行更改。

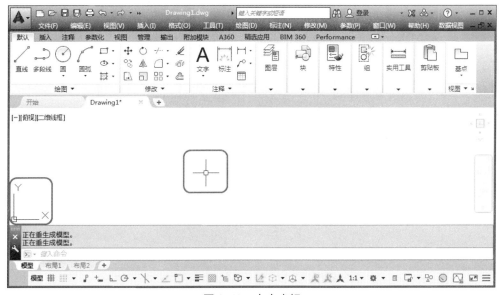

图 2-48 十字光标

2.4.7 坐标系图标

坐标系图标位于绘图区的左下角，如图 2-49 所示，其主要用于显示当前使用的坐标系以及坐标方向等。在不同的视图模式下，该坐标系所指的方向也不同。

图 2-49 坐标系图标

2.4.8 命令行窗口

命令行窗口是输入命令名和显示命令提示的区域，默认的命令行窗口位于绘图区下方。在使用软件的过程中应密切关注命令行中出现的信息，然后按照信息提示进行相应的操作。在默认情况下，命令行有 2 行。

在绘图过程中，命令行一般有两种情况，介绍如下：

- 等待命令输入状态：表示系统等待用户输入命令，如图 2-50 所示。
- 正在执行命令的状态：在执行命令的过程中，命令行中将显示该命令的操作提示，以方便用户快速确定下一步操作，如图 2-51 所示。

图 2-50　等待命令输入状态　　　　图 2-51　正在执行命令的状态

 提示

移动拆分条，可以扩大或缩小命令窗口。

可以拖动命令窗口，将其放置在屏幕的其他位置。默认情况下，命令窗口位于绘图区的下方。

对当前命令窗口中输入的内容，可以按 F2 键用文本编辑的方法进行编辑。AutoCAD 2016 的文本窗口和命令提示行相似，如图 2-52 所示。它可以显示当前进程中命令的输入和执行过程，在 AutoCAD 2016 中执行某些命令时，它会自动切换到文本窗口，列出有关信息。

AutoCAD 2016 通过命令窗口，反馈各种信息，包括出错信息。因此，用户要时刻关注在命令窗口中出现的信息。

图 2-52　文本窗口

2.4.9 状态栏

状态栏位于操作界面的最下方，主要由当前光标的坐标值和辅助工具按钮组两部分组成，如图 2-53 所示。

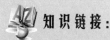

图 2-53　状态栏

知识链接:

下面介绍状态栏中各部分的作用。

【模型】按钮 **模型**: 用于模型空间之间的转换。

【快速查看布局】按钮 **布局1**: 用于查看布局空间。

【当前光标的坐标值】: 位于绘图区左下角, 分别显示 (X, Y, Z) 坐标值, 方便用户快速查看当前光标的位置。移动鼠标光标, 坐标值也将随之变化。单击该坐标值区域, 可关闭显示该功能。

【栅格显示】按钮 : 启用或关闭栅格功能, 默认为启用, 即绘图区中出现的小方框。

【捕捉模式】按钮 : 用于设定间距倍数点和栅格点的捕捉。

【推断约束】按钮 : 用于推断几何约束。

【动态输入】按钮 : 用于使用动态输入。当开启此功能并输入命令时, 在十字光标附近将显示线段的长度及角度, 按【Tab】键可在长度及角度值间进行切换, 并可输入新的长度及角度值。

【正交模式】按钮 : 用于绘制二维平面图形的水平和垂直线段以及正等轴测图中的线段。启用该功能后, 光标只能在水平或垂直方向上确定位置, 从而快速绘制水平线和垂直线。

【极轴追踪】按钮 : 用于捕捉和绘制与起点水平线呈一定角度的线段。

【对象捕捉追踪】按钮 : 该功能和对象捕捉功能一起使用, 用于追踪捕捉点在线性方向上与其他对象特殊点的交点。

【二维对象捕捉】按钮 和【三维对象捕捉】按钮 : 用于捕捉二维对象和三维对象中的特殊点, 如圆心、中点等, 相关内容将在后面章节中进行详细讲解, 这里不再赘述。

【显示/隐藏线宽】按钮 : 用于在绘图区显示绘图对象的线宽。

【显示/隐藏透明度】按钮 : 用于显示绘图对象的透明度。

【选择循环】按钮 : 该按钮可以允许用户选择重叠的对象。

【允许/禁止动态 UCS】按钮 : 用于使用或禁止动态 UCS。

【注释可见性】按钮 : 用于显示所有比例的注释性对象。

【自动缩放】按钮 : 在注视比例发生变化时, 将比例添加到注释性对象。

【注释比例】按钮 **1:1**: 用于更改可注释对象的注释比例, 默认为 1:1。

【切换工作空间】按钮 : 可以快速切换和设置绘图空间。

【快捷特性】按钮 : 用于禁止和开启快捷特性选项板。显示对象的快捷特性选项板, 能帮助用户快捷地编辑对象的一般特性。

【锁定用户界面】按钮 : 锁定后界面所显示窗口不能进行拖动。

【隔离对象】按钮 : 可通过隔离或隐藏选择集来控制对象的显示。

【硬件加速】按钮 : 用于性能调节, 检查图形卡和三维显示驱动程序, 并对支持软件实现和硬件实现的功能进行选择。简而言之就是使用该功能可对当前的硬件进行加速, 以优化 AutoCAD 在系统中的运行。在该按钮上右击, 在弹出的快捷菜单中还可选择相应的命令进行设置。

【系统变量监视】按钮 : 是由操作系统定义的数据存储位置。

【全屏显示】按钮 ⊡：用于隐藏 AutoCAD 窗口中【功能区】选项板等界面元素，使 AutoCAD 的绘图窗口全屏显示。

【自定义】按钮 ☰：用于改变状态栏的相应组成部分。

2.4.10 【上机操作】——启动 AutoCAD 2016 和查看默认界面

下面将通过实例讲解如何启动 AutoCAD 2016 并查看默认界面。

01 单击【开始】按钮，选择【所有程序】|Autodesk|AutoCAD 2016-简体中文（Simplified Chinese）|AutoCAD 2016-简体中文（Simplified Chinese）命令，如图 2-54 所示，启动 AutoCAD 2016，默认界面如图 2-55 所示。

图 2-54　启动 CAD 命令

图 2-55　默认界面

02 单击选项卡右侧的【显示完整的功能区】按钮 ⊡▾，选择下拉列表中的【最小化为面板标题】命令。收缩选项卡中的编辑按钮，只显示各组名称，如图 2-56 所示。单击【菜单浏览器】按钮 A▾，在弹出的菜单中单击 退出 Autodesk AutoCAD 2016 按钮，如图 2-57 所示，退出该软件。

图 2-56　执行【最小化为面板标题】命令

图 2-57　单击【退出 Autodesk AutoCAD 2016】按钮

2.5 了解 AutoCAD 2016 的主要功能

AutoCAD 2016 软件为从事各种造型设计的客户提供了强大的功能和灵活性，可以帮助他们更好地完成设计和文档编制工作。主要功能概括有：图形的绘制、图形的标注、图形显示的控制、实用工具的绘图、其他功能。

下面将详细解释与说明 AutoCAD 2016 的功能。

2.5.1 图形的绘制

在 AutoCAD 2016【绘图】菜单栏的子菜单中包含了建模直线、射线、构造线、多线、圆、矩形、多边形和椭圆等基本图形，通过这些绘图工具不仅可以绘制出所需的图形对象，也可以将绘制的图形对象转换为面域，并对其进行填充。也可以利用【修改】菜单中的修改命令对所绘制的图形对象进行重新编辑或修改，例如可以通过拉伸、设置标高和厚度等操作轻松地将其转换为三维图形。

2.5.2 图形的标注

为了清楚地表达图纸的结构、形状、位置、尺寸，图形的标注对于制造及工程设计人员来说非常重要。标注图形即是为图形添加测量注释的过程，使图纸阅读更明确，在整个绘图过程中这一步必不可少。

在 AutoCAD 2016 的【标注】菜单栏中包含有关标注的命令选项，使用这些命令可以在图形的所需位置标注内容，也可以方便、快速地以一定格式创建符合行业或项目标准的标注。尺寸的标注显示了对象的测量值、对象之间的距离与角度，以及特征与指定原点的距离等。在 AutoCAD 中，有线性、半径和角度这 3 种基本的标注类型，可以对图形对象进行水平、垂直、对齐、旋转、坐标、基线或连续等标注，如图 2-58 所示。

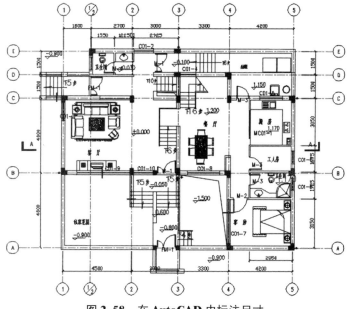

图 2-58 在 AutoCAD 中标注尺寸

2.5.3 图形显示的控制

在 AutoCAD 中，显示图形的方式有很多种，例如放大或缩小所绘图形。对于三维图形而言，不仅可以改变观察视点观看不同的方向显示图形，还可以将绘图区分成多个视口，通过视口在不同的方位显示同一图形。

2.5.4 实用工具的绘图

在 AutoCAD 中，不仅可以设置图形元素的图层、线形、线宽、颜色，以及尺寸标注样式和文字标注样式，还可以对所标注的文字进行拼写检查。通过各种形式的绘图辅助工具设置绘图方式，提高绘图效率与准确性。使用特性窗口可以方便地编辑或修改所选择对象的特性；使用标准文件功能，可以对诸如图层、文字样式和线形等类似的命名对象定义标准设置，以保证同一单位、部门、行业，以及合作伙伴间在所绘图形中对这些命名对象设置的一致性；使用图层转化器可以将当前图形图层的名称和特性转换成已有图形或标准文件对图层的设置，即将不符合本部门图层设置要求的图形进行快速转换。

2.5.5 其他功能

在 AutoCAD 中除了前面讲到的内容外还有以下几种功能。

1. 数据库管理功能

可以将图形对象与外部数据库中的数据进行关联，而这些数据库是由独立于 AutoCAD 的其他数据库应用程序（如 Access、Oracle、FoxPro 等）建立的。

2. Internet 功能

要使用 AutoCAD 的 Internet 功能，用户可以访问 Internet，在 Internet 上访问或存储 AutoCAD 图形及相关文件。指定的图形文件被下载到用户的计算机上并在 AutoCAD 绘图区打开，用户可以编辑并保存图形。图形既可以保存在本地，也可以保存到 Internet 上用户具有足够访问权限的位置。

AutoCAD 提供了极为强大的 Internet 工具，将图形整理到图纸集后，可以将图纸集作为包发布、传递或归档。使设计者之间能够共享资源和信息，同步进行设计、讨论、演示和发布消息，即时获得业界新闻，并得到相关帮助。

3. 输出与打印图形

用户可以将不同格式的图形导入 AutoCAD 或将 AutoCAD 图形以其他格式输出。AutoCAD 允许将所绘图形以不同样式通过绘图仪或打印机输出，允许后台打印。

2.6　本章小结

　　本章讲解了绘图前的一些基础知识，包括 AutoCAD 2016 的主要功能、AutoCAD 2016 的启动与退出、AutoCAD 2016 的工作界面、图形文件的管理等，通过对本章的学习可以掌握一些绘图前的准备，也为以后绘制图形做准备。

2.7　问题与思考

　　1．AutoCAD 2016 的工作界面由哪几部分组成？

　　2．在 AutoCAD 2016 中保存方式有哪几种？

AutoCAD 2016 的基本操作

本章导读：

基础知识
- ◆ 辅助工具的种类及其功能
- ◆ 绘图环境的设置

重点知识
- ◆ 辅助功能的应用
- ◆ 命令行的应用

提高知识
- ◆ 坐标系的使用
- ◆ 图形文件的查看

　　利用 AutoCAD 2016 进行绘图，是一个全数字化的绘图过程，数字化图纸的主要优点是编辑和调用方便。在手绘图的时代，图版和丁字尺是必备的工具之一，只有通过合适的工具，才能够绘制出准确、美观的图纸，并且提高设计效率。在计算机上绘制也面临着一些问题，数字化图纸的最大问题就是受显示设备的限制，图纸看得见摸不着，因此需要采用合理的软件工具设置，使设计人员能够熟练的使用，并且在计算机的辅助下，可以成倍地提高实际效率，最终绘制出美观的图纸。除此之外，绘图环境是开始绘图前提前设置好的绘图平台，是决定能否速战速决、精确绘制图样的关键设置，AutoCAD 2016 提供了捕捉模式、栅格显示、正交模式、极轴追踪、对象捕捉等绘图辅助功能帮助用户精确绘图。

3.1　设置绘图环境

　　在 AutoCAD 环境中绘制图形之前，首先应对其环境进行设置，包括选项参数设置、图形单位设置、图形界面设置、空间设置等。

3.1.1　设置绘图界限

　　绘图界限相当于手工绘图时规定的图纸大小，在 AutoCAD 中默认的绘图界限为无限大，如果开启了绘图界限检查功能，那么输入或拾取的点若超出绘图界限，操作将无法进行。如果关闭了绘图界限检查功能，则绘制图形时将不受绘图范围的限制。

3.1.2　【上机操作】——设置绘图界限

　　下面将讲解如何设置绘图界限，具体操作步骤如下：

01 单击快速访问区中的【新建】按钮，在弹出的对话框中新建空白图形文件，在命令行中输入【LIMITS】命令并按【Enter】键确认，如图 3-1 所示。

图 3-1　输入【LIMITS】命令

设置绘图界限的命令【LIMITS】，具体操作过程如下：

命令: LIMITS	//执行【LIMITS】命令
重新设置模型空间界限:	//系统提示将要进行的操作
指定左下角点或 [开(ON)/关(OFF)] <0.0000,0.0000>:	//设置绘图区域左下角的坐标，这里保
//持默认，直接按【Enter】键，表示左下角点的坐标位置为（0,0）	
指定右上角点 <420.0000,297.0000>: 100,150	//设置绘图区域右上角的坐标

在执行命令的过程中各选项的含义如下。

- 开(ON)：选择该选项，表示开启图形界限功能。
- 关(OFF)：选择该选项，表示关闭图形界限功能。

02 在命令行中指定左下角点，在这里输入的为（0,0），按下【Enter】键确认。再指定右上角点，在这里输入的为（100,150），按下【Enter】键确认，如图 3-2 所示。

图 3-2　指定左下和右上角点

　提示

选择菜单栏中的【格式】|【图形界限】命令也可以设置图形界限。

03 在命令行中输入【DSETTINGS】（草图设置）命令，并按【Enter】键确认。

04 弹出【草图设置】对话框，选择【捕捉和栅格】选项卡，如图 3-3 所示。

05 勾选【启用栅格】复选框，在【栅格行为】选项组中取消【显示超出界限的栅格】的勾选，如图 3-4 所示。

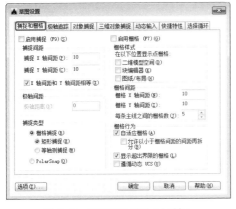

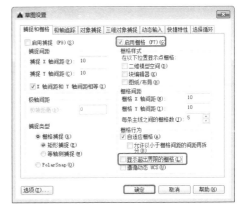

图 3-3　【草图设置】对话框　　　　　　图 3-4　设置栅格

06 单击【确定】按钮，即可在绘图窗口中使用栅格显示图形界限内的区域，如图 3-5 所示。

> **提示**
>
> 在用户开启或关闭图形界限功能后,使用【REGEN】命令重新生成视图(或在 AutoCAD 2016 的菜单栏中选择【视图】|【重生成】命令),设置才能生效。

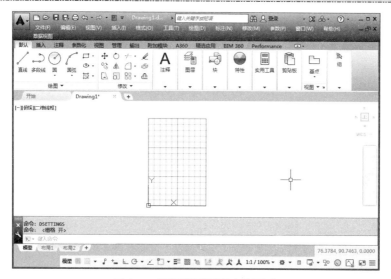

图 3-5　显示图形界限内的区域

3.1.3　设置图形单位

图形单位直接影响绘制图形的大小,设置图形单位有如下几种方法:

- 在菜单栏中选择【格式】|【单位】命令。
- 在命令行中执行【UNITS】、【DDUNITS】或【UN】命令。

执行以上操作后,都将弹出如图 3-6 所示的【图形单位】对话框。通过该对话框可以设置长度和角度的单位与精度。其中各选项的含义如下。

- 【长度】选项组:在【类型】下拉列表中可选择长度单位的类型,如分数、工程、建筑、科学和小数等;在【精度】下拉列表中可选择长度单位的精度。

图 3-6　【图形单位】对话框

- 【角度】选项组:在【类型】下拉列表中可选择角度单位的类型,如百分度、度/分/秒、弧度、勘测单位和十进制度数等;在【精度】下拉列表中可选择角度单位的精度;☑顺时针(C)复选框,系统默认取消选择该复选框,即以逆时针方向旋转的角度为正方向,若选择该复选框,则以顺时针方向为正方向。
- 【插入时的缩放单位】选项组:在【用于缩放插入内容的单位】下拉列表中可选

择插入图块时的单位，这也是当前绘图环境的尺寸单位。

图 3-7 【方向控制】对话框

- 方向(D)... 按钮：单击该按钮将弹出【方向控制】对话框，如图 3-7 所示。在其中可设置基准角度，例如设置 0° 的角度，若在【基准角度】选项组中选择【北】单选按钮，那么绘图时的 0° 实际在 90° 方向上。

3.1.4 【上机操作】——设置图形单位

下面讲解如何设置图形单位，具体操作步骤如下：

01 单击快速访问区中的【新建】按钮 ▭，在弹出的对话框中新建空白图形文件，单击 ▲ 按钮，在弹出的下拉菜单中选择【图形实用工具】|【单位】命令，如图 3-8 所示。

02 弹出【图形单位】对话框，在该对话框的【长度】选项组中设置【类型】和【精度】，在这里将【类型】设置为【小数】，【精度】设置为【0.00】，图形单位的长度便设置好了，如图 3-9 所示。

 提示

除了用上述方法打开【图形单位】对话框外，还可以用下面几种方法打开此对话框。
- 选择菜单栏中的【格式】|【单位】命令。
- 在命令行中输入【UNITS】命令，按【Enter】键确认。

图 3-8 选择【单位】命令

图 3-9 设置图形单位的长度

03 在【图形单位】对话框的【角度】选项组中设置【类型】和【精度】，在这里将【类型】设置为【十进制度数】，【精度】设置为 0，如图 3-10 所示。

提示

如果选中【角度】选项组中的【顺时针】复选框，则会以顺时针方向计算正的角度值，默认的正角度方向是逆时针方向。

04 在【图形单位】对话框中单击【方向】按钮，弹出【方向控制】对话框，在该对话框中设置【基准角度】的方向，在此选择【北】单选按钮，如图 3-11 所示。

 提示

在【方向控制】对话框中也可以选择【其他】单选按钮，并使用下面的【拾取角度】按钮在绘图窗口中拾取角度或者直接在【角度】文本框中输入角度。

05 在【图形单位】对话框中单击【插入时的缩放单位】选项组中的【用于缩放插入内容的单位】下拉按钮，在弹出的下拉列表框中选择【毫米】选项，如图 3-12 所示。

图 3-10　设置图形单位的角度　　图 3-11　【方向控制】对话框　　图 3-12　选择【毫米】选项

06 最后单击【确定】按钮，即完成了图形单位的设置。

3.1.5　十字光标

在绘图窗口内有一个十字光标，其交点表示光标当前所在位置，用它可以绘制和选择图形。移动鼠标时，光标会因为位于界面的不同位置而改变形状，以反映出不同的操作。用户可以根据自己的习惯对十字光标的大小进行设置。

3.1.6　【上机操作】——设置十字光标

用户可根据实际需要设置十字光标的大小，具体操作如下：

01 在绘图区右击，在弹出的快捷菜单中选择【选项】命令，弹出【选项】对话框。

02 切换至【显示】选项卡，在【十字光标大小】文本框中输入需要的大小，或拖动文本框右侧的滑块到合适的位置，这里在文本框中输入 20，如图 3-13 所示。

03 切换至【选择集】选项卡，在【拾取框大小】选项组中向右拖动滑块至如图 3-14 所示的位置。

图 3-13　将【十字光标大小】设置为 20　　　　图 3-14　设置拾取框

04 单击 确定 按钮，返回 AutoCAD 2016 工作界面，即可看到十字光标与原来相比更长，拾取框更大。显示效果如图 3-15 所示。

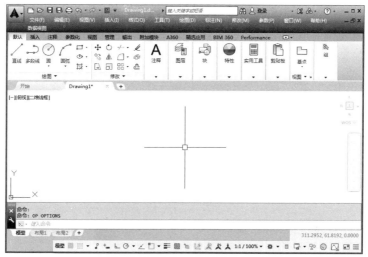

图 3-15　显示效果

3.1.7　命令行

　　命令行位于绘图区的下方，是 AutoCAD 显示用户输入的命令和提示信息的地方。用户可以根据自己的需要改变【命令】窗口的大小，也可以将其拖动为浮动窗口。

　　在默认情况下，AutoCAD 只在【命令】窗口中显示最后的 3 行所执行的命令或提示信息。用户可以根据需要改变【命令】窗口的大小，使其显示多于或少于 3 行的信息。

　　当执行不同的命令时，命令行将显示不同的提示信息。即每一个命令都有自己的一系列提示信息，而同一个命令在不同的情况下被执行时，出现的提示信息也可能不同。

3.1.8　【上机操作】——更改命令行的显示行数与字体

　　除了可以根据个人绘图习惯的不同，随时缩小和扩展命令行外，用户还可以将命令行中的字体设置为自己喜欢的类型，具体操作如下：

01 将鼠标光标移至命令行边上，等待鼠标光标变成如图 3-16 所示的状态。

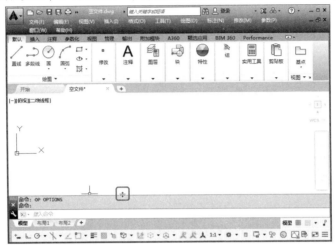

图 3-16 将鼠标光标移至命令行边上

02 按住鼠标左键不放，向上或向下推动鼠标即可扩展或缩小命令行，如图 3-17 所示为将命令行扩展后的效果。

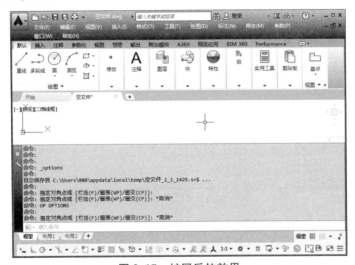

图 3-17 扩展后的效果

03 在绘图区右击，在弹出的快捷菜单中选择【选项】命令，弹出【选项】对话框，切换至【显示】选项卡，在【窗口元素】选项组中单击 字体(F)... 按钮，如图 3-18 所示。

04 弹出【命令行窗口字体】对话框，在【字体】文本框中输入需要的字体名称，或在其下拉列表中选择需要的字体，这里选择【@楷体】选项。

05 在【字形】文本框中输入需要的字形名称，或在其下拉列表中选择需要的字形，这里选择【粗体倾斜】选项。

06 在【字号】文本框中输入需要的字号，或在其下拉列表中选择需要的字号，这里选择【小五】选项，然后单击 应用并关闭(A) 按钮，如图 3-19 所示。

图 3-18　单击【字体】按钮

图 3-19　设置命令行窗口的字体

07 返回【选项】对话框，单击 确定 按钮，返回工作界面，即可看到命令行的字体发生了变化，如图 3-20 所示。

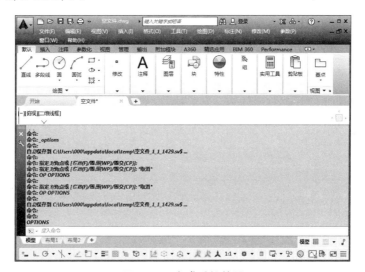

图 3-20　完成后的效果

3.1.9　设置工作空间

由于 AutoCAD 的绘图功能强大，因此它的应用范围十分广泛，为了让不同的用户能够根据自己的喜好来选择相应的绘图环境，AutoCAD 设置了以下几种工作空间。

1. 菜单栏的显示

习惯使用以前版本中菜单栏的用户，也能在 AutoCAD 2016 中将其调出使用。操作方法为：单击快速访问区右侧的 按钮，在弹出的下拉菜单中选择【显示菜单栏】命令，如图 3-21 所示。返回工作界面即可看到菜单栏已显示在选项卡的上方，如图 3-22 所示。再次单击快速访问区右侧的 按钮，在弹出的菜单中选择【隐藏菜单栏】命令，可以隐藏菜单栏。

图 3-21 选择【显示菜单栏】命令

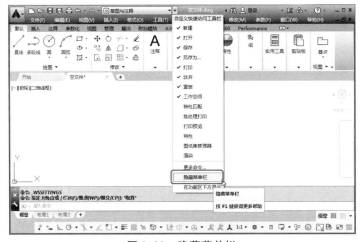

图 3-22 隐藏菜单栏

2. 选择工作空间

用户可以根据自己的习惯对工作空间进行切换，操作方法为：单击状态栏中的【切换工作空间】按钮 ✿ ▾，在弹出的菜单中选择一种工作空间命令，如图 3-23 所示，即可切换为选择的工作空间。

图 3-23 选择工作空间

3. 保存工作空间

用户可以将习惯使用的工作空间进行保存，以方便以后随时调用，操作方法为：单击状态栏中的【切换工作空间】按钮 ✿ ▾，在弹出的菜单中选择【将当前工作空间另存为】命令，如图 3-24 所示。弹出【保存工作空间】对话框，在【名称】文本框中输入【新空间】，单击 保存(S) 按钮，保存设置的工作空间，如图 3-25 所示。

图 3-24 选择【将当前工作空间另存为】命令

图 3-25 保存工作空间

3.1.10 【上机操作】——启动 AutoCAD 2016 设置绘图环境

下面使用前面介绍的知识设置一个工作环境，然后将其保存。

01 启动 AutoCAD 2016，在命令行中输入命令【LIMITS】，将左下角的坐标保持为默认值，按【Enter】键，如图 3-26 所示。

图 3-26 输入【LIMITS】命令

02 将右上角的参数设置为（200, 300），如图 3-27 所示。

图 3-27 指定右上角的参数

03 设置完参数后按【Enter】键，打开栅格模式，使用栅格显示图限区域，效果如图 3-28所示。

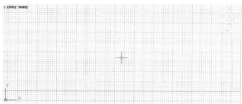

图 3-28 栅格模式打开后的效果

04 在命令行中输入命令【UN】，弹出【图形单位】对话框，在【长度】选项组的【精度】下拉列表中选择【0】选项，如图 3-29 所示，然后单击 确定 按钮。

05 在绘图区右击，在弹出的快捷菜单中选择【选项】命令，弹出【选项】对话框，切换至【显示】选项卡，在【十字光标大小】文本框中输入 20，如图 3-30 所示。

图 3-29 设置【精度】选项

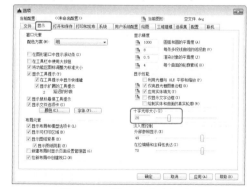

图 3-30 设置十字光标大小

06 切换至【选择集】选项卡，向右拖动【拾取框大小】滑块至如图 3-31 所示的位置，单击 确定 按钮。

07 单击状态栏中的【切换工作空间】按钮 ✿ ▼，在弹出的菜单中选择【三维建模】命令，将工作空间切换至【三维建模】模式，效果如图 3-32 所示。

图 3-31 向右拖动滑块

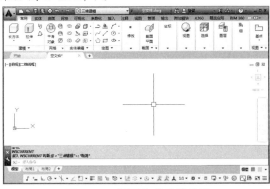

图 3-32 设置完成后的效果

3.2 观察图形

对于一个较为复杂的图形来说，在观察整幅图形时往往无法对其局部细节进行查看和操作，而当在屏幕上显示一个细节时又看不到其他部分，为解决这个问题，AutoCAD 提供了ZOOM（缩放）、PAN（平移）、VIEW（视图）、AERIAL VIEW（鸟瞰视图）和 VIEWPORTS（视口）命令等一系列图形显示控制命令，可以用来任意的放大、缩小或移动屏幕上的图形，或者同时从不同的角度、不同的部位来显示图形。AutoCAD 还提供了 REDRAW（重画）和REGEN（重新生成）命令来刷新屏幕、重新生成图形。

3.2.1 重画与重生成

我们在绘图或编辑的过程中，经常会在屏幕上留下对象的拾取标记，这些标记属于临时标记，并不属于图形中的对象。为了避免图形画面的混乱，这时就可以使用 AutoCAD 的重画与重生成图形功能清除这些临时标记。

1. 重画图形

重画又称为刷新，用于从当前窗口中删除编辑命令留下的点标记，同时还可以编辑图形留下的点标记，是对当前视图中图形的一种刷新显示。执行该命令后，屏幕上或当前视区中原有的图形消失，紧接着把该图形又重新画一遍。如果原图形中有残留的光标点，那么这些残留的光标点在重画后的图形中将不再出现。

【重画】有如下两种方式：

● 在菜单栏中选择【视图】|【重画】命令。
● 在命令行中执行【REDRAW】或【REDRAWALL】命令并按【Enter】键。

 提示

　　在命令行中输入【REDRAW】命令，将从当前视口中删除编辑命令留下来的点标记；输入【REDRAWALL】命令，将从所有视口中删除编辑命令留下来的点标记。

2. 重生成图形

在 AutoCAD 中，如果一直使用某个命令修改编辑图形，但该图形似乎看不出发生什么变化，此时可使用【重生成】命令更新屏幕显示。而且某些操作只有在使用【重生成】命令后才生效，如改变点的格式。

【重生成】命令有以下两种形式：

- 选择【视图】|【重生成】命令或在命令行执行【REGEN】命令可以更新当前视区。
- 选择【视图】|【全部重生成】命令或在命令执行【REGENALL】命令可以同时更新多重视口。

 提示

重生成与重画在本质上是不同的，利用【重生成】命令可重生成屏幕，此时系统从磁盘中调用当前图形的数据，比【重画】命令执行速度慢，更新屏幕花费时间较长。

3.2.2 【上机操作】——重生成图形

下面将讲解重生成图形，具体操作步骤如下：

01 打开随书附带光盘中的 CDROM\素材\第 3 章\床.dwg 素材文件，如图 3-33 所示。

02 在图纸空白处右击，在弹出的快捷菜单中单击【选项】命令，如图 3-34 所示。弹出【选项】对话框，选择【显示】选项卡，在【显示性能】选项组中取消勾选【应用实体填充】复选框，如图 3-35 所示。

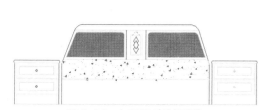

图 3-33 打开的素材图形

图 3-34 选择【选项】命令

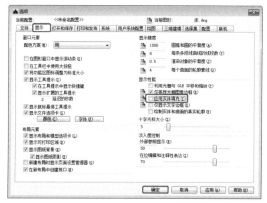

图 3-35 【选项】对话框

03 单击【确定】按钮，在命令行中输入【REGEN】（重生成）命令，并按【Enter】键
确认，即可重生成图形，如图 3-36 所示。

图 3-36 重生成的图形

3.2.3 视图的缩放

缩放是使图形对象整体放大或缩小，通过指定一个基点和比例因子来缩放对象。通常，
在绘制图形的局部细节时，需要通过缩放视图来观察图形对象。缩放视图可以增加或减少图
形对象的屏幕显示尺寸，但对象的真实尺寸保持不变。通过改变显示区域和图形对象的大小
能更准确、更详细地绘图。

1. 【缩放】菜单

在 AutoCAD 2016 中，选择【视图】|【缩放】右侧下拉
菜单中的子命令，如图 3-37 所示，可以对视图进行缩放。

在绘制图形的局部细节时，有时需要放大图形的某处区
域，这时可以使用缩放工具放大该绘图区域。当绘制完成后，
再使用缩放工具缩小图形来观察图形的整体效果。常用的缩
放命令或工具有【实时】、【窗口】、【动态】和【居中】等。

2. 实时缩放视图

在【标准】工具栏中单击【实时】按钮 ，进入实时缩
放模式，此时鼠标指针呈 形状。此时向上拖动光标可以放
大整个图形；向下拖动光标可以缩小整个图形；释放鼠标后
停止缩放。

图 3-37 使用菜单命令进行缩放

3. 窗口缩放视图

执行【视图】|【缩放】|【窗口】命令，然后在屏幕上拾取两个对角点以确定一个矩形窗
口，系统自动将矩形范围内的图形放大至整个屏幕。

> **知识链接：**
>
> 在执行窗口缩放时，如果系统变量【REGENAUTO】设置为关闭状态，则与当前显示
> 设置的界线相比，拾取区域显得过小。系统提示将重新生成图形，并询问是否继续下去，
> 此时应输入【NO】，并重新选择较大的窗口区域。

4. 动态缩放视图

执行【视图】|【缩放】|【动态】命令，即可将图形对象进行动态缩放。当进入动态缩放

模式时，在屏幕中将显示一个带【×】的矩形方框。单击鼠标，此时选择窗口中心的【×】消失，显示一个位于右边框的方向箭头，拖动鼠标可改变选择窗口的大小，以确定选择区域大小，最后按【Enter】键，即可缩放图形。

5. 设置视图缩放比例

执行【视图】|【缩放】|【比例】命令，在图形中指定一点，然后指定一个缩放比例因子，选择的点将作为该新视图的中心点。如果输入的数值比默认值小，则会增大图像。如果输入的数值比默认值大，则会缩小图像。

在输入缩放比例因子时，有以下 3 种输入方式。

● 相对于原始图形缩放（也称为绝对缩放）：直接输入一个大于 1 或小于 1 的正数值，将图形以【N】倍于原始图形的尺寸显示。

● 相对于当前视图缩放：直接输入一个大于 1 或小于 1 的正数值，但是在数字后面加上 1X，将图形以【N】倍于当前图形的尺寸显示。

● 相对于图纸空间缩放：直接输入一个大于或小于 1 的正数值，但是在数字后面加上 XP，将图形以【N】倍于当前图纸空间的尺寸单位显示。

提示

要指定相对的显示比例，可输入带 X 的比例因子数值。例如，输入 3X 将显示比当前视图大 3 倍的视图。如果正在使用浮动视口，则可以输入 XP 来相对于图纸空间进行比例缩放。

6. 中心缩放

【中心缩放】命令表示按指定的中心点和缩放比例对当前图形对象进行缩放。

● 在菜单栏中单击【视图】|【缩放】|【圆心】菜单命令。

● 在命令行中输入【ZOOM】命令，再选择【中心（C）】选项。

执行上述操作并指定中心点后，命令行提示【输入比例或高度：】，此时输入缩放倍数或新视图的高度。如果在输入的数值后面加上一个字母 X，则此输入值为缩放倍数，如果在输入的数值后面未加 X，则此输入值将作为新视图的高度。

7. 缩放对象

【缩放对象】命令可将所选对象最大化显示在绘图窗口中。

● 在菜单栏中选择【视图】|【缩放】|【对象】菜单命令。

● 在命令行中输入【ZOOM】命令，再选择【对象（O）】选项。

执行缩放对象命令后，在命令行中将提示【选择对象：】，此时用户选择需要缩放的对象，然后按【Enter】键确定，从而将选择的对象以最大范围显示在视图中。

8. 全部缩放

【全部缩放】命令表示在当前视图显示整个图形，其大小取决于图限设置或者有效绘图区域，这是因为用户可能没有设置图限或有些图形超出了绘图区域，此时 AutoCAD 系统要重新生成全部图形。

● 在菜单栏中选择【视图】|【缩放】|【全部】命令

● 在命令行中输入【ZOOM】命令，再选择【全部（A）】选项。

3.2.4 【上机操作】——应用实时缩放视图

下面将讲解实时缩放视图，具体操作步骤如下：

01 首先打开随书附带光盘中的 CDROM\素材\第 3 章\树.dwg 素材文件，如图 3-38 所示。

02 在菜单栏中选择【视图】|【缩放】|【实时】命令，如图 3-39 所示。

图 3-38 打开的素材图形　　　　图 3-39 单击【实时】按钮

03 此时鼠标变成放大镜形状，在绘图区中按住鼠标左键并向上拖动，即可放大图形，如图 3-40 所示。

04 按住鼠标左键并向下拖动，即可缩小图形，如图 3-41 所示。

图 3-40 放大图形　　　　　　　图 3-41 缩小图形

提示

除了用上述方法可以调用【实时】命令外，还有下面几种常用的方法。

● 选择菜单栏中的【工具】|【工具栏】|【AutoCAD】|【标准】命令，弹出【标准】
　工具栏，单击【实时缩放】按钮 。

● 在绘图区中右击，在弹出的快捷菜单中选择【缩放】命令。

3.2.5 视图的平移

在执行平移视图命令时可以重新定位图形，使其他部分更清晰地展现出来。此时不会改变图形中对象的位置或比例，只改变视图。

1. 平移视图

选择菜单栏中的【视图】|【平移】右侧的子命令，如图 3-42 所示，或单击【标准】工具栏中的【实时平移】按钮，或在命令行中直接输入【PAN】命令，都可以平移视图。

2. 实时平移

选择菜单栏中的【视图】|【平移】|【实时】命令，移动鼠标，窗口内的图形就可按鼠标路线的方向移动。

3. 定点平移

选择菜单栏中的【视图】|【平移】|【点】命令，指定基点和位移值来平移视图。在 AutoCAD 中，它相当于将一个镜头对准视图，当镜头移动时，视口中的图形也跟着移动。

图 3-42 选择【平移】命令

 提示

使用【平移】命令平移视图时，视图的显示比例不变。除了可以上、下、左、右平移外，还可以使用【实时】和【点】命令平移视图。

3.2.6 【上机操作】——定点平移

下面将通过实例讲解如何定点平移图形，具体操作步骤如下：

01 首先打开随书附带光盘中的 CDROM\素材\第 3 章\下棋.dwg 素材文件，如图 3-43 所示。

02 在命令行中输入【-PAN】（定点）命令，并按【Enter】键进行确认。

03 根据命令行提示进行操作，输入 800，按【Enter】键确认，指定第一个基点，如图 3-44 所示。再次输入 800，按【Enter】键确认，即可定点平移图形，如图 3-45 所示。

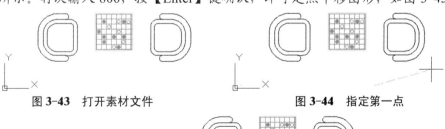

图 3-43 打开素材文件　　　　　图 3-44 指定第一点

图 3-45 定点平移图形

提示

除了用上述方法可以调用【定点】命令外，还可以选择菜单栏中的【视图】|【平移】|【点】命令，并根据命令行提示进行操作。

3.2.7 命名视图

命名视图是指某一视图的状态以某种名称保存起来，然后在需要时将其恢复为当前显示，以提高绘图效率。有以下几种方式：

● 在菜单栏中选择【视图】|【命名视图（N）】命令。

● 在命令中执行【VIEW】命令。

● 按【V】键。

1. 将视图命名

在 AutoCAD 环境中，可以通过命名视图将视图的区域、缩放比例、透视设置等信息保存起来。

选择【视图】|【命名视图】命令，打开【视图管理器】对话框，如图 3-46 所示。

在【视图管理器】对话框中，【当前视图】显示了当前视图的名称，【查看】选项组的列表框列出了已命名的视图和可作为当前视图的类别。各主要选项的含义介绍如下。

图 3-46 【视图管理器】对话框

● 【当前】选项：显示当前视图及其【裁剪】特性。

● 【模型视图】选项：显示命名视图和相机视图列表，并列出选定视图的【基本】、【查看】和【裁剪】特性。

● 【布局视图】选项：在定义视图的布局上显示视口列表，并列出已选定视图的【基本】和【查看】特性。

● 【预设视图】选项：显示正交视图和等轴测视图列表，并列出选定视图的【基本】特性。

● 【置为当前】按钮：表示恢复选定的视图。

● 【新建】按钮：表示创建一个新的命名视图。

● 【更新图层】按钮：表示更新与选定的视图一起保存的图层信息，使其与当前模型空间和布局视口中的图层可见性匹配。

● 【编辑边界】按钮：表示显示选定的视图，绘图区域的其他部分以较浅的颜色显示，从而显示命名视图的边界。

● 【删除】按钮：表示删除选定的视图。

在创建新的视图时，单击【新键】按钮，弹出【新建视图/快照特性】对话框，如图 3-47 所示。在该对话框中可设置视图名称、选择视图类型、定义视图边界及其他相关的设置。

● 【视图特性】选项卡：可定义要显示的图形区域，并控制视图中对象的视觉外观以及为命名视图指定的背景。

● 【快照特性】选项卡：可定义在使用【ShoeMotion】播放视图时用于该视图的转场和运动，如图 3-48 所示。

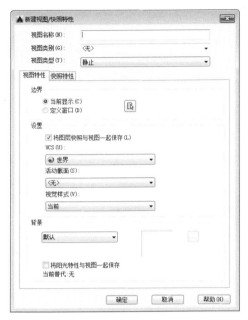

图 3-47 【新建视图/快照特性】对话框

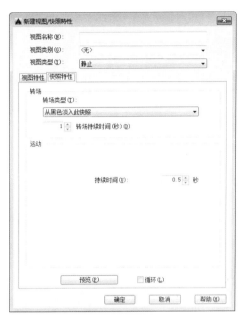

图 3-48 【快照特性】选项卡

2. 恢复命名视图

当需要重新使用一个已命名的视图时，可以将该视图恢复到当前窗口。选择【视图】|【命名视图】命令，弹出【视图管理器】对话框，选择已经命名的视图，然后单击【置为当前】按钮，再单击【确定】按钮即可恢复已命名的视图。

3.2.8　平铺视口

视口就是视图所在的窗口，在创建复杂的二维图形和三维建模时，为了便于同时观察图形的不同部分或三维建模的不同侧面，可以将绘图区划分为多个视口。平铺视口是在模型空间创建的视口，各视口间必须相邻，视口只能为标准的矩形，而且无法调整视口边界。

平铺视口是指把绘图窗口分成多个矩形区域，从而创建多个不同的绘图区域，其中每一个区域都可用来查看图形的不同部分。在 AutoCAD 中，可以同时打开多达 32 000 个视口，屏幕上还可保留菜单栏和命令提示窗口。

在 AutoCAD 2016 中，选择【视图】|【视口】子菜单中的命令，如图 3-49 所示，如选择【命名视口】命令，将弹出【视口】对话框，可以在模型空间中创建和管理平铺视口，如图 3-50 所示。

图 3-49 选择【平铺】命令

图 3-50 【视口】对话框

1. 创建平铺视口

当打开一个图形文件时，默认情况下是一个视口填满模型空间的整个绘图区域。选择【视图】|【视口】|【新建视口】命令，弹出【视口】对话框，如图 3-51 所示。在【新建视口】选项卡中可以显示【标准视口】配置列表和创建并设置新平铺视口。

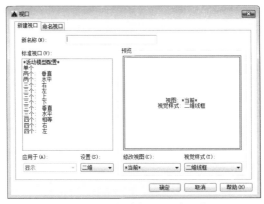

图 3-51 【新建视口】选项卡

用户可以通过以下任意一种方式创建平铺视口：

- 在菜单栏中执行【视图】|【视口】|【新建视口】命令。
- 在工具栏中选择【视图】|【模型视口】|【命名】命令。
- 在命令行中执行【VPOINTS】命令。

2. 分割与合并视口

在 AutoCAD 2016 中，选择【视图】|【视口】子菜单中的命令，可以在不改变视口显示的情况下，分割或合并当前视口。选择【视图】|【视口】|【一个视口】命令，可以将当前视口充满整个绘图窗口；选择【视图】|【视口】|【两个视口】、【三个视口】或【四个视口】命令，可以将当前视口分割为 2 个、3 个或 4 个视口。例如，将绘图窗口分隔为 3 个和 4 个视口效果如图 3-52 和图 3-53 所示。

选择【视图】|【视口】|【合并】命令，首先选定一个视口作为主视口，然后选择一个相邻视口，将该视口与主视口合并。

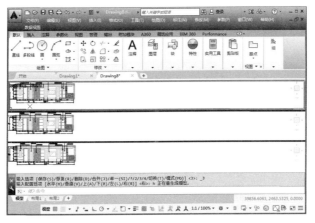

图 3-52　将绘图窗口分割成 3 个视口

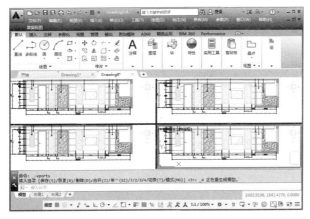

图 3-53　将绘图窗口分割成 4 个视口

3.2.9 【上机操作】——平铺视口的设置

下面将讲解平铺视口的设置，具体操作步骤如下：

01 首先打开随书附带光盘中的 CDROM\素材\第 3 章\树.dwg 素材文件，如图 3-54 所示。

02 在菜单栏中选择【视图】|【视口】|【新建视口】命令，如图 3-55 所示。弹出【视口】对话框，选择【新建视口】选项卡，在【新名称】文本框中输入【平铺】，在【标准视口】列表框中选择【两个：水平】选项，如图 3-56 所示。

03 单击【确定】按钮，即可新建平铺视口，如图 3-57 所示。

提示

除了用上述方法可以新建平铺视口外，还可以在命令行中输入【VPORTS】(新建视口) 命令并按【Enter】键确认。

图 3-54 打开的素材图形

图 3-55 选择【新建视口】命令

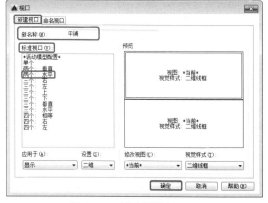

图 3-56 新建平铺视口

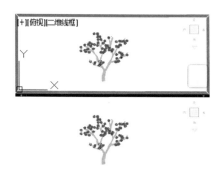

图 3-57 新建平铺视口

04 在【视图】选项卡中选择【视口配置】面板并单击，在弹出的下拉列表中选择【四个：相等】命令，如图 3-58 所示。

05 分割后的平铺视口效果如图 3-59 所示。

图 3-58 选择【四个：相等】命令

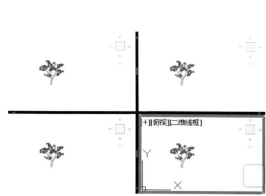

图 3-59 分割平铺视口

06 在【视图】选项卡中选择【合并】命令，如图 3-60 所示。

07 根据命令行提示进行操作，选择右下方的视口为主视口，选择右上方的视口为要合并的视口，即可合并平铺视口，完成效果如图 3-61 所示。

图 3-60 选择【合并】命令

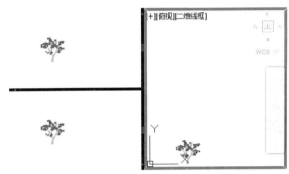

图 3-61 合并平铺视口

提示

除了用上述方法可以合并视口外，还可以选择菜单栏中的【视图】|【视口】|【合并】命令。

3.2.10 控制可见元素

在 AutoCAD 中，为了提高程序的性能，避免因图形的复杂程度直接影响系统刷新屏幕或处理命令的速度，可以关闭文字、线宽或填充显示。

1. 控制填充显示

当实体填充模式关闭时，填充不可打印。但是，改变填充模式的设置并不影响显示具有线宽的对象。在命令行执行【FILL】命令，变量可以打开或关闭宽线、宽多段线和实体填充。在关闭填充时，可以提高 AutoCAD 的显示处理速度。当修改了实体填充模式后，选择【视图】|【重生成】命令，如图 3-62 所示，可以查看效果，且新对象将自动反映新的设置。

2. 控制线宽显示

单击状态栏上的【显示/隐藏线宽】按钮 ▤ 或通过【线宽设置】对话框（选择【格式】|【线宽】命令即可打开），

图 3-62 选择【重生成】命令

57

可以切换线宽显示的开和关。当在模型空间或图纸空间中工作时，为了提高 AutoCAD 的显示处理速度，可以关闭线宽显示。线宽以实际尺寸打印，但在【模型】选项卡中与像素成比例显示，任何线宽的宽度如果超过了一个像素，就有可能降低 AutoCAD 的显示处理速度。如果要使 AutoCAD 的显示性能最优，则在图形中应该把线宽显示关闭，如图 3-63 和图 3-64 所示。

图 3-63　选择【线宽】命令

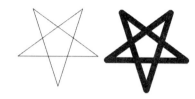

图 3-64　选择【线宽】命令后在视图中的显示

3．控制文字快速显示

与填充模式一样，关闭文字显示可以提高 AutoCAD 的处理速度。在 AutoCAD 中，可以通过设置系统变量【QTEXT】打开【快速文字】模式或关闭文字的显示。快速文字模式打开时，只显示定义文字的框架。打印快速文字时，则只打印文字框而不打印文字。无论何时修改了快速文字模式，都可以通过选择【视图】|【重生成】命令查看现有文字上的改动效果，且新的文字自动反映新的设置。

3.3　坐标系查询工具

在绘图过程中常常需要使用某个坐标系作为参照，确定拾取点的位置，以便精确定位某个对象，从而可以使用 AutoCAD 提供的坐标系来准确地设计并绘制图形。AutoCAD 2016 中的坐标包括世界坐标系（WCS）、用户坐标系（UCS）等多种坐标系统，系统默认的坐标系统为世界坐标系。

3.3.1　世界坐标系（WCS）

坐标（x, y）是表示点的最基本方法。默认情况下，在开始绘制新图形时，当前坐标为世界坐标系（World Coordinate System，WCS），它包括 X 轴和 Y 轴（如果在三维空间工作，还有一个 Z 轴）。世界坐标系是 AutoCAD 的基本坐标系统。在绘制和编辑图形的过程中，世界坐标系的原点和坐标轴方向都不会改变。

世界坐标系坐标轴的交汇处有一个【口】字形标记，它的原点位于绘图窗口的左下角，所有的位移都是相对于该原点计算的。在默认情况下，X 轴正方向水平向右，Y 轴正方向垂直向上，如图 3-65 所示。

图 3-65　世界坐标系

3.3.2　用户坐标系（UCS）

在 AutoCAD 中，为了能够更好地辅助绘图，经常需要修改坐标系的原点和方向，这时世界坐标系将变为用户坐标系（User Coordinate System，UCS）。在默认情况下，用户坐标系与世界坐标系相重合，用户可以在绘图的过程中根据实际情况来定义。

用户可以选择【工具】菜单中的【命名 UCS】和【新建 UCS】命令，及其子命令，或者在命令行中执行【UCS】命令来设置用户坐标系。

3.3.3 坐标的输入

在 AutoCAD 中，坐标分为绝对直角坐标、相对直角坐标、绝对极坐标和相对极坐标。

绝对直角坐标是以原点（0，0）为基点定位所有的点的。输入点（x，y，z）的坐标值，在二维图形中（z=0 可以省略）。如用户可以在命令行中输入（5，2）或（3，2）（中间用英文逗号隔开）来定位点在 XY 平面上的位置。

相对坐标是某点（A）相对于另一特定点（B）的位置，即把前一个输入点作为输入坐标值的参考点，输入点的坐标值，位移增量为△X、△Y、△Z。其格式为（@△X，△Y，△Z），@符号表示输入的是相对坐标值。如（@5，-5）是指该点相对于当前点沿 X 轴正方向移动 5 个长度的距离，沿 Y 轴负方向移动 5 个长度的距离。

绝对极坐标是通过相对于极点的距离和角度来定义，其格式为（距离<角度）。角度以 X 轴正向为度量基准，逆时针为正，顺时针为负。绝对极坐标以原点为基点，如输入（20<50），表示极径为 20，极角为 50°的点。

相对极坐标是依上一个操作点为极点，其格式为（@距离<角度）。如输入（@15<30），表示该点与上一个点的距离为 15，和上一点的连线与 X 轴呈 30°夹角。

3.4 命令执行方式

在 AutoCAD 中，绘制图形对象时，首先需要执行相应的命令方可进行操作。命令的执行方式有菜单方式、工具按钮方式、键盘输入（命令行方式）等。例如，执行【直线】命令，可以选择【绘图】|【直线】命令，或在工具栏中单击【直线】按钮，或是在命令行中输入【LINE】命令，都可以完成直线的绘制。在绘图时，用户应根据实际情况选择最佳的执行方式，从而提高绘图效率。

3.4.1 以菜单方式执行命令

使用菜单方式执行命令是指通过下拉菜单或右键快捷菜单中相应的命令来完成，选择相应的命令后，在命令行中就会出现相应的命令。对于初学者来说使用菜单方式执行命令是最常用的方法，该方法的优点在于当初学者不知道某个命令的命令形式，又不知道该命令的工具按钮在哪儿，就可以通过菜单方式来执行所需的命令。

如果对线形样式进行设置，则可以在【格式】菜单下进行选择，因为线形的设置与格式有关。如果要使用某个绘图命令，则可在【绘图】菜单中选择相应的绘图命令。

3.4.2 以工具按钮方式执行命令

使用工具按钮方式执行命令与菜单方式相似，唯一不同的是使用工具按钮方式执行命令是在工具栏中完成的。在执行命令时需在工具栏中选择相应的按钮，然后根据命令行的提示完成绘图操作。

例如，要使用【圆】命令绘制圆，可以通过单击【绘图】工具栏上的按钮 来进行；如果要使用【移动】命令来移动图形对象，则可以通过单击【修改】工具栏上的按钮来进行。

3.4.3 以键盘输入的方式执行命令

使用键盘输入的方式执行命令是指在命令行中输入相应的英文代码，然后根据系统提示即可完成绘图。这也是最常用的一种绘图方法。

例如，要使用【矩形】命令绘制矩形，则可以在命令行中执行【RECTANG】命令，按【Enter】键后，根据系统提示进行相应的操作，如图 3-66 所示。

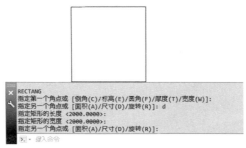

图 3-66　命令行提示

3.4.4 【上机操作】——使用键盘输入的方式执行命令

本例将讲解如何绘制电视柜平面图，其操作步骤如下：

01 首先打开随书附带光盘中的 CDROM\素材\第 3 章\【电视柜.dwg】素材文件，如图 3-67 所示。

02 在命令行中输入【FILLET】命令，按【Enter】键确认，根据命令行的提示选择第一个对象，在命令行中输入 R（半径），按【Enter】键确认，指定半径为 80，按【Enter】键进行确认，选择第二个对象，即完成倒圆角命令。以同样的方法对电视柜剩余三个角进行倒圆角，完成效果如图 3-68 所示。

图 3-67　打开素材　　　　　　　图 3-68　倒圆角效果

03 在【默认】选项卡中单击【圆弧】命令，在【圆弧】下拉列表中选择【起点、端点、方向】命令，在电视柜前绘制圆弧，完成效果如图 3-69 所示。

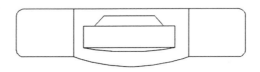

图 3-69　电视柜平面图

3.4.5　重复上一次操作的命令

在绘制图形时，同一种命令有时需要重复执行，为了便于操作，下面将讲解几种重复执行命令的方法。

1. 重复上一次刚执行过的命令

当执行完一种命令后，下一步还要执行该命令，此时按【Enter】键或空格键即可快速重复执行该命令，或者在绘图区中右击，然后在弹出的快捷菜单中选择【重复】命令即可，如图 3-70 所示。

2. 重复任何使用过的命令

按【F2】键，弹出【AutoCAD 文本窗口】对话框，滚动鼠标的中间滚轮上下翻滚，直到找到要重复执行的命令，再按【Enter】键或空格键也可快速执行使用过的命令。

3. 重复最近的输入命令

在白色绘图区中右击，在弹出的快捷菜单中选择【最近的输入】命令，弹出的下拉菜单为最近执行的命令，用户可以根据需要选择命令，如图 3-71 所示。

图 3-70　选择【重复】命令　　　图 3-71　【最近的输入】下拉菜单

3.4.6　退出正在执行的命令

在 AutoCAD 中，当命令执行完成后需退出命令，退出命令有以下几种情况：
- 可按【Esc】键退出该命令。
- 按【Enter】键结束某些操作命令。
- 有的操作命令需要按两次或多次【Enter】键才能退出。

3.4.7 取消已执行的命令

在绘图过程中，当发现出现错误时，需立刻取消命令的执行，以免造成严重影响。执行取消命令的方式有以下几种：

- 选择菜单栏中的【编辑】|【放弃】命令。
- 单击【标题栏】中的【放弃】按钮，或者单击其后的下三角按钮，从弹出的下拉列表中选择放弃的命令操作。
- 可以通过在命令行中执行【UNDO】命令来执行取消操作。

> **知识链接：**
>
> 只要没有使用【QUIT】命令结束绘图，进入 AutoCAD 后的全部绘图操作都存储在缓冲区中，使用【UNDO】命令可以逐步取消本次进入绘图状态后的操作，直至本次工作的初始状态。
>
> 执行该命令后，AutoCAD 将出现如下提示：
>
> 输入要放弃的操作数目或[自动（A）/控制（C）/开始（BE）/结束（E）/标记（M）/后退（B）]:
>
> 提示中的各个选项介绍如下。
>
> 【自动】选项：使用该选项，可以设置【UNDO】自动模式。执行该选项后将出现如下提示：
>
> 输入 UNDO 自动模式[开（ON）/关（OFF）]<开>:
>
> 【控制】选项：选择该选项，可以设置保留多少恢复信息。执行该选项后将出现如下提示：
>
> 输入 UNDO 控制选项[全部（A）/无（N）/一个（O）]<全部>:
>
> 【开始】选项：通常该选项和【结束】选项一起使用，用户可以通过该命令把一系列命令定义为一个小组，这个组由【UNDO】命令统一处理。
>
> 【结束】选项：用于定义组的结束部位。
>
> 【标记】选项：该选项和【后退】选项一起使用，用于在编辑过程中设置标记，以后可使用【UNDO】命令返回到这一标记位置。
>
> 【后退】选项：选择该选项，可以使图形返回到标记位置。

3.4.8 恢复已撤销的命令

当重新使用上一次撤销的命令时，可在命令行中执行【REDO】命令，执行该命令的方式如下：

- 在菜单栏中选择【编辑】|【重做】命令。
- 单击【标题栏】中的【重做】按钮，或者单击其后的下三角按钮，从弹出的下拉列表中选择重复的命令操作。
- 在命令行中执行【REDO】命令。

执行以上任意命令，都可重复操作前一次或前几次的命令。

> **提示**
>
> 【REDO】命令只有在执行了【UNDO】命令之后才起作用。

3.4.9 透明命令

在 AutoCAD 2016 中,有些命令不仅可以直接在命令行中执行,而且还可以在其他命令的执行过程中插入并执行,待该命令执行完毕后,系统将继续执行原命令,这种命令称为透明命令。

透明命令可以方便用户在执行某一绘图或编辑操作时设置 AutoCAD 的系统变量、调整屏幕显示范围、快速显示相应的帮助信息和增强绘图辅助功能,而不中断正在执行的命令。在绘制复杂的图形时,透明命令显得尤为重要。

在 AutoCAD 中,很多命令可以透明使用,而这些透明命令多为修改图形设置的命令,或是打开绘图辅助工具的命令,如【ZOOP】(缩放)命令、【PAN】(平移)命令、【HELP】(帮助)命令、【ORTHO】(正交)命令、【SNAP】(捕捉)命令和【GRID】(栅格)命令等。

要启动透明命令,用户可以在执行某个命令的过程中单击透明命令按钮,或从菜单中选择相应的命令,也可以在命令之前输入单引号【'】,透明命令的提示前有一个(》)。执行完透明命令后将继续执行原命令。

提示

当命令处于活动状态时,【UNDO】命令可以取消该命令及其任何已执行的透明命令。用户也可以不通过透明方式使用透明命令,而直接使用该命令。在执行完被透明命令中断的命令之前,透明命令打开的对话框中所进行的更改不能生效。同样,重置系统变量时,新值在下一个命令开始时才能生效。

3.4.10 【上机操作】——使用透明命令

本例将讲解如何使用透明命令,其操作步骤如下:

01 启动 AutoCAD 2016 软件,打开随书附带光盘中的 CDROM\素材\第 3 章\五边形.dwg 素材文件。

02 在命令行中输入【CIRCLE】(圆)命令,按【Enter】键确认,在绘图区中的五边形中心处单击,确定圆的中心点,如图 3-72 所示。

03 接着在命令行中输入【'ZOOM】(缩放)命令并按【Enter】键确认,然后输入【E】(范围)命令并确认,再输入 100 并确认,如图 3-73 所示。

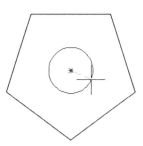

图 3-72 打开素材图形并输入命令

图 3-73 使用【透明】命令画圆

提示

在 AutoCAD 中的【透明】命令是指不仅可以在命令行中使用，而且还可以在其他命令执行过程中插入并执行，待该命令执行完后，系统继续执行原命令。

3.5　设置绘图辅助功能

AutoCAD 为用户提供了多种绘图辅助功能，如捕捉、栅格、正交、极轴追踪和对象捕捉等，可以更加精确、快速地创建和修改图形对象。本节将对辅助功能进行简单的介绍。

3.5.1　捕捉与栅格

【捕捉】用于设置鼠标光标移动的间距。【栅格】是一些标定位置的小点，起坐标值的作用，可以提供直观的距离和位置参照，如图 3-74 所示。在 AutoCAD 中，使用【捕捉】和【栅格】功能，可以提高绘图效率。

1．打开或关闭捕捉和栅格功能

打开或关闭捕捉和栅格功能有以下几种方法：

- 在状态栏中单击【捕捉到图形栅格】按钮和【显示图形栅格】按钮。
- 按【F7】键打开或关闭栅格，按【F9】键打开或关闭捕捉。
- 在菜单栏中选择【工具】|【绘图设置】命令，打开【草图设置】对话框，如图 3-75 所示。在【捕捉和栅格】选项卡中选中或取消【启用捕捉】和【启用栅格】复选框。

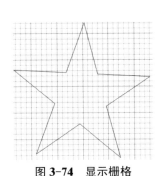

图 3-74　显示栅格

图 3-75　【草图设置】对话框

2．设置捕捉和栅格参数

利用【草图设置】对话框中的【捕捉和栅格】选项卡，可以设置捕捉和栅格的相关参数，各选项的功能如下。

- 【启用捕捉】复选框：打开或关闭捕捉方式。选中该复选框，可以启用捕捉。
- 【捕捉间距】选项组：设置捕捉间距以及捕捉基点坐标。

- 【启用栅格】复选框：打开或关闭栅格的显示。选中该复选框，可以启用栅格。
- 【栅格间距】选项组：设置栅格间距。如果栅格的 X 轴和 Y 轴间距值为 0，则栅格采用捕捉 X 轴和 Y 轴间距的值。
- 【捕捉类型】选项组：可以设置捕捉类型和样式，包括【栅格捕捉】和【PolarSnap】两种。
  - ➢ 【栅格捕捉】单选按钮：选中该单选按钮，可以设置捕捉样式为栅格。当选中【矩形捕捉】单选按钮时，可将捕捉样式设置为标准矩形捕捉模式，光标可以捕捉一个矩形栅格；当选中【等轴测捕捉】单选按钮时，可将捕捉样式设置为等轴测捕捉模式，光标将捕捉到一个等轴测栅格；在【捕捉间距】和【栅格间距】选项组中可以设置相关参数。
  - ➢ 【PolarSnap】单选按钮：选中该单选按钮，可以设置捕捉样式为极轴捕捉。此时，在启用了极轴追踪或对象捕捉追踪的情况下指定点，光标将沿极轴角或对象捕捉追踪角度进行捕捉，这些角度是相对最后指定的点或最后获取的对象捕捉点计算的，并且在【极轴间距】选项组中的【极轴距离】文本框中可设置极轴捕捉间距。
- 【栅格行为】选项组：用于设置【视觉样式】下栅格线的显示样式（三维线框除外）。
- 【自适应栅格】复选框：用于限制缩放时栅格的密度。
- 【允许以小于栅格间距的间距再拆分】复选框：用于是否能够以小于栅格间距的间距来拆分栅格。
- 【显示超出界限的栅格】复选框：用于确定是否显示图限之外的栅格。
- 【遵循动态 UCS】复选框：跟随动态 UCS 的 XY 平面而改变栅格平面。

3. 栅格间距的设置

栅格是用来精确绘制图形的，用户为了方便绘图，可以随时调整它的间距。比如，当用户所输入的一些点的坐标都为 5 的倍数时，那么便可以设置栅格的横、竖间距都为 5，进而通过捕捉栅格上的点来输入这些点，而不必通过键盘输入坐标的方法进行输入。当然用户也可以将栅格的横竖间距设置为不同，以适应具体需要。

设置栅格间距的方法有以下两种：

- 在命令行中输入【GRID】命令，根据提示来完成设置，如图 3-76 所示。

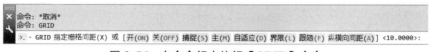

图 3-76　在命令行中执行【GRID】命令

- 通过【草图设置】对话框完成间距的设置。

在如图 3-77 所示的【草图设置】对话框中，将【栅格间距】选项组中的【栅格 X 轴间距】和【栅格 Y 轴间距】都设置为 10，【每条主线之间的栅格数】设置为 5。

用户也可以在【草图设置】对话框的【捕捉和栅格】选项卡中设置栅格的密度和开关状态。

【草图设置】对话框左下角的【捕捉类型】选项组用于设置捕捉类型，该区域内的选项介绍如下。

- 【栅格捕捉】单选按钮：用来控制栅格捕捉类别，它有两个附属单选按钮，即【矩形捕捉】和【等轴测捕捉】。前者是对平面图形而言的栅格捕捉方式，如图 3-78 所示。而后者是等轴测栅格捕捉方式，如图 3-79 所示。

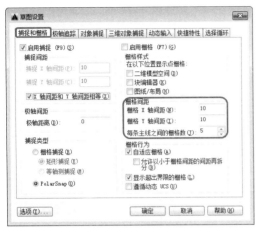
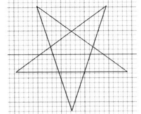
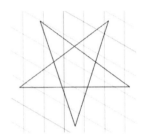

图 3-77　设置栅格间距　　　　图 3-78　【矩形捕捉】实例　图 3-79　【等轴测捕捉】实例

 提示

　　如果栅格的间距设置得太小，当进行【启用栅格】操作时，AutoCAD 2016 将在文本提示行中显示【栅格太密，无法显示】的信息，而不在屏幕上显示栅格点。或者使用【缩放】命令时，将图形缩放很小，也会出现同样的提示，不显示栅格。

3.5.2　对象捕捉

　　在绘制图形的过程中，使用对象捕捉工具栏上的命令可以将点快速、精确地限制在已有的对象的特殊位置上。因此熟练应用对象捕捉功能，是精确绘制图形的基础。

　　1. 启动对象捕捉

　　用户可以按照下面的任一方法来打开对象捕捉追踪：

- 按【F11】键。
- 单击状态栏上的【对象捕捉追踪】按钮 。
- 在【草图设置】对话框的【对象捕捉】选项卡中进行设置。在该选项卡中选择【启用对象捕捉】复选框，即可执行自动追踪功能。

　　2. 设置对象捕捉模式

　　对象捕捉功能在各种辅助功能中使用最频繁。当光标靠近用户已经设置的捕捉点，AutoCAD 会产生自动捕捉标记、捕捉提示和磁吸以方便操作。在【草图设置】对话框的【对象捕捉】选项卡，用户可以根据需要设置各对象点的捕捉，如图 3-80 所示。

提示

　　我们可以设置自己经常要用的捕捉方式。一旦设置了捕捉方式后，在每次运行时，所设置的目标捕捉方式就会被激活，而不是仅对一次选择有效，当同时使用多种方式时，系统将捕捉距光标最近同时又是满足多种目标捕捉方式之一的点。当光标距要获取的点非常近时，按下【Shift】键将暂时不获取对象。

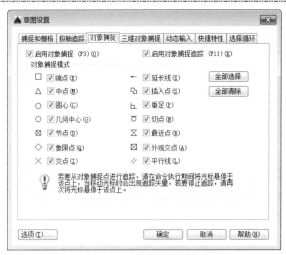

图 3-80 【对象捕捉】选项卡

　　对象捕捉的功能键为【F3】键，同时可以通过状态栏下的【对象捕捉】按钮 进行切换。

 提示

　　当图形太多时为避免相互干扰，可以设置几个相同的捕捉点，如端点、交点等。很少用到的捕捉点可以临时通过【Shift+右键】来捕捉。

　　3. 运行和覆盖捕捉模式

　　在 AutoCAD 中，对象捕捉模式又可以分为运行捕捉模式和覆盖捕捉模式。

● 在【草图设置】对话框的【对象捕捉】选项卡中，设置的对象捕捉模式始终处于运行状态，直到关闭为止，称为运行捕捉模式。

● 如果在点的命令行提示下输入关键字（如 MID、CEN 和 QUA 等），单击状态栏中的 按钮或在对象捕捉快捷菜单中选择相应命令，只临时打开捕捉模式，称为覆盖捕捉模式，仅对本次捕捉点有效，在命令行中显示一个【于】标记。

　　要打开或关闭运行捕捉模式，可选择状态栏上的【对象捕捉】 按钮。设置覆盖捕捉模式后，系统将暂时覆盖运行捕捉模式。

　　4. 使用对象捕捉追踪的技巧

　　使用自动追踪（极轴追踪和对象捕捉追踪）时，将会发现一些技巧，使指定设计任务变得更容易。

- 和对象捕捉追踪一起使用【垂足】、【端点】和【中点】对象捕捉，以绘制到垂直于对象端点或中点的点。
- 与临时追踪点一起使用对象捕捉追踪。在提示输入点时，输入【TT】，然后指定一个临时追踪点。该点上将出现一个小的加号（+）。移动光标时，将相对于这个临时点显示自动追踪对齐路径。要将这点删除，请将光标移回到加号（+）上面。
- 获取对象捕捉点之后，使用直接距离沿对齐路径（始于已获取的对象捕捉点）在精确距离处指定点。提示指定点时，请选择对象捕捉，移动光标以显示对齐路径，然后在提示下输入距离。

提示

使用临时替代键进行对象捕捉追踪时，无法使用直接距离输入方法。

- 使用【选项】对话框的【草图】选项卡上设定的【自动】和【按 Shift 键获取】选项管理点的获取方式。点的获取方式默认设定为【自动】。当光标距要获取的点非常近时，按【Shift】键将临时不获取点。

提示

对象捕捉不可单独使用，必须配合别的绘图命令一起使用。仅当 AutoCAD 2016 提示输入点时，对象捕捉才生效。如果试图在命令提示下使用对象捕捉，AutoCAD 2016 将显示错误信息。

对象捕捉只影响屏幕上可见的对象，包括锁定图层、布局视口边界和多段线上的对象。如未显示的对象、关闭或冻结图层上的对象或虚线的空白部分不受影响。

3.5.3　【上机操作】——使用对话框设置捕捉功能

下面将讲解通过对话框设置捕捉功能。

01 打开随书附带光盘中的 CDROM\素材\第 3 章\五边形.dwg 素材文件，如图 3-81 所示。

02 在命令行中输入【DSETTINGS】命令，弹出【草图设置】对话框，在【草图设置】对话框的【对象捕捉】选项卡中，选择【启用对象捕捉】复选框，即可启用自动对象捕捉功能，并在【对象捕捉模式】选项组中选择【端点】、【几何中心】、【切点】捕捉方式，然后单击【确定】按钮，如图 3-82 所示。

03 在命令行中执行【LINE】命令，将光标放在图形端点处，会显示蓝色方框，以五边形的任一端点为起点绘制多条直线段，完成效果如图 3-83 所示。

04 在命令行中输入【DSETTINGS】命令，弹出【草图设置】对话框，在【对象捕捉模式】中清除【端点】复选框，并在命令行中执行【CIRCLE】命令，将光标放在五边形的边上会显示几何中心点，以该点为圆心绘制圆并相切与如图 3-84 所示的边。完成效果如图 3-85 所示。

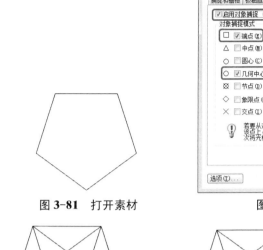

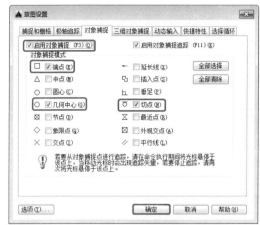

图 3-81　打开素材　　　　　　　　图 3-82　设置对象捕捉功能

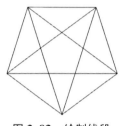

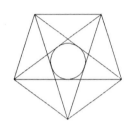

图 3-83　绘制线段　　　　　图 3-84　绘制圆　　　　图 3-85　完成效果

3.5.4　使用极轴追踪

在 AutoCAD 中，用户可以使用极轴追踪功能按指定的角度绘制对象，或者绘制与其他对象有特定关系的对象。极轴追踪功能分极轴追踪和对象捕捉追踪两种，是非常有用的辅助绘图工具。下面将讲解如何使用极轴追踪。

1. 打开极轴追踪

在创建或修改对象时，可以使用【极轴追踪】显示由指定的极轴角所定义的临时对齐路径。要沿对齐路径捕捉指定的距离可以使用【极轴追踪】命令。在 AutoCAD 2016 中提供了以下几种方法启动【极轴追踪】命令。

- 按【F10】键可以在打开与关闭【极轴追踪】之间切换。
- 在菜单栏中选择【工具】|【绘图设置】命令，弹出【草图设置】对话框，在该对话框中勾选【启用极轴追踪】复选框即可开启【极轴追踪】命令。
- 单击状态栏右侧的【极轴追踪】按钮 ⊙ ﹀ ，即可启动【极轴追踪】命令。
- 更改系统变量【POLARMODE】的值。该变量的初始值为 1，它包含以下 4 个方式的可选值：在极轴角的测量方式下，0 表示基于当前用户坐标系测量极轴角（绝对角度），1 表示从选定对象开始测量极轴角（相对角度）；在对象捕捉追踪方式下，0 表示仅按正交方式追踪，2 表示在对象捕捉追踪中使用极轴追踪设置；在使用其他极轴追踪角度方式下，0 表示不使用，4 表示使用；在获取对象捕捉追踪点的方式下，0 表示自动获取，8 表示按【Shift】键获取。

2. 极轴追踪与对象捕捉追踪

极轴追踪功能分极轴追踪和对象捕捉追踪两种。极轴追踪是按给定的角度增量来追踪特征点。而对象捕捉追踪则按与对象的某种特定的关系来追踪。因此，如果用户实现指定要追踪的方向（角度），则使用极轴追踪；如果事先不知道具体的追踪方向（角度），但知道与其他对象的某种关系，则用对象捕捉追踪。对象捕捉追踪和极轴追踪可以同时使用。

极轴追踪功能可以在系统要求指定一个点时，按预先设置的角度增量显示一条无限延伸的辅助线，这时就可以沿辅助线追踪得到光标点。可在【草图设置】对话框的【极轴追踪】选项卡中对极轴和对象追踪进行设置，如图 3-86 所示。

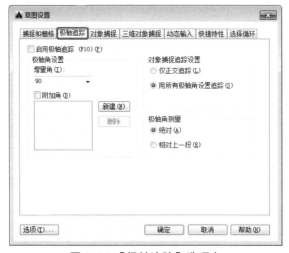

图 3-86 【极轴追踪】选项卡

【极轴追踪】选项卡中各选项的功能和含义如下。

● 【启用极轴追踪】复选框：打开或关闭极轴追踪。也可以使用自动捕捉系统变量或按【F10】键来打开或关闭极轴追踪。

● 【极轴角设置】选项组：设置极轴角度。在【增量角】下拉列表中可以选择系统预设的角度，如果该下拉列表中的角度不能满足需要，可选中【附加角】复选框然后单击【新建】按钮，在【附加角】列表中增加新角度。

● 【对象捕捉追踪设置】选项组：设置对象捕捉追踪。选中【仅正交追踪】单选按钮，可在启用对象捕捉追踪时，只显示获取的对象捕捉点的正交（水平，垂直）对象捕捉追踪路径；选中【用所有极轴角设置追踪】单选按钮，可以将极轴追踪设置应用到对象捕捉追踪。使用对象捕捉追踪时，光标将从获取的对象捕捉点起沿极轴对齐角度进行追踪，也可以使用系统变量【POLARMODE】对对象捕捉追踪进行设置。

提示

打开正交模式，光标将被限制沿水平或垂直方向移动。因此，正交模式和极轴追踪模式不能同时打开，若一个打开，另一个将自动关闭。

- 【极轴角测量】选项组：设置极轴追踪对齐角度的测量基准。其中，选中【绝对】单选按钮，可以基于当前用户坐标系（UCS）确定极轴追踪角度；选中【相对上一段】单选按钮，可以基于最后绘制的线段确定极轴追踪角度。

3. 在命令行中输入极轴追踪角度命令

可以为点在命令行中指定输入极轴追踪角度。要输入一个极轴追踪角度，可以在命令提示指定点时输入角度值，并在角度前添加一个左尖括号（<）。

设置极轴追踪角度的步骤如下：

01 在状态栏上单击 ⟲ 按钮右侧的下三角按钮。

02 从显示的下拉菜单中，选择【正在追踪设置】命令。

03 在【草图设置】对话框中的【极轴追踪】选项卡中，选择【启用极轴追踪】复选框。

04 在【增量角】下拉列表中，选择极轴追踪角度。

05 要设置附加追踪角度，选择【附加角】复选框，单击【新建】按钮，在文本框输入角度值。

06 在【极轴角测量】中，指定极轴追踪增量是基于 UCS 还是相对于上一个创建的对象，单击【确定】按钮。

07 在状态栏的 ⟲ 上右击，选择可用角度或设置附加追踪角度。

3.5.5 【上机操作】——设置极轴追踪功能

当开启极轴追踪功能时，绘图窗口中将出现追踪线（追踪线可以是水平的或垂直的，也可以有一定角度），可以帮助用户精确地确定位置和角度来创建对象。开启极轴追踪功能的具体操作步骤如下：

01 单击快速访问区中的【新建】按钮 🗋，在弹出的对话框中新建空白图形文件。

02 在命令行中输入【DSETTINGS】命令，按【Enter】键进行确认，弹出【草图设置】对话框，选择【极轴追踪】选项卡，勾选【启用极轴追踪】复选框，如图 3-87 所示。

03 单击【确定】按钮，即可开启极轴追踪功能。

04 在【草图设置】对话框中，选择【极轴追踪】选项卡，勾选【启用极轴追踪】复选框，在【极轴角设置】选项组中单击【增量角】下的 ▾ 按钮，在弹出的下拉列表中设置极轴角度增量的模数，在这里选择的是 30，如图 3-88 所示。

05 单击【确定】按钮，在绘图过程中追踪到的极轴角度将为此模数的倍数。

图 3-87 选中【启用极轴追踪】复选框

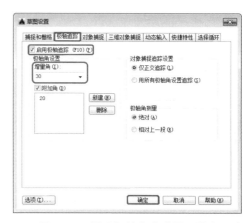
图 3-88 设置极轴角度增量的模数

> **提示**
>
> 　　除了用上述方法设置极轴角度增量的模数外，还可以用下面一种方法设置极轴角度增量的模数：右击【极轴追踪】按钮，在弹出的快捷菜单中选择极轴角度增量的模数，如图 3-89 所示。
>
>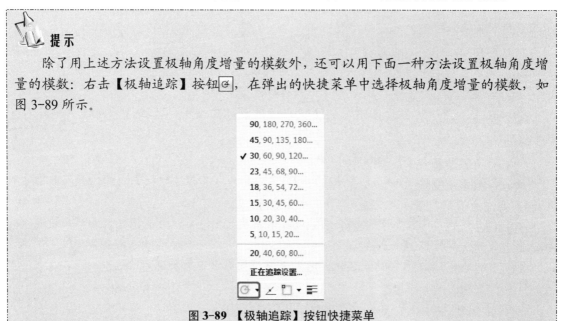
> 图 3-89 【极轴追踪】按钮快捷菜单

3.5.6 使用动态输入

　　在 AutoCAD 2016 中使用动态输入功能可以在指针位置处显示标注输入和命令提示等信息，从而极大地方便了绘图。

　　在状态栏上单击 按钮打开或关闭【动态输入】功能，按【F12】键可以临时将其关闭。当用户启动【动态输入】功能后，将在光标附近显示提示信息，该信息会随着光标的移动而动态更新，如图 3-90 所示。

　　动态输入是 AutoCAD 2016 一个重要的功能。利用该功能用户可以方便快捷地完成图形绘制。动态输入功能的设置仍然通过【草图设置】对话框，选择【工具】|【草图设置】命令，弹出【草图设置】对话框，选择【动态输入】选项卡，如图 3-91 所示。利用该选项卡可以进行动态输入的设置。

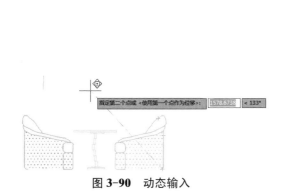

图 3-90　动态输入

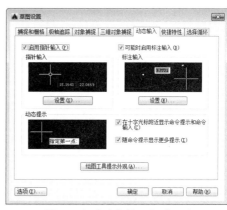

图 3-91　【动态输入】选项卡

3.5.7　正交模式

正交功能用于约束光标在水平或垂直方向上的移动。选择状态栏的【正交】按钮可以启动正交模式。正交模式开启后，光标所确定的相邻的连线只能垂直或平行于坐标轴。

开启正交功能的方式有以下几种：

● 单击状态栏右侧的【正交限制光标】按钮 └ 。

● 在命令提示符后输入【ORTHO】命令并按【Enter】键，然后输入【ON】命令，将打开正交模式，输入【OFF】将关闭正交模式，该命令也可透明使用。

● 修改系统变量【ORTHOMODE】的值，0 表示关闭正交模式，1 表示打开正交模式。

需要注意的是，正交模式约束鼠标指针在水平或垂直方向上移动（相对于 UCS），并且受当前栅格的旋转角影响。如果当前栅格的旋转角不是 0，那么用户在正交模式下绘制出来的直线便不是水平方向或垂直方向。

按【F8】键，将改变正交模式的状态。再按一次，恢复为原来状态。

 提示

　　【正交】（ORTHO）、【栅格】（GRID）和【捕捉】（SNAP）命令都是透明命令，即可以在执行其他命令的过程中直接使用。另外，正交模式将鼠标指针限制在水平或垂直（正交）轴上。因为不能同时打开正交模式和极轴追踪，因此在打开正交模式时 AutoCAD 会自动关闭极轴追踪。如果打开了极轴追踪，AutoCAD 将自动关闭正交模式。

3.6　本章小结

本章重点讲解了绘图前的一些基础知识，包括精确绘图工具、设置绘图环境、坐标系及命令使用等，通过对本章的学习可以掌握一些绘图前的准备，也为以后绘制图形做准备。

3.7　问题与思考

1. 在 AutoCAD 2016 中如何设置图形单位？
2. 在 AutoCAD 2016 中命令的执行方式有哪几种？

二维图形的绘制

本章导读：

基础知识
- ◈ 绘制线
- ◈ 绘制圆

重点知识
- ◈ 绘图方法
- ◈ 二维图形的使用

提高知识
- ◈ 通过实例进行学习
- ◈ 点的定数等分和定距等分

AutoCAD 提供了一系列基本二维绘图命令，可以绘制一些线、圆、圆弧、椭圆和椭圆弧、矩形、点等简单的二维图形。二维绘图命令是 AutoCAD 的基础部分，也是在实际中应用最多的命令之一。要快速、准确地绘制图形，需熟练掌握并理解绘图命令的使用方法和技巧。

4.1 绘制点

点的绘制相当于在图纸的指定位置放置一个特定的点符号，它起到辅助工具的作用。绘制点命令可分为点命令、定数等分命令和定距等分命令 3 种。

点是 AutoCAD 中组成图形对象最基本的元素，默认情况下点是没有长度和大小的，因此在绘制点之前可以对其样式进行设置，以便更好地显示点。

4.1.1 设置点样式

在使用点命令绘制点图形时，一般要对当前点的样式和大小进行设置。

AutoCAD 提供了多种点样式供用户选择使用，用户可以根据不同需要进行选择，具体操作步骤如下：

01 在命令行中执行【DDPTYPE】命令，弹出【点样式】对话框，选择需要的点样式，这里选择⊠点样式。

02 在【点大小】文本框中输入点的大小，然后单击 确定 按钮，保存设置并关闭该对话框，如图 4-1 所示。

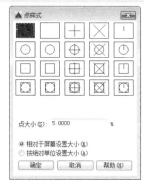

图 4-1 【点样式】对话框

知识链接：

在【点样式】对话框中，各选项的功能含义介绍如下。

点样式：在对话框中列出了 AutoCAD 中提供的所有点样式，且每个点对应一个系统变量（PDMONE）值。

点大小：设置点的大小显示，可以根据屏幕设置点的大小，也可以设置绝对单位点的大小，用户可在命令行中输入系统变量（PDSIZE）来重新设置。

相对于屏幕设置大小（R）：按屏幕尺寸的百分比设置点的显示大小，当进行缩放时，点的显示大小并不会改变。

按绝对单位设置大小（A）：按照【点大小】文本框中值的实际单位来设置点的显示大小。当进行缩放时，点的显示大小会随之改变。

4.1.2 绘制单点

选择【绘图】|【点】|【单点】命令，或者在命令行中执行【POINT】命令。当执行【单点】命令后，在命令行提示下，输入点的坐标或用鼠标指针直接拾取点，则单点绘制完成。

绘制单点就是在执行命令后只能绘制一个点。在命令行中执行【POINT】或【PO】命令，具体操作过程如下：

命令: POINT	//执行 POINT 命令
当前点模式: PDMODE=0 PDSIZE=0.0000	//系统提示当前的点模式

在执行命令的过程中，各选项的含义如下。

- PDMODE：控制点的样式，与【点样式】对话框中的第 1 行与第 4 行点样式相对应，不同的值对应不同的点样式，其数值为 0~4、32~36、64~68、96~100。其中值为 0 时，显示为 1 个小圆点；值为 1 时不显示任何图形，但可以捕捉到该点，系统默认为 0。

- PDSIZE：控制点的大小，当该值为 0 时，点的大小为系统默认值，即为屏幕大小的 5%；当该值为负值时，表示点的相对尺寸大小，相当于选择【点样式】对话框中的 ◉ 相对于屏幕设置大小(R) 单选按钮；当该值为正值时，表示点的绝对尺寸大小，相当于选择【点样式】对话框中的 ◉ 按绝对单位设置大小(A) 单选按钮。

提示

由于点的样式在默认情况下为一个小点，不宜观看，所以用户绘制点对象，应先设置点样式，才能看清楚所绘制的点效果。在命令行中分别输入【PDMODE】和【PDSIZE】命令后，可以重新指定点的样式和大小，这与在【点样式】对话框中设置点的样式效果是一样的。

4.1.3 【上机操作】——绘制单点

下面是绘制单点的操作步骤：

 启动 AutoCAD 2016 软件，按【Ctrl+O】组合键，打开随书附带光盘中的 CDROM\

素材\第 4 章\007.dwg 素材文件，在功能区中的【默认】选项卡中，单击【实用工具】面板下三角按钮 ▼ ，在打开的面板中选择【点样式】 ☑点样式... 命令，打开【点样式】对话框，选择点样式第 4 行第 4 个，如图 4-2 所示。

02 单击【确定】按钮，在命令行中输入【POINT】（点）命令，按【Enter】键确认，在绘图区中图形的中心点上单击，绘制单点，如图 4-3 所示。

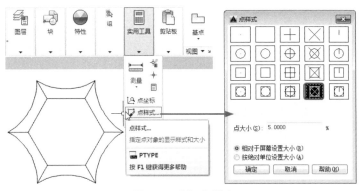

图 4-2 选择点样式

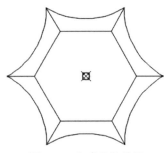

图 4-3 完成后的效果

4.1.4 绘制多点

选择【绘图】|【点】|【多点】命令，或者单击【绘图】工具栏中的【多点】按钮⊡。当执行【多点】命令后，在命令行提示下，输入点的坐标或用鼠标指针直接拾取点，则多点绘制完成。

绘制多点就是在输入命令后一次能绘制多个点，直到按【Esc】键手动结束命令为止。绘制多点命令的调用方法如下：

- 在【默认】选项卡的【绘图】组中单击【绘图】按钮 ▭绘图 ▼▭ ，然后在弹出的下拉列表中单击【多点】按钮⊡。
- 单击【绘图】菜单，在弹出的菜单中选择【点】|【多点】命令。
- 在命令行中执行【POINT】命令，然后按【Enter】键，在绘图区的任意位置单击，按【Enter】键，再在绘图区的任意位置单击鼠标，以此类推。

知识链接：

用户在绘制多点时，不能使用【Enter】键结束多点命令，只能使用【Esc】键结束该命令。

4.1.5 【上机操作】——绘制多点

下面是绘制多点的操作步骤：

01 以 007.dwg 素材为例，在功能区中的【默认】选项卡中，单击【绘图】按钮 ▭绘图 ▼▭ ，在打开的下拉列表中选择【多点】按钮⊡，如图 4-4 所示。

02 依次在绘图区中图形的六边形上单击，按【Esc】键退出命令，效果如图 4-5 所示。

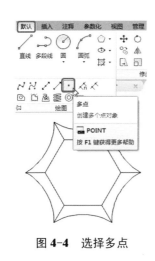

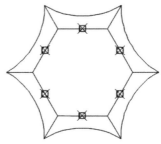

图 4-4　选择多点　　　　　　　　图 4-5　完成后的效果

4.1.6　绘制定数等分点

利用该方式绘制点，可以在选定的图形对象上等间隔地放置点，将图形对象等分。

执行【定数等分】命令的方法有以下几种：

● 在【默认】选项卡的【绘图】组中单击【绘图】按钮 ＿＿＿＿＿ 绘图 ▼ ，然后在弹出的下拉列表中单击【定数等分】按钮。

● 在命令行中执行【DIVIDE】命令。

执行上述命令后，具体操作过程如下：

```
命令: DIVIDE              //执行【DIVIDE】命令
选择要定数等分的对象:      //拾取要等分的图形对象
输入线段数目或 [块(B)]:    //输入要等分的数目
```

> **知识链接：**
>
> 　在命令行中若选择【块】选项时，表示在测量点处插入指定的块，在等分点处，按当前点样式设置绘制测量点，最后一个测量段的长度不一定等于指定分段的长度。在等分图形对象之前，若不存在块时，都需要修改点的默认样式，将其修改成在绘图区易于可见。另外，在输入等分对象的数量时，其输入值在 2～32 767 之间，且一次只能对一个对象操作，而不能对一组对象操作。输入的是等分数，而不是放置点的个数，如果将所选对象分成 M 份，则实际上只生成 M-1 个等分点。

4.1.7　【上机操作】——绘制定数等分点

绘制定数等分点的具体操作过程如下：

01 启动 AutoCAD 2016 后，打开随书附带光盘中的 CDROM\素材\第 4 章\008.dwg 素材文件，如图 4-6 所示。

02 选择菜单栏中的【格式】|【点样式】命令，弹出【点样式】对话框，选择 □ 点样式，并将【点大小】设置为 15，如图 4-7 所示。

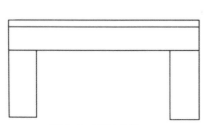

图 4-6 素材文件

图 4-7 选择点样式

03 在功能区中【默认】选项卡中的【绘图】组单击 [绘图 ▼] 按钮，在弹出的面板上单击【定数等分】按钮 🖾 。

04 在绘图区选择如图 4-8 所示的直线，输入 8，按【Enter】键确认，即可设置定数等分点，效果如图 4-9 所示。

图 4-8 选择直线

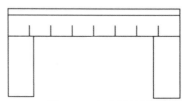

图 4-9 完成后的效果

 提示

在 AutoCAD 2016 中，执行【定数等分】命令时提示输入线段数目，输入的数字是指要将图元分成的线段的数量，而不是点的数量。

4.1.8 【上机操作】—插入块标记相等的线段

在 AutoCAD 2016 中，还可以插入块来标记相等的线段。具体操作步骤如下：

01 启动 AutoCAD 2016 后，打开随书附带光盘中的 CDROM\素材\第 4 章\009.dwg 素材文件，如图 4-10 所示。

02 在功能区中【默认】选项卡中的【绘图】组中单击 [绘图 ▼] 按钮，在弹出的面板上单击【定数等分】按钮 🖾 。

03 在绘图区选择直线，输入【B】（块），按【Enter】键确认，输入要插入的块名称为【001】，按【Enter】键确认，输入【Y】（是），按【Enter】键确认，输入线段数目为 3，按【Enter】键确认，完成后的效果如图 4-11 所示。

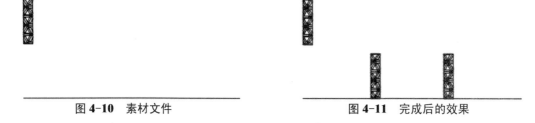

图 4-10 素材文件

图 4-11 完成后的效果

4.1.9 绘制定距等分点

绘制定距等分点是指在选定的对象上按指定的长度绘制多个点对象，即该操作是先指定所要创建的点与点之间的距离，然后系统按照该间距值分割所选对象（并不是将对象断开，而是在相应的位置上放置点对象，以辅助绘制其他图形）。绘制定距等分点有以下两种方法：

* 在【默认】选项卡的【绘图】组中单击【绘图】按钮⬛⬛⬛⬛ 绘图 ▾ ⬛⬛⬛⬛，然后在弹出的下拉列表中单击【定距等分】按钮⬚。
* 在命令行中执行 MEASURE 或 ME 命令。

执行上述命令后，具体操作过程如下：

```
命令: MEASURE                              //执行 MEASURE 命令
选择要定距等分的对象:                        //拾取要等分的图形对象
输入线段长度或 [块(B)]:                      //输入各点间的距离或指定需要插入的图块
```

> **知识链接：**
>
> 定距等分或定数等分的起点随对象类型变化。对于直线或非闭合的多段线，起点是距离选择点最近的端点。对于闭合的多段线，起点是多段线的起点。对于圆，起点是以圆心为起点、当前捕捉角度为方向的捕捉路径与圆的交点。如果捕捉角度为 0，那么圆等分从三点（时钟）的位置处开始并沿逆时针方向继续。

4.1.10 【上机操作】——绘制定距等分点

下面是绘制定距等分点的操作步骤：

01 启动 AutoCAD 2016 后，打开随书附带光盘中的 CDROM\素材\第 4 章\010.dwg 素材文件。在功能区中【默认】选项卡中的【绘图】组单击⬛⬛⬛ 绘图 ▾ ⬛⬛⬛按钮，在弹出的下拉列表中单击【定距等分】按钮⬚，根据命令行提示进行操作，在绘图区选择圆形，如图 4-12 所示。

02 输入线段长度为 314，按【Enter】键确认，选择菜单栏中的【格式】|【点样式】命令，弹出【点样式】对话框，选择○点样式，设置【点大小】为 15，单击【确定】按钮，完成后的效果如图 4-13 所示。

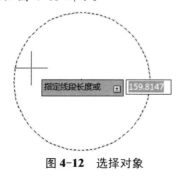

图 4-12　选择对象

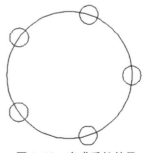

图 4-13　完成后的效果

4.1.11 【上机操作】——等分间距插入块

等分间距插入块的具体操作步骤如下：

01 启动 AutoCAD 2016 后，打开随书附带光盘中的 CDROM\素材\第 4 章\011.dwg 素材文件。在功能区中【默认】选项卡中的【绘图】组单击 绘图▾ 按钮，在弹出的下拉列表中单击【定距等分】按钮，在绘图区选择圆形，如图 4-14 所示。

02 输入【B】（块），按【Enter】键确认，输入要插入的块名称为【五角星】，按【Enter】键确认，输入【Y】（是），按【Enter】键确认，输入线段长度为 314，按【Enter】键确认，完成后的效果如图 4-15 所示。

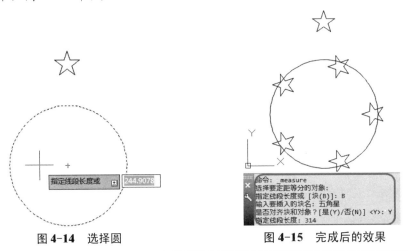

图 4-14　选择圆　　　　　　　　图 4-15　完成后的效果

知识链接：

在 AutoCAD 中，点可以作为捕捉对象的节点，其大小和形状可以由【PDMODE】和【PDSIZE】系统变量来控制。

【PDMODE】的值 0、2、3 和 4 指定表示点的图形，值 1 指定不显示任何图形，【PDSIZE】控制点图形的大小（【PDMODE】系统变量为 0 和 1 除外）。

如果设置为 0，将按绘图区高度的 5% 生成点对象，正的【PDSIZE】值指定点图形的绝对尺寸，负值解释为视口尺寸的百分比，重生成图形时将重新计算所有点的尺寸。

4.2　绘制线

在 AutoCAD 2016 中，直线、射线和构造线是最简单的一组线性对象。同时它们也是在绘制复杂二维图形过程中，最常用到的基本二维图形元素。因此用户应该熟练掌握这些元素的绘制方法，为以后复杂二维图形的绘制打下基础。

4.2.1　直线的绘制

直线是最常用的基本图形元素之一，任何二维线图都可以用直线段构成。

线性对象是创建图形时较为常用的对象，直线是各种绘图中最常用、最简单的一类图形对象，只要指定了起点和终点即可绘制一条直线。在 AutoCAD 2016 中，可以用二维坐标（X，Y）或三维坐标（X，Y，Z）来指定端点，也可以混合使用二维坐标和三维坐标。

 提示

> 在 AutoCAD 2016 中绘制直线段时，通常是已知线段的长度，而且大多数是水平或垂直的线段，可以在正交状态下的绘图区单击选择第一点，然后将鼠标偏移至需要的方向，输入线段的长度，即可完成一段直线的绘制。

在 AutoCAD 2016 中，执行【直线】命令的方法如下：

- 执行菜单栏中【绘图】|【直线】命令。
- 在【绘图】工具栏中单击【直线】按钮 。
- 在命令行中输入【LINE】命令，按【Enter】键。

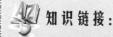 **知识链接：**

> 1. 由直线组成的图形，每条线段都是独立对象，可对每条直线段进行单独编辑。
> 2. 在结束 LINE 命令后，再次执行 LINE 命令，根据命令行提示，直接按【Enter】键，则以上次最后绘制的线段或圆弧的终点作为当前线段的起点。
> 3. 在命令行提示下输入三维点的坐标，则可以绘制三维直线段。

4.2.2 【上机操作】——绘制直线型对象

下面是绘制直线型对象的操作步骤：

01 启动 AutoCAD 2016 软件，按【Ctrl+O】组合键，打开随书附带光盘中的 CDROM\素材\第 4 章\001.dwg 素材文件，如图 4-16 所示。

02 在命令行中输入【LINE】（直线）命令，按【Enter】键，在 A 点单击，指定线段第一点，将鼠标移至 B 点单击，指定线段第二点，按【Enter】键确认，如图 4-17 所示绘制一条直线。

图 4-16　打开素材文件

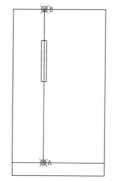

图 4-17　绘制直线

4.2.3 射线的绘制

射线是一端固定另一端无限延伸的直线，即只有起点没有终点或终点无穷远的直线。主要用于绘制图形中投影所得线段的辅助引线，或绘制某些长度参数不确定的角度线等。

在 AutoCAD 2016 中，执行【射线】命令的方法如下：

- 执行菜单栏中的【绘图】|【射线】命令。
- 在【绘图】工具栏中单击【射线】按钮 ⬈。
- 在命令行中输入【RAY】命令，按【Enter】键。

4.2.4 【上机操作】——绘制射线

下面将通过实例讲解如何绘制射线，具体操作步骤如下：

01 启动 AutoCAD 2016，按【Ctrl+N】组合键新建一个空白图纸。

02 在【默认】选项卡中单击【绘图】组的【射线】按钮 ⬈，如图 4-18 所示。根据命令行的提示，在绘图窗口中指定起点坐标为（0,0），按【Enter】键确认，指定通过点坐标为（50,50），按两次【Enter】键确认即可创建射线，如图 4-19 所示。

图 4-18 单击【射线】按钮

图 4-19 绘制射线

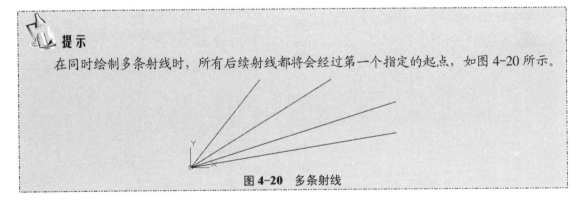

💡 **提示**

在同时绘制多条射线时，所有后续射线都将会经过第一个指定的起点，如图 4-20 所示。

图 4-20 多条射线

4.2.5 构造线的绘制

与射线相比，构造线是一条没有起点和终点的直线，即两端无限延伸的直线。该类直线可以作为绘制等分角、等分圆等图形的辅助线。

在 AutoCAD 2016 中，执行【构造线】命令的方法如下：

- 在菜单栏中选择【绘图】|【构造线】命令。

- 在【绘图】工具栏中单击【构造线】按钮⟋。
- 在命令行中输入【XLINE】命令，按【Enter】键。

调用该命令后，AutoCAD 2016 命令行将依次出现如下提示：指定点或 [水平(H)/垂直(V)/角度(A)/二等分(B)/偏移(O)]，各选项的含义分别介绍如下。

- 水平（H）：默认辅助线为水平直线，单击一次绘制一条水平辅助线，直到用户右击或按下【Enter】键时结束。
- 垂直（V）：默认辅助线为垂直直线，单击一次绘制一条垂直辅助线，直到用户右击或按下【Enter】键时结束。
- 角度（A）：创建一条用户指定角度的倾斜辅助线，单击一次绘制一条倾斜辅助线，直到用户右击或按下【Enter】键时结束。
- 二等分（B）：创建一条二等分指定角的构造线，即通过指定角度顶点、起点和端点的方式进行绘制，单击一次绘制一条倾斜辅助线，直到用户右击或按下【Enter】键时结束。
- 偏移（O）：选择该项可以绘制平行于指定直线、射线和构造线的构造线，用户可以指定偏移距离，并选择需要的参照线，然后指明构造线相对于参照线的相对方位。

 提示

在使用【二等分】绘制构造线时，用输入坐标值指定角度顶点、起点和端点的方法绘制，将提示输入顶点和起点的坐标值为绝对坐标值，而提示输入端点的坐标值为相对于起点的坐标值。

4.2.6 【上机操作】——绘制构造线

下面将通过实例讲解如何绘制构造线，具体操作步骤如下：

01 打开随书附带光盘中的 CDROM|素材|第4章|构造线.dwg 图形文件，如图 4-21 所示。

02 选择【绘图】|【构造线】命令，如图 4-22 所示。根据命令行的提示指定点，具体操作过程如下：

```
命令: _XLINE                                          //在命令行中执行【XLINE】命令
指定点或 [水平(H)/垂直(V)/角度(A)/二等分(B)/偏移(O)]: b   //选择【二等分】选项
指定角的顶点:                                          //单击辅助线的交点（即圆心）
指定角的起点:                                          //单击点 A
指定角的端点:                                          //单击点 B
指定角的端点:                                          //单击点 D
指定角的端点:                                          //按【Enter】键结束命令，完成效果如图 4-23 所示
```

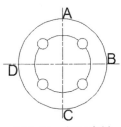

图 4-21　打开素材

图 4-22　选择【构造线】命令

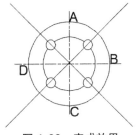

图 4-23　完成效果

4.2.7 多线的绘制与编辑

在 AutoCAD 2016 中，多线是一种由多条平行线组成的组合对象，平行线之间的间距和数目是可以设置的。多线常用于绘制建筑图中的墙体、电子线路图等平行线对象。在 AutoCAD 2016 中，用户可以创建和保存多线的样式或应用默认样式，还可以设置每个元素的颜色和线形，并能显示或隐藏多线转折处的边线。

1. 多线的绘制

多线是一种组合图形，由许多条平行线组合而成，各条平行线之间的距离和数目可以随意调整。多线的用途很广，而且能够极大地提高绘图效率。

在 AutoCAD 2016 中，执行【多线】命令的常用方法有以下两种：

● 在菜单栏中选择【绘图】|【多线】命令。

● 在命令行输入 MLINE 命令，并按【Enter】键。

调用该命令后，AutoCAD 2016 命令行将依次出现如下提示信息。

当前设置：对正=上,比例= 20.00,样式= STANDARD：
//对正方式为当前对正方式，比例为 1，样式为标准型
指定起点或[对正(J)/比例(S)/样式(ST)]：
//输入坐标值或者在绘图区中单击来指定多线的起点或者选择其他选项

下面介绍各选项的作用。

● 对正（J）：用于指定绘制多线时的对正方式，共有 3 种对正方式，【上】（T）是指从左向右绘制多线时，多线最上端的线会随着鼠标移动；【无】（Z）是指多线的中心将随着鼠标移动；【下】（B）是指从左向右绘制多线时，多线最下端的线会随着鼠标移动。

● 比例（S）：此选项用于设置多线的平行线之间的距离。可输入 0、正值或负值，输入 0 时各平行线就重合，输入负值时平行线的排列将倒置。

● 样式（ST）：此选项用于设置多线的绘制样式。默认的样式为标准型（STANDARD），用户可根据提示输入所需多线样式名。

2. 编辑多线

编辑多线是为了处理多种类型的多线交叉点，如十字交叉点和 T 形交叉点等。执行编辑多线命令有以下两种方法：

● 在菜单栏中选择【修改】|【对象】|【多线】命令。

● 在命令行中输入 MLEDIT 命令，并按【Enter】键。

使用以上两种方法的任意一种都将弹出【多线编辑工具】对话框，如图 4-24 所示。

该对话框以四列显示样例图像。第一列处理十字交叉的多线，第二列处理 T 形相交的多线，

图 4-24 【多线编辑工具】对话框

第三列处理角点连接和顶点，第四列处理多线的剪切或接合。

4.2.8 【上机操作】——使用多线绘制矩形

下面讲解使用多线工具绘制矩形，操作步骤如下：

01 启动 AutoCAD 2016 后，选择菜单栏中的【绘图】|【多线】命令。

02 根据命令行提示进行操作，输入【S】（比例），按【Enter】键确认，输入多线比例为 10，按【Enter】键确认。

03 指定起点为（0, 0），按【Enter】键确认，指定下一点为（200, 0），按【Enter】键确认，输入（200, 200），按【Enter】键确认，输入（0, 200），按【Enter】键确认，输入【C】（闭合），按【Enter】键确认，完成后的效果如图 4-25 所示。

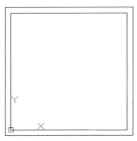

图 4-25　绘制矩形

4.2.9 【上机操作】——在多线中删除顶点

下面讲解在多线中删除顶点的方法，操作步骤如下：

01 启动 AutoCAD 2016 后，打开随书附带光盘中的 CDROM\素材\第 4 章\002.dwg 素材文件，如图 4-26 所示。

02 选择菜单栏中的【修改】|【对象】|【多线】命令，弹出【多线编辑工具】对话框，如图 4-27 所示。

03 单击【删除顶点】按钮》|，在绘图窗口中单击素材图形右上角的多线顶点，效果如图 4-28 所示。然后按【Esc】键退出删除多线顶点操作。

图 4-26　打开的素材文件

图 4-27　【多线编辑工具】对话框

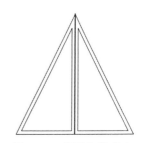

图 4-28　删除多线顶点

4.2.10 【上机操作】——编辑多线交点

下面讲解编辑多线交点的方法，操作步骤如下：

01 启动 AutoCAD 2016 后，打开随书附带光盘中的 CDROM\素材\第 4 章\003.dwg 素材文件，如图 4-29 所示。

02 选择菜单栏中的【修改】|【对象】|【多线】命令，弹出【多线编辑工具】对话框，单击【T 形打开】按钮。

03 在绘图窗口中依次单击垂直多线和水平多线，完成后的效果如图 4-30 所示。然后按【Esc】键退出操作。

图 4-29　打开素材文件　　　　　　　　图 4-30　完成后的效果

4.2.11 多段线的绘制

多段线是一种由线段和圆弧组成的，可以有不同线宽的多线。由于多段线组合形式多样，线宽不同，从而弥补了直线和圆弧的一些不足之处，特别适合绘制各种复杂的图形轮廓，因而其应用也相当广泛。多段线与单一的直线相比，占有一定的优势，提供了单个直线所不具备的编辑功能，用户可以根据需要分别编辑每条线段，设置各线段的宽度，使线段的始末端点具有不同的线宽等。绘制弧线段时，弧线的起点是前一个线段的端点，用户可以指定弧的角度、圆心、方向或半径，通过指定一个中间点和一个端点也可以完成弧的绘制。

在 AutoCAD 2016 中，执行【多段线】命令的方法如下：

● 在菜单栏中选择【绘图】|【多段线】命令。

● 在【绘图】工具栏中单击【多段线】按钮⤵。

● 在命令行中输入【PLINE】命令并按【Enter】键确认。

执行【多段线】命令后，其命令行的提示如下：

命令: PLINE　　　　　　　　　　　　　　　　　　　//执行【PLINE】命令
指定起点:　　　　　　　　　　　　　　　　　　　　//指定起点
当前线宽为 0.0000　　　　　　　　　　　　　　　　//系统默认线宽为 0.000
指定下一个点或 [圆弧(A)/半宽(H)/长度(L)/放弃(U)/宽度(W)]:　　//指定绘制路径
指定下一点或 [圆弧(A)/闭合(C)/半宽(H)/长度(L)/放弃(U)/宽度(W)]:　//指定绘制路径

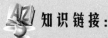 **知识链接：**

在命令行中执行【PLINE】命令后，各选项的含义解释如下。

指定下一个点:该选项是默认的选项,在该提示下可以指定多段线经过的下一个点,当确定另一端点的位置之后,将会继续出现同样的提示,这样可以完成折线的绘制。

圆弧（A）：从绘制的直线方式切换到绘制圆弧方式。

半宽（H）：设置多段线的一半宽度，用户可以分别指定多段线的起点半宽和终点半宽。

长度（L）：指定绘制直线段的长度。

放弃（U）：删除多段线的前一段长度，从而方便用户及时修改在绘制多段线的过程中出现的错误。

宽度（W）：设置多段线的不同起点和端点宽度。

闭合（C）：与起点闭合，并结束命令。当多段线的宽度大于 0 时，若想绘制闭合的多段线，一定要选择【闭合】（C）选项，这样才能完全闭合，否则即使起点和终点重合也会出现缺口现象，如图 4-31 所示。

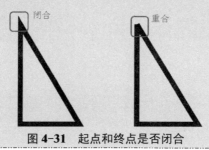

图 4-31　起点和终点是否闭合

4.2.12 【上机操作】——创建多段线

下面讲解创建多段线的方法，操作步骤如下：

01 启动 AutoCAD 2016 后，在功能区中的【默认】选项卡中【绘图】组单击【多段线】按钮。

02 根据命令行提示进行操作，指定起点为（0，50），按【Enter】键确认，输入【W】（宽度），按【Enter】键确认，指定起点宽度为 2，按【Enter】键确认，指定端点宽度为 2，按【Enter】键确认，输入（0，0），按【Enter】键确认，输入（70，0），按【Enter】键确认，输入（70，50），按【Enter】键确认，输入【A】（圆弧），按【Enter】键确认，指定圆弧端点为（0，50），并按两次【Enter】键确认，效果如图 4-32 所示。

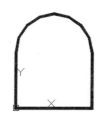

图 4-32　完成后的效果

> ### 知识链接：
>
> 当用户设置了多段线的宽度时，可通过【FILL】变量来设置是否对多段线进行填充，如果设置为【开（ON）】，则表示填充，若设置为【关（OFF）】，则表示不填充，如图 4-33 所示。

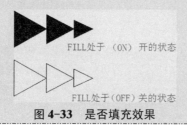

FILL处于（ON）开的状态

FILL处于（OFF）关的状态

图 4-33　是否填充效果

4.2.13 【上机操作】——使用多段线绘制矩形

下面讲解使用多段线绘制矩形的方法，操作步骤如下：

01 启动 AutoCAD 2016 后，在命令行中输入【PLINE】命令，按【Enter】键确认。

02 指定多段线的起点为（0,0），按【Enter】键确认。

03 指定下一个点为（0,-100），按【Enter】键确认。

04 输入（100,-100），按【Enter】键确认，输入（100,0），按【Enter】键确认。

05 输入【C】（闭合），按【Enter】键确认，效果如图 4-34 所示。

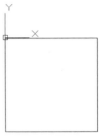

图 4-34　绘制矩形

4.2.14 【上机操作】——使用多段线绘制圆弧

下面讲解使用多段线绘制圆弧的方法，操作步骤如下：

01 启动 AutoCAD 2016 后，在命令行中输入【PLINE】命令，按【Enter】键确认。

02 指定起点为（0,0），按【Enter】键确认。

03 输入【A】（圆弧），按【Enter】键确认，输入（0,50），按【Enter】键确认。

04 输入【L】（直线），按【Enter】键确认，输入（-50,50），按【Enter】键确认。

05 输入【A】（圆弧），按【Enter】键确认，输入（-50,0），按【Enter】键确认。

06 输入【L】（直线），按【Enter】键确认，输入 C（闭合），按【Enter】键确认，效果如图 4-35 所示。

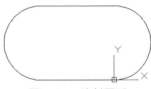

图 4-35　绘制圆弧

4.2.15 编辑多段线

多段线编辑命令可以对多段线进行编辑，以满足用户的不同需求，用户可以通过以下 3 种方式执行多段线的编辑命令：

- 在命令行中执行【PEDIT】命令。
- 在菜单栏中选择【修改】|【对象】|【多段线】命令。
- 选择要编辑的多段线对象并右击，在弹出的快捷菜单中选择【多段线】|【编辑多段线】命令，如图 4-36 所示。

当执行【编辑多段线】命令后，其命令行中的提示如下：

命令: PEDIT　　　　　　　　　　　　　　　　//执行【PEDIT】命令
选择多段线或 [多条(M)]:　　　　　　　　　　//选择要编辑的多段线对象
输入选项 [打开(O)/合并(J)/宽度(W)/编辑顶点(E)/拟合(F)/样条曲线(S)/非曲线化(D)/线型生成(L)/反转(R)/放弃(U)]:　　　　　　　　　　　　　　//根据要求设置选项

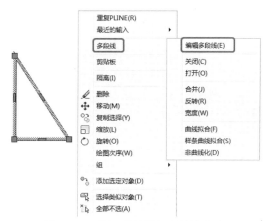

图 4-36　选择【编辑多段线】命令

![知识链接]：

在执行【编辑多段线】命令后，命令行中各选项的命令解释如下。

打开（O）/闭合（C）：可以将多段线进行闭合或者打开处理，如图 4-37 所示。

合并（J）：用于合并直线段、圆弧或多段线，使所选对象成为一条多段线，合并的前提是各段对象首尾相连，如图 4-38 所示。

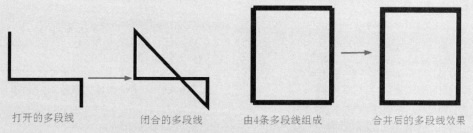

图 4-37　打开与闭合的多段线效果　　　　　图 4-38　合并多段线的效果

宽度（W）：可以修改多段线的宽度，这时系统提示【指定线段的新宽度】，然后输入新的宽度即可，如图 4-39 所示。

编辑顶点（E）：可以修改多段线的顶点。

拟合（F）：将多段线的拐角用光滑的圆弧曲线连接，如图 4-40 所示。

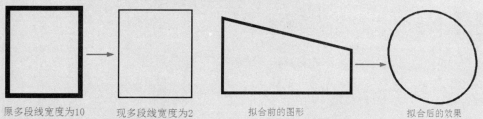

图 4-39　修改多段线的效果　　　　　图 4-40　多段线的拟合效果

样条曲线（S）：创建样条曲线近似线，如图 4-41 所示。

非曲线化（D）：删除由拟合或样条曲线插入的其他顶点并拉直所有多段线线段，即拟合（F）和样条曲线（S）选项的相反操作，如图 4-42 所示。

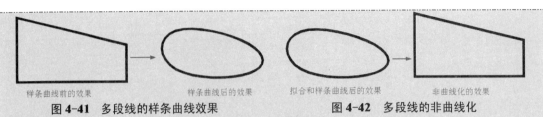

样条曲线前的效果　　　　　样条曲线后的效果　　　拟合和样条曲线后的效果　　　非曲线化的效果

图 4-41　多段线的样条曲线效果　　　　**图 4-42　多段线的非曲线化**

线型生成（L）：此选项用于控制多段线的线型生成方式开关，选择此选项后，命令行提示【输入多段线线型生成选项[开（ON）\关（OFF）]:】，用户也可以分别指定所绘对象的起点半宽和端点半宽。

反转（R）：反转多段线顶点的顺序。

放弃（U）：返回【PEDIT】的起始处。

4.2.16 【上机操作】——编辑多段线

下面将通过实例讲解如何编辑多段线，具体操作步骤如下：

01 启动 AutoCAD 2016，打开随书附带光盘中的 CDROM\素材\第 4 章\编辑多段线.dwg 素材文件，如图 4-43 所示。

02 在命令行中执行【PEDIT】命令，根据命令行的提示进行操作，命令行提示如下：

命令: PEDIT　　　　　　　　　　　　　　　//执行【PEDIT】命令
选择多段线或 [多条(M)]:　　　　　　　　　//在绘图区选中要编辑的多段线对象
输入选项 [打开(O)/合并(J)/宽度(W)/编辑顶点(E)/拟合(F)/样条曲线(S)/非曲线化(D)/线型生成(L)/反转
(R)/放弃(U)]: s　　　　　　　　　　　　　//输入 S 进行样条曲线的编辑
输入选项 [打开(O)/合并(J)/宽度(W)/编辑顶点(E)/拟合(F)/样条曲线(S)/非曲线化(D)/线型生成(L)/反转
(R)/放弃(U)]:　　　　　　　　　　　　　//按【Enter】键确认即可完成操作，如图 4-44 所示

图 4-43　打开素材

图 4-44　完成效果

4.2.17 样条曲线的绘制与编辑

在 AutoCAD 中使用的样条曲线为非一致有理 B 样条曲线（NURBS），使用 NURBS 曲线能够在控制点之间产生一条光滑的曲线。

样条曲线是一种特殊的线段，用于绘制曲线，其平滑度比圆弧更好，它是通过或接近指定点的拟合曲线，可以是二维曲线，也可以是三维曲线。样条曲线最少应该有 3 个顶点，适用于创建形状不规则的曲线，常用于绘制机械图形中零件的折线段、凸轮曲线等。

1. 绘制样条曲线

在室内制图中常见用样条曲线绘制纹理图案，如窗户木纹、地面纹路等，样条曲线还可

以供其他三维命令作旋转或延伸的对象。使用【样条曲线】命令可以绘制各类光滑的曲线图元，这种曲线是由起点、终点、控制点及偏差来控制的。

AutoCAD 2016 可以在指定的允差（fit tolerance）范围内把控制点拟合成光滑的 NURBS 曲线。所谓允差，是指样条曲线与指定拟合点之间的接近程度。允差越小，样条曲线与拟合点越接近。允差为 0，样条曲线将通过拟合点。样条曲线是由一组输入的拟合点生成的光滑曲线。在 AutoCAD 2016 中，执行【样条曲线】命令的常用方法有以下几种：

- 在菜单栏中选择【绘图】|【样条曲线】命令。
- 在【绘图】工具栏中单击【样条曲线拟合】按钮～。
- 在命令行中输入【SPLINE】命令，并按【Enter】键。

知识链接：

执行【SPLINE】后，命令行的提示信息如下：

命令: SPLINE
当前设置: 方式=拟合　节点=弦
指定第一个点或 [方式(M)/节点(K)/对象(O)]:
输入下一个点或 [起点切向(T)/公差(L)]:
输入下一个点或 [端点相切(T)/公差(L)/放弃(U)]:
输入下一个点或 [端点相切(T)/公差(L)/放弃(U)/闭合(C)]:

在【样条曲线】命令提示行中，各选项的含义解释如下。

方式（M）：该选项可以选择样条曲线为拟合点或控制点。

节点（K）：选择该选项后，其命令行提示为"输入节点参数化[弦（C）/平方根（S）/统一（U）]:"，从而根据相关方式来调整样条曲线的节点。

对象（O）：将由一条多段线拟合生成样条曲线。

起点切向（T）：指定样条曲线起始点处的切线方向。

公差（L）：此选项用于设置样条曲线的拟合公差。这里的拟合公差指的是实际样条曲线与输入的控制点之间所允许偏差距离的最大值。公差越小，样条曲线与拟合点越接近。当给定拟合公差时，绘出的样条曲线不会全部通过各个控制点，但一定通过起点和终点。

---

2. 编辑样条曲线

样条曲线编辑命令是一个单对象编辑命令，一次只能编辑一个样条曲线对象。执行该命令并选择需要编辑的样条曲线后，在曲线周围将显示控制点。

要对样条曲线进行编辑，用户可以通过以下几种方式：

- 在命令行中执行【SPLINEDIT】命令。
- 在菜单栏中选择【修改】|【对象】|【样条曲线】命令。
- 选择要修改的样条曲线对象并右击，在弹出的快捷菜单中选择【样条曲线】命令。

 提示

使用【SPLINEDIT】命令，可以从一条拟合的多段线中创建一条真实的样条对象，使用【SPLINEDIT】命令绘制曲线，可以节省更多的内存和磁盘空间。

执行【样条曲线】命令后，命令行的提示信息如下：

命令: SPLINEDIT   //在命令行中执行【SPLINEDIT】
选择样条曲线: //选择要编辑的样条曲线对象
输入选项 [闭合(C)/合并(J)/拟合数据(F)/编辑顶点(E)/转换为多段线(P)/反转(R)/放弃(U)/退出(X)] <退出
>: *取消*   //根据要求设置选项

> **知识链接：**
>
> 在编辑样条曲线的命令行提示选项中，有一些选项的含义在前面已经做了讲解，下面对未讲解的选项进行讲解。
>
> 拟合数据（F）：此选项用于编辑样条曲线通过的某些点，选择此选项后，创建曲线时指定的各个点以小方格的形式显示，其相关的命令行提示如下：
>
> 输入拟合数据选项[添加(A)/闭合(C)/删除(D)/扭折(K)/移动(M)/清理(P)/切线(T)/公差(L)/退出(X)]。
>
> 编辑顶点（E）：此选项用于移动样条曲线上当前的控制夹点。它与【拟合数据】中的【移动】选项含义相同。
>
> 转换为多段线（P）：此选项可以将样条曲线转换为多段线。
>
> 反转（R）：此选项可使样条曲线的方向相反。

4.2.18 【上机操作】——使用样条曲线绘制 M

下面讲解使用样条曲线工具绘制 M，操作步骤如下：

01 启动 AutoCAD 2016 后，单击【默认】选项卡中【绘图】组 [绘图 ▾] 按钮，在弹出的下拉菜单中单击【样条曲线拟合】按钮 ～，如图 4-45 所示。

02 根据命令行提示进行操作，指定第一个点为（0, 0），按【Enter】键确认。

03 指定下一个点为（50, 100），按【Enter】键确认。

04 输入（100, 0），按【Enter】键确认。

05 输入（150, 100），按【Enter】键确认。

06 输入（200, 0），按两次【Enter】键确认，完成后的效果如图 4-46 所示。

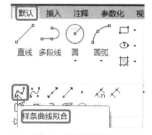

图 4-45 单击【样条曲线拟合】按钮

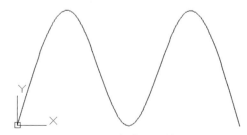

图 4-46 完成后的效果

执行【样条曲线拟合】命令，命令行提示信息中各主要选项的含义如下。

● 对象：选择该选项，可以将样条曲线拟合的多段线转换为样条曲线。

● 闭合：用于将样条曲线膨胀的起始点和结束点重合，并共享相同的切线方向。

● 公差：用于控制样条曲线对象与数据点之间的接近程度。公差越小，表明样条曲线越接近数据点；公差为 0 时，则表明样条曲线精确地通过数据点。

知识链接：

当用户绘制的样条曲线不符合要求时，或者指定的点不到位，这时用户可选择该样条曲线，再使用鼠标指针捕捉相应的夹点来改变即可，如图 4-47 所示。

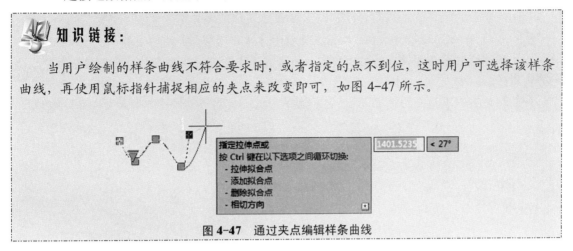

图 4-47　通过夹点编辑样条曲线

4.3　圆的绘制

圆也是最常用、最基本的图形元素之一，在 AutoCAD 2016 中，执行【圆】命令的常用方法有以下几种：

图 4-48　绘制圆的子菜单

● 在菜单栏中选择【绘图】|【圆】命令，弹出绘制圆的子菜单，如图 4-48 所示。
● 在【绘图】工具栏中单击【圆】按钮⊘。
● 在命令行中输入【CIRCLE】命令，并按【Enter】键。

AutoCAD 共提供了 6 种定义圆的尺寸及位置参数的方法。

1. 圆心、半径；圆心、直径

AutoCAD 2016 默认的画圆方法是以圆心和半径（或直径）来确定圆，其中圆心的位置可以通过单击鼠标来确定，也可以通过坐标值来确定。另外如果用户不直接输入圆的半径（或直径）而是指定一点，则系统将以该点和圆心之间的距离作为半径（或直径）绘制圆。

在命令行中执行【CIRCLE】命令，命令行提示信息如下：

命令: CIRCLE　　　　　　　　　　　　　　　　　　　//执行【CIRCLE】命令
指定圆的圆心或 [三点(3P)/两点(2P)/切点、切点、半径(T)]:　//指定圆心
指定圆的半径或 [直径(D)]: 200　　　　　　　　　　　//默认半径为 200

下面将通过实例讲解如何通过圆心和半径画圆，具体操作步骤如下：

01 启动 AutoCAD 2016，在【默认】选项卡中单击【绘图】组的【圆心，半径】按钮⊘，根据命令行中的提示信息，输入圆心为（0,0）。

02 然后再指定圆的半径为 50，完成通过指定圆心和半径绘制圆的操作，效果如图 4-49 所示。

2. 两点

在 AutoCAD 2010 中，用户还可以通过两点绘制圆，即在视图中指定两点来绘制一个圆，相当于这两个点的距离就是圆的直径。操作步骤如下：

01 启动 AutoCAD 2016，在【默认】选项卡中单击【绘图】组的【圆心，半径】按钮⊙下侧的三角按钮 ▾，在弹出的下拉列表中选择【两点】选项，根据命令行的提示信息，指定圆直径的第一端点为（0，0）。

02 指定第二点端点为（30，0），完成通过两点绘制圆的操作，效果如图 4-50 所示。

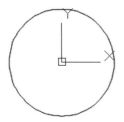
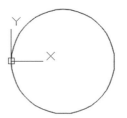

图 4-49 通过指定圆心和半径绘制圆 　　　　　**图 4-50** 通过两点绘制圆

3. 三点

在 AutoCAD 2016 中，用户还可以通过三点绘制圆。操作步骤如下：

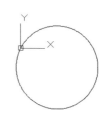

01 启动 AutoCAD 2016，在【默认】选项卡中单击【绘图】组的【圆心，半径】按钮⊙下侧的三角按钮 ▾，在弹出的下拉列表中选择【三点】选项，根据命令行的提示信息，指定圆上第一个点为（0，0）。

02 分别指定第二点、第三点为（20，30）和（40，50），完成通过三点绘制圆的操作，效果如图 4-51 所示。

图 4-51 通过三点绘制圆

4. 相切、相切、半径

在 AutoCAD 2016 中，用户还可以通过指定半径和两个相切对象绘制圆，即和已知的两个对象相切，并输入半径值来绘制圆。操作步骤如下：

01 启动 AutoCAD 2016，在绘图区绘制出如图 4-52 所示内接于半径为 14 的圆的正五边形。

02 在【默认】选项卡中单击【绘图】组的【圆心、半径】按钮⊙下侧的三角按钮 ▾，在弹出的下拉列表中选择【相切、相切、半径】选项，根据命令行提示信息，在正多边形上指定第一个切点，如图 4-53 所示。

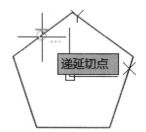

图 4-52 正五边形 　　　　　　**图 4-53** 指定第一个切点

03 指定第二个切点，如图 4-54 所示。

04 输入圆半径为 7，并按【Enter】键确认，效果如图 4-55 所示。

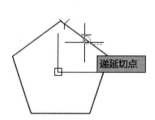 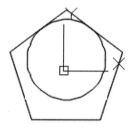

图 4-54　指定第二个切点　　　　图 4-55　通过指定半径和两个相切对象绘制圆

知识链接：

在使用切点与半径画圆时，如果输入的半径值太大或太小，系统可能会给出警告【圆不存在】并结束命令的执行。另外，选取相切对象上切点的位置不同时，所绘制圆的位置也不同。

5. 相切、相切、相切

在 AutoCAD 2016 中，用户还可以通过 3 个相切对象绘制圆，即和 3 个已知对象相切来确定圆。操作步骤如下：

01 启动 AutoCAD 2016，使用上一步的正五边形。

02 在【默认】选项卡中单击【绘图】组的【圆心、半径】按钮下侧的三角按钮　▼　，在弹出的下拉列表中选择【相切、相切、相切】选项，根据命令行提示信息，在正多边形上指定第一个切点，如图 4-56 所示。

03 指定第二个切点，如图 4-57 所示。

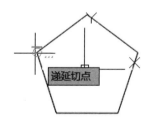 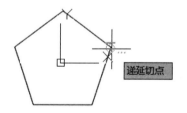

图 4-56　指定第一个切点　　　　图 4-57　指定第二个切点

04 指定第三个切点，如图 4-58 所示，完成后的效果如图 4-59 所示。

 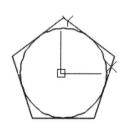

图 4-58　指定第三个切点　　　　图 4-59　通过三个相切对象绘制圆

4.4 圆弧的绘制

圆弧是圆的一部分，也是最常用的基本图形之一。它在实体元素之间起着光滑过渡的作用。当需要用到圆弧时，可以通过指定圆心、端点、起点、半径、角度、弦长和方向值等各种组合形式来绘制圆弧。默认情况下，将通过指定三点的位置来绘制圆弧。

在 AutoCAD 2016 中，执行【圆弧】命令的常用方法有以下几种：

- 在菜单栏中选择【绘图】|【圆弧】命令，弹出绘制圆弧的子菜单，如图 4-60 所示。
- 在【绘图】工具栏中单击【圆弧】按钮 。
- 在命令行中输入【ARC】命令，并按【Enter】键。

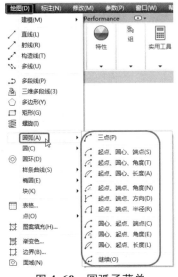

图 4-60　圆弧子菜单

1. 通过指定三点绘制圆弧

三点绘制圆弧与三点绘制圆很相似，只是圆弧上的三点必须包括圆弧的起点和端点，因起点、第二点、端点的顺序决定了是顺时针还是逆时针绘制圆弧，确定三点后，AutoCAD 自动计算圆弧的圆心位置和半径大小。下面将通过实例讲解如何利用三点绘制圆弧，具体操作步骤如下：

01 在【默认】选项卡中，单击【绘图】组的【三点】按钮 ，根据命令行的提示信息，捕捉直线的一个端点，如图 4-61 所示。

02 捕捉象限点为第二个点，如图 4-62 所示。

03 捕捉直线另一个端点，如图 4-63 所示。完成通过指定三点绘制圆弧的操作。

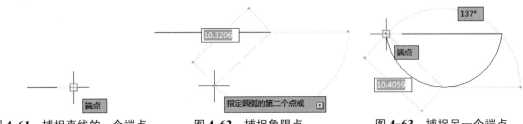

图 4-61　捕捉直线的一个端点　　　图 4-62　捕捉象限点　　　图 4-63　捕捉另一个端点

提示

　　在采用这种方式绘制圆弧时，一定要先估算这些点的大致位置，如果指定的点不能位于一个圆弧上，在命令行中将会出现点无效的提示。

　　2. 通过指定起点、圆心和端点绘制圆弧

　　如果已知圆弧的起点、圆心和端点，则可以通过这种方式绘制圆弧。给定圆弧的起点和圆心后，圆弧的半径就已确定，圆弧的端点值决定圆弧的长度。输入起点和圆心后，圆心到端点的连线将动态拖动圆弧以达到适当的位置。下面将通过实例讲解如何利用起点、圆心和端点绘制圆弧，具体操作步骤如下：

　　01 在【默认】选项卡中单击【绘图】组的【三点】按钮 下侧的三角按钮 ，在弹出的下拉列表中选择【起点、圆心、端点】选项，输入起点（0，0）。

　　02 根据命令行提示，输入【C】，按【Enter】键，输入圆心（10，0）。

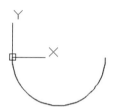

　　03 输入另一个端点（15，0），完成圆弧的创建，如图4-64所示。 **图4-64** 捕捉端点为终点

知识链接：

　　从几何的角度来说，以起点、圆心、端点的方式画弧时，可以在图纸上形成两个圆弧，即从不同的方向上截取圆弧。为了准确绘图，默认情况下系统将按逆时针方向截取所需要的圆弧。

　　3. 通过指定起点、圆心和角度绘制圆弧

　　如果已知圆弧的起点、圆心和角度，则可以通过这种方式绘制圆弧。起点和圆心决定圆弧的半径，圆心角的角度决定圆弧的长度，确定角度时，用户既可以通过命令行输入精确的角度值，也可以通过单击鼠标确定角度。

知识链接：

　　以圆弧的起点、圆心和角度的方式画弧，当在命令行中输入的圆心角的角度值为负值时，AutoCAD 将按顺时针画圆弧，当输入的角度值为负值时，则按照逆时针画圆弧。

4.4.1 **【上机操作】——通过指定起点、圆心和角度绘制圆弧**

　　通过指定起点、圆心和角度绘制圆弧的具体操作步骤如下：

　　01 启动 AutoCAD 2016，打开随书附带光盘中的 CDROM\素材\第 4 章\004.dwg 素材文件，如图 4-65 所示。

　　02 在【默认】选项卡中【绘图】组单击 按钮，在弹出的下拉列表中单击【起点、圆心、角度】按钮 起点，圆心，角度，指定圆弧的起点为（368，56），按【Enter】键确认。

　　03 指定圆弧的圆心，如图 4-66 所示。

04 指定包含角为 60，按【Enter】键确认，如图 4-67 所示，完成通过指定起点、圆心和角度绘制圆弧的操作。

图 4-65　素材文件

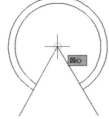

图 4-66　指定圆心

图 4-67　完成后的效果

4.5　椭圆和椭圆弧的绘制

绘制椭圆和椭圆弧的方法与绘制圆和圆弧的方法类似。下面分别讲解椭圆和椭圆弧的具体绘制方法。

4.5.1　椭圆的绘制

在 AutoCAD 2016 中，绘制椭圆时，其形状是由定义了长度和宽度的两条轴所决定的，其中较长的轴称为长轴，较短的轴称为短轴，除了绘制封闭的椭圆形外，还可以绘制开放的椭圆弧。默认情况下，将通过圆心的位置来绘制椭圆。

执行【椭圆】命令的常用方法有以下几种：

● 在菜单栏中选择【绘图】|【椭圆】命令，弹出绘制椭圆的子菜单，如图 4-68 所示。
● 在【绘图】工具栏中单击【椭圆】按钮 ⊙·。
● 在命令行中输入【ELLIPSE】命令，并按【Enter】键。

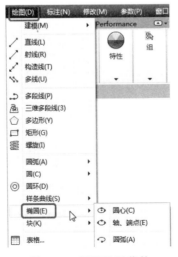

图 4-68　椭圆的子菜单

执行【椭圆】命令后，命令行提示操作如下：

命令: ELLIPSE   //执行【ELLIPSE】命令
指定椭圆的轴端点或 [圆弧(A)/中心点(C)]:   //默认指定椭圆的轴端点
指定轴的另一个端点: //指定另一个端点
指定另一条半轴长度或 [旋转(R)]:   //指定另一条半轴长度

 知识链接:

默认方式下，利用椭圆某一轴上两个端点的位置以及另一轴的半长来绘制椭圆。另外，它还提供了【圆弧】和【中心点】两个选项。

圆弧（A）: 该选项用来绘制椭圆弧，具体操作将在后面详细介绍。

中心点: 该选项可以根据椭圆的中心点、端点和半径长度来绘制椭圆，此时系统有如下提示。

指定椭圆的中心点: //指定中心点
指定轴的端点: //确定轴的端点
指定另一条半轴长度或 [旋转(R)]:   //输入半径长度

每一种画椭圆弧的方法中，最后一行提示均为"指定另一条半轴长度或 [旋转(R)]:"如果此时输入 R 并按【Enter】键，则可以通过旋转角度确定椭圆的大小和位置。该角度是指椭圆绕指定的半轴旋转的角度。

1. 使用中心点绘制椭圆

在 AutoCAD 2016 中，用户可以使用中心点绘制椭圆。操作步骤如下:

01 启动 AutoCAD 2016，在【默认】选项卡中的【绘图】组单击【圆心】按钮，根据命令行的提示信息，指定椭圆的中心点为（200, 200）。

02 指定轴的端点为 300，继续指定另一条半轴长度为 100，即可绘制椭圆，如图 4-69 所示。

图 4-69 绘制椭圆

2. 使用端点和距离绘制椭圆

在 AutoCAD 2016 中，用户还可以使用端点和距离绘制椭圆。操作步骤如下:

01 绘制如图 4-70 所示的矩形，第一个角点为（0, 0），另一角点为（200, 100）。

02 在【默认】选项卡中，单击【绘图】组的【圆心】按钮右侧的三角按钮，在弹出的下拉列表中选择【轴、端点】选项，然后按住【Ctrl】键，在矩形的左侧右击，在弹出的快捷菜单中选择【中点】命令捕捉中点，在中点处单击鼠标，如图 4-71 所示。

图 4-70 绘制矩形

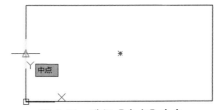

图 4-71 选择【中点】命令

03 使用前面的方法，在矩形的右侧捕捉中点为第二个端点，如图 4-72 所示。

04 在矩形的上边捕捉中心为第三个端点，然后单击鼠标左键，如图 4-73 所示。

05 捕捉中点为半轴长度，完成使用中心点绘制椭圆的操作，效果如图 4-74 所示。

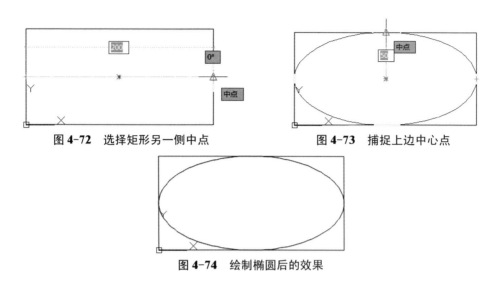

图 4-72　选择矩形另一侧中点　　　　图 4-73　捕捉上边中心点

图 4-74　绘制椭圆后的效果

4.5.2　【上机操作】——使用端点和距离绘制椭圆

下面讲解使用端点和距离绘制椭圆的方法，操作步骤如下：

01 启动 AutoCAD 2016，打开随书附带光盘中的 CDROM\素材\第 4 章\005.dwg 素材文件。

02 在【默认】选项卡中的【绘图】组单击【圆心】按钮右侧的按钮，在弹出的下拉列表中单击【轴、端点】按钮，在绘图窗口中指定椭圆的轴端点，如图 4-75 所示。

03 指定轴的另一个端点，如图 4-76 所示。

04 指定另一条半轴长度为 190，按【Enter】键确认，如图 4-77 所示，完成使用中心点绘制椭圆的操作。

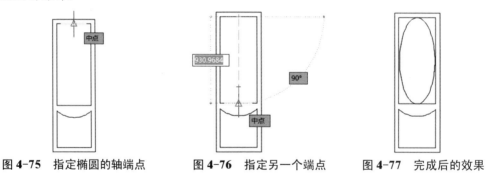

图 4-75　指定椭圆的轴端点　　　图 4-76　指定另一个端点　　　图 4-77　完成后的效果

4.5.3　椭圆弧的绘制

椭圆弧是椭圆上的一部分弧段。绘制椭圆弧前需要绘制椭圆，然后输入椭圆弧的起始角度和终止角度，从而得到椭圆弧，当用户指定椭圆弧角度时，可以使用键盘输入，或在绘图区选取。

绘制椭圆弧与绘制椭圆的方法类似，调用该命令的方法如下：

● 在【默认】选项卡的【绘图】组中单击【圆心】按钮右侧的下三角按钮，然后在弹出的下拉列表中选择【椭圆弧】命令。

● 在命令行中执行【ELLIPSE】或【EL】命令。

执行【椭圆弧】命令后，命令行提示操作如下：

命令: ELLIPSE	//执行【ELLIPSE】命令
指定椭圆的轴端点或 [圆弧(A) /中心点(C)]:a	//选择【圆弧】选项
指定椭圆弧的轴端点或 [中心点(C)]:	//在绘图区拾取一点作为椭圆弧轴的一个端点
指定轴的另一个端点:	//拾取另一点作为轴的另一个端点
指定另一条半轴长度或 [旋转(R)]:	//指定椭圆弧另一条轴线的半长
指定起始角度或 [参数(P)]:	//指定椭圆弧起点角度值，可手动拾取一点来确定
指定终止角度或 [参数(P) /包含角度(I)]:	//指定椭圆弧端点角度值

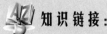 **知识链接:**

执行【椭圆弧】命令后，命令行中的提示信息中各选项含义如下：

中心点（C）：以指定圆心的方式绘制椭圆弧。选择该选项后指定第一根轴的长度时也只需指定其半长即可。

旋转（R）：通过绕第一条轴旋转圆的方式绘制椭圆，再指定起始角度与终止角度绘制出椭圆弧。

参数（P）：选择该选项后同样需要输入椭圆弧的起始角度，但系统将通过矢量参数方程式【p(u) = c+acos(u) +bsin(u)】来绘制椭圆弧。其中，c 表示椭圆的中心点，a 和 b 分别表示椭圆的长轴和短轴。

包含角度（I）：定义从起始角度开始的包含角度。

4.5.4 【上机操作】——绘制椭圆弧

下面将通过实例讲解如何绘制椭圆弧，具体操作步骤如下：

01 启动 AutoCAD 2016，按【Ctrl+N】组合键新建一个空白图纸。

02 在菜单栏中选择【绘图】|【椭圆】|【圆弧】命令，如图 4-78 所示。

03 根据命令行的提示进行操作，指定椭圆弧的轴端点坐标为（100,100）并按【Enter】键确认，指定另一端点的坐标为（500,400）并按【Enter】确认，如图 4-79 所示。

图 4-78 选择【圆弧】命令

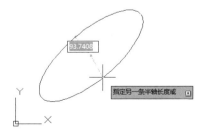

图 4-79 绘制出椭圆

04 指定另一半轴的长度为 200，并按【Enter】确认，如图 4-80 所示。

05 指定起点角度为 60°，并按【Enter】确认，如图 4-81 所示。

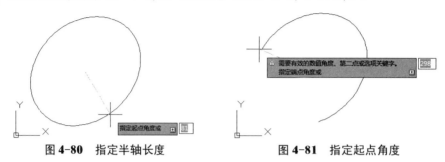

图 4-80 指定半轴长度　　　　　　图 4-81 指定起点角度

06 指定端点角度为 240°，并按【Enter】确认，即可完成椭圆弧的绘制，如图 4-82 所示。

图 4-82 指定端点角度

4.6 矩形和正多边形的绘制

在 AutoCAD 2016 中，矩形和正多边形的应用特别多。在绘图过程中，熟练使用矩形和正多边形命令，将使得绘图更加方便和快捷。AutoCAD 2016 软件为用户提供了丰富的绘制矩形和正多边形的方法，用户应该熟练掌握。

4.6.1 矩形

矩形是多边形的一种，在绘图中比较常用。使用【矩形】命令可以创建矩形形状的闭合多段线，可以指定长度、宽度、面积和旋转的参数，还可以控制矩形上角点的类型，如圆角、倒角或直角。

在 AutoCAD 2016 中，执行【矩形】命令的常用方法有以下几种：

● 在菜单栏中选择【绘图】|【矩形】命令。

● 在【绘图】工具栏中单击【矩形】按钮 □·。

● 在命令行中输入【RECTANG】命令，并按【Enter】键。

调用该命令后，AutoCAD 2016 命令行将出现如下提示：

指定第一个角点或 [倒角(C)/标高(E)/圆角(F)/厚度(T)/宽度(W)]:
指定另一个角点或 [面积(A)/尺寸(D)/旋转(R)]:

选择【矩形】命令后，其提示信息的各选项含义如下。

角点：通过定义矩形框的两个角点绘制矩形。

倒角（C）：设置矩形的倒角距离。

标高（E）：指定矩形的标高，即所绘制的矩形在 Z 轴方向的高度。

圆角（F）：指定矩形的圆角半径。

厚度（T）：指定矩形的厚度。

宽度（W）：为要绘制的矩形指定多段线的宽度。

4.6.2 正多边形

正多边形也是比较常用的闭合图形之一，在 AutoCAD 2016 中，可以使用【正多边形】命令绘制，可以由 3～1 024 条等边长的多段线组成。

在 AutoCAD 2016 中，执行【正多边形】命令的常用方法有以下几种：

- 在菜单栏中选择【绘图】|【多边形】命令。
- 在【绘图】工具栏中单击【多边形】按钮 。
- 在命令行中输入【POLYGON】命令，并按【Enter】键。

调用命令后，其提示信息有【内接于圆（I）】和【外切于圆（C）】两个选项。

> **提示**
>
> 【内接于圆】表示绘制的多边形将内接于假想的圆。
>
> 【外切于圆】表示绘制的多边形将外切于假想的圆。

4.6.3 【上机操作】——绘制正多边形

下面讲解绘制正多边形的方法，操作步骤如下：

01 启动 AutoCAD 2016，按【Ctrl+O】组合键，打开随书附带光盘中的 CDROM\素材\第 4 章\006.dwg 素材文件，在【默认】选项卡中单击【绘图】组的【矩形】按钮口‧右侧下三角按钮，在打开的下拉列表中选择【多边形】按钮，如图 4-83 所示。

02 在命令行中输入 6 并按【Enter】键确认，在绘图区选择圆的中心点，并单击，确定多边形中心，输入 C（外切于圆）并按【Enter】键确认，再输入 200 并按【Enter】键确认，确定圆的半径，效果如图 4-84 所示。

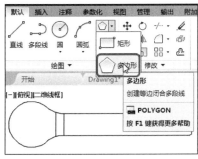

图 4-83　选择多边形

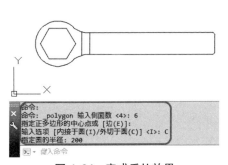

图 4-84　完成后的效果

4.7　本章小结

　　本章主要学习了 AutoCAD 的一些基本二维绘图命令的使用，如【线】、【圆】、【圆弧】、【椭圆】、【椭圆弧】和【矩形】等。AutoCAD 2016 中的绘图命令有很多，功能也很强大，本章介绍了一些基本的二维绘图命令和技巧，希望读者能够多动手进行实际操作，认真体会每一种命令的用法和特点。

4.8　问题与思考

　　1．线的种类？

　　2．直线和多段线、多线的区别是什么？

　　3．点样式有哪几种？

二维图形的编辑与修改

本章导读：

基础知识
- ◆ 掌握选择对象的方法
- ◆ 调整对象位置

重点知识
- ◆ 利用一个对象生成多个对象
- ◆ 调整对象尺寸

提高知识
- ◆ 圆角及倒角
- ◆ 特性与夹点编辑

二维图形的简单操作配合绘图命令的使用可以进一步完成复杂图形对象的绘制工作，并可使用户合理安排和组织图形，因此，对编辑命令的熟练掌握和使用有助于提高设计和绘图的效率。

5.1 图元选择

图元选择是进行绘图的一项最基本的操作，在室内设计中常会遇到较为复杂的实体，若不使用合理的目标选择方式，将很难达到满意的效果。

AutoCAD 2016 中，执行【SELECT】命令的常用方法为：在命令行中输入【SELECT】命令，并按【Enter】键调用。

AutoCAD 2016 命令行将依次出现如下提示：

选择对象：

若要查看【SELECT】命令的所有选项，可在上一命令行中输入【?】。

需要点或窗口(W)/上一个(L)/窗交(C)/框(BOX)/全部(ALL)/栏选(F)/圈围(WP)/圈交(CP)/编组(G)/添加(A)/删除(R)/多个(M)/前一个(P)/放弃(U)/自动(AU)/单个(SI)/子对象(SU)/对象(O)：

下面是各选项的作用介绍。

- 点：是系统默认的一种对象选择方式，用拾取框直接去选择对象，选中的目标以高亮显示，选中一个对象后，命令行提示仍然是【选择对象：】，用户可以接着选择。选完后按【Enter】键，以结束对象的选择。选择模式和拾取框的大小可以通过【选项】对话框进行设置，选择菜单栏中的【工具】|【选项】命令，打开【选项】对话框，然后切换至【选择集】选项卡，如图 5-1 所示。利用该选项卡可以设置选择模式和拾取框的大小。

- 窗口（W）：通过从左到右指定两个点选择矩形窗口中的所有对象，如图 5-2 所示只有小圆和矩形完全包含在窗口中，所以被选中的只有小圆和矩形。

命令行提示：
指定第一个角点：   //指定左上角点
指定另一角点：   //指定右下角点

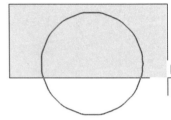

图 5-1 【选择集】选项卡   图 5-2 选择窗口

> **知识链接：**
>
>   在定义多边形窗口时，多边形自身不能相交。与多边形相交的图形不能被选中，只能选择完全落在多边形内的图形。

- 上一个（L）：在【选择对象：】提示下输入 L 后按【Enter】键，系统会自动选取最后绘出的一个对象。
- 窗交（C）：通过从右到左指定两个点定义选择区域内的所有对象，如图 5-3 所示。相交显示的方框为虚线或高亮度方框，这与窗口选择框不同。
- 框（BOX）：选择指定方形选择框区域内的所有对象。
- 全部（ALL）：选择所有对象，如图 5-4 所示，被锁定的图层和关闭层中的对象除外。

> **知识链接：**
>
>   使用【全部】（ALL）选择法时，位于冻结图层的图形不能被选中。

- 栏选（F）：选取与选择框相交的所有对象，如图 5-5 所示。选取的点组成的围栏可自交。

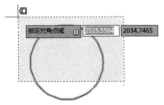  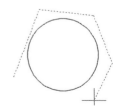

图 5-3 【窗交】选择对象   图 5-4 【全部】选择对象   图 5-5 【栏选】选择对象

- 圈围（WP）：选择定义的多边形区域内的所有对象，也就是所说的【圈围】，如

图 5-6 所示。定义的多边形可为任意形状，但不能与自身相交或相切。多边形的最后一条边由系统自动绘制，所以该多边形在任何时候都是闭合的。

- 圈交（CP）：选择通过指定点定义的多边形内部或与之相交的所有对象，如图 5-7 所示。定义的多边形可为任意形状，但不能与自身相交或相切。多边形的最后一条边由系统自动绘制，所以该多边形在任何时候都是闭合的。

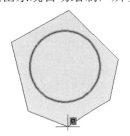

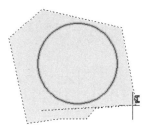

图 5-6 【圈围】选择对象　　　　　　　　图 5-7 【圈交】选择对象

- 编组（G）：使用预先定义的对象组作为选择集。事先将若干个对象组成组，用组名引用。
- 添加（A）：切换到【添加】模式，将选取的对象增添到选择集中。
- 删除（R）：切换到【删除】模式，将选取的对象从选择集中删除。
- 多个（M）：选择多个对象并高亮显示选取的对象。若两次指定相交对象的交点，在选择【多个】选项后会将此两个相交对象也一起选中。
- 前一个（P）：选择上次创建的选择集。若在创建选择集后删除了选择集中的对象，前次创建的选择集将不存在。在模型空间中创建的选择集转换到了图纸空间后，前次创建的选择集将被忽略。
  命令行提示：
  指定第一个角点：　　　　　　　　　　　　　　//指定第一个角点
  指定另一角点：　　　　　　　　　　　　　　　//指定另一个角点
- 放弃（U）：用于取消加入进选择集的对象。
- 自动（AU）：切换到自动选择模式，用户指向一个对象即可选择该对象。若指向对象内部或外部的空白区，将形成框选方法定义的选择框的第一个角点。
- 单个（SI）：选择【单个】选项后，只能选择一个对象，若要继续选择其他对象，需要重新执行【SELECT】命令。
- 子对象（SU）：使用用户可以逐个选择原始形状，这些形状是复合实体的一部分或三维实体上的顶点、边和面。可以选择这些子对象的其中之一，也可以创建多个子对象的选择集。选择集可以包含多种类型的子对象。按住【Ctrl】键与选择【SELECT】命令的【子对象】选项相同。
- 对象（O）：选取窗口外的所有对象。

提示

　若矩形从左向右定义，即第一个选择的对角点为左侧的对角点，矩形内部的对象被选中，框外部及与矩形框边界相交的对象不会被选中。若矩形从右向左定义，矩形框内部及矩形框边界相交的对象都会被选中。

5.2　删除、移动、旋转和对齐对象

在 AutoCAD 2016 中，用户经常会用到删除、移动、旋转、对齐等操作。用户可以通过删除、移动、旋转和对齐命令实现对实体的编辑。本节将对这些内容进行详细的介绍。

5.2.1　删除对象

用户在绘制图形的过程中，为了绘图方便，常绘制一些辅助的实体（如定位线），或者是绘制了错误的图形，此时要用到【删除】命令。

在 AutoCAD 2016 中，执行【删除】命令的常用方法有以下几种：

- 在菜单栏中选择【修改】|【删除】命令。
- 在【修改】工具栏中单击【删除】按钮 ✎。
- 在命令行中输入【ERASE】或【E】命令，并按【Enter】键。

提示

　　使用【OOPS】命令，可以恢复最后一次使用【删除】命令删除的对象。如果要连续向前恢复被删除的对象，则需要使用取消命令【UNDO】。

5.2.2　【上机操作】——删除与恢复对象

下面讲解删除与恢复对象的方法，操作步骤如下：

01 单击快速访问区的【打开】按钮 ☞，在弹出的对话框中打开随书附带光盘中的 CDROM\素材\第 5 章\001.dwg 图形文件，如图 5-8 所示。

02 在【默认】选项卡的【修改】组单击【删除】按钮 ✎，如图 5-9 所示。

图 5-8　【选择文件】对话框

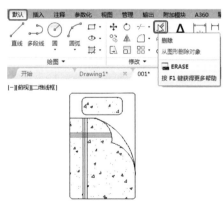

图 5-9　单击【删除】按钮

03 根据命令行提示进行操作，在绘图区选择如图 5-10 所示的对象，按【Enter】键确认，即可删除选择的对象，如图 5-11 所示。

04 在命令行中输入【OOPS】（恢复）命令，按【Enter】键确认，即可恢复删除了的图形，如图 5-12 所示。

 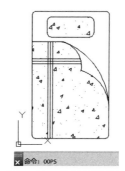

| 图 5-10 选择要删除的对象 | 图 5-11 删除后的效果 | 图 5-12 恢复后的效果 |

知识链接：

【删除】命令的操作有以下情况：

可以先选择对象，然后调用【删除】命令；也可以先调用【删除】命令，然后选择图形对象，选择对象时，可以使用前面介绍的各种对象选择方法。

当选择多个对象时多个对象都被删除；若选择的对象属于某个对象组，则该对象组的所有对象都被删除。

5.2.3 移动对象

用户在绘制图形的过程中，常常会将图形从一个位置移动到另一个位置。AutoCAD 2016 为用户提供了【移动】命令，来实现此操作。移动过程中不可以改变对象的方位和尺寸。

在 AutoCAD 2016 中，执行【移动】命令的常用方法有以下几种：

● 在菜单栏中选择【修改】|【移动】命令。

● 在【修改】工具栏中单击【移动】按钮 ✛。

● 在命令行中输入【MOVE】或【M】命令，并按【Enter】键。

执行【移动】命令后，命令行中的提示信息如下：

命令：MOVE	//执行【MOVE】命令
选择对象:找到 1 个	//选择要移动的图形对象
选择对象:	//按【Enter】键确认
指定基点或[位移(D)]<位移>:	//指定位移基点
指定第二个点或<使用第一个点作为位移>:	//指定平移距离（可以使用鼠标指定，也可//以输入下一点的坐标）

各选项的作用如下：

● 基点：指定移动对象的开始点。移动对象距离和方向的计算会以起点为基准。

● 位移（D）：指定移动距离和方向的 X，Y，Z 值。

> ### 提示
>
> 用户可借助目标捕捉功能来确定移动的位置。移动对象最好是将【极轴】打开，可以清楚看到移动的距离及方位。
>
> 在不需要精确地移动图形对象时，可以直接选择图形对象，然后在图形对象上右击拖动到指定的位置，当松开鼠标时，系统便会弹出一个快捷菜单，在菜单中可以选择移动或复制选中的图形对象，如图 5-13 所示。
>
>
>
> 图 5-13　移动图形对象

5.2.4 【上机操作】——通过两点移动对象

下面讲解通过两点移动对象的方法，操作步骤如下：

01 单击快速访问区的【打开】按钮 ，在弹出的对话框中打开随书附带光盘中的 CDROM 素材\第 5 章\002.dwg 图形文件，如图 5-14 所示。

02 在【默认】选项卡【修改】组单击【移动】按钮 ，在绘图区选择右侧的图形，按【Enter】键确认，在右侧图形的 A 点上单击，并将 A 点移动至左侧图形的 B 点处，如图 5-15 所示。然后单击确定位置，即完成了通过两点移动图形的操作。

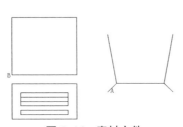

图 5-14　素材文件

图 5-15　完成后的效果

5.2.5 【上机操作】——通过位移移动对象

下面讲解通过位移移动对象的方法，操作步骤如下：

01 单击快速访问区的【打开】按钮 ，在弹出的对话框中打开随书附带光盘中的 CDROM\素材\第 5 章\003.dwg 图形文件，如图 5-16 所示。

02 在命令行中输入【MOVE】（移动）命令，按【Enter】键确认，在绘图区选择左侧的圆，按【Enter】键确认。

03 在命令行中输入【D】，并按【Enter】键确认，然后再输入（@500,0），按【Enter】键确认，即可通过位移移动对象，效果如图 5-17 所示。

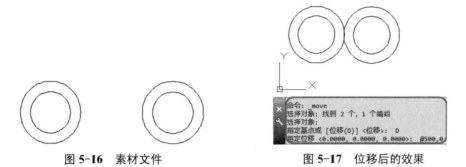

图 5-16　素材文件　　　　　　　　　　　图 5-17　位移后的效果

5.2.6　旋转对象

用户在绘制图形的过程中，对绘制的对象进行旋转是常有的事，本节将对旋转对象进行简单的介绍。旋转对象是指把选择的对象在指定的方向上旋转指定的角度。其中选择角度包括相对角度和绝对角度两种。相对角度基于当前主位围绕选定对象的基点进行旋转；绝对角度是指从当前的角度开始选择指定的角度值。

在 AutoCAD 2016 中，执行【旋转】命令的常用方法有以下几种：

- 在菜单栏中选择【修改】|【旋转】命令。
- 在【修改】工具栏中单击【旋转】按钮 ○。
- 在命令行中输入【ROTATE】命令，并按【Enter】键。

执行【旋转】命令后，命令行中的提示信息如下：

命令: ROTATE	//执行【ROTATE】命令
UCS 当前的正角方向：ANGDIR=逆时针　ANGBASE=0	//系统提示
选择对象: 找到 1 个	//选择旋转对象
选择对象:	//按【Enter】键确认
指定基点:	//指定旋转基点
指定旋转角度，或 [复制(C)/参照(R)] <350>:	//指定旋转角度

下面介绍命令行中各选项的作用。

- 旋转角度：指定对象绕指定的点旋转的角度。旋转轴通过指定的基点，并且平行于当前用户坐标系的 Z 轴。
- 复制（C）：在旋转对象的同时创建对象的旋转副本。
- 参照（R）：采用参考方式旋转对象时，根据系统提示指定要参考的角度和旋转后的角度值，操作完毕后，对象被旋转至指定的角度位置。

提示

可以用拖动鼠标的方法旋转对象。选择对象并指定基点后，从基点到当前光标位置会出现一条连线，移动鼠标，选择的对象会动态地随着该连线与水平方向的夹角的变化而旋转，按【Enter】键确认旋转操作。

5.2.7 【上机操作】——旋转对象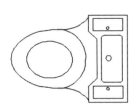

旋转对象的具体操作步骤如下：

01 单击快速访问区的【打开】按钮 ，在弹出的对话框中打开随书附带光盘中的 CDROM\素材\第 5 章\004.dwg 图形文件，如图 5-18 所示。

02 在【默认】选项卡【修改】组单击【旋转】按钮 。

03 根据命令行提示进行操作，在绘图区选择对象，并按【Enter】键确认，指定任意一点作为基点，然后输入旋转角度-90°，并按【Enter】键确认，即可旋转图形，旋转后的效果如图 5-19 所示。

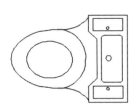

图 5-18　素材文件

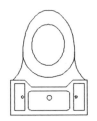

图 5-19　旋转后的效果

> **知识链接：**
>
> 【旋转】命令可以输入 0°～360°之间的任意角度来旋转图形对象，以逆时针为正，顺时针为负。也可以指定基点拖动对象到第二点来旋转对象。

5.2.8 对齐对象

对齐对象可以使当前对象与其他对象对齐，它既适用于二维对象，也适用于三维对象。在对齐二维对象时，可以指定 1 对或 2 对对齐点，在对齐三维对象时，则需要指定 3 对对齐点。

在 AutoCAD 2016 中，执行【对齐】命令的常用方法有以下几种：

- 在菜单栏中选择【修改】|【三维操作】|【对齐】命令。
- 在【修改】工具栏中单击【对齐】按钮 。
- 在命令行中输入【ALIGN】命令，并按【Enter】键。

执行【ALIGN】命令后，命令行中的提示信息如下：

命令: ALIGN	//在命令行中执行【ALIGN】命令
选择对象: 找到 3 个	//选择图形对象
选择对象:	//按【Enter】键确认
指定第一个源点:	//指定第一点
指定第一个目标点:	//指定第二点
指定第二个源点:	//指定第三点
指定第二个目标点:	//指定第四点
指定第三个源点或 <继续>:	//指定第五点
是否基于对齐点缩放对象? [是(Y)/否(N)] <否>:	//输入【Y】或按【Enter】键

知识链接：

当用户只指定一对源点和目标点时，被选定的对象将从源点 1 直接移动到目标点 2。

5.2.9 【上机操作】——对齐对象

对齐对象的具体操作步骤如下：

01 单击快速访问区【打开】按钮 ⬀，在弹出的对话框中打开随书附带光盘中的 CDROM\素材\第 5 章\005.dwg 图形文件，如图 5-20 所示。

02 在【默认】选项卡单击 ⬜ 修改 ▾ ⬜ 按钮，在弹出的下拉列表中单击【对齐】按钮 ⬛。

03 在绘图区中选择左侧的图形作为对齐对象，按【Enter】键确认，在左侧图形最下方的中点上单击，确定第一个源点，将光标引导至右侧图形的最上方，在如图 5-21 所示的位置处单击，确定目标点，按【Enter】键确认即可对齐图形，如图 5-22 所示。

　　　　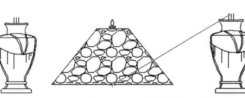　　　　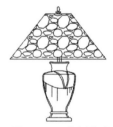

图 5-20　素材文件　　　　图 5-21　确定源点和目标点　　　图 5-22　对齐图形

5.3　复制对象

在 AutoCAD 2016 中，包括【复制】、【阵列】、【偏移】和【镜像】命令，使用这些命令可以创建与原对象相同或者相似的图形。用户还可以通过复制、阵列等操作编辑或者创建新的图形元素。

5.3.1　复制对象

复制对象就是把选择的对象复制到指定的位置，是用来设置一个已有的实体。用户利用该命令绘制一个与源对象相同的实体。

在 AutoCAD 2016 中，执行【复制】命令的常用方法有以下几种：

● 在菜单栏中选择【修改】|【复制】命令。

● 在【修改】工具栏中单击【复制】按钮 ⬚。

● 在命令行中输入【COPY】命令，并按【Enter】键。

调用该命令后，AutoCAD 2016 命令行将依次出现如下提示：

命令: COPY　　　　　　　　　　　　　　　　//执行【复制】命令
选择对象: 找到 1 个　　　　　　　　　　　　//选择需要复制的图形对象

选择对象:	//按【Enter】键确认
当前设置: 复制模式=多个	//系统默认信息
指定基点或 [位移(D)/模式(O)] <位移>: o	//输入 O
输入复制模式选项 [单个(S)/多个(M)] <多个>: m	//选择多次复制
指定基点或 [位移(D)/模式(O)] <位移>:	//指定复制基点
指定第二个点或 [阵列(A)] <使用第一个点作为位移>:	//指定第二点

在执行【复制】命令时各选项的含义解释如下。

- 指定基点：指定复制的基点。
- 位移（D）：通过与绝对坐标或相对坐标的 X、Y 轴的偏移来确定复制的新位置。
- 模式（O）：选择该选项后，系统提示"复制模式选项[单个(S)/多个(M)]:"，若选择【单个】(S) 选项，则只能执行一次复制命令；选择【多个】(M) 个选项则可以执行多次复制命令。

知识链接：

使用【复制】命令只能在同一文件夹中复制图形，如果要在多个图形文件之间复制图形，可以在打开的源文件中使用【COPYCLIP】命令或按【Ctrl+C】组合键，将图形复制到剪切板中，然后在打开的目的文件中用【PASTECLIP】命令或按【Ctrl+V】组合键，将图形复制到指定的位置。

5.3.2 【上机操作】——复制五边形

复制五边形的操作步骤如下：

01 单击快速访问区的【打开】按钮 ，在弹出的对话框中打开随书附带光盘中的 CDROM\素材\第 5 章\006.dwg 图形文件，如图 5-23 所示。

02 在【默认】选项卡【修改】组单击【复制】按钮 。

03 根据命令行提示进行操作，在绘图区选择对象，按【Enter】键确认，任意指定一个点为基点，并向下引导光标，如图 5-24 所示。

04 指定第二点，确定点的位置后单击，按【Enter】键确认，即可复制图形，如图 5-25 所示。

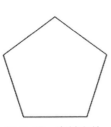
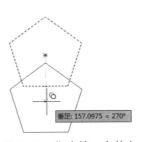
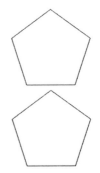

图 5-23　素材文件　　　图 5-24　指定第一个基点　　　图 5-25　完成后的效果

5.3.3 阵列对象

阵列命令创建按指定方式排列的多个对象副本，系统提供了 3 种阵列选项：【矩形阵列】选项创建选定对象的副本的行和列阵列；【环形阵列】选项通过围绕圆心复制选择对象来创建阵列；【路径阵列】选项是通过选定先前确定的路径再来复制选定对象来创建阵列。

阵列是 AutoCAD 复制的一种形式，在进行有规律的多重复绘制时，阵列往往比单纯的复制更有优势。

- 矩形阵列：进行按多行和多列的复制，并能控制行和列的数目以及行/列的间距。
- 环形阵列：即指定环形的中心，用来确定此环形（就是一个圆）的半径。围绕此中心进行圆周上的等距复制。并能控制复制对象的数目并决定是否旋转副本。
- 路径阵列：可以沿路径或部分路径均匀地分布对象副本。

1. 矩形阵列

在创建矩形阵列时，通过指定行、列的数量以及它们之间的距离，可以控制阵列中副本的数量，如图 5-26 所示。

在 AutoCAD 2016 中，执行【矩形阵列】命令的常用方法有以下几种：

图 5-26 矩形阵列

- 在菜单栏中选择【修改】|【阵列】|【矩形阵列】命令。
- 在【默认】选项卡中单击【修改】组中的【矩形阵列】按钮 品·。
- 在命令行中输入【ARRAYRECT】命令并按【Enter】键。

执行【矩形阵列】命令后，命令行的提示信息如下：

命令: ARRAYRECT	//执行【ARRAYRECT】命令
选择对象: 指定对角点: 找到 10 个	//选择图形对象
选择对象:	//按【Enter】键确认
类型 = 矩形　关联 = 是	//系统默认信息
选择夹点以编辑阵列或 [关联(AS)/基点(B)/计数(COU)/间距(S)/列数(COL)/行数(R)/层数(L)/退出(X)]	
<退出>: col	//输入【col】
输入列数数或 [表达式(E)] <4>: 5	//将列数设置为 5
指定 列数 之间的距离或 [总计(T)/表达式(E)] <200>:	//将列间距设置为 200
选择夹点以编辑阵列或 [关联(AS)/基点(B)/计数(COU)/间距(S)/列数(COL)/行数(R)/层数(L)/退出(X)]	
<退出>: r	//输入【r】
输入行数数或 [表达式(E)] <3>: 4	//将行数设置为 4
指定 行数 之间的距离或 [总计(T)/表达式(E)] <200>:	//将行间距设置为 200
指定 行数 之间的标高增量或 [表达式(E)] <0>:	//按【Enter】默认
选择夹点以编辑阵列或 [关联(AS)/基点(B)/计数(COU)/间距(S)/列数(COL)/行数(R)/层数(L)/退出(X)]	
<退出>:	//输入 x 退出命令

知识链接：

执行【矩形阵列】命令后，命令行中显示的信息中各个选项的含义如下。

选择对象：选择要在阵列中使用的对象。

关联：指定阵列中的对象是关联的还是独立的。

基点（B）：定义阵列基点和基点夹点的位置。

计数（COU）：指定行数和列数并使用户在移动光标时可以动态观察结果。

列数（COL）：设置栏数。

列间距：指定从每个对象的相同位置测量的每列之间的距离。

全部：指定从开始到结束对象上的相同位置测量的起点和终点列之间的总距离。

行数（R）：指定阵列中的行数，它们之间的距离以及行之间的增量标高。

行间距：指定从每个对象的相同位置测量的每行之间的距离。

增量标高：设置每个后续行的增大或减小的标高，这个效果要在三维视图中才能体现出来。

层数（L）：指定三维阵列的层数和层间距。

层间距：在 Z 坐标值中指定每个对象等效位置之间的差值。

2. 环形阵列

使用【环形阵列】命令可以围绕中心点或旋转轴均匀分布对象副本，如图 5-27 所示。

在 AutoCAD 2016 中，执行【矩形阵列】命令的常用方法有以下几种：

图 5-27　环形阵列

● 在菜单栏中选择【修改】|【阵列】|【环形阵列】命令。

● 在【默认】选项卡中单击【修改】组中的【环形阵列】按钮 ⊞ ·。

● 在命令行中输入【ARRAYPOLAR】命令并按【Enter】键。

执行【环形阵列】命令后，命令行的提示信息如下所示：

命令: ARRAYPOLAR　　　　　　　　　　　　　　　//执行【ARRAYPOLAR】命令
选择对象: 指定对角点: 找到 10 个　　　　　　　　　//选择图形对象
选择对象:　　　　　　　　　　　　　　　　　　　　//按【Enter】键确认
类型 = 极轴　关联 = 是　　　　　　　　　　　　　//系统自动显示信息
指定阵列的中心点或 [基点(B)/旋转轴(A)]:　　　　　//捕捉圆心
选择夹点以编辑阵列或 [关联(AS)/基点(B)/项目(I)/项目间角度(A)/填充角度(F)/行(ROW)/层(L)/旋转
项目(ROT)/退出(X)] <退出>: I　　　　　　　　　　//输入 I
输入阵列中的项目数或 [表达式(E)] <6>: 12　　　　　//将项目数设置为 12
选择夹点以编辑阵列或 [关联(AS)/基点(B)/项目(I)/项目间角度(A)/填充角度(F)/行(ROW)/层(L)/旋转
项目(ROT)/退出(X)] <退出>:　　　　　　　　　　//输入 X 退出

知识链接：

执行【环形阵列】命令后，命令行中显示的信息中各个选项的含义如下。

旋转轴（A）：指定两个指定点定义的自定义旋转轴。

项目（I）：使用值或表达式指定阵列中的项目数。注意当在表达式中定义填充角度时，结果值中的（+或−）数字符号不会影响阵列的方向。

项目间角度（A）：使用值或表达式指定项目间的角度。

填充角度（F）：使用值或表达式指定阵列中第一个和最后一个项目之间的距离。

旋转项目（ROT）：控制在排列项目时是否旋转项目。

在选中阵列对象后右击，在弹出的快捷菜单中选择【特性】命令，在弹出的【特性】选项板中可以修改阵列参数，如图 5-28 所示。

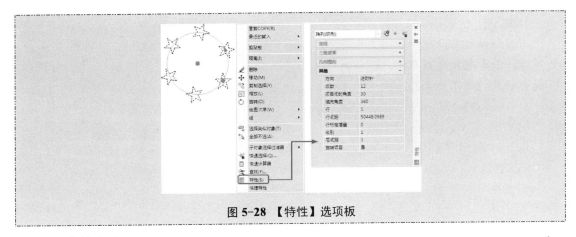

图 5-28 【特性】选项板

3. 路径阵列

使用【路径阵列】命令可以沿路径或部分路径均匀分布对象副本。路径可以是直线、多段线、样条曲线、圆弧、圆或椭圆，如图 5-29 所示。

在 AutoCAD 2016 中，执行【路径阵列】命令的常用方法有以下几种：

图 5-29 路径阵列

- 在菜单栏中选择【修改】|【阵列】|【路径阵列】命令。
- 在【默认】选项卡中单击【修改】组中的【路径阵列】按钮 。
- 在命令行中输入【ARRAYPATH】命令并按【Enter】键。

执行【路径阵列】命令后，命令行的提示信息如下：

命令: ARRAYPATH   //执行【ARRAYPATH】命令
选择对象: 指定对角点: 找到 10 个   //选择图形对象
选择对象: //按【Enter】键确认
类型 = 路径   关联 = 是   //系统自动显示信息
选择路径曲线: //选择样条曲线
选择夹点以编辑阵列或 [关联(AS)/方法(M)/基点(B)/切向(T)/项目(I)/行(R)/层(L)/对齐项目(A)/z 方向
(Z)/退出(X)] <退出>a: //设置对齐方式
是否将阵列项目与路径对齐? [是(Y)/否(N)] <是>: n   //设置为不对齐
选择夹点以编辑阵列或 [关联(AS)/方法(M)/基点(B)/切向(T)/项目(I)/行(R)/层(L)/对齐项目(A)/z 方向
(Z)/退出(X)] <退出>:   //结束命令

知识链接：

执行【路径阵列】命令后，命令行中显示的信息中各个选项的含义如下：

路径曲线: 指定用于阵列路径的对象，如选择直线、多段线、三维多段线、样条曲线、螺旋等。

方法（M）: 控制如何沿路径分布项目。

等数等分: 将指定数量的项目沿路径的长度分布。

测量: 以指定的间隔沿路径分布项目。

基点（B）: 定义阵列的基点。路径阵列中的项目相对于基点放置。

切向（T）：指定阵列中的项目如何相对于路径的起始方向对齐。

当光标放置在阵列的基准夹点上，系统会弹出一个选项菜单，如图 5-30 所示。例如选择【行数】命令进行拖动就可以将更多的行添加到阵列中，如图 5-31 所示。如果拖动三角形夹点，可以更改沿路径进行排列的项目数，如图 5-32 所示。

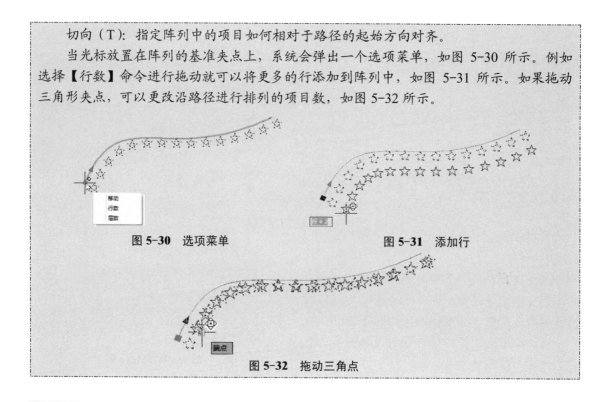

图 5-30　选项菜单　　　　　　　　　图 5-31　添加行

图 5-32　拖动三角点

5.3.4　【上机操作】——矩形阵列对象

矩形阵列对象的具体操作步骤如下：

01 单击快速访问区的【打开】按钮 ，在弹出的对话框中打开随书附带光盘中的 CDROM\素材\第 5 章\007.dwg 图形文件，如图 5-33 所示。

02 在【默认】选项卡中的【修改】组单击【矩形阵列】按钮 。

03 在绘图区选择如图 5-34 所示的圆角矩形，并按【Enter】键确认。然后输入【COU】，按【Enter】键确认。输入列数为 4，按【Enter】键确认，再输入行数为 5，按【Enter】键确认，如图 5-35 所示。

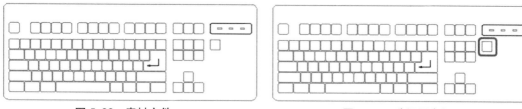

图 5-33　素材文件　　　　　　　　图 5-34　选择圆角矩形

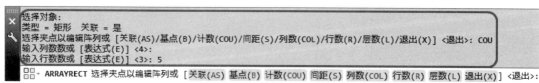

```
选择对象：
类型 = 矩形  关联 = 是
选择夹点以编辑阵列或 [关联(AS)/基点(B)/计数(COU)/间距(S)/列数(COL)/行数(R)/层数(L)/退出(X)] <退出>：COU
输入列数数或 [表达式(E)] <4>：
输入行数数或 [表达式(E)] <3>：5
ARRAYRECT 选择夹点以编辑阵列或 [关联(AS) 基点(B) 计数(COU) 间距(S) 列数(COL) 行数(R) 层数(L) 退出(X)] <退出>：
```

图 5-35　输入行数和列数

04 继续输入【S】，按【Enter】键确认，输入列之间的距离为19，按【Enter】键确认，再输入行之间的距离为-19，按【Enter】键确认，输入 X，按【Enter】键确认，即可完成矩形阵列图形，如图 5-36 所示。

图 5-36 矩形阵列图形

5.3.5 【上机操作】——环形阵列对象

环形阵列对象的具体操作步骤如下：

01 单击快速访问区的【打开】按钮 📂，在弹出的对话框中打开随书附带光盘中的 CDROM\素材\第 5 章\008.dwg 图形文件，如图 5-37 所示。

02 在【默认】选项卡中的【修改】组单击【矩形阵列】后的下三角按钮，在弹出的下拉列表中选择【环形阵列】命令，如图 5-38 所示。

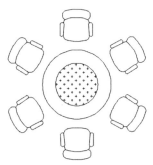

图 5-37 素材文件

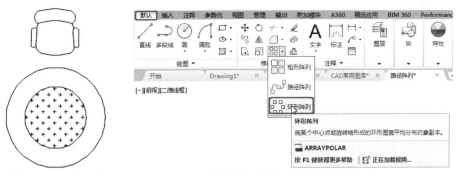

图 5-38 选择【环形阵列】命令

03 在绘图区选择椅子，按【Enter】键确认，然后指定圆心为阵列的中心点，输入 I，按【Enter】键确认，输入项目数为 6，按【Enter】键确认，然后输入 F，按【Enter】键确认，输入填充角度为 360，按【Enter】键确认，最后输入 X，按【Enter】键确认，即可完成环形阵列图形，如图 5-39 所示。

图 5-39 环形阵列后的效果

5.3.6 偏移对象

【偏移】命令用于从指定的对象或者指定的点来建立等矩偏移（有时可能是放大或缩小）的新对象。例如，指定的线、圆等做同心偏移复制。对于线来说执行偏移操作就是进行平行复制。

在 AutoCAD 2016 中，执行【偏移】命令的常用方法有以下几种：

● 在菜单栏中选择【修改】|【偏移】命令。

● 在【修改】工具栏中单击【偏移】按钮 。

● 在命令行中输入【OFFSET】命令，并按【Enter】键。

调用该命令后，AutoCAD 2016 命令行将依次出现如下提示：

指定偏移距离或 [通过(T)/删除(E)/图层(L)] <通过>:

下面介绍各选项含义。

● 指定偏移距离：输入一个距离值，或按【Enter】键使用当前的距离值，系统把该距离值作为偏移距离。

● 通过（T）：指定偏移的通过点。选择该选项且选择要偏移的对象后按【Enter】键，并指定偏移对象的一个通过点。

● 删除（E）：偏移后，将源对象删除。

● 图层（L）：确定将偏移对象创建在当前图层上还是源对象所在的图层上。选择该选项后输入偏移对象的图层选项，操作完毕后系统根据指定的图层绘出偏移对象。

> **知识链接：**
>
> 使用【偏移】命令时必须先启动命令，后选择要编辑的对象；启动该命令时已选择的对象将自动取消选择状态。【偏移】命令不能用在三维面或三维对象上。系统变量存储当前偏移值。在实际绘图时，利用直线的【偏移】命令可以快速解决平行轴线、平行轮廓线之间的定位问题。

5.3.7 【上机操作】——偏移对象

偏移对象的具体操作步骤如下：

01 单击快速访问区的【打开】按钮 ，在弹出的对话框中打开随书附带光盘中的 CDROM\素材\第 5 章\009.dwg 图形文件，如图 5-40 所示。

02 在【默认】选项卡中的【修改】组单击【偏移】按钮 ，如图 5-41 所示。

图 5-40 素材文件

图 5-41 单击【偏移】按钮

03 输入偏移距离为 60，并按【Enter】键确认，然后在绘图区中选择对象，并在对象外拾取一点，按【Enter】键确认，偏移后的图形如图 5-42 所示。

图 **5-42**　偏移后的效果

5.3.8　镜像对象

在绘图的过程中，经常会遇到一些对称的图形，AutoCAD 提供了图形【镜像】功能，用户只需绘制出对称图形的一半，然后利用【镜像】命令复制出对称的另一半图形即可。该命令是绘图中非常重要的，它利用虚拟的对称轴进行镜像复制，在完成镜像操作前可删除或保留原对象。【镜像】命令还可以通过指定一条镜像线来生成已有图形对象的镜像对象。

在 AutoCAD 2016 中，执行【镜像】命令的常用方法有以下几种：

● 在菜单栏中选择【修改】|【镜像】命令。

● 在【修改】工具栏中单击【镜像】按钮⚒。

● 在命令行中输入【MIRROR】命令，并按【Enter】键。

提示

若在镜像的对象中包含文本对象，可在镜像操作时，将系统变量 MIRRTEXT 设置为 0，这样所镜像的对象中文本对象不能被镜像。MIRRTEXT 默认设置为 1，这将导致文本对象与其他对象一样被镜像。

在命令行中执行 MIRRTEXT 命令后，系统提示【输入 MIRRTEXT 的新值<1>：】，在该提示下输入 0，即可设置文本对象不进行镜像操作。

5.3.9　【上机操作】——镜像对象

镜像对象的具体操作步骤如下：

01 单击快速访问区的【打开】按钮🗁，在弹出的对话框中打开随书附带光盘中的 CDROM\素材\第 5 章\010.dwg 图形文件，如图 5-43 所示。

02 在【默认】选项卡中的【修改】组单击【镜像】按钮⚒。

03 在绘图区选择所有对象，按【Enter】键确认，指定选择对象右下角的一个点为镜像线的第一点，然后向上引导光标，如图 5-44 所示。

04 确定镜像线第二点的位置后单击，然后输入 N，按【Enter】键确认，即可镜像图形，如图 5-45 所示。

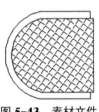

图 5-43　素材文件

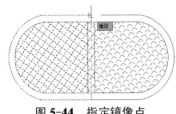

图 5-44　指定镜像点

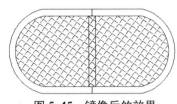

图 5-45　镜像后的效果

5.4　调整对象尺寸

在绘图过程中，如果图形的形状和大小不符合要求，可以使用缩放对象、拉伸对象和延伸对象等方式使编辑对象的几何尺寸发生改变。

5.4.1　缩放对象

使用【缩放】命令可以将选定的图形对象进行等比例放大或缩小，使用此命令可以创建形状相同、大小不同的图形结构。

在 AutoCAD 2016 中，执行【缩放】命令的常用方法有以下几种：

- 在菜单栏中选择【修改】|【缩放】命令。
- 在【修改】工具栏中单击【缩放】按钮 ⧉。
- 在命令行中输入【SCALE】命令，并按【Enter】键。

调用该命令后，AutoCAD 2016 命令行将依次出现如下提示：

命令: SCALE
选择对象: 找到 1 个
选择对象:
指定基点:
指定比例因子或 [复制(C)/参照(R)]:
基点是指缩放中心点，选取的对象将随着光标移动幅度的大小放大或缩小。

下面介绍各选项的作用。

- 指定比例因子：确定缩放比例因子，为默认项。执行该默认项，即输入比例因子后按【Enter】键或【Space】键，AutoCAD 将所选择对象根据该比例因子相对于基点缩放，且 0<比例因子<1 时缩小对象，比例因子>1 时放大对象。
- 复制（C）：创建出缩小或放大的对象后仍保留原对象。执行该选项后，根据提示指定缩放比例因子即可。
- 参照（R）：将对象按参照方式缩放。执行该选项，AutoCAD 提示【指定参照长度：（输入参照长度的值）指定新的长度或[点(P)]:】，输入新的长度值或通过【点】（P）选项通过指定两点来确定长度值。

提示

AutoCAD 根据参照长度与新长度的值自动计算比例因子（比例因子=新长度值÷参照长度值），并进行对应的缩放。

5.4.2 【上机操作】—— 按照比例因子缩放对象

比例因子缩放对象的具体操作步骤如下：

01 启动 AutoCAD 2016，按【Ctrl+O】组合键，在弹出的对话框中打开随书附带光盘中的 CDROM\素材\第 5 章\011.dwg 图形文件，如图 5-46 所示。

02 在【默认】选项卡中单击【修改】组的【缩放】按钮，在绘图区选择开关为缩放对象，按【Enter】键确认，在两个开关的中心点处单击，确定基点，输入 0.6 并确认，即可按指定的比例因子缩放图形，如图 5-47 所示。

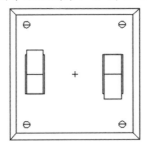
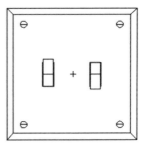

图 5-46 素材文件　　　　　　图 5-47 缩放后的效果

> **知识链接：**
>
> 　在执行【SCALE】命令的过程中，系统会提示用户指定缩放的基点及缩放比例，若缩放比例因子大于 1，则对象放大，若比例因子介于 0 和 1 之间，则使对象缩小。
>
> 　执行【SCALE】命令改变的是图形的物理大小，比如半径为 5mm 的圆放大一倍后变成半径为 10mm 的圆。而执行【ZOOM】（缩放）命令缩放图形，只是在视觉上放大或缩小图形对象，就像是用放大镜看物体一样，并不能改变图形对象实际的尺寸大小。

5.4.3 拉伸对象

在 AutoCAD 2016 中，拉伸对象是指拖动选中的对象，且对象的形状发生改变。用户选择拉伸对象操作时应指定拉伸的基点和移置点。

使用【拉伸】命令，将拉伸选取的图形对象，使其中一部分移动，同时维持与图形其他部分的连接。可拉伸的对象包括与选择窗口相交的圆弧、椭圆弧、直线、多段线、二维实体、射线、宽线和样条曲线。

在 AutoCAD 2016 中，执行【拉伸】命令的常用方法有以下几种：

● 在菜单栏中选择【修改】|【拉伸】命令。
● 在【修改】工具栏中单击【拉伸】按钮。
● 在命令行中输入【STRETCH】命令，并按【Enter】键。

用户选择该命令，就可以移动或拉伸对象，操作方式根据图形对象在选择框中的位置决定。当用户选择该命令时，可以使用交叉多边形方式选择对象，然后依次指定位移基点和位移矢量，系统将会拉伸、压缩或者移动全部位于选择窗口之内的对象。

调用该命令后，AutoCAD 2016 命令行将依次出现如下提示：

以交叉窗口或交叉多边形选择要拉伸的对象: //选择要拉伸的对象

选择对象: //按【Enter】键，结束选择对象

指定基点或 [位移(D)] <位移>:   //指定拉伸的基点

指定基点：指定第二个点或<使用第一个点作为位移>://用鼠标在绘图区任意指定一点或直接输入点的

       //坐标

位移（D）：在选取了拉伸的对象之后，在命令行提示中输入 D 进行向量拉伸。

指定位移 <0.0000, 0.0000, 0.0000>:   //输入位移的数值或指定点的坐标

在向量模式下，将以用户输入的值作为矢量拉伸实体。

 提示

    对于直线、圆弧、区域填充和多段线等对象，若其所有部分均在选择窗口内，那么它们将被移动，如果它们只有一部分在选择窗口内，则遵循以下拉伸规则。

    直线：位于窗口外的端点不动，位于窗口内的端点移动。

    圆弧：与直线类似，但在圆弧改变的过程中，圆弧的弦高保持不变，同时由此来调整圆心的位置和圆弧起始角、终止角的值。

    区域填充：位移窗口外的端点不动，位移窗口内的端点移动。

    多段线：与直线或圆弧相似，但多段线的宽度、切线方向及曲线拟合信息均不改变。

    其他对象：如果其定义点位于选择窗口内，对象发生移动，否则不动。

5.4.4 【上机操作】——拉伸对象

拉伸对象的具体操作步骤如下：

01 启动 AutoCAD 2016，按【Ctrl+O】组合键，在弹出的对话框中打开随书附带光盘中的 CDROM\素材\第 5 章\012.dwg 图形文件，如图 5-48 所示。

02 在【默认】选项卡中单击【修剪】组的【拉伸】按钮，在绘图区选择如图 5-49 所示对象。

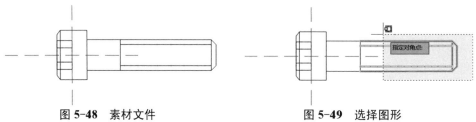

图 5-48   素材文件   图 5-49   选择图形

03 按【Enter】键确认，在图形最右侧直线的中点处单击，确定基点，向右引导光标，在命令行中输入 100 并确认，如图 5-50 所示。

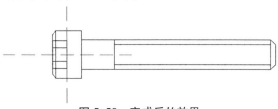

图 5-50   完成后的效果

> **知识链接：**
>
> 【拉伸】命令选择对象时只能使用交叉窗口式，当对象有端点在交叉窗口的选择范围外时，交叉窗口内的部分将被拉伸，交叉窗口的端点将保持不动。如果对象是文字、圆或块时，它们不会被拉伸，当对象整体在交叉窗口选择范围内时，它们可以移动，否则不会移动。

5.4.5 拉长对象

在 AutoCAD 中，拉伸和拉长工具都可以改变对象的大小，所不同的是拉伸操作可以一次框选多个对象，不仅改变对象的大小，同时改变对象的行状；而拉长操作只改变对象的长度，且不受边界的局限。可以拉长的对象包括直线、弧线和样条曲线等。

在 AutoCAD 2016 中，执行【拉长】命令的常用方法有以下几种：

● 在菜单栏中选择【修改】|【拉长】命令。

● 在【修改】工具栏中单击【拉长】按钮 。

● 在命令行中输入【LENGTHEN】命令，并按【Enter】键。

调用该命令后，AutoCAD 2016 命令行将依次出现如下提示：

选择对象或 [增量(DE)/百分数(P)/全部(T)/动态(DY)]:

各选项的作用如下。

● 选择对象：在命令行提示下选取对象，将在命令栏显示选取对象的长度。若选取的对象为圆弧，则显示选取对象的长度和包含角。

● 增量（DE）：已指定的增量修改对象的长度，且该增量从距离选择点最近的端点处开始测量。在命令行中输入命令【DE】，命令行将显示【输入长度增量或[角度 A]<0.0000>】的提示信息。此时输入长度值，并选取对象，系统将以指定的增量修改对象的长度。也可以输入命令 A 指定角度值来修改对象的长度。

● 百分数（P）：以相对于原来长度的百分比来修改直线或圆弧的长度。在命令行中输入命令 P，命令行将显示【输入长度百分数<100.0000>】的提示信息。此时如果输入参数值小于 100 则缩短对象，大于 100 则拉长对象。

● 全部（T）：指定从固定端点开始测量的总长度或总角度的绝对值来设置对象长度或弧包含的角度。

● 动态（DY）：开启【动态拖动】模式，通过拖动鼠标选取对象的一个端点来改变其长度，其他端点保持不变。

> **知识链接：**
>
> 【拉长】命令用于改变非封闭对象的长度，但对于封闭的对象，则该命令无效。用户可以通过直接指定一个长度增量、角度增量（对于圆弧）总长度或者原长的百分比增量来改变原对象的长度，也可以通过动态拖动的方式来直观地改变原对象的长度。但对于多段线来说，则只能缩短其长度，而不能增加其长度。

5.4.6 【上机操作】——拉长对象

下面将通过实例讲解如何拉长图形对象。操作步骤如下

01 启动 AutoCAD 2016，按【Ctrl+O】组合键，在弹出的对话框中打开随书附带光盘中的 CDROM\素材\第 5 章\拉长对象.dwg 图形文件，如图 5-51 所示。

02 选择【修改】|【拉长】命令，如图 5-52 所示。根据命令行中的信息提示输入【DE】，并按【Enter】键确认。命令行提示如下：

命令: _lengthen
选择要测量的对象或 [增量(DE)/百分比(P)/总计(T)/动态(DY)] <增量(DE)>: de
输入长度增量或 [角度(A)] <100.0000>: 500
选择要修改的对象或 [放弃(U)]:

03 输入长度增量为 500 并确认即可完成对图形对象的拉长操作，完成效果如图 5-53 所示。

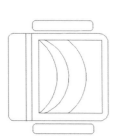

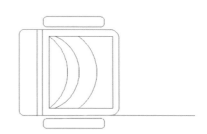

图 5-51　打开素材　　　图 5-52　选择【拉长】命令　　　图 5-53　完成效果

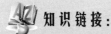

知识链接：

在拉长直线时需要确定直线向哪一端延长，以便选择待延长的对象。比如本例，把直线向右拉长 500 个单位，那么选择光标拾取直线的右端部分，系统就会以直线的右端点作为起点把直线延长 500 个单位。

5.4.7 修剪、延伸对象

【修剪】命令是编辑命令中使用频率非常高的一个命令，【延伸】命令和【修剪】命令效果相反，两个命令在使用过程中可以通过按【Shift】键相互转换。修剪和延伸通过缩短或拉长图形、删除图形多余部分，使图形与其他图形的边相接。因为有这两个命令，我们在绘制图形时可以不用特别精确控制长度，甚至可以用构造线、射线来代替直线，然后通过修剪和延伸对图形进行修整。

5.4.8 修剪对象

【修剪】命令用于将指定的切割边区裁剪所选定的对象。切割边和被切割的对象可以是

直线、圆弧、圆、多段线、构造线和样条曲线等。被选中的对象既可以作为切割边，同时也可以作为被裁剪的对象，选择时的拾取点决定了对象被裁剪的部分，如果拾取点位于切割点的交点与对象的端点之间，则裁去端点与交点之间的部分。如果拾取点位于对象与两个切割边的交点之间，则裁去两个交点之间的部分，而两个交点之外的部分将被保留。

在 AutoCAD 2016 中，执行【修剪】命令的常用方法有以下几种：

- 在菜单栏中选择【修改】|【修剪】命令。
- 在【修改】工具栏中单击【修剪】按钮 ⊬⋅。
- 在命令行中输入【TRIM】命令，并按【Enter】键。

调用该命令后，AutoCAD 2016 命令行将依次出现如下提示：

选择对象或 <全部选择>: //选择要作为修剪边的对象，或按【Enter】键选取当前图形文件中所有可做
　　　　　　　　　　　　//修剪边的对象
选择对象: 　　　　　　　//按【Enter】键，结束选择作为修剪边的对象
选择要修剪的对象，或按住 Shift 键选择要延伸的对象，或[栏选(F)/窗交(C)/投影(P)/边(E)/删除(R)/放弃
(U)]: 　　　　　　　　　//选择要修剪的对象或按住【Shift】键选取要延伸的实体，或输入选项

提示

在进行修剪时，首先选择修剪边界，选择完修剪边界后按【Enter】键，否则程序将不执行下一步，仍然等待输入修剪边界直到按【Enter】键。

各选项的作用如下。

- 要修剪的对象：指定要修剪的对象。在用户按【Enter】键结束选择前，系统会不断提示指定要修剪的对象，所以用户可指定多个对象进行修剪。在选择对象的同时按下【Shift】键可将对象延伸到最近的边界，而不修剪它。
- 边（E）：修剪对象的假想边界或与其在三维空间相交的对象。
  输入隐含边延伸模式 [延伸(E)/不延伸(N)] <延伸>: 　　//输入选项，或按【Enter】键
  延伸（E）：修剪对象在另一对象的假想边界。
  不延伸（N）：只修剪对象与另一对象的三维空间交点。
- 栏选（F）：指定围栏点，将多个对象修剪成单一对象。
  指定第一个栏选点: 　　　　　　　　　　　　　　　　//指定一个点作为栏选的第一点
  指定下一个栏选点或 [放弃(U)]: 　　　　　　　　　　//指定另一个点作为栏选的下一点
  在按【Enter】键结束围栏点的指定前，系统将不断提示用户指定围栏点。
- 窗交（C）：通过指定两个对角点来确定一个矩形窗口，选择该窗口内部或与矩形窗口相交的对象。
  指定第一个角点: 　　　　　　　　　　　　　　　　　//指定一个点为矩形窗口的第一角点
  指定对角点: 　　　　　　　　　　　　　　　　　　　//指定另一个点为矩形窗口的对角点
- 投影（P）：指定在修剪对象时使用的投影模式。
  输入投影选项 [无(N)/UCS(U)/视图(V)] <UCS>: 　　　//输入选项，或按【Enter】键
- 删除（R）：在执行修剪命令的过程中，将选定的对象从图形中删除。
- 放弃（U）：撤销使用【TRIM】命令最近对对象进行的修剪操作。

提示

修剪边界对象支持常规的各种选择技巧，如点选、框选，而且可以不断累加选择。当

然，最简单的选择方式是当出现选择修剪边界时直接按空格（Enter）键，此时将把图中所有图形作为修剪编辑，就可以修剪图中的任意对象。

还有一种情况，如果图中图形非常多，对象数量数万时，修剪时也不建议按【Enter】键使所有对象作为修剪边界。想一想，让数万个对象都参与修剪计算，肯定比只选择几条边界进行修剪消耗更多系统资源，软件计算时间更长。

被修剪对象支持点选和框选，这两种方式不用输入参数，直接使用就可以。（CAD 早期版本不能直接框选，需要输入选项）。另外被修剪对象还有一种特殊模式【围栏】（F），也就是可以拉一条线，与此线交叉的部分都被修剪。

5.4.9 【上机操作】——单个修剪对象

单个修剪对象的具体操作步骤如下：

01 启动 AutoCAD 2016，按【Ctrl+O】组合键，在弹出的对话框中打开随书附带光盘中的 CDROM\素材\第 5 章\013.dwg 图形文件，如图 5-54 所示

02 在【默认】选项卡中单击【修改】组的【修剪】按钮 ，在绘图区选择所有图形为修剪对象，并按【Enter】键确认，输入 E（边），按两次【Enter】键确认，在上方的半圆上单击，按【Enter】键，完成操作，效果如图 5-55 所示。

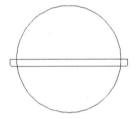 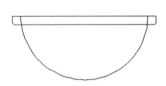

图 5-54　素材文件　　　　　　图 5-55　修剪后的效果

知识链接：

修剪若干个对象时，使用不同的选择方法有助于选择当前的剪切边和修剪对象。对象既可以作为剪切边也可以作为被剪切的对象。修剪图案填充时，不要将【边】设置为【延伸】，否则，修剪图案填充时不能填补修剪边界中的间隙，即将允许的间隙设置为正确的值。

5.4.10 【上机操作】——快速修剪对象

快速修剪对象的具体操作步骤如下：

01 启动 AutoCAD 2016，按【Ctrl+O】组合键，在弹出的对话框中打开随书附带光盘中的 CDROM\素材\第 5 章\014.dwg 图形文件，如图 5-56 所示。

02 在【默认】选项卡中单击【修改】组的【修剪】按钮 ，在绘图区选择所有图形为修剪对象，并按【Enter】键确认，输入 F（栏选）并确认，在绘图区指定栏点，如图 5-57

所示。

03 按两次【Enter】键确认，与栏线相交的对象都被剪掉，效果如图 5-58 所示。

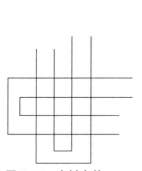

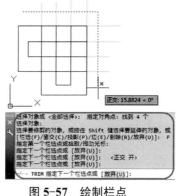

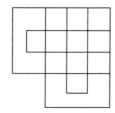

图 5-56 素材文件　　　　　　　图 5-57 绘制栏点　　　　　　图 5-58 修剪后的效果

  知识链接：

在进行修剪操作时按住【Shift】键，可转换执行【延伸】命令。当选择要修剪的对象时，若某条线段未与修剪边界相交，则按住【Shift】键然后单击该线段，可将其延伸到最近的边界。

5.4.11 延伸对象

延伸对象用于将对象的一个端点或两个端点延伸到另一个对象上。可延伸的对象包括直线、圆弧、椭圆弧、开放的二维三维多线段、射线等。

在 AutoCAD 2016 中，执行【延伸】命令的常用方法有以下几种：

● 在菜单栏中选择【修改】|【延伸】命令。

● 在【修改】工具栏中单击【延伸】按钮 ⊸⁄ 。

● 在命令行中输入【EXTEND】命令，并按【Enter】键。

调用该命令后，AutoCAD 2016 命令行将依次出现如下提示：

命令: EXTEND	//执行【EXTEND】命令
选择对象或 <全部选择>:	//选择水平直线为边界线
选择对象:	//按【Enter】键，结束边界线选择
选择要延伸的对象，或按住 Shift 键选择要修剪的对象，或[栏选(F)/窗交(C)/投影(P)/边(E)/放弃(U)]: e	//选中【边】选项
输入隐含边延伸模式 [延伸(E)/不延伸(N)] <不延伸>:e	//选中延伸
选择要延伸的对象，或按住 Shift 键选择要修剪的对象，或[栏选(F)/窗交(C)/投影(P)/边(E)/放弃(U)]:	//选中要延伸的直线
选择要延伸的对象，或按住 Shift 键选择要修剪的对象，或[栏选(F)/窗交(C)/投影(P)/边(E)/放弃(U)]:	//按【Enter】键，结束选择要延伸的对象

各选项的作用如下。

● 延伸（E）：以选取对象的实际轨迹延伸至与边界对象选定边的延长线交点处。

● 不延伸（N）：只延伸到与边界对象选定边的实际交点处，若无实际交点，则不延伸。

- 栏选（F）：进入围栏模式，可以选取围栏点，围栏点为要延伸的对象上的开始点，延伸多个对象到一个对象。系统会不断提示用户继续指定围栏点，直到延伸所有对象为止。要退出围栏模式，按【Enter】键即可。
- 窗交（C）：进入窗交模式，通过从右到左指定两个点定义选择区域内的所有对象，延伸所有的对象到边界对象。
- 投影（P）：选择对象延伸时的投影方式。
- 放弃（U）：放弃之前使用【EXTEND】命令对对象进行的延伸处理。

> **知识链接：**
>
> 使用延伸命令时，一次可以选择多个实体作为边界，选择被延伸实体时应选取靠近边界的一端，否则会出现错误。选择要延伸的实体时，应从实体框靠近延伸实体边界的那一端来选择目标。

5.4.12 【上机操作】——延伸对象

延伸对象的具体操作步骤如下：

01 启动 AutoCAD 2016，按【Ctrl+O】组合键，在弹出的对话框中打开随书附带光盘中的 CDROM\素材\第 5 章\015.dwg 图形文件，在【默认】选项卡中单击【修改】组中【修剪】按钮 +·右侧下三角按钮，在打开的下拉列表中选择【延伸】选项，如图 5-59 所示。

02 在绘图区选择图形中间的对象，并按【Enter】键确认，在命令行中输入 E（边）并按【Enter】键确认，再输入 E（延伸）并按【Enter】键确认，单击所选对象顶部的直线，并按【Enter】键确认，效果如图 5-60 所示。

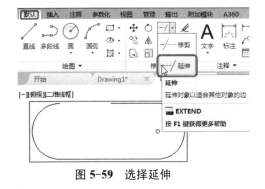

图 5-59　选择延伸　　　　　　图 5-60　延伸后的效果

> **知识链接：**
>
> 有时某些要延伸的对象的相交区域不明确，通过沿矩形窗交窗口以顺时针方向从第一点到遇到的第一个对象，将【EXTEND】融入选择。
>
> 在使用【EXTEND】命令时，可以在选取对象时按住 Shift 键切换到修剪状态。在使用【修剪】和【延伸】命令时，它们都会自动查找边界。

5.5 倒角和圆角

在 AutoCAD 2016 中，用户可以使用【倒角】、【圆角】命令修改对象使其以平角或者圆角相接，【倒角】和【圆角】命令在利用该软件绘制图形的过程中经常被用到。

5.5.1 倒角

【倒角】命令用于将两条相交直线或多段线作倒角，用户使用时应先设置倒角距离，然后再指定倒角线，倒角距离可根据需要设置。

在 AutoCAD 2016 中，执行【倒角】命令的常用方法有以下几种：

● 在菜单栏中选择【修改】|【倒角】命令。

● 在【修改】工具栏中单击【倒角】按钮△·。

● 在命令行中输入【CHAMFER】命令，并按【Enter】键。

调用该命令后，AutoCAD 2016 命令行将依次出现如下提示：

(【修剪】模式) 当前倒角距离 1 = 0.0000，距离 2 = 0.0000

选择第一条直线或 [放弃(U)/多段线(P)/距离(D)/角度(A)/修剪(T)/方式(E)/多个(M)]:

各选项的作用如下。

● 选择第一条直线：要求选择进行倒角的第一条线段，为默认项。选择某一线段，即执行默认项后，AutoCAD 提示【选择第二条直线，或按住 Shift 键选择要应用角点的直线：】，在该提示下选择相邻的另一条线段即可。

● 放弃（U）：放弃已进行的设置或操作。

● 多段线（P）：对整条多段线倒角。

● 距离（D）：设置倒角距离。

● 角度（A）：根据倒角距离和角度设置倒角尺寸。

● 修剪（T）：确定倒角后是否对相应的倒角边进行修剪。

● 方式（E）：确定将以什么方式倒角，即根据已设置的两个倒角距离倒角，还是根据距离和角度设置倒角。

● 多个（M）：如果执行该选项，当用户选择了两条直线进行倒角后，可以继续对其他直线倒角，不必重新执行【CHAMFER】命令。

提示

如果两个倒角的对象在同一图层中，则倒角线也在同一图层，否则，倒角线将在当前图层，其倒角线的颜色、线形和线宽都随图层的变化而变化。

5.5.2 【上机操作】——倒角不相连的线段

倒角不相连的线段的具体操作步骤如下：

01 启动 AutoCAD 2016，按【Ctrl+O】组合键，在弹出的对话框中打开随书附带光盘中的 CDROM\素材\第 5 章\017.dwg 图形文件，在【默认】选项卡中单击【修改】组中【倒角】按钮⌒·，如图 5-61 所示。

02 在绘图区选择直线 A 为倒角对象，继续选择直线 B 为倒角对象，即可对不相连的线段进行倒角，如图 5-62 所示。使用同样的方法对其他直线进行倒角。

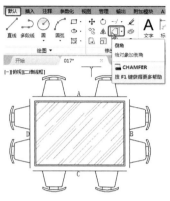

图 5-61　选择【倒角】按钮

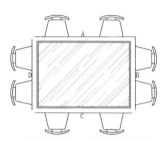

图 5-62　倒角后的效果

5.5.3 【上机操作】——通过设置距离进行倒角

通过设置距离进行倒角的具体操作步骤如下：

01 以 017.dug 素材为例，在【默认】选项卡中单击【修改】组中的【倒角】按钮⌒·，在命令行中输入 D（距离）并按【Enter】键确认，输入 80 并确认，指定第一个倒角距离，再输入 80 并确认，指定第二个倒角距离，如图 5-63 所示。

02 在绘图区依次选择直线 A 和直线 B，对其进行倒角，如图 5-64 所示。使用同样的方法对其他直线进行倒角。

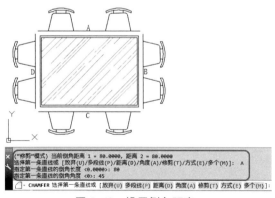

图 5-63　设置倒角距离

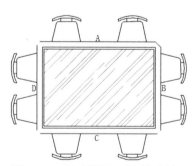

图 5-64　通过设置距离进行倒角

知识链接：

如果两个倒角距离都为 0，则倒角操作将修剪或延伸这两个对象直到它们相交但不创建倒角线，如图 5-65 和图 5-66 所示。

倒角距离为0选择倒角的两边

图 5-65　修剪效果

倒角后则延伸至相交的效果

图 5-66　延伸效果

5.5.4　【上机操作】——通过指定角度进行倒角

通过指定角度进行倒角的具体操作步骤如下：

01 以 017.dwg 素材为例，在【默认】选项卡中单击【修改】组中的【倒角】按钮 ◁·，在命令行中输入 A（角度）并按【Enter】键确认，输入 80 并确认，指定第一条直线的倒角长度，再输入 45 并确认，指定第一条直线的倒角角度，如图 5-67 所示。

02 在绘图区依次选择直线 A 和直线 B，如图 5-68 所示。使用同样的方法对其他直线进行倒角。

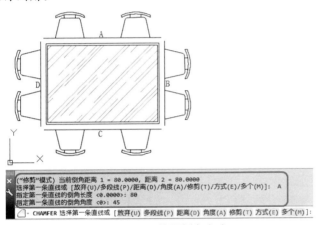

图 5-67　设置倒角角度

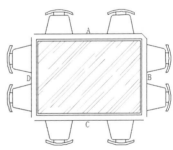

图 5-68　通过指定角度进行倒角

知识链接：

在倒角时，若设置的倒角太大或角度无效，以及因两条直线平行、发散等原因不能倒角，AutoCAD 都会给出提示；对相交两边倒角且倒角后修剪倒角边时，AutoCAD 总是保留选择倒角对象时所选取的那一部分；如果两个倒角距离都为 0，则倒角操作将修剪或延伸这两个对象直至它们相交，但不创建倒角线。

5.5.5　【上机操作】——进行倒角而不修剪

进行倒角而不修剪的具体操作步骤如下：

01 以 017.dwg 素材为例，在【默认】选项卡中单击【修改】组中的【倒角】按钮 ◁·，在命令行中输入 D（距离）并按【Enter】键确认，输入 80 并确认，指定第一个倒角距离，输入 80 并确认，指定第二个倒角距离，输入 T（修剪）并确认，再输入 N（不修剪）并确认，设置修剪模式选项，如图 5-69 所示。

02 在绘图区依次选择直线 A 和直线 B，如图 5-70 所示。使用同样的方法对其他直线进行倒角。

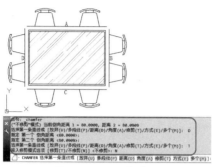

图 5-69 设置修剪模式

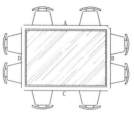

图 5-70 不修剪倒角效果

5.5.6 【上机操作】——为整个多段线进行倒角

为整个多段线进行倒角的具体操作步骤如下：

01 启动 AutoCAD 2016，按【Ctrl+O】组合键，在弹出的对话框中打开随书附带光盘中的 CDROM\素材\第 5 章\018.dwg 图形文件，如图 5-71 所示。

02 在【默认】选项卡中单击【修改】组中的【倒角】按钮○·，在命令行中输入 D（距离）并按【Enter】键确认，输入 20 并确认，指定第一个倒角距离，输入 20 并确认，指定第二个倒角距离，再输入 P（多段线）并确认，在绘图区中选择矩形为倒角对象，如图 5-72 所示

图 5-71 素材文件

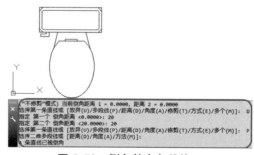

图 5-72 倒角整个多段线

5.5.7 【上机操作】——为非平行线进行倒角

为非平行线进行倒角的具体操作步骤如下：

01 启动 AutoCAD 2016，按【Ctrl+O】组合键，在弹出的对话框中打开随书附带光盘中的 CDROM\素材\第 5 章\019.dwg 图形文件，如图 5-73 所示。

02 在【默认】选项卡中单击【修改】组中的【倒角】按钮○·，在绘图区选择直线 A 为倒角对象，按住【Shift】键选择直线 B，如图 5-74 所示。

图 5-73　素材文件

图 5-74　为非平行线进行倒角

5.5.8　圆角

圆角命令是以指定半径的一段平滑的圆弧来连接两个对象。AutoCAD 2016 中规定可以用圆弧连接一对直线、非圆弧的多段线、样条曲线、双向无限延长线、射线、圆、圆弧。

在 AutoCAD 2016 中，执行【圆角】命令的常用方法有以下几种：

● 在菜单栏中选择【修改】|【圆角】命令。

● 在【修改】工具栏中单击【圆角】按钮◯·。

● 在命令行中输入【FILLET】命令，并按【Enter】键。

调用该命令后，AutoCAD 2016 命令行将依次出现如下提示：

当前设置：模式=修剪，半径= 0.0000
选择第一个对象或 [放弃(U)/多段线(P)/半径(R)/修剪(T)/多个(M)]:

各选项的作用如下。

● 选择第一个对象：此提示要求选择创建圆角的第一个对象，为默认项。用户选择后，AutoCAD 提示【选择第二个对象，或按住 Shift 键选择要应用角点的对象】，在此提示下选择另一个对象，AutoCAD 按当前的圆角半径设置对它们创建圆角。如果按住【Shift】键选择相邻的另一对象，则可以使两对象准确相交。

● 多段线（P）：对二维多段线创建圆角。

● 半径（R）：设置圆角半径。

● 修剪（T）：确定创建圆角操作的修剪模式。

● 多个（M）：执行该选项且用户选择两个对象创建出圆角后，可以继续对其他对象创建圆角，不必重新执行【FILLET】命令。

知识链接：

　　在选择定义二维圆角所需的两个对象中的第一个对象，会选择三维实体的边以便给其加圆角。如果选择的两条直线不相交，则 AutoCAD 将对直线进行延伸或者裁剪，然后用过渡圆弧连接，如图 5-75 所示。如果指定的半径为 0，则不产生圆角，而是将两个对象延伸直至相交。如果两个对象不在同一层上，则过渡圆弧被绘制在当前图层上，否则过渡圆弧被绘制在对象所在的图层上。对于平行线和在图限以外的线段（打开图限检查），都不能使用过渡圆弧来连接。

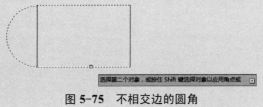

图 5-75　不相交边的圆角

5.5.9 【上机操作】——设置圆角半径

设置圆角半径的具体操作步骤如下：

01 启动 AutoCAD 2016，按【Ctrl+O】组合键，在弹出的对话框中打开随书附带光盘中的 CDROM\素材\第 5 章\020.dwg 图形文件，如图 5-76 所示。

02 在【默认】选项卡中单击【修改】组中的【圆角】按钮△·，在命令行中输入 R（半径）并按【Enter】键确认，输入 40 并确认，指定圆角半径，在绘图区依次选择直线 A 和直线 B，如图 5-77 所示。使用同样的方法对其他直线进行圆角。

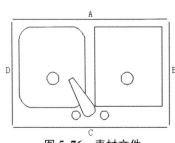

图 5-76　素材文件

图 5-77　圆角效果

5.5.10 【上机操作】——为整个多段线圆角

为整个多段线圆角的具体操作步骤如下：

01 以 020.dwg 素材为例，在【默认】选项卡中单击【修改】组中的【圆角】按钮△·。

02 在命令行中输入 P（多段线）并按【Enter】键确认，输入 R（半径）并确认，再输入 50 并确认，指定圆角半径，在绘图区选择图形中的矩形，完成后的效果如图 5-78 所示。

5.5.11 【上机操作】——进行圆角而不修剪

进行圆角而不修剪的具体操作步骤如下：

01 以 020.dwg 素材为例，在【默认】选项卡中单击【修改】组中的【圆角】按钮。

02 在命令行中输入 R（半径）并按【Enter】键确认，输入 40 并确认，指定圆角半径，输入 T（修剪）并确认，再输入 N（不修剪）并确认，在绘图区中依次选择直线 A 和直线 B，如图 5-79 所示。

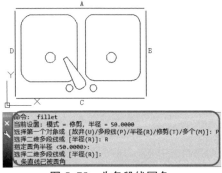

图 5-78　为多段线圆角

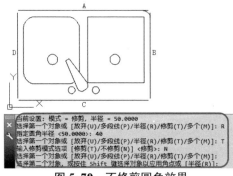

图 5-79　不修剪圆角效果

5.5.12 【上机操作】——为多组对象进行圆角

为多组对象进行圆角的具体操作步骤如下：

01 启动 AutoCAD 2016，按【Ctrl+O】组合键，在弹出的对话框中打开随书附带光盘中的 CDROM\素材\第 5 章\021.dwg 图形文件，如图 5-80 所示。

02 在【默认】选项卡中单击【修改】组中的【圆角】按钮 ▼，在命令行中输入 R（半径）并按【Enter】键确认，输入 40 并确认，指定圆角半径，输入 M（多个）并确认，在绘图区依次选择直线 A、B，直线 B、C，直线 C、D，和直线 D、E，并按【Enter】键确认，如图 5-81 所示。

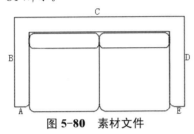

图 5-80　素材文件

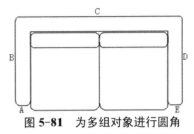

图 5-81　为多组对象进行圆角

5.6　打断、合并和分解对象

为了使绘制的图形更加准确，且在绘图过程中更加方便，还可以使用打断、合并和分解工具对图形进行修改操作。

5.6.1 打断工具

打断是删除部分对象或将对象分解成两部分，且对象之间可以有间隙，也可以没有间隙。可以打断的对象包括直线、圆、圆弧、椭圆和参照线等。

打断于点是打断命令的后续命令，它是将对象在一点处断开生成两个对象。一个对象在执行打断于点命令后，从外观上看不出什么差别，但当选取该对象时，可以发现该对象已经被打断为两部分。

在 AutoCAD 2016 中，执行【打断】命令的常用方法有以下几种：

- 在菜单栏中选择【修改】|【打断】命令。
- 在【修改】工具栏中单击【打断】按钮 或者单击【打断于点】按钮。
- 在命令行中输入【BREAK】命令，并按【Enter】键。

调用该命令后，AutoCAD 2016 命令行将依次出现如下提示：

选择对象：//选择要断开的对象，此时只能选择一个对象
指定第二个打断点或[第一点(F)]：

提示

使用打断工具在对象上单击时，系统将默认选取对象时所选点作为断点 1，然后指定另一点作为断点 2，系统将删除这两点之间的对象。如果在命令行中输入命令 F，则可以重新定位第一点。在确定第二个打断点时，如果在命令行中输入@，可以使第一个和第二

个打断点重合，此时将变为打断于点。

另外，在默认情况下，系统总是删除从第一个打断点到第二个打断点之间的部分，且在对圆和椭圆等封闭图形进行打断时，系统将按照逆时针方向删除从第一打断点到第二打断点之间的对象。

5.6.2 【上机操作】——打断图形

打断图形的具体操作步骤如下：

01 启动 AutoCAD 2016，按【Ctrl+O】组合键，在弹出的对话框中打开随书附带光盘中的 CDROM\素材\第 5 章\022.dwg 图形文件，在【默认】选项卡中单击【修改】组中的【打断】按钮，如图 5-82 所示。

02 在绘图区选择内圆，在命令行中输入 F（第一点）并按【Enter】键确认，在 A 点处单击，确定第一个打断点，在 B 点处单击，确定第二个打断点，效果如图 5-83 所示。

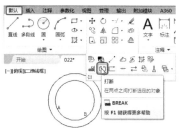

图 5-82　单击【打断】按钮

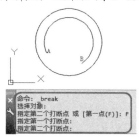

图 5-83　打断图形

知识链接：

【打断于点】命令是从【打断】命令中派生出来的，此命令可以将对象在一点处断开成两个对象。在【默认】选项卡的【修改】组中单击【打断于点】按钮，即可将某对象打断成两个对象。执行【打断于点】命令后，看上去图形没有什么变化，但是选中后就会发现已经变成两个图形，如图 5-84 所示。

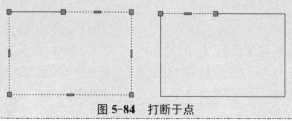

图 5-84　打断于点

5.6.3 合并对象

可以将直线、圆弧、椭圆弧和样条曲线等独立的对象合并为一个对象，执行【合并】命令，有如下 3 种方法：

- 选择菜单栏中的【修改】|【合并】命令。
- 单击【修改】工具栏中的【合并】按钮。

● 在命令行中输入【JOIN】命令。

执行上述命令后，根据系统提示选择一个对象，选择要合并到源的另一个对象，合并完成。

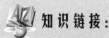

知识链接：

合并两条或多条圆弧（或椭圆弧）时，将从源对象开始逆时针方向合并圆弧（或椭圆弧）；合并直线时，所要合并的所有直线必须共享，即位于同一条无限长的直线上，它们之间可以有间隙；合并多个线段时，其对象可以是直线、多段线或圆弧，但是各对象之间不能有间隙，而且必须位于与 UCS 的 XY 平面平行的同一平面上。

合并圆弧或者椭圆时，将椭圆弧转换成椭圆。

合并样条曲线时，样条曲线对象必须位于同一平面内，而且必须首尾相邻。

5.6.4 分解对象

分解对象是指把复合对象分解成单个由 AutoCAD 2016 构成的对象。用户可以把多段线、矩形框、多边形等分解成简单的直线或弧形对象。

在 AutoCAD 2016 中，执行【分解】命令的常用方法有以下几种：

● 在菜单栏中选择【修改】|【分解】命令。

● 在【修改】工具栏中单击【分解】按钮 。

● 在命令行中输入【EXPLODE】命令，并按【Enter】键。

提示

系统可同时分解多个合成对象，并将合成对象中的多个部件全部分解为独立对象。分解后，除了颜色、线形和线宽可能会发生改变外，其他结果将取决于所分解的合成对象的类型。

5.6.5 【上机操作】——分解对象

分解对象的具体操作步骤如下：

01 启动 AutoCAD 2016，按【Ctrl+O】组合键，在弹出的对话框中打开随书附带光盘中的 CDROM\素材\第 5 章\016.dwg 图形文件，在【默认】选项卡中单击【修改】组中的【分解】按钮 ，如图 5-85 所示。

02 在绘图区中选择多段线，并按【Enter】键确认，如图 5-86 所示。

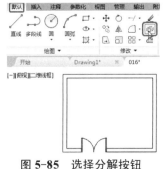

图 5-85　选择分解按钮

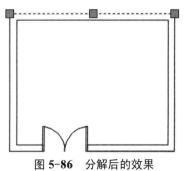

图 5-86　分解后的效果

5.7 特性与夹点编辑对象

使用特性与夹点功能可以方便地进行对象编辑操作，这是编辑对象非常快捷的方法。

5.7.1 特性

执行【特性】命令，主要有如下 3 种方法：

- 选择菜单栏中的【修改】|【特性】命令。
- 在【视图】选项卡的【选项板】组中单击【特性】按钮 。
- 在命令行中输入【DDMODIFY】或【PROPERTIES】命令。

执行上述命令后，AutoCAD 打开【特性】选项板，如图 5-87 所示。利用它可以方便地设置或修改对象的各种属性。

不同的对象属性种类和值不同，修改属性值，可将对象改变为新的属性。

图 5-87 【特性】选项板

5.7.2 夹点

在 AutoCAD 中当用户选择了某个对象后，对象的控制点上将出现一些小的蓝色正方形框，这些正方形框被称为对象的夹点（grips）。

当光标经过夹点时，AutoCAD 自动将光标与夹点精确对齐，从而可得到图形的精确位置。光标与夹点对齐后单击可选中夹点，并可进一步进行移动、镜像、旋转、比例缩放、拉伸和复制等操作。

使用夹点进行编辑要先选择一个作为基点的夹点，这个被选定的夹点显示为红色实心正方形，称为基夹点，也叫热点；其他未被选中的夹点称为温点。如果选择了某个对象后，在按【Shift】键的同时再次选择该对象，则其将不处于选中状态（即不亮显），但其夹点仍然显示，这时的夹点被称为冷点。

如果某个夹点处于热点状态，则按【Esc】键可以使之变为温点状态，再次按【Esc】键可取消所有对象的夹点显示。如果仅仅需要取消选择某个对象上的夹点显示，可按【Shift】键的同时选择该对象，使变为冷点状态；按【Shift】键的同时再次选择该对象将清除夹点。此外，如果调用 AutoCAD 其他命令时也将清除夹点。

5.7.3 使用夹点编辑对象

夹点是指命令窗口出现【命令:】提示时，单击选取对象在对象关键点上显示的小方框。用户可通过拖动夹点，或右击夹点选择弹出快捷菜单中的相应命令，直接而快速地编辑对象。用户可使用夹点对对象进行移动、旋转、缩放、复制等操作。

5.7.4 使用夹点拉伸对象

用户可在选取对象后，选择对象上的夹点，拉伸夹点到新的位置。如图 5-88（a）所示，长为 100mm 的直线，单击显示夹点，如图 5-71（b）所示，在打开【对象捕捉追踪】的情况下按住右端点水平向右拉出，同时输入 50，直线长度将变为 150mm，如图 5-71（c）所示。但要注意的是，拖动文字、块、直线中点、圆心和点对象的夹点不会产生拉伸，而是将对象移动到新的位置，对象形状、大小不变。

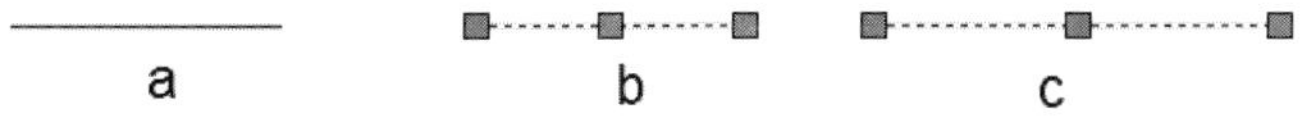

a   b   c

图 5-88　使用夹点拉伸对象

5.7.5 使用夹点旋转对象

在对象的夹点上右击，在弹出的快捷菜单中选择【旋转】命令，并指定基点和旋转角度，就可旋转对象。如图 5-89 所示，选择三角形的下角点夹点，右击选择【旋转】命令，以它为中心进行旋转，可直接输入旋转角度。

5.7.6 使用夹点缩放对象

使用夹点可以相对于指定基点按指定的比例因子缩放选定对象。如图 5-90 所示，选取三角形的下角点夹点，以它为缩放基点，右击，选择【缩放】命令，直接输入缩放比例因子对其进行缩放。

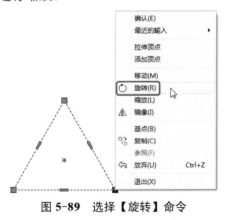

图 5-89　选择【旋转】命令

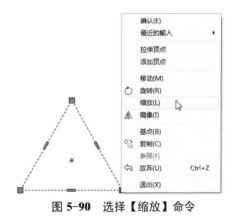

图 5-90　选择【缩放】命令

5.7.7 【上机操作】——夹点拉伸图形对象

拉伸图形对象的具体操作步骤如下：

01 启动 AutoCAD 2016 软件，按【Ctrl+O】组合键，在弹出的对话框中打开随书附带光盘中的 CDROM\素材\第 5 章\023.dwg 图形文件，在绘图区选择矩形，使其呈夹点选择状态，如图 5-91 所示。

02 按住【Shift】键选择矩形最上方两个端点，松开【Shift】键，在矩形最上方右侧的端点上单击并拖动至 A 点位置，再次单击鼠标左键确认，如图 5-92 所示。

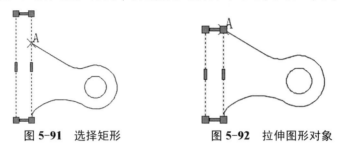

图 5-91　选择矩形　　　　图 5-92　拉伸图形对象

5.8　本章小结

AutoCAD 2016 提供了丰富的图形编辑命令，如复制、移动、旋转、镜像、修剪等。通过对本章的学习，读者可以修改已有图形或通过已有图形构造新的复杂图形。熟练掌握和使用二维图形编辑命令，可以减少重复操作，保证作图的准确性，从而提高绘图效率。

5.9　问题与思考

1．矩形阵列与环形阵列的区别？
2．怎样选择对象？

图案填充

本章导读：

基础知识 ◈ 创建填充图案

◈ 编辑填充图案

重点知识 ◈ 设置填充图案

◈ 填充渐变色

提高知识 ◈ 创建填充边界

◈ 通过上机操作进行学习

图案填充是一种使用指定线条图案、颜色来充满指定区域的操作，常常用于表达剖切面和不同类型物体对象的外观纹理等，被广泛应用在绘制机械图、建筑图及地质构造图等各类图形中。

本章将重点讲解图案填充工具的使用。

6.1 创建填充边界

在进行图案填充前，首先需要创建填充边界，图案填充边界可以是圆、多边形、矩形等单个封闭对象，也可以是由直线、多段线、圆弧等对象首尾相连而形成的封闭区域，如三角形。

调用该命令的方法如下：

● 在菜单栏中选择【绘图】|【图案填充】或【渐变色】命令。

● 在【默认】选项卡的【绘图】组中单击【图案填充】按钮，或者在【默认】选项卡的【绘图】组中单击【图案填充】按钮右侧的按钮，在弹出的下拉列表中单击【渐变色】按钮 渐变色 。

● 在命令行中执行【BHATCH】命令。

执行上述命令并在命令行中选择【设置】选项后，将弹出【图案填充和渐变色】对话框，单击该对话框右下角的按钮，如图 6-1 所示，展开对话框，如图 6-2 所示。

图 6-1 单击右侧的按钮　　　　　　　图 6-2 展开对话框

图案填充有预定义、用户定义和自定义 3 种类型，如图 6-3 所示。

● 预定义：可以在此选择任何标准的填充图案。

● 用户定义：允许用户通过指定角度和间距，使用当前的线形定义自己的图案填充。

● 自定义：允许用户选择已经在自己的.pat 文件中创建好的图案。

一般情况下，使用系统预定义的图案填充基本上能满足用户的需求。单击【图案】右侧的 ... 按钮，系统会弹出【填充图案选项板】对话框，如图 6-4 所示。

图 6-3 图案类型

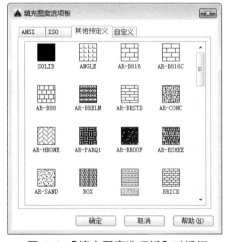

图 6-4 【填充图案选项板】对话框

在该对话框中，包含 4 个选项卡。每个选项卡中列出了以字母顺序排列，用图像表示的填充图案和实体填充颜色，用户可以在此查看系统预定义的全部图案，并定制图案的预览图像。

另外，还有实体填充和渐变填充两种图案。

● 实体填充：通过选择 SOLID 预定义图案填充，以一种纯色填充区域。

● 渐变填充：以一种渐变色填充封闭区域。渐变填充可显示为明（一种与白色混合的颜色）、暗（一种与黑色混合的颜色）两种颜色之间的平滑过渡，如图 6-5 所示。

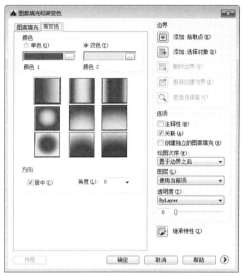

图 6-5 【渐变色】选项卡

6.1.2 控制填充图案的角度和比例

在【角度】下拉列表框中，用户可以指定所选图案相当于当前用户坐标系 X 轴的旋转角度，如图 6-6 所示为两种不同角度的填充效果。

在【比例】下拉列表框中，用户可以设置剖面线图案的缩放比例系数，以使图案的外观变得更稀疏一些或者更紧密一些，从而在整个图形中显得比较协调，如图 6-7 所示是同一种填充图案使用不同比例的填充效果。

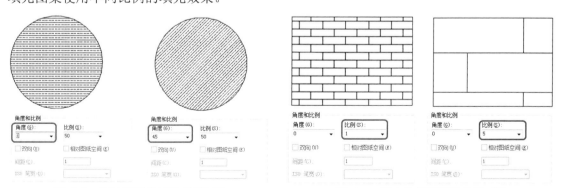

图 6-6 旋转不同角度的效果对比　　　　图 6-7 填充比例不同的效果对比

【间距】编辑框用于在编辑用户自定义图案时指定图案中线的间距。只有在【类型】下拉列表框中选择了【用户定义】时，才可以使用【间距】编辑框。

145

【ISO 笔宽】下拉列表框用于设置 ISO 预定义图案的笔宽。只有在【类型】下拉列表框中选择【预定义】，并且选择了一个可用的 ISO 图案时，才可以使用此选项。

【双向】只有在选择了【用户定义】类型后才可用。用来定义网格类型的图案如图 6-8 所示。

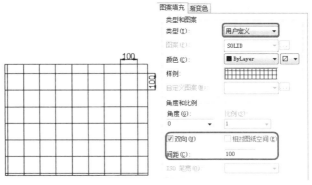

图 6-8　控制网格间距

6.1.3　控制填充图案的原点

　　默认情况下，填充图案始终相互对齐。但是，有时用户可能需要移动图案填充的起点（称为原点）。例如，如果创建砖形图案，可能希望在填充区域的左下角以完整的砖块开始。在这种情况下，可在【图案填充和渐变色】对话框中的【图案填充原点】选项组中选择【使用当前原点】单选按钮，如图 6-9 所示。

图 6-9　使用当前原点

　　在【图案填充原点】选项组中选择【指定的原点】单选按钮，并单击【单击以设置新原点】按钮，然后在图形中指定一个点，就可以使填充图案与该点对齐，如图 6-10 所示。

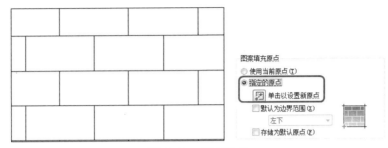

图 6-10　指定原点

6.1.4　指定填充图案对象或填充区域

用户可使用以下几种方法指定图案填充对象或填充的二维几何边界。

● 指定对象封闭的区域中的点。
● 选择封闭区域的对象。
● 使用【-HATCH】绘图选项指定边界点。
● 将图案填充从工具选项板或设计中心拖动到封闭区域。

6.2　使用填充图案

重复绘制某些图案以填充图形中的一个区域，从而表达该区域的特征，这种填充操作称为图案填充。图案填充的应用非常广泛，在 AutoCAD 中，创建填充图案需要指定填充区域，然后才能对图形对象进行填充。

填充图案主要有以下几个特点：

● 填充图案是由系统自动组成一个内部块，所以在处理填充图案时，用户可以把它作为一个块实体来对待。这种块的定义和调用在系统内部自动完成，如图 6-11 所示。因此用户感觉与绘制一般的图形没有什么差别。
● 在绘制填充图案的时候，首先要确定待填充区域的边界，边界只能由直线、圆弧、圆和二维多段线等组成，并且必须在当前屏幕上全部可见。
● 填充图案和边界的关系可分为相关和无关两种。相关填充图案是指图案与边界相关，当边界修改后，填充图案也会自动更新，即重新充满新的边界，如图 6-12 所示；无关填充图案是指这种图案与边界无关，当边界修改后，填充图案不会自动更新，依然保持原状态。

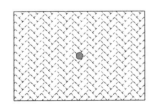

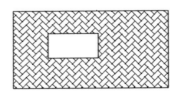

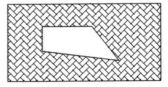

图 6-11　填充图案为一个实体块　　　图 6-12　重新填充边界

- 用户可以使用【FILL】命令来控制填充图案的可见与否，即填充后的图案可以显示出来，也可以不显示出来。

6.2.1 【上机操作】——创建填充区域

下面讲解如何创建填充区域，具体操作如下：

01 打开随书附带光盘中的 CDROM\素材\第 6 章\菱形.dwg 图形文件，在命令行中执行【BHATCH】命令，按【Enter】键确认，在命令行中输入【T】命令，选择【设置】选项，弹出【图案填充和渐变色】对话框。

02 在该对话框中单击【边界】选项组中的【添加：拾取点】按钮 ，如图 6-13 所示，返回绘图区，单击需要填充图案区域中的一点，这里单击如图 6-14 所示的图形中的任意一点。

03 然后在命令行中输入【T】命令，选择【设置】选项，返回【图案填充和渐变色】对话框。为了更好地查看效果，在【比例】下拉列表中输入 15，单击 确定 按钮，关闭对话框可以看到绘图区中的图形已填充了图案，效果如图 6-15 所示。

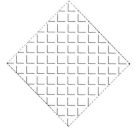

图 6-13 弹出【图案填充和渐变色】对话框 　　图 6-14 拾取点 　　图 6-15 设置比例

6.2.2 【上机操作】——利用拾取对象填充图案

下面讲解如何利用拾取对象填充图案，具体操作如下：

01 打开随书附带光盘中的 CDROM\素材\第 6 章\001.dwg 图形文件，在命令行中执行【BHATCH】命令，在命令行中输入【T】命令，选择【设置】选项，弹出【图案填充和渐变色】对话框，将填充图案设置为【ANSI31】，在【比例】文本框中输入 30，单击【边界】选项组中的【添加：选择对象】按钮，如图 6-16 所示。

02 返回绘图区，单击要填充的图形，按【Enter】键进行确认，效果如图 6-17 所示。

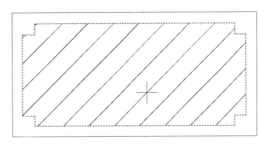

图 6-16　设置完成后的效果　　　　　　　　图 6-17　填充图案

6.3　编辑图案填充

创建了图案填充后，如果需要修改填充图案或修改图案区域的边界，可在快速访问区选择【显示菜单栏】命令，从菜单栏中选择【修改】|【对象】|【图案填充】命令，在功能区选择【默认】选项卡，在【修改】组中单击【编辑图案填充】按钮，然后在绘图区单击需要编辑的图案填充，这时将打开【图案填充编辑】对话框，下面讲解如何编辑图案填充。

6.3.1　填充图案的编辑

快速编辑填充图案可以有效提高绘图效果，调用该命令的方法如下：
- 直接在填充的图案上双击。
- 在命令行中执行【HATCHEDIT】或【HE】命令。

调用以上命令可弹出【图案填充编辑】对话框，单击右下角的【更多选项】按钮可以对填充图案进行详细设置。

6.3.2　分解填充图案

图案是一种特殊的块，被称为【匿名】块，无论形状多复杂，它都是一个单独的对象。可以使用【修改】|【分解】命令来分解一个已存在的关联图案。

图案被分解后，它将不再是一个单一对象，而是一组组成图案的线条。同时，分解后的图案也失去了与图形的关联性，因此，无法使用【修改】|【对象】|【图案填充】命令来编辑。

有时为了满足编辑需要，会将整个填充图案进行分解。调用分解命令的方法如下：
- 选择要分解的图案，在【常用】选项卡的【修改】组中单击【分解】按钮 📷。
- 在命令行中执行【EXPLODE】命令。

6.3.3 【上机操作】——分解填充图案

下面讲解如何分解填充图案，具体操作如下：

01 打开随书附带光盘中的 CDROM\素材\第 6 章\客厅.dwg 图形文件，如图 6-18 所示，在命令行中执行【EXPLODE】命令，选择填充图案，按空格键确认选择，具体操作过程如下：

命令: EXPLODE　　　　　　　　　　　　//执行【EXPLODE】命令
选择对象: 找到 1 个　　　　　　　　　　//选择填充图案
选择对象:　　　　　　　　　　　　　　//按空格键确认选择
已删除图案填充边界关联性。　　　　　　//系统当前提示

02 选择刚分解的图案，即可发现原来的整体对象变成了单独的线条，如图 6-19 所示。

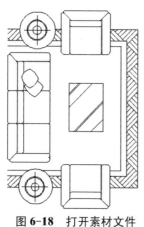　　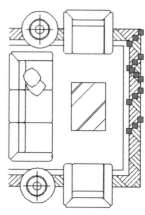

　　　图 6-18　打开素材文件　　　　　　　图 6-19　分解后的效果

6.3.4 【上机操作】——设置填充图案的可见性

下面讲解如何设置填充图案的可见性，其具体操作如下：

01 打开随书附带光盘中的 CDROM\素材\第 6 章\002.dwg 图形文件，如图 6-20 所示，在命令行中执行【FILL】命令，在命令行中输入【OFF】，然后在命令行中输入【REGEN】命令，按【Enter】键进行确认，即不显示填充图案，具体操作过程如下：

命令: FILL　　　　　　　　　　　　　　　　//执行【FILL】命令
输入模式[开(ON)/关 (OFF)] <开>:OFF　　　　//选择【关】选项，即不显示填充图案
命令: REGEN　　　　　　　　　　　　　　//执行 REGEN 命令
正在重生成模型　　　　　　　　　　　　//系统自动提示并重生成图像

02 在绘图区即可发现原来填充的图案隐藏了，如图 6-21 所示。

　　图 6-20　打开素材文件　　　　　　　图 6-21　隐藏图案

6.3.5 填充图案的修剪

修剪填充图案与修剪图形对象一样，调用该命令的方法如下：

- 从菜单栏中选择【修改】|【修剪】命令。
- 在【默认】选项卡的【修改】组中单击【修剪】按钮 $\not\!\!\!/$ ·。
- 在命令行中执行【TRIM】或【TR】命令。

6.3.6 【上机操作】——为平面沙发填充图案

下面以编辑平面沙发图案为例，来综合练习本节所讲的知识。操作步骤如下：

01 打开随书附带光盘中的 CDROM\素材\第 6 章\平面沙发.dwg 图形文件，在命令行中执行【HATCH】命令，在命令行中输入【T】命令，弹出【图案填充编辑】对话框，单击【类型和图案】选项组中【图案】右侧的 按钮，弹出【填充图案选项板】对话框。切换至【其他预定义】选项卡，在列表框中选择【FLEX】选项，然后单击【确定】按钮，如图 6-22 所示。

图 6-22 弹出【填充图案选项板】对话框

02 返回【图案填充和渐变色】对话框，将【颜色】设置为【248, 215, 49】，将【比例】设置为 10，然后单击【确定】按钮，如图 6-23 所示。单击需要填充的区域，按【Enter】键进行确认，返回绘图区即可看到设置效果，如图 6-24 所示。

图 6-23 设置颜色和比例

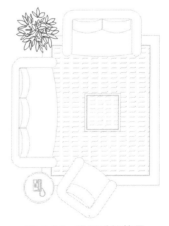

图 6-24 设置后的效果

6.3.7 【上机操作】—— 为地面拼花填充图案

下面讲解如何为地面拼花进行图案填充，其具体操作如下：

01 打开随书附带光盘中的 CDROM\素材\第 6 章\地面拼花.dwg 图形文件，如图 6-25 所示。

02 使用【修剪】工具，将不需要的线条进行修剪，如图 6-26 所示。

03 使用【图案填充】按钮，将【图案填充图案】设置为【AR-CONC】，将【填充图案比例】设置为 0.8，对图形进行填充，如图 6-27 所示。

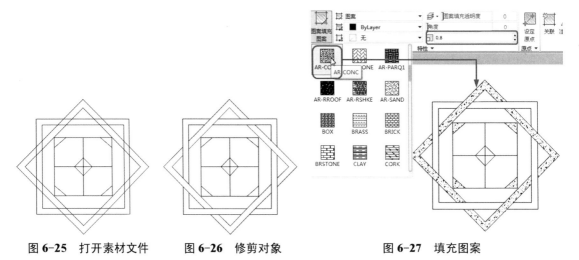

图 6-25　打开素材文件　　　图 6-26　修剪对象　　　图 6-27　填充图案

04 再次使用【图案填充】按钮，将【图案填充图案】设置为【AR-PARQ1】，如图 6-28 所示。

05 使用上面的方法，再次对图形进行填充，将【图案填充图案】设置为【AR-SAND】，效果如图 6-29 所示。

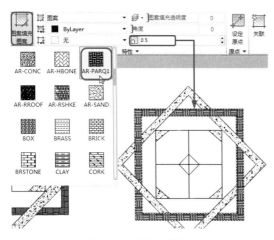
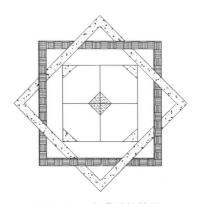

图 6-28　填充图案　　　　　　　图 6-29　完成后的效果

用户除了简单的填充图案外，还可以对填充图案进行移动、缩放或旋转，以便与现有对象对齐。要移动填充图案，需要重新定位图案填充对象的原点。用户界面中有一些工具与修改图案填充特性中列出的工具相同，包括用于指定新原点、指定不同的旋转角度和更改图案填充比例的选项。

在某些情况下，这种操作可能会更简单：移动或旋转用户坐标系来与现有对象对齐，然后重新创建图案填充。

打开图案填充编辑对话框的操作步骤如下：

（1）选择图案填充对象。

（2）在菜单栏中选择【修改】|【对象】|【图案填充】命令，如图 6-30 所示，或者在命令行的提示下输入【HATCHEDIT】，还可以在图案上右击，在弹出的快捷菜单中选择【图案填充编辑】命令，如图 6-31 所示。

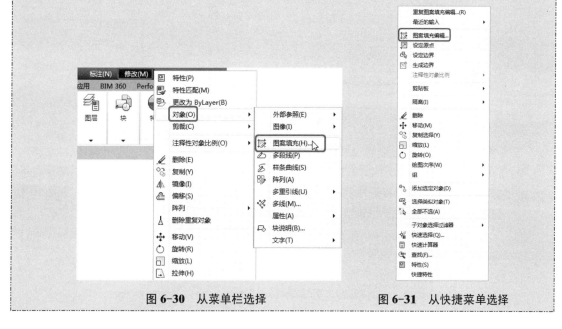

图 6-30　从菜单栏选择　　　　　图 6-31　从快捷菜单选择

6.4　渐变色的填充

渐变色是指从一种颜色到另一种颜色的平滑过渡。AutoCAD 允许用户为图形填充渐变色，以增强图形的视觉效果。

6.4.1 【渐变色】选项卡

在【渐变色】选项卡中 CAD 提供了 9 种固定的图案和单色、双色渐变填充。使用渐变色填充，可以创建从一种颜色到另一种颜色平滑过渡的填充，还能体现出光照在平面或三维对象上产生的过渡颜色，增加演示图形的效果。

在 AutoCAD 2016 中，可以通过以下几种方式打开如图 6-32 所示的【渐变色】选项卡：

- 在菜单栏中选择【绘图】|【渐变色】命令。
- 单击【绘图】工具栏中的【渐变色】按钮。
- 在命令行中执行【GRADIENT】命令。

【渐变色】选项卡有【颜色】和【方向】选项组和中间的显示区。

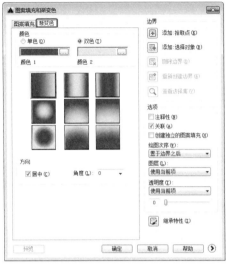

图 6-32　【渐变色】选项卡

1. 颜色

在【颜色】选项组中可以设置要使用的渐变色，有以下两种选项。

- 【单色】单选按钮：可以产生由一种颜色向较浅（白）色或较深（黑）色的平滑过渡。单击其下方颜色块右侧的[...]按钮，在弹出的【选择颜色】对话框中可以设置颜色，如图 6-33 所示；通过右侧的【色调】滑块可以改变颜色的明暗度，其下方的渐变图案代表了填充方式。

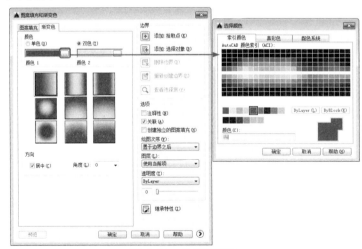

图 6-33　设置渐变色

- 【双色】单选按钮：选择该项，可以产生由一种颜色向另一种颜色的平滑过渡，系统将分别为颜色 1 和颜色 2 显示带有浏览按钮的颜色样本。

2．渐变图案显示区

在【渐变色】选项卡中间有 9 个渐变方式样板，分别表示不同的渐变方式，包括线形、球形和抛物线形等方式。

不同的渐变色填充效果如图 6-34 所示。

单色线性居中0°渐变　　单色线性居中45°渐变　　双色线性居中0°渐变　　双色线性居中45°渐变

图 6-34　不同渐变填充效果

3．方向

在【方向】选项组中，可以设置渐变色的位置与渐变方向。

● 【居中】复选框：选择该项，将以中心为基准填充渐变色，否则以左下角为基准 0。

● 【角度】下拉列表：在该选项的下拉列表中可以选择渐变色的填充角度，即渐变方向。

 提示

在 AutoCAD 2016 中，尽管可以使用渐变色来填充图形区域，但是只能在一种颜色的不同灰度之间或两种颜色之间使用渐变，而且仍然不能使用位图来填充图形。

6.4.2 【上机操作】——为立面门填充渐变色

单色渐变填充是指定义从一种颜色到白色或黑色的过渡渐变，具体操作如下：

01 打开随书附带光盘中的 CDROM\素材\第 6 章\003.dwg 图形文件，在命令行中执行【GRADIENT】命令，在命令行中输入【T】命令，选择【设置】选项，弹出【图案填充和渐变色】对话框，默认显示【渐变色】选项卡。

02 在【颜色】选项组中选择 ◉ 单色(O) 单选按钮，然后单击其下方的 ... 按钮，弹出【选择颜色】对话框，切换到【真彩色】选项卡。将红色、绿色、蓝色分别设置为（0、255、255），然后单击【确定】按钮，如图 6-35 所示。

03 返回【图案填充和渐变色】对话框，单击【边界】选项组中的【添加：拾取点】按钮，返回绘图区，选择椭圆形，如图 6-36 所示。

 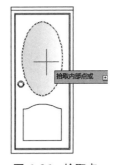

图 6-35　设置颜色值　　　　　　　**图 6-36　拾取点**

04 在命令行中输入【T】命令，选择【设置】选项，返回【图案填充和渐变色】对话框中的【渐变色】选项卡，在中间列表中选择填充样式，这里单击第一排第二个填充样式，然后单击【预览】按钮，如图 6-37 所示。

05 返回绘图区即可看到椭圆形对象被填充了颜色，然后按【Esc】键返回到【图案填充和渐变色】对话框，单击【确定】按钮，完成渐变色的填充操作，如图 6-38 所示。

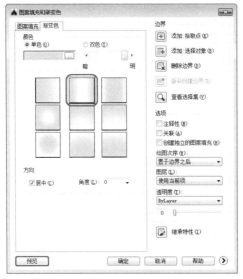

图 6-37　选择填充样式

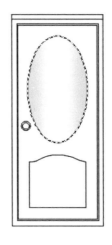

图 6-38　完成效果

知识链接：

在【渐变色】选项卡中部分选项的含义如下：

【删除边界】按钮：若用户选择了多个填充区域，则单击该按钮，可删除其部分填充区域。

【查看选择集】按钮：单击此按钮可返回绘图区查看填充区域。

【关联】复选框：控制填充图案是否与填充边界关联，即当改变填充边界时，填充图案是否也随着改变。一般保持选中状态。

【绘图次序】下拉列表：指定图案填充的绘图顺序。图案填充可以放在其他所有对象之后、其他所有对象之前、图案填充边界之后或图案填充边界之前。

【继承特性】按钮：在绘图区选择已填充好的填充图案，则在下次进行图案填充时将继承所选对象的参数设置。

6.5　填充孤岛

图案填充区域内的封闭区域被称为孤岛，用户可以使用 3 种填充样式填充孤岛：普通、外部和忽略。单击【图案填充和渐变色】对话框右下角的 按钮，便可以看到【孤岛】选项组，如图 6-39 所示。

【孤岛】选项组中各项含义如下。

- 【普通】单选按钮：填充样式是默认的填充样式，这种样式将从外部边界向内填充。如果填充过程中遇到内部边界，填充将关闭，直到遇到另一个边界为止。
- 【外部】单选按钮：填充样式也是从外部边界向内填充，并在下一个边界处停止。
- 【忽略】单选按钮：填充样式将忽略内部边界，填充整个闭合区域。

选中【普通】单选按钮，并选中【孤岛检测】复选框时，如果指定如图 6-40 所示的内部拾取点，则孤岛一直不会进行图案填充，而孤岛内的孤岛将会进行图案填充，如图 6-40 所示。

图 6-39 【孤岛】选项组

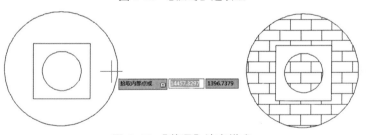

图 6-40 【普通】填充样式

使用同一拾取点时，各选项的结果对比效果如图 6-41 所示。

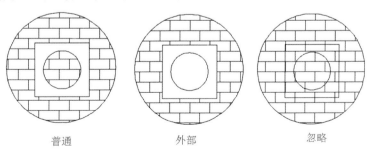

图 6-41 3 种填充样式比较

下面介绍【图案填充和渐变色】对话框中其他选项含义。

- 【保留边界】复选框：勾选该复选框，可以将填充边界以对象的形式保留，并可以从【对象类型】下拉列表中选择填充边界的保留类型。
- 【边界集】选项组：在其下拉列表中，用户可以定义边界的对象集，默认【当前视口】中所有可见对象确定其填充边界，也可以单击【新建】按钮，在绘图区重新指定对象定义边界集。之后，【边界集】其下拉列表中显示为【现有集合】选项。
- 【公差】文本框：用户可以在其后的文本框内设置允许间隙大小，默认值为 0，这时对象是完全封闭的区域。在该参数范围内，可以将一个几乎封闭的区域看作一个闭合的填充边界。
- 【使用当前原点】单选按钮：选择该项，在用户使用【继承特性】创建的图案填充时继承图案填充原点。
- 【用源图案填充原点】单选按钮：选择该项，在用户使用【继承特性】创建的图案填充时继承源图案填充原点。

知识链接：

文字对象被视为孤岛。如果打开了孤岛检测，结果将始终围绕文字留出一个矩形空间，如图 6-42 所示。

图 6-42　文字孤岛

在大型、复杂的图形中对小区域进行图案填充时，可以在图形中选择较小的一组对象用于确定图案填充边界，以节省时间。

在选择填充区域时，如果选择的对象不是封闭区域，系统会弹出一个如图 6-43 所示的【图案填充-边界定义错误】对话框，并且在边界的未连接端点处显示红色圈以表示间隙，如图 6-44 所示。

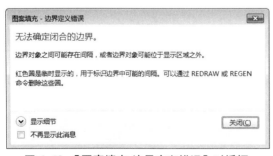

图 6-43　【图案填充-边界定义错误】对话框

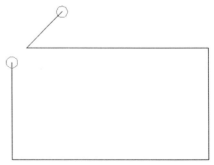

图 6-44　红色圈

退出图案填充命令后，红色圈仍处于显示状态。当用户为图案填充指定另一个内部点或者使用【REDRAW】、【REGEN】、【REGENALL】命令时将删除这些红色圈。

若要对边界未完全闭合的区域进行图案填充，可找到间隙并修改边界对象，使这些对象形成一个闭合边界。

将【HPGAPTOL】系统变量设定为足够大的值，以填充间隙。【HPGAPTOL】只适用于拉伸时相交的几何对象之间的间隙。

6.6　本章小结

本章介绍了 AutoCAD 2016 的填充图案功能。当需要填充图案时，首先应该有对应的填充边界。可以看出，即使填充边界没有完全封闭，AutoCAD 也会将位于间隙设置内的非封闭边界看成封闭边界给予填充。此外，用户还可以方便地修改已填充的图案，根据已有图案及其设置填充其他区域（即继承特性）。

通过对本章的学习，希望读者可以掌握图案填充工具的使用方法。

6.7　问题与思考

1．调用渐变色填充命令的方法有几种？各是什么？
2．分解图案的具体操作步骤是什么？
3．如何对图形填充图案与渐变色？

文字与表格

本章导读：

在一个完整的图样中，除了包含各种视觉的工程图形外，还需要有一些文字注释来说明图样中的一些非图形信息。在 AutoCAD 2016 中进行各种设计时，通常不仅要绘出图形，还要在图形中标注一些文字，如技术要求、注释说明等，除此之外，图表在 AutoCAD 图形中也有大量的应用，如明细表、参数表等。

7.1 文字样式

通常在绘制图形过程中，系统默认的文字样式为 STANDARD。用户也可以根据具体要求重新设置文字样式或创建新的样式。

下面详细讲解新建、应用、重命名及删除文字样式的方法。

7.1.1 新建文字样式

在创建文字和尺寸标注时，AutoCAD 通常使用当前的文字样式，也可以根据具体要求重新设置文字样式或创建新的样式。文字样式包括字体、字形、高度、宽度系数、倾斜角度、方向以及垂直和其他文字特性进行相关设置。

创建文字样式命令主要有以下 4 种方式：

● 单击【文字】面板中的【文字样式】按钮。
● 选择【格式】|【文字样式】命令。
● 切换至【注释】选项卡，在【文字】工具栏中单击【文字样式】按钮。
● 在命令行中输入【STYLE】或【ST】命令。

执行该命令之后，打开【文字样式】对话框，通过该对话框可以修改或创建文字样式。

7.1.2 【上机操作】——新建文字样式

新建文字样式的具体操作如下：

01 按照上面介绍的方法打开【文字样式】对话框，单击【新建】按钮，弹出【新建文字样式】对话框。在该对话框的【样式名】文本框中输入样式名称，这里输入【室内设计】，单击【确定】按钮，如图7-1所示。

02 返回【文字样式】对话框，在【字体】选项组的【字体名】下拉列表中选择【黑体】选项，在【高度】文本框中输入10，如图7-2所示。然后单击【应用】按钮，再单击【关闭】按钮，保存设置并关闭对话框，完成名为【室内设计】的新文字样式的创建。

图7-1 【新建文字样式】对话框

图7-2 创建文字样式

在【文字样式】对话框中，各选项的含义介绍如下。

● 【样式】列表框：显示所有文字样式，默认文字样式为【Standard】。样式名前的 ⚖ 图标指示样式为注释性。

● 【新建】按钮：单击该按钮，打开【新建文字样式】对话框，在【样式名】文本框中输入新样式名，单击【确定】按钮，即可创建新的文字样式。

提示
创建的文字样式将显示在【样式】下拉列表中。

● 样式列表过滤器 所有样式 ：可以在该下拉列表中指定在样式列表中显示所有样式还是仅显示使用中的样式。

● 【字体】选项组：更改样式的字体。

● 【字体名】下拉列表：该下拉列表中列出了系统中所有的字体。

● 【使用大字体】复选框：该复选框用于选择是否使用大字体。

提示
指定亚洲语言的大字体文件。只有【SHX】文件可以创建大字体。

● 【字体样式】下拉列表：指定字体格式，比如斜体、粗体或者常规字体。

- 【高度】文本框：可在该文本框中输入字体的高度。如果用户在该文本框中指定了文字的高度，则在使用【TEXT】（单行文字）命令时，系统将不提示【指定高度】选项。
- 【颠倒】复选框：勾选该复选框后，可以将文字上下颠倒显示。
- 【反向】复选框：勾选该复选框后，可以将文字首尾反向显示。

 提示

> 在 AutoCAD 中，勾选【颠倒】或【反向】复选框，只影响单行文字。

- 【宽度因子】文本框：设置字符间距。若输入小于 1.0 的值，将压缩文字；若输入大于 1.0 的值，则将扩大文字。
- 【倾斜角度】文本框：该文本框用于指定文字的倾斜角度。

提示

> 输入大于 1.0 的值则扩大文字。

7.1.3 文字样式的应用

在 AutoCAD 2016 中，如果要应用某个文字样式，需将文字样式设置为当前文字样式，其操作方法有如下两种：

- 在【默认】选项卡的【注释】组中单击 注释 ▼ 按钮，然后在【文字样式】列表框中选择相应的样式，将其设置为当前的文字样式，如图 7-3 所示。
- 在命令行中执行【STYLE】命令，弹出【文字样式】对话框，在【样式】列表框中选择要置为当前的文字样式，单击【置为当前】按钮，如图 7-4 所示。然后单击【关闭】按钮，关闭该对话框。

图 7-3　设置当前的文字样式

图 7-4　将【文字样式】置为当前

 提示

> 在指定文字倾斜角度时，如果角度值为正数，则其方向是向右倾斜；如果角度值为负数，则其方向是向左倾斜。

7.1.4 文字样式的重命名

在使用文字样式的过程中，如果对文字样式名称的设置不满意，可以进行重命名操作，重命名文字样式有以下两种方式：

提示

系统默认的【Standard】文字样式不能进行重命名操作。

● 在命令行中执行【STYLE】命令，弹出【文字样式】对话框，在【样式】列表框中右击要重命名的文字样式，在弹出的快捷菜单中选择【重命名】命令，如图 7-5 所示。此时被选择的文字样式名称呈可编辑状态，输入新的文字样式名称，然后按【Enter】键确认重命名操作。

● 在命令行中执行【RENAME】命令，弹出【重命名】对话框，在【命名对象】列表框中选择【文字样式】选项，在【项数】列表框中选择要修改的文字样式名称，然后在下方的空白文本框中输入新的名称，单击【确定】按钮或【重命名为】按钮即可，如图 7-6 所示。

图 7-5　执行【重命名】命令　　　　　图 7-6　【重命名】对话框

7.1.5 文字样式的删除

如果某个文字样式在图形中没有起到作用，可以通过以下两种方法进行删除。

● 在命令行中执行【STYLE】命令，弹出【文字样式】对话框，在【样式】列表框中选择要删除的文字样式，单击【删除】按钮，如图 7-7 所示。此时会弹出如图 7-8 所示的【acad 警告】对话框，单击【确定】按钮，即可删除当前选择的文字样式。返回【文字样式】对话框，单击【关闭】按钮，关闭该对话框。

● 在菜单栏中执行【文件】|【图形实用工具】|【清理】命令，弹出如图 7-9 所示的【清理】对话框。选中【查看能清理的项目】单选按钮，在【图形中未使用的项目】列表框中双击【文字样式】选项，展开此项显示当前图形文件中的所有文字样式，选择要删除的文字样式，单击【清理】按钮即可，如图 7-10 所示。

图 7-7　删除文字样式　　　　　　图 7-8　弹出【acad 警告】对话框

图 7-9　【清理】对话框　　　　　　图 7-10　删除文字样式

 提示

系统默认的【Standard】文字样式与置为当前的文字样式不能删除。

7.1.6 【上机操作】——创建并编辑文字样式

下面通过实例来综合练习一下本节所讲知识。操作步骤如下：

01 启动 AutoCAD 2016，在命令行中执行【STYLE】命令，弹出【文字样式】对话框，单击 新建(N)... 按钮，弹出【新建文字样式】对话框。然后在对话框的【样式名】文本框中输入【室内设计】，如图 7-11 所示，单击 确定 按钮。

02 返回【文字样式】对话框，在【字体】选项中的【字体名】中选择【长城粗圆体】，在【高度】文本框中输入 15，单击 置为当前(C) 按钮，如图 7-12 所示，然后单击 关闭(C) 按钮，保存设置并关闭对话框。

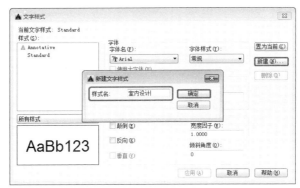

图 7-11 【新建文字样式】对话框

图 7-12 设置文字样式

7.2 文字的输入

在文字样式设置完成后，就可以使用相关命令在图形文件中输入文字了。在输入文字的过程中，用户可以根据绘图需要输入单行或多行文字，下面将进行详细介绍。

7.2.1 创建单行文字

默认情况下，通过指定单行文字行基线的起点位置创建文字。AutoCAD 为文字行定义了顶线、中线、基线和底线 4 条线，用于确定文字行的位置。

1. 输入单行文字

用户可以使用单行文字创建一行或多行文字。每行文字都是独立的对象，可对其进行重定位、调整格式或进行其他修改。

单行文字主要用于不需要多种字体和多行文字的简短输入，执行【单行文字】命令主要有以下 3 种方法。

- 单击【文字】面板中的【单行文字】按钮。
- 选择【绘图】|【文字】|【单行文字】命令。
- 在【文字】工具栏上单击【单行文字】按钮。
- 在命令行中执行【DTEXT】或【TEXT】命令。

调用单行文字命令后，其命令提示如下：

命令：　DTEXT

当前文字样式：　"Standard"　文字高度：　2.5000　注释性：　否　对正：　左

指定文字的起点　或　[对正(J)/样式(S)]：

指定高度　<2.5000>：

指定文字的旋转角度　<0>：

在单行文字命令提示中，各选项的具体说明如下。

- 指定文字的起点：默认情况下，通过指定单行文字行 1 基线的起点位置创建文字，如果当前文字样式的高度设置为 0，系统将显示【指定高度：】提示信息，要求指定文字高度，否则不显示该提示信息，而使用【文字样式】对话框中设置的文字高度。

- 旋转角度：在【指定文字的旋转角度】提示信息中，要求指定文字的旋转角度，文字的旋转角度是指文字行排列方向与水平线的夹角，默认角度为 0。输入文字旋转角度，或按【Enter】键使用默认角度 0，最后输入文字即可，也可以切换到 Windows 的中文输入方式下，输入中文文字。

- 对正【J】：在【指定文字的起点或[对正(J)|样式(S)]：】提示信息后输入【J】，可以设置文字的排列方式，此时命令行的显示如下提示信息

  指定文字的起点　或　[对正(J)/样式(S)]：J

  输入选项 [左(L)/居中(C)/右(R)/对齐(A)/中间(M)/布满(F)/左上(TL)/中上(TC)/右上(TR)/左中(ML)/正中(MC)/右中(MR)/左下(BL)/中下(BC)/右下(BR)]：

在 AutoCAD 中，系统为文字提供了多种对正方式，在输入文字的过程中，可以随时改变文字的位置。如果在输入文字的过程中想改变后面输入的文字位置，可将光标移到新的位置并按拾取键，原标注行结束，光标出现在新确定的位置后，可以在此继续输入文字。但在标注文字时，不论采用哪种文字排列方式，输入文字时，在屏幕上显示的文字都是按左对齐的方式排列，直到指定【TEXT】命令后，才按指定的排列方式重新生成文字。

在输入单行文字时，经常会遇到要输入一些特殊符号，比如，【±】【°】【Φ】等符号，而这些符号既不能直接从键盘上输入，也不能像输入多行文字时从快捷菜单中直接插入符号，只有通过 AutoCAD 控制码来实现这些符号的加入。

- 样式(S)：在【指定文字的起点或[对正(J)/样式(S)]：】提示下输入 S，可以设置当前使用的文字样式，选择该选项时，命令行显示如下提示信息。

  指定文字的起点或[对正(J)/样式(S)]：s 输入样式名或[?] <Standard>：

用户可以直接输入文字样式的名称，也可以输入【?】。如果输入【?】后按【Enter】键，命令行提示【输入要列出的文字样式<*>：】此时按【Enter】键将在【AutoCAD 文本窗口】中显示当前图形所有已有的文字样式。

2. 编辑单行文字

输入单行文字后，还可以对其特性和内容进行编辑，有以下两种方法：

- 在命令行中输入【DDEDIT】或【ED】命令。

- 在绘图区，直接双击需要编辑的单行文字，待文字呈可输入状态时，输入正确的文字内容即可。

7.2.2 【上机操作】——输入单行文字

输入单行文字的具体操作如下：

01 启动 AutoCAD 2016，打开随书附带光盘中的 CDROM\素材\第 7 章\输入单行文字.dwg 图形文件，在命令行中输入【DTEXT】命令，在绘图区中指定一点作为起点，指定文字高度，这里输入文字高度值为 400，输入旋转角度值为 0，具体操作过程如下：

命令: DTEXT   //执行【DTEXT】命令
当前文字样式： "Standard" 文字高度:2.500 注释性: 否 对正： 左 //系统提示当前文字样式设置
指定文字的起点或 [对正(J)/样式(S)]:   //在绘图区中指定一点作为起点
指定高度 <2.5000>: 400   //指定文字高度，这里输入文字高度值为 400
指定文字的旋转角度<0>: 0   //指定文字旋转角度，这里输入旋转角度值为 0

02 在绘图区会出现如图 7-13 所示的输入框，输入单行文字，这里输入【客厅】，然后连续按两次【Enter】键结束单行文字的输入，完成后的效果如图 7-14 所示。

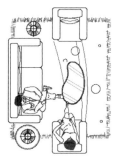

图 7-13　输入框　　　　　　　图 7-14　完成后的效果

知识链接：

【对正】用于设置文字的对正方式，有以下对正方式。

左：在由用户给出的点指定的基线上左对正文字。

居中：指定一个坐标点，确定文本的高度和文本的旋转角度，把输入的文本中心放在指定的坐标点上。

右：在由用户给出的点指定的基线上右对正文字。

对齐：指定输入文本基线的起点和终点，使输入的文本在起点和终点之间重新按比例设置文本的字高，并均匀地放置在两点之间。

中间：指定一个坐标点，确定文本的高度和文本的旋转角度，把输入的文本中心放在指定的坐标点上。

布满：指定输入文本基线的起点和终点，使输入的文本在起点和终点之间布满。

左上：指定标注文本的左上角点。

中上：指定标注文本顶端的中心点。

右上：指定标注文本的右上角点。

左中：指定标注文本左端的中心点。

正中：指定标注文本的中央的中心点。

右中：指定标注文本的右端的中心点。

左下：指定标注文本的左下角点，确定与水平方向的夹角为文本的旋转角度，则过该点的直线就是标注文本中最低字符的基线。

中下：指定标注文本的底端的中心点。

右下：指定标注文本的右下角点。

提 示

在输入单行文字时，如果输入的符号显示为【?】，是因为当前字体库中没有该符号的原因。只需将当前字体设置为 txt.shx 即可。

7.2.3 【上机操作】——编辑单行文字

编辑单行文字的具体操作如下：

01 打开随书附带光盘中的 CDROM\素材\第 7 章\编辑单行文字.dwg 图形文件，在命令行中执行【DDEDIT】命令，选择需要编辑的文字，如图 7-15 所示，输入正确的文本【文字对正方式】，按【Enter】键结束该命令，完成后的效果如图 7-16 所示，具体操作过程如下：

图 7-15　选择需要编辑的文字

图 7-16　完成后的效果

```
命令: DDEDIT            //执行【DDEDIT】命令
选择注释对象：          //选择需要编辑的文字
选择注释对象：          //输入正确的文本，按【Enter】键结束该命令
```

02 选择【文字对正方式】文字，按【Ctrl+1】组合键，打开文字【特性】选项板，在【常规】栏的【颜色】下拉列表中选择【洋红】选项，在【文字】栏的【旋转】文本框中输入 15，如图 7-17 所示。

03 单击文字【特性】选项板左上角的【关闭】按钮✖，关闭该选项板，返回绘图区，按【Esc】键取消文字的选择状态。

04 此时可以看到单行文字的颜色和角度发生了变化，编辑后的效果如图 7-18 所示。

图 7-17　文字【特性】选项板

图 7-18　设置角度后的效果

7.2.4 创建多行文字

输入多行文字是指在输入文字信息时，可以将若干文字段落创建为单个多行文字对象。

1. 输入多行文字

多行文字适用于较多或较复杂的文字注释中，其具体方法有以下 4 种：

● 在菜单栏中执行【绘图】|【文字】|【多行文字】命令。

● 在【默认】选项卡的【注释】组中单击【多行文字】按钮A，如果在【注释】组中没有显示该按钮，可以单击 按钮，在弹出的下拉列表中单击【多行文字】按钮A 多行文字。

● 在【注释】选项卡的【文字】组中单击【多行文字】按钮 A ，如果在【文字】组中没有显示该按钮，可以单击【单行文字】按钮 ，在弹出的下拉列表中单击【多行文字】按钮A 多行文字。

● 在命令行中执行【MTEXT】、【MT】或【T】命令。

启动多行文字命令后，根据如下命令行提示确定其多行文字的文字矩形编辑框后，将弹出【文字格式】工具栏，根据要求设置格式及输入文字并单击【确定】按钮即可。

命令：MTEXT
当前文字样式：“Standard” 文字高度：2.5 注释性:否
指定第一角点：
指定对角点[高度(H)/对正(J)/行距(L)/旋转®/样式(S)/宽度(W)/栏(C)]

知识链接：

在执行命令的过程中，命令行中各选项的含义如下。

高度（H）：指定所要创建的多行文字的高度。

指定高度<当前>：　　　　　　　　//指定点1、输入值或按【Enter】键

对正（J）：多行文字对象的对正同时控制相对于文字插入点的文字对齐和文字走向。文字相对于定义文字宽度的边界框靠左对齐和靠右对齐。

输入对正方式[左上(TL)/中上(TC)/右上(TR)/左中(ML)/正中(MC)/右中(MR)/左下(BL)/中下(BC)/右下(BR)]<左上>：　　　　　　//输入选项或按【Enter】键

行距（L）：当创建两行以上的多行文字时，可以设置多行文字的行间距。

输入行距类型[至少(A)/精确(E)] <当前类型>：

旋转（R）：设置多行文字的旋转角度。

指定旋转角度<当前>：　　　　　　//指定点或输入值

样式（S）：指定多行文字要采用的文字样式。

输入样式名或[?] <当前值>：

宽度（W）：设置多行文字所能显示的单行文字宽度。

输入栏类型[动态(D)/静态(S)/不分栏(N)] <动态(D)>：

栏（C）：指定多行文字对象的列选项。

输入栏类型[动态(D)/静态(S)/不分栏(N)] <动态(D)>：

在【文字格式】工具栏中，有许多设置选项与 Word 文字处理软件的设置选项相似，下

面介绍一些常用的选项。

- 【堆叠】按钮：常用于创建数学中分子/分母形式，其间使用符号和【A】来分隔，然后选择这一部分文字，再单击该按钮即可。
- 【选项】按钮：单击该按钮，可打开多行文字的选项菜单，可对多行文字进行更多的设置。
- 【段落】按钮：单击该按钮，将弹出【段落】对话框，可以设置其制表位、段落、对齐方式等。
- 【插入字段】按钮：单击该按钮，将弹出【字段】对话框，可在当前光标处插入字段域，包括打印域、日期或图纸集域、文档域等。

2. 编辑多行文字

要编辑多行文字，可以选择【修改】|【对象】|【文字】|【编辑】命令，并单击创建的多行文字，或者直接双击要编辑的多行文字，还可以直接在命令行中输入【MTEDIT】命令，打开多行文字编辑窗口，然后参照多行文字的设置方法，修改并编辑文字。

7.2.5 【上机操作】——输入多行文字

输入多行文字的具体操作如下：

01 启动 AutoCAD 2016，单击【注释】选项卡中【文字】组的【多行文字】按钮 A 多行文字，如图 7-19 所示。

02 根据命令行提示，指定文本框的第一角点，在命令行中输入【H】，并按【Enter】键确认，输入数值为 45，并按【Enter】键确认，然后单击创建文本框的第二角点，即可创建多行文本框，如图 7-20 所示。

图 7-19 单击【多行文字】按钮

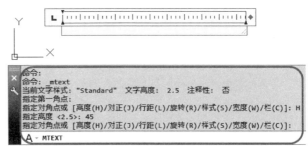

图 7-20 绘制文本框

03 在文本框中输入多行文字，如图 7-21 所示。

04 输入完成后在功能区选项板中单击【关闭文字编辑器】按钮，如图 7-22 所示。或者单击编辑器之外任何区域，都可以退出编辑器窗口。至此多行文字就创建完成，如图 7-23 所示。

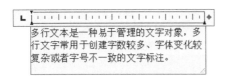

图 7-21 输入多行文字

图 7-22 【关闭文字编辑器】按钮

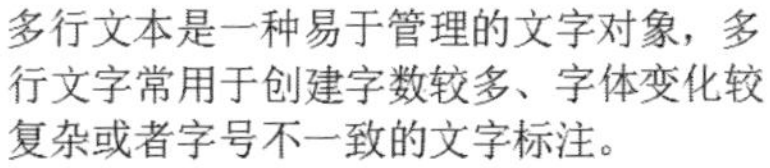

多行文本是一种易于管理的文字对象，多
行文字常用于创建字数较多、字体变化较
复杂或者字号不一致的文字标注。

图 7-23　最终效果

7.2.6　【上机操作】——编辑多行文字

编辑多行文字的具体操作如下：

01 打开随书附带光盘中的 CDROM\素材\第 7 章\多行文字.dwg 图形文件，如图 7-24 所示，在命令行中执行【DDEDIT】命令，选择要编辑的多行文字对象，并自动打开【文字编辑器】选项卡，此时可以对文字内容进行修改，在文本框中选择【作者名称:】文本内容，在【文字编辑器】选项卡的【格式】组中单击【颜色】下拉按钮，在弹出的下拉列表中选择设置颜色，如图 7-25 所示。按照相同的方法设置【实体面积:】和【产品名称:】，在【文字编辑器】选项卡的【关闭】组中单击【关闭文字编辑器】按钮，退出编辑多行文字，如图 7-26 所示。

> **提示**
>
> 双击需要编辑的文字，系统直接进入编辑状态。另外，在编辑一个文字对象后，系统将继续提示【选择注释对象】，用户可以继续编辑其他文字，直到按【Enter】键或【Esc】键退出命令为止。

02 返回绘图区，多行文字在编辑后的效果如图 7-27 所示。

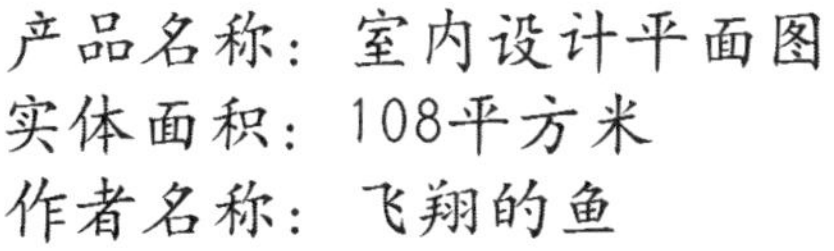

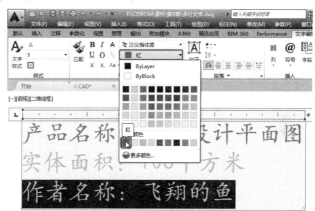

产品名称：室内设计平面图
实体面积：108平方米
作者名称：飞翔的鱼

图 7-24　打开素材文件

图 7-25　设置颜色

产品名称：室内设计平面图
实体面积：108平方米
作者名称：飞翔的鱼

图 7-26　关闭文字编辑器

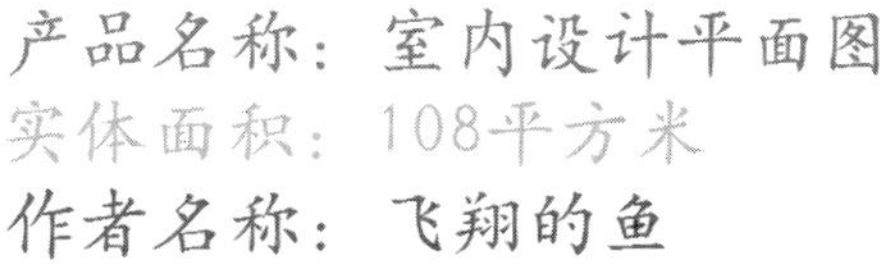

产品名称：室内设计平面图
实体面积：108平方米
作者名称：飞翔的鱼

图 7-27　编辑后的效果

7.3　查找与替换

在现实生活中，一些系列化产品的基本结构大致相同，只是在一些发行标号、尺寸大小、颜色等属性上有差异，如果对其进行介绍时都各自新建说明无疑太费时。AutoCAD 提供了一种查找、替换的高级编辑方法，允许用户对指定的一些完全相同或相似的文本进行适当的修改以满足新的要求。

调用该命令的方法如下：

- 在【注释】选项卡的【文字】组中的【查找文字】文本框中输入要查找的文本，然后在右侧单击 按钮进行查找。
- 双击需要查找与替换的文本，切换至【文字编辑器】选项卡，在【工具】组中单击【查找和替换】按钮 。
- 在命令行中执行【FIND】命令。

查找与替换文本的具体操作如下：

01 打开随书附带光盘中的 CDROM\素材\第 7 章\查找与替换.dwg 图形文件，如图 7-28所示，在命令行中执行【FIND】命令，弹出【查找和替换】对话框。

02 在【查找内容】文本框中输入【航】，在【替换为】文本框中输入【行】，在【查找位置】下拉列表中选择【当前空间/布局】选项，如图 7-29 所示，然后单击【查找】按钮。

多航文本是一种易于管理的文字对象，多航文字常用于创建字数较多、字体变化较复杂或者字号不一致的文字标注。

图 7-28　打开素材文件　　　　　图 7-29　【查找和替换】对话框

03 此时绘图区的多行文字呈灰底显示，单击【全部替换】按钮，系统将弹出如图 7-30所示的对话框，单击【确定】按钮。

04 返回【查找和替换】对话框，单击【完成】按钮。在绘图区中可以看到所有的【航】文本内容被替换成了【行】，效果如图 7-31 所示。

多行文本是一种易于管理的文字对象，多行文字常用于创建字数较多、字体变化较复杂或者字号不一致的文字标注。

图 7-30　【查找和替换】对话框　　　　　图 7-31　替换后的效果

7.4　调整文字说明的整体比例

如果文字说明的比例不对，会直接影响图纸的整体效果，此时用户可以通过缩放工具来调整文字说明的整体比例，而无须重新输入文字。调整文字说明整体比例的方法有以下 3 种：

- 在【注释】选项卡的【文字】组中单击【文字】下拉按钮，在弹出的下拉列表中单击【缩放】按钮 <u>A 缩放</u>。

- 在菜单栏中选择【修改】|【对象】|【文字】|【比例】命令。
- 在命令行中执行【SCALETEXT】命令。

调整文字说明的整体比例的操作步骤如下：

01 打开随书附带光盘中的 CDROM\素材\第 7 章\调整文字说明的整体比例.dwg 图形文件，如图 7-32 所示。

02 在命令行中执行【SCALETEXT】命令，首先选择要调整的文字对象，然后按【Space】键结束对象的选择，对文字说明的比例进行调整，具体操作过程如下：

```
命令：SCALETEXT                              //执行【SCALETEXT】命令
选择对象：                                    //选择图形中的多行文字
选择对象：                                    //按【Space】键结束对象的选择
输入缩放的基点选项【M（中间）】                 //指定缩放基点，按【Space】键确认基点
指定新模型高度或【图纸高度】/【匹配对象】/【比例因子】〈2.5〉:5    //输入新的高度 5，按【Space】
                                             //键确认并结束命令。如图 7-33 所示为文字调整效果
```

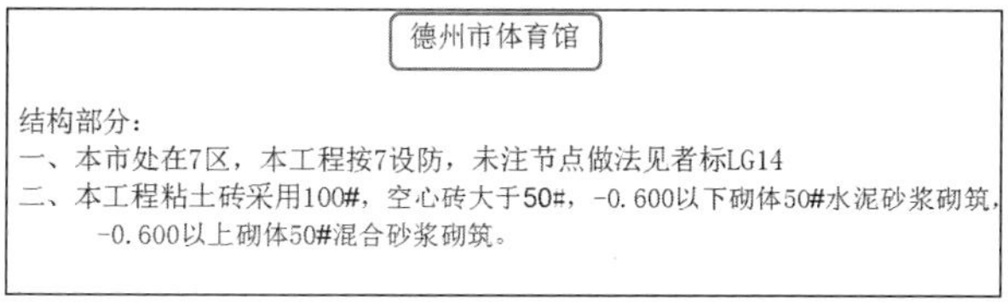

图 7-32　打开图形文件 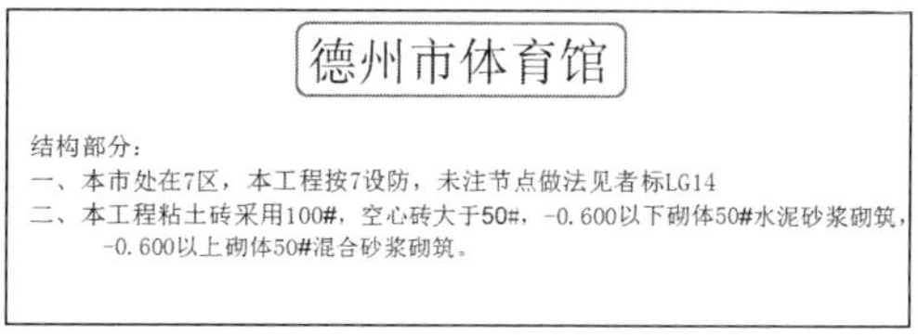　　　　　　图 7-33　文字调整效果

7.5　在文字说明中插入特殊符号

在 AtuoCAD 标注文字说明时，有时需要输入一些特殊字符，例如：¯（上画线）、＿（下画线）、°（度）、±（公差符号）和φ（直径符号）等，用户可以通过 AutoCAD 提供的控制码进行输入。

7.5.1　通过控制码或统一码输入特殊符号

在标注文字说明时，用户可以使用相应的控制码输入，其控制码及其功能如表 7-1 所示。

表 7-1　AutoCAD 控制码及其功能

控 制 码	功 　 能
%%o	打开或关闭文字上画线
%%u	打开或关闭文字下画线
%%d	标注度（°）符号
%%p	标注正负公差（±）符号
%%c	标注直径（Φ）符号
%%%	标注（%）符号
\U+2238	标注（≈）符号
\U+2220	标注角度（∠）符号
\U+2126	标注欧姆（Ω）符号
\U+2260	标注不相等（≠）符号
\U+2082	标注下标 2 符号
\U+00B2	标注上标 2 符号
\U+00B3	标注上标 3 符号

7.5.2 【上机操作】——通过【文字编辑器】选项卡插入特殊符号

下面讲解如何通过【文字编辑器】选项卡插入特殊符号，其具体操作如下：

01 打开随书附带光盘中的 CDROM\素材\第 7 章\通过【文字编辑器】选项卡插入特殊符号.dwg 图形文件，如图 7-34 所示。

02 双击绘图区中的文字内容，启动【文字编辑器】选项卡，在【插入】组中单击【符号】按钮，在弹出的下拉列表中选择【直径】选项，如图 7-35 所示。

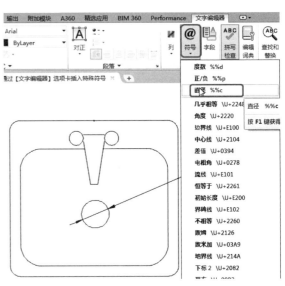

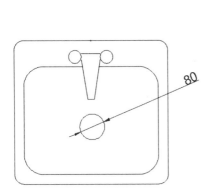

图 7-34　打开素材文件　　　　　　　　图 7-35　选择【直径】选项

03 在【文字编辑器】选项卡的【关闭】组中单击【关闭文字编辑器】按钮，结束多行文字的输入，如图 7-36 所示。

04 返回绘图区，即可看到在文字前面插入了【φ】符号，效果如图 7-37 所示。

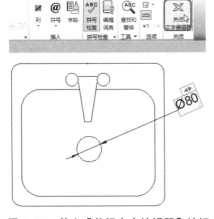

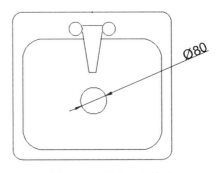

图 7-36　单击【关闭文字编辑器】按钮　　　　　图 7-37　完成后的效果

7.6 表格的创建与编辑

在 AutoCAD 中可以自动生成表格，创建表格后，用户不但可以向表格中添加文字、块、字段和公式，还可以对表格进行编辑，下面将详细讲解如何创建与编辑表格。

7.6.1 创建表格样式

和文字样式一样，所有 AutoCAD 2016 图形中的表格都有和其相对应的表格样式。调用该命令的方法有以下 3 种：

- 在菜单栏中选择【格式】|【表格样式】命令。
- 在【注释】选项卡的【表格】组中单击右下角的 按钮。
- 在命令行中执行【TABLESTYLE】或【TS】命令。

执行上述命令，系统弹出【表格样式】对话框。

 知识链接：

【插入表格】对话框中各选项的含义如下。

表格样式：可在该下拉列表中选择表格样式。通过单击按钮 ，可以创建新的表格样式。

➢ 插入选项：指定插入表格的方式。

➢ 从空表格开始：创建可以手动填充数据的空表格。

➢ 自数据链接：从外部电子表格中的数据创建表格。

自图形中的对象数据（数据提取）：启动数据提取向导。

预览：显示当前表格样式的样例。

插入方式：指定表格位置。

指定插入点：指定表格左上角的位置。可以使用定点设置，也可以在命令提示行下输入坐标值。如果表格样式将表格的方向设置为由下而上读取，则插入点位于表格的左下角。

指定窗口：指定表格的大小和位置。可以使用定点设备，也可以在命令提示下输入坐标值。选定此选项时，行数、列数、列宽和行高取决于窗口的大小以及列和行设置。

列和行设置：设置列和行的数目和大小。

列数：选定【指定窗口】单选按钮并指定列宽时，【自动】选项将被选定，且列数由表格的宽度控制。如果已指定包含起始表格的表格样式，则可以选择添加到此起始表格的其他列的数量。

列宽：指定列的宽度。选定【指定窗口】单选按钮并指定列数时，则选定了【自动】选项，且列宽由表格的宽度控制，最小列宽为一个字符。

数据行数：指定行数。选定【指定窗口】单选按钮并指定行高时，则选定了【自动】选项，且行数由表格的高度控制。带有标题行和表格头行的表格样式最少应有 3 行。最小行高为一个文字行，如果已指定包含起始表格的表格样式，则可以选择要添加到此起始表格的其他数据行的数量。

行高：按照行数指定行高。文字行高基于文字高度和单元边距，这两项均在表格样式中设置。选定【指定窗口】单选按钮并指定行数时，则选定了【自动】选项，且行高由表格的高度控制。

设置单元样式：对于那些不包含起始表格的表格样式，请指定新表格中行的单元格式。

第一行单元样式：指定表格中第一行的单元样式。默认情况下，使用标题单元样式。

第二行单元样式：指定表格中第二行的单元样式。默认情况下，使用表头单元样式。

所有其他行单元样式：指定表格中所有其他行的单元样式。默认情况下，使用数据单元样式。

在上面的【插入表格】对话框中进行相应设置后，单击【确定】按钮，系统在指定的插入点或窗口自动插入一个空表格，并显示多行文字编辑器，用户可以逐行逐列输入相应的文字或数据。

7.6.2 【上机操作】——创建表格

创建表格样式的具体操作如下：

01 启动 AutoCAD 2016，新建一个空白图形文件，在【默认】选项卡中单击【注释】组的【表格】按钮▦，弹出【插入表格】对话框，参数设置如图 7-38 所示。

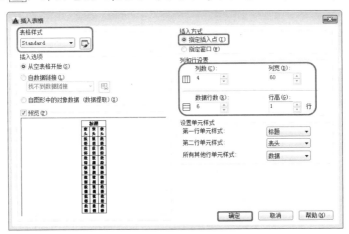

图 7-38 【插入表格】对话框

02 单击【确定】按钮，在绘图区中任意位置处单击，指定插入点，此时表格第一行为可编辑状态，在第一行表格中输入文本，如图 7-39 所示。

03 在需要输入文本的单元格内双击鼠标，即可输入文本，输入完成后的效果如图 7-40 所示。

	施工材料表		
材料	数量	价格	总价
水泥			
石子			
沙子			
砖块			
石膏板			
钢筋			

图 7-39 插入的表格　　　　　　　图 7-40 输入其他文本

7.6.3 插入表格

在表格样式设置完成后，就可以根据该表格样式创建表格了，并输入相应的表格内容。调用该命令的方法如下：

- 在菜单栏中执行【绘图】|【表格】命令。
- 在【默认】选项卡的【注释】组中单击【表格】按钮▦，或者在【注释】选项卡的【表格】组中单击【表格】按钮▦。
- 在命令行中执行【TABLE】命令。

创建表格的具体操作如下：

01 启动 AutoCAD 2016，在【默认】选项卡的【注释】组中单击【表格】按钮▦，弹出【插入表格】对话框，在【表格样式】下拉列表中选择需要使用的表格样式，这里以插入刚创建的【Standard 副本】表格样式为例进行操作。

02 在【插入方式】选项组中选择在绘图区中插入表格的方式，这里选择【指定插入点】单选按钮，在【列和行设置】选项组中设置列数、列宽、数据行数及行高等值，这里在【列数】数值框中输入 8，在【列宽】数值框中输入 80，在【数据行数】数值框中输入 5，在【行高】数值框内输入 6，单击【确定】按钮，如图 7-41 所示。

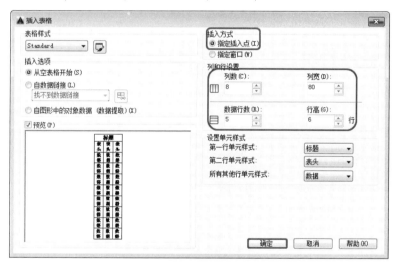

图 7-41 设置列和行

03 返回绘图区，此时在鼠标光标处会出现即将要插入的表格样式，在绘图区中任意拾取一点作为表格的插入点插入表格，同时在表格的标题单元格中会出现闪烁的光标，如图 7-42 所示。

04 若要在其他单元格中输入内容，可按键盘上的方向键依次在各个单元格之间进行切换。将鼠标光标选择到哪个单元格，该单元格即会以不同颜色显示并有闪烁的鼠标光标，此时即可输入相应的内容。

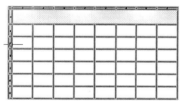

图 7-42 创建表格

7.7 表格的编辑

在 AutoCAD 2016 中，还可以使用表格的快捷键来编辑表格。

7.7.1 修改表格样式

在【表格样式】对话框中，从【样式】列表框中选择需修改的表格样式，单击【修改】按钮，即可弹出【修改表格样式】对话框，在该对话框中进行设置，其中的参数与【表格样式】对话框中选项的含义基本相同，这里不再赘述。

7.7.2 【上机操作】——在表格中删除列或行

下面将通过一个简单的操作来讲解如何删除列或行，其具体操作步骤如下：

01 启动 AutoCAD 2016，打开随书附带光盘中的 CDROM\素材\第 7 章\001.dwg 图形文件，选择需要删除的行，如图 7-43 所示。

02 在【表格单元】选项卡中的【行】组中单击【删除行】按钮，即可将选择的行删除，在绘图区的空白区域单击，效果如图 7-44 所示。

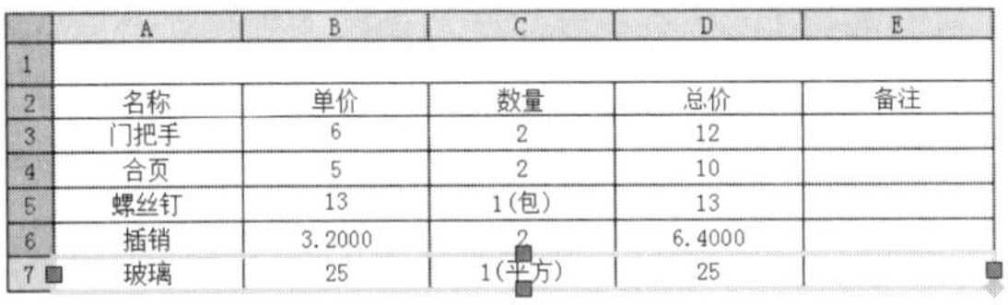

	A	B	C	D	E
1					
2	名称	单价	数量	总价	备注
3	门把手	6	2	12	
4	合页	5	2	10	
5	螺丝钉	13	1(包)	13	
6	插销	3.2000	2	6.4000	
7	玻璃	25	1(平方)	25	

图 7-43 选择需要删除的行

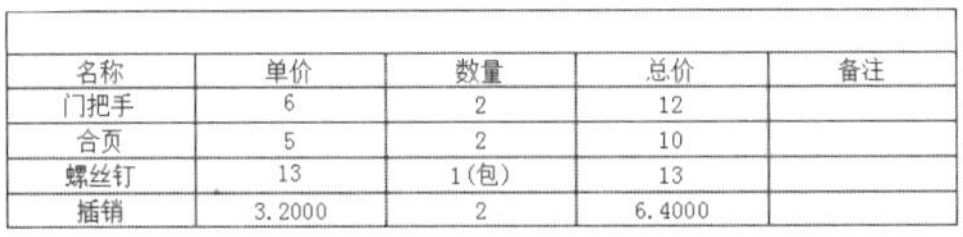

名称	单价	数量	总价	备注
门把手	6	2	12	
合页	5	2	10	
螺丝钉	13	1(包)	13	
插销	3.2000	2	6.4000	

图 7-44 删除行效果

03 选择需要删除的列，如图 7-45 所示。

04 在【表格单元】选项卡中的【列】组中单击【删除列】按钮，即可将选择的列删除，在绘图区的空白区域单击，效果如图 7-46 所示。

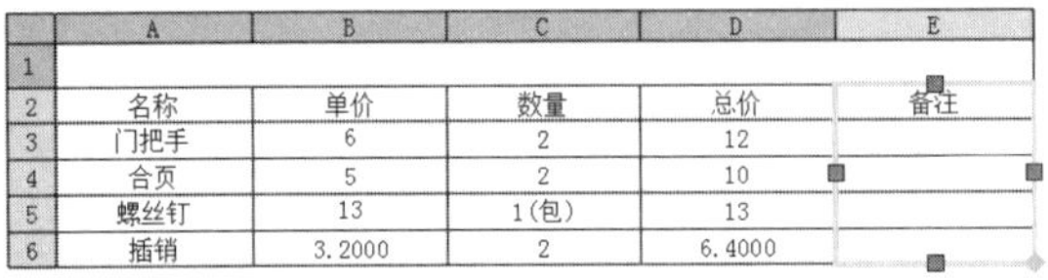

	A	B	C	D	E
1					
2	名称	单价	数量	总价	备注
3	门把手	6	2	12	
4	合页	5	2	10	
5	螺丝钉	13	1(包)	13	
6	插销	3.2000	2	6.4000	

图 7-45 选择需要删除的列

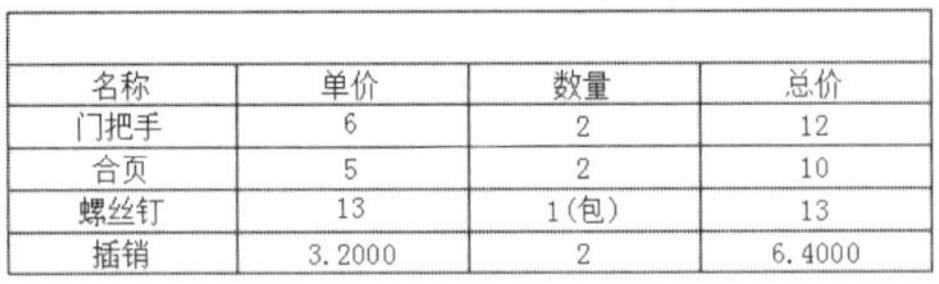

名称	单价	数量	总价
门把手	6	2	12
合页	5	2	10
螺丝钉	13	1(包)	13
插销	3.2000	2	6.4000

图 7-46 删除列效果

7.7.3 编辑表格

当表格创建完成后，用户可以对表格进行剪切、复制、删除、移动、缩放和旋转等简单操作，还可以均匀调整表格的行列大小，删除所有特性替代。当选择【输出】命令时，还可以打开【输出数据】对话框，以【.csv】格式输出表格中的数据。

用户在编辑表格时，可以通过以下几种方式来操作。

- 单击该表格上的任意网格线以选中该表格，然后通过夹点修改该表格，如图 7-47 所示。
- 编辑表格单元时，在单元内单击以选中它，单元边框的中点将显示夹点，拖动即可调整表格，如图 7-48 所示。

 提示

在【表格】工具栏或面板中，用户可以执行以下操作：

- 编辑行和列。
- 合并和取消合并单元。
- 改变单元边框的外观。
- 编辑数据格式和对齐方式。
- 锁定和解锁编辑单元。
- 插入块、字段和公式。
- 创建和编辑单元样式。
- 将表格链接至外部数据。

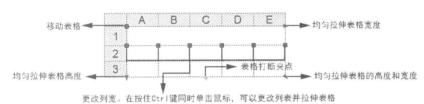

图 7-47　表格各夹点及其作用

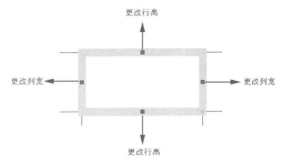

图 7-48　单元格的各夹点及其作用

 知识链接：

在右击单元格弹出的快捷菜单中，几个常用选项的含义如下。

单元对齐：在该命令子菜单中可以选择表格单元的对齐方式，如左上、左中、左下等。

单元边框：选择该命令将弹出如图 7-49 所示的【单元边框特性】对话框，在其中可以设置单元格边框的线宽、线形和颜色等特性。

匹配单元：用当前选中的表格单元格式（源对象）匹配其他表格单元（目标对象），此时鼠标指针变为刷子形状，单击目标对象即可进行匹配。

插入块，选择该命令将弹出如图7-50所示的【在表格单元中插入块】对话框。可以从中选择插入到表格中的块，并设置块在表格单元中的对齐方式、比例和旋转角度等特性。

合并单元：当选中多个连续的单元格后，选择其子菜单中的相应命令，可以全部、按列或按行合并表格单元。

图7-49 【单元边框特性】对话框

图7-50 【在表格单元中插入块】对话框

7.8 本章小结

本章主要讲解了文字样式、文字的输入方式、表格的创建与编辑，通过对本章的学习，希望读者可以利用所掌握的创建表格和编辑表格的方法，练习绘制需要的表格对象，在掌握设置文字样式、输入文字和编辑文字方法的基础上，读者可以自行练习为图形添加文字说明。

7.9 问题与思考

1. 要替代当前文字样式，可以按什么方式选择文字？
2. 执行【表格样式】命令可以几种方法？分别是什么？

图层

本章导读：

基础知识	◆ 设置图层
	◆ 创建图层并设置特性
重点知识	◆ 图层管理器的使用
	◆ 图层过滤器的使用
提高知识	◆ 图层的使用
	◆ 通过实例进行学习

图层是 AutoCAD 中一个非常有用的工具，对于图形文件中各类对象的分类管理和综合控制起着重要作用。

用户可以将每一类对象分别放置在各自的图层上，为每一个图层指定一致的线形、颜色和状态等属性。同时，每一个图层都是相对独立的，可以对该层和位于该层的图形进行自由编辑，从而提高绘制复杂图形的效率和准确性。

绘图时要养成创建图层的习惯，并根据需要在相应的图层内制图。创建图层主要包括设置图层名称、颜色、线形和线宽等。

8.1 图层和图纸集

在 AutoCAD 2016 的绘图过程中，图层是最基本的操作，也是最有用的工具之一。图层具有以下几个方面的优点：

● 节省存储空间。
● 控制图形的颜色、线条的宽度及线形等属性。
● 统一控制同类图形实体的显示、冻结等特性。

图纸集是一个有序的命名集合，其中的图纸来自几个图形文件。

8.1.1 新建图层

在绘图中，可以将不同种类的和用途的图形分别置于不同的图层中，从而实现对相同种类图形进行统一管理，形象地说，一个图层就像一张透明的纸，可以在上面绘制不同的实体，最后再将这些透明纸叠加起来，从而得到最终的复杂性图形。

在 AutoCAD 2016 中可以创建无限个图层，也可以根据需要，在创建的图层中设置每个图层的名称、线形、颜色等。熟练地使用图层，可以提高图形的清晰度和绘制效率，在复杂的工程制图中显得尤为重要。

在 AutoCAD 2016 中，把当前正在使用的图层称为当前图层，用户只能在当前图层中创建新图形。当前图层的名称、线形、颜色和状态等信息都显示在【对象属性】工具栏上。

在系统默认情况下新建的图层名称自动为【图层1】，再次创建的图层名称以此类推。用户可以通过以下方法新建图层：

- 在【默认】选项卡的【图层】组中单击【图层特性】按钮，打开【图层特性管理器】选项板，单击【新建图层】按钮。
- 在菜单栏中选择【格式】|【图层】命令，打开【图层特性管理器】选项板，单击【新建图层】按钮。
- 在命令行中执行【LAYER】或【LA】命令。

> **提示**
>
> 如果要建立多个图层，无须重复单击【新建】按钮。更有效的方法是：在建立一个新的图层【图层1】后，改变图层名，在其后输入一个逗号【,】，这样就会自动建立一个新图层【图层2】，依次建立各个图层。也可以按两次【Enter】键，建立另一个新的图层。图层的名称也可以更改，直接双击图层名称，输入新的名称即可。

8.1.2 【上机操作】——新建图层

下面讲解如何创建图层，其具体操作如下：

01 在命令行中输入【LAYER】命令，打开【图层特性管理器】选项板，如图8-1所示。

图8-1 【图层特性管理器】选项板

02 单击【新建图层】按钮，即可新建一个名称为【图层1】的图层，如图8-2所示。

图 8-2　新建图层

 提示

在图形中可以创建的图层数，以及在每个图层中可以创建的对象数实际上是没有限制的。

8.1.3　重命名图层

新建图层后在实际绘图中为了便于区别图形的位置，需将图层进行重命名，下面讲解了几种重命名图层的方法：

- 选择需要重命名的图层，按【F2】键。
- 选择需要重命名的图层，单击其图层名称，按空格键，使其进入可编辑状态。
- 在选择的图层上右击，在弹出的快捷菜单中选择【重命名图层】命令。

执行上述任意一种方法后，直接输入需要的新图层名称，输入完成后按【Enter】键确认即可重命名图层。

8.1.4　0 图层和 Defpoints 图层

【0 图层】和【Defpoints 图层】是两个特殊的图层。

1．0 图层的作用

在 CAD 中新建图层时系统会默认存在一个【0 图层】，该图层是不能重命名和删除的，但可以对其特性进行修改。

- 确保每个新建图形至少包括一个图层。
- 辅助图块颜色控制的特殊图层。一般情况下，在 0 层创建的块文件，具有随层属性，即在哪个图层插入该块，该块就具有插入层的属性。图块在定义时，应调整其所有图元都处于 0 层。这样在不同的图层中插入图块时，该图块都将显示其插入图层的特性，显示其插入图层的颜色，同时由其插入的图层控制线宽；而当在非 0 图层上定义图块后，不管在哪个图层上插入该图块，该图块都将显示其定义层上的颜色和其他特征。

183

> **提示**
>
> 一般应尽量避免在 0 图层上绘制图形；0 图层除了用于定义图块外，也可以绘制一些临时的辅助线。

2. Defpoints 图层

在给图形标注尺寸时系统自动生成一个【Defpoints 图层】，该图层是用来存放参数的，是不能打印的图层。用户不能将需要打印的对象绘制在该图层上，因此，一般利用其可见但不被打印的特性来绘制辅助线。

【Defpoints 图层】中放置了各种标注的基准点。在平常是看不出来的，把标注炸开就能发现，关闭其他图层后，然后选择所有对象，就会发现里面是一些点对象。

8.1.5　图层特性管理器

在 AutoCAD 2016 中，开启图层特性管理器有以下几种方式：

- 在菜单栏中选择【格式】|【图层】命令。
- 在命令行中输入【LAYER】命令，并按【Enter】键确认命令。
- 单击【图层】工具栏的【图层特性】按钮，如图 8-3 所示。

图 8-3　单击【图层特性】按钮

命令执行后，打开【图层特性管理器】选项板。该选项板用于显示图形中的图层列表及其特性。可以添加、删除和重命名图层，修改图层特性或添加说明。【图层特性管理器】选项板用于控制在列表中显示哪些图层，还可同时对多个图层进行属性修改，如线形、线宽、颜色、冻结和关闭等。

> **知识链接：**
>
> 【图层特性管理器】选项板中包含【新建特性过滤器】、【新建组过滤器】、【新建图层】、【删除图层】和【置为当前】等按钮。
>
> 【新建特性过滤器】按钮：单击该按钮，将弹出【图层过滤器特性】对话框，从中可以基于一个或多个图层特性创建图层过滤器，在后面将会有详细介绍。
>
> 【新建组过滤器】按钮：单击该按钮，将创建一个图层过滤器，其中包含用户选定并添加到该过滤器的图层，在后面将会有详细介绍。
>
> 【图层状态管理器】按钮：单击该按钮，将弹出【图层状态管理器】对话框，从中可以将图层的当前特性设置保存到命名图层状态中，以后可以再恢复这些设置，在后面将会有详细介绍。
>
> 【新建图层】按钮：单击该按钮，将创建一个新图层。在列表框中将显示名为【图层 1】的图层。该名称处于选中状态，从而用户可以直接输入一个新图层名。新图层将继承图层列表中当前选定图层的特性（颜色、开/关状态等）。

【在所有视口中都被冻结的新图层视口】按钮 ：单击该按钮，将创建一个新图层，然后在所有现有布局视口中将其冻结。可以在【模型】选项卡或【布局】选项卡中访问此按钮。

【删除图层】按钮 ：单击该按钮，即可删除选中的图层。只能删除未被参照的图层。参照图层包括 0 图层、Defpoints 图层、包含对象（包括块定义中的对象）的图层、当前图层和依赖外部参照的图层。

【置为当前】按钮 ：单击该按钮，将所选的图层设置为当前图层，用户创建的对象将被放置到当前图层中。

【刷新】按钮 ：通过扫描图形中的所有图元来刷新图层使用信息。

【设置】按钮 ：单击该按钮，将弹出【图层设置】对话框，从中可以设置新图层通知设置、是否将图层过滤器更改应用于【图层】工具栏，以及更改图层特性替代的背景色。

8.1.6 图层状态管理器

可以将当前图层设置另存为图层状态，以便在以后恢复或输入到其他图形。图层状态类似现有图层和创建图层状态时图层设置的快照。

通过【图层状态管理器】对话框可以保存图层的状态和特性，可以随时调用和恢复，还可以将图层的状态和特性输出到文件中，然后在另一幅图形中使用这些设置。

知识链接：

可以通过以下方法打开【图层状态管理器】对话框：
- 在命令行中输入【LAYERSTATE】命令。
- 在菜单栏中选择【格式】|【图层状态管理器】命令。

命令执行后，弹出【图层状态管理器】对话框，如图 8-4 所示，其中显示了图形中已保存的图层状态列表，可以新建、重命名、编辑和删除图层状态。

图 8-4 【图层状态管理器】对话框

图层状态：保存在图形中的命名图层的状态、保存它们的空间（模型空间、布局或外部参照）、图层列表是否与图形中的图层列表相同，以及说明。

不列出外部参照中的图层状态：控制是否显示外部参照中的图层状态。

新建：单击该按钮，将弹出【要保存的新图层状态】对话框，在其中可以定义要保存的新图层状态的名称和说明，如图 8-5 所示。

保存：保存选定的命名图层状态。

编辑：单击该按钮，将弹出【编辑图层状态】对话框，在其中可以修改选定的图层状态，如图 8-6 所示。

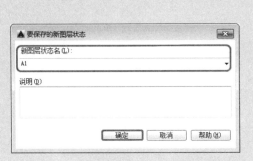

图 8-5 【要保存的新图层状态】对话框　　　图 8-6 【编辑图层状态】对话框

重命名：单击该按钮，可以编辑图层状态的名称，如图 8-7 所示。

图 8-7 图层名称为手输入状态

删除：删除选定的图层状态。

输入：将先前输出的【图层状态.las】文件加载到当前图形中。

输出：将选定的图层状态保存到【图层状态.las】文件中。

恢复：将图形中所有图层的状态和特性设置恢复为先前保存的设置，仅恢复使用复选框指定的图层状态和特性设置。

8.1.7 创建图纸集

图纸集是来自一些图形文件的一系列文件的组合，用户可以在任何图形中，将布局作为图纸编号输入到图纸集中，在图纸一览表和图纸之间建立一种链接。在 AutoCAD 中，图纸集可以作为一个整体进行管理、传递、发布和归档。

在 AutoCAD 中，可以通过使用【创建图纸集】向导来创建图纸集。在向导中，既可以基于现有图形从头创建图纸集，也可以利用样例图纸作为样板进行创建。

创建图纸集的方法有以下两种：

● 单击【菜单浏览器】按钮▲，在弹出的菜单中选择【新建】|【图纸集】命令。
● 在命令行中执行【NEWSHEETSET】命令。

8.1.8 【上机操作】——创建图纸集

下面将通过实例讲解图纸集的创建，具体操作步骤如下：

01 单击【菜单浏览器】按钮▲，在弹出的菜单中选择【新建】|【图纸集】命令，如图 8-8 所示。

02 弹出【创建图纸集-开始】对话框，在【使用以下工具创建图纸集】选项组中任意选择一种图纸集创建方式，在下方将显示相应选项的含义解释，这里选择【样例图纸集】单选按钮，如图 8-9 所示，单击【下一步】按钮。

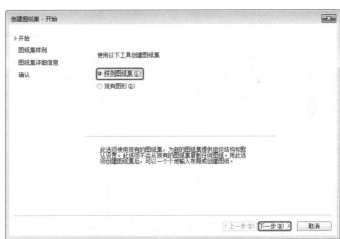

图 8-8　执行【图纸集】命令　　　　图 8-9　选择一种图纸集创建方式

03 弹出【创建图纸集-图纸集样例】对话框，在【选择一个图纸集作为样例】单选按钮下的列表框中选择一种图纸集样例，系统默认选择【Architectural Imperial Sheet Set】图纸集样例，这里保持默认设置，单击【下一步】按钮，如图 8-10 所示。

04 弹出【创建图纸集-图纸集详细信息】对话框，在【新图纸集的名称】文本框中输入图纸集的名称，如【图纸集 1】，如图 8-11 所示，单击【下一步】按钮。

图 8-10　选择默认图纸集样例

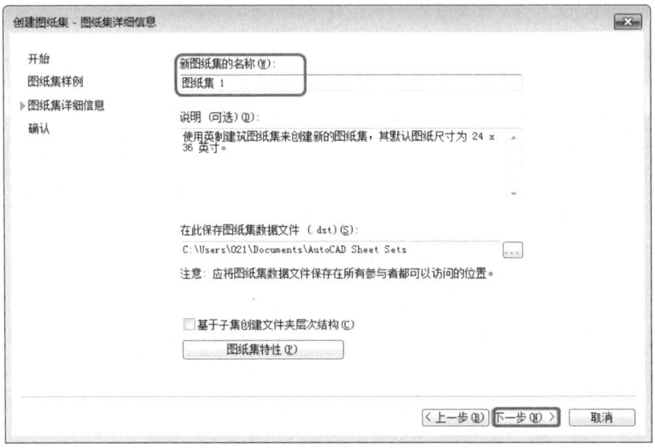

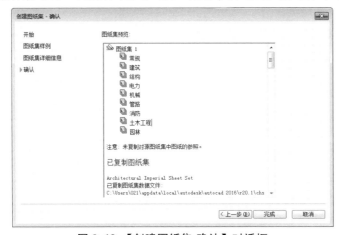

图 8-11　输入图纸集名称

05 弹出【创建图纸集-确认】对话框，该对话框显示了图纸集包含的所有内容。用户可以对所建立的图纸集进行一次总体确认，若正确则单击【完成】按钮，如图 8-12 所示。

图 8-12　【创建图纸集-确认】对话框

06 打开【图纸集管理器】选项板，在【图纸集管理器】选项板中相应的图纸集名称上右击，在弹出的快捷菜单中选择【新建图纸】命令，如图 8-13 所示。

图 8-13 选择【新建图纸】命令

07 弹出【新建图纸】对话框，在【编号】文本框中输入图纸的编号为【1-1】；在【图纸标题】文本框中输入图纸的标题，如输入【平面图】，则该图纸文件名为【1-1 平面图】。单击【确定】按钮，如图 8-14 所示，返回【图纸集管理器】选项板。双击新建的图纸名称，根据所设置的图纸数据打开图纸样式。打开的图纸样式如图 8-15 所示。

图 8-14 【新建图纸】对话框

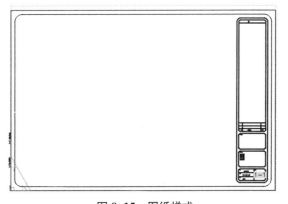

图 8-15 图纸样式

 知识链接：

在【图纸集管理器】选项板中图纸集名称上右击，将弹出一个快捷菜单（见图 8-13）。其中部分选项的含义如下。

新建图纸：用于新建绘图的图纸。

新建子集：用于新建下一级图纸集。AutoCAD 2016 允许在图纸集下再建子图纸集。

将布局作为图纸输入：用于把已有的布局作为图纸输入、打开使用。

发布：选择该选项，弹出下一级子菜单。选择其中的命令可对选择的图纸集进行相应的发布操作。

电子传递：用于把所选择的图纸集以电子格式传递给其他用户。

特性：用于显示图纸集的特性信息。

8.2 设置图层

认识图层后，本小节将重点讲解如何设置图层，包括如何设置图层颜色、图层线形、图层线宽。

8.2.1 说明和删除图层

下面将讲解如何说明和删除图层。

1. 说明图层

单击【说明】列并输入文字，可以对该图层进行说明。图层特性管理器按名称的字母顺序排列图层。如果要组织自己的图层方案，请仔细选择图层名。使用共同的前缀命名相关图形部件的图层，可以在需要快速查找图层时在图层名过滤器中使用通配符。

2. 删除图层

可以使用【PURGE】命令或者通过从图层特性管理器中删除图层。要删除一个图层，在【图层】工具栏中单击【图层特性管理器】按钮，在打开的【图层特性管理器】选项板中选择要删除的图层，单击【删除图层】按钮或按【Alt+D】组合键即可。

如果要同时删除多个图层，可以配合【Ctrl】键或【Shift】键来选择多个连续或不连续的图层。

在管理图层的过程中，用户可以将不需要的图层删除，删除图层的方法如下：

● 在【图层特性管理器】选项板中选择需要删除的图层，单击【删除图层】按钮 。
● 在选择的图层上右击，在弹出的快捷菜单中选择【删除图层】命令。

> **提示**
>
> 在删除图层的过程中，0 层、默认层、当前层、含有实体的层和外部引用依赖层是不能被删除的。

8.2.2 设置图层颜色

颜色有助于辨别图样中相似的图形，新建图层时，通常给各个图层设置不同的颜色，可以直观地查看图形中各部分的结构特征，同时也可以在图形中清楚地区分每个图层。

为了区分不同的图层，用户将不同的图层设置为不同的颜色，具体操作步骤如下：

01 启动 AutoCAD 2016，按【Ctrl+N】组合键，新建一个图纸。选择菜单栏中的【图层】|【图层】命令，弹出【图层特性管理器】面板。

02 单击图层中的【颜色】图标 ，弹出【选择颜色】对话框，将【颜色】设置为红，单击【确定】按钮，如图 8-16 所示。设置完成后的效果如图 8-17 所示。

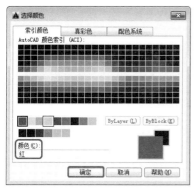

图 8-16　选择颜色

图 8-17　显示效果

知识链接：

在默认情况下，新建图层被指定为 7 号颜色（白色或黑色，由绘图区域的背景色决定）。可以修改指定图层的颜色，选择【格式】选项卡，单击【颜色】按钮，弹出【选择颜色】对话框，该对话框中有 3 个选项卡，分别是【索引颜色】、【真彩色】和【配色系统】，如图 8-18 所示。

1. 索引颜色

索引颜色又称为 ACI 颜色，是 AutoCAD 中使用的标准颜色。每种颜色用一个 ACI 编号标识，即 1～255 之间的整数，例如红是 1、黄是 2、绿是 3、青色是 4、蓝是 5、品红色是 6、白/黑色是 7，标准颜色仅适用与 1～7 号颜色。当选择某一颜色为绘图颜色后，AutoCAD 将以该颜色绘图，不再随图层颜色的变化而变化。

在【索引颜色】选项卡中，有【ByLayer】和【ByBlock】两个按钮。单击【ByLayer】按钮时，所绘图形的颜色与当前图层的颜色一致；单击【ByBlock】按钮时，所绘图形的颜色为白色。

2. 真彩色

真彩色使用 24 位颜色来定义显示 1 600 万种颜色。指定真彩时，可以使用 RGB 或 HSL 颜色模式。

选择【真彩色】选项卡，如图 8-19 所示。使用真彩色（24 位颜色）设置颜色，可使用色调、饱和度和亮度（HSL）颜色模式或红、绿、蓝（RGB）颜色模式。在使用真彩色功能时，可以使用 1 600 多万种颜色。【真彩色】选项卡中的可用选项取决于指定的颜色模式（HSL 或 RGB）。

图 8-18　【选择颜色】对话框

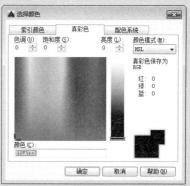

图 8-19　【真彩色】选项卡

191

（1）HSL 颜色模式

在【颜色模式】下拉列表中选择【HSL】选项，指定使用 HSL 颜色模式来选择颜色。色调、饱和度和亮度是颜色的特性。通过设置这些特性值，用户可以指定一个很宽的颜色范围，如图 8-19 所示。

色调：指定颜色的色调。色调表示可见光谱内光的特定波长。要指定色调，使用色谱或在【色调】文本框中指定值。调整该值会影响 RGB 值。色调的有效值为 0～360°。

饱和度：指定颜色的饱和度。高饱和度会使颜色较纯，而低饱和度则使颜色褪色。要指定颜色饱和度，使用色谱或在【饱和度】文本框中指定值。调整该值会影响 RGB 值。饱和度的有效值为 0～100%。

亮度：指定颜色的亮度。要指定颜色亮度，请使用颜色滑块或在【亮度】文本框中指定值。亮度的有效值为 0～100%。值为 0%，表示最暗（黑），值为 100%，表示最亮（白），而 50% 表示颜色的最佳亮度。调整该值也会影响 RGB 值。

色谱：指定颜色的色调和纯度。要指定色调，将十字光标从色谱的一侧移到另一侧。要指定颜色饱和度，将十字光标从色谱顶部移到底部。

颜色滑块：指定颜色的亮度。要指定颜色亮度，调整颜色滑块或在【亮度】文本框中指定值。

（2）RGB 颜色模式

在【颜色模式】下拉列表中选择【RGB】选项，指定使用 RGB 颜色模式来选择颜色。颜色可以分解成红、绿、蓝 3 个分量。为每个分量指定的值分别表示红、绿、蓝颜色分量的强度。这些值的组合可以创建一个很宽的颜色范围，效果如图 8-20 所示

红：指定颜色的红色分量。调整颜色滑块或在【红】文本框中指定 1～255 之间的值。如果调整该值，会在 HSL 颜色模式值中反映出来。

绿：指定颜色的绿色分量。调整颜色滑块或在【绿】文本框中指定 1～255 之间的值。如果调整该值，会在 HSL 颜色模式值中反映出来。

蓝：指定颜色的蓝色分量。调整颜色滑块或在【蓝】文本框中指定 1～255 之间的值。如果调整该值，会在 HSL 颜色模式值中反映出来。

3. 配色系统

选择【配色系统】选项卡，如图 8-21 所示。从中使用第三方配色系统（例如 PANTONE）或用户定义的配色系统指定颜色。选择配色系统后，【配色系统】选项卡将显示选定配色系统的名称。

图 8-20　RGB 颜色模式

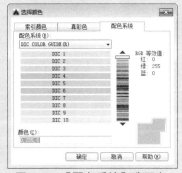

图 8-21　【配色系统】选项卡

在【配色系统】下拉列表中指定用于选择颜色的配色系统，包括在【配色系统位置】（在【选项】对话框的【文件】选项卡中指定）中找到的所有配色系统，显示选定配色系统的页，以及每页上的颜色和颜色名称。程序支持每页最多包含 10 种颜色的配色系统，如果配色系统没有分页，程序将按每页 7 种颜色的方式将颜色分页。要查看配色系统页，在颜色滑块上选择一个区域或用上下箭头进行浏览。

图层的设置，应该在合理的前提下尽量精简，但是，如何做是精简，如何做是够用，每个绘图人员的体会都不尽相同。一般来说，越复杂的图纸就应该设置越多的图层；反之越少。AutoCAD 的图层集成了颜色、线形、线宽、打印样式及状态，通过不同的图层名称设置不同的样式，以方便在制图过程中对不同样式的引用。它就像 Word 中的样式（Word 的样式集成了字形、段落格式等）一样。

在设计室内平面图时，有一些线型的使用是有规律的。例如中心线必须使用点画线，不可见的轮廓使用虚线，轮廓线使用粗实线，标注线使用细实线，这些辅助线不必进行打印。还有，在图形中为区别不同用途的线，一般都采用不同的颜色来区分，这些都必须去设置对象的相应属性。

利用图层的 3 种状态（关闭、冻结和锁定）可方便图形的绘制及修改，如在填充阴影线时，用户可关闭或冻结中心线层及虚线层，则填充区域可一次点中。在标注尺寸时，可关闭或隐藏阴影线层，以防止因太多对象而捕捉出错。如果想复制墙线但又不想复制其标注尺寸，则可将标注层关闭，再进行复制，这些都可以大大提高制图效率。在制图时，也可设置一个辅助图层，在制图过程中，该图层是可见的，但又不希望它被打印出来，则可以选择其打印状态为不打印。

8.2.3 设置图层线型

线型是指图形基本元素中线条的组成和显示方式，如虚线和实线等。AutoCAD 中既有简单线型，也有由一些特殊符号组成的复杂线型，以满足不同地区或行业标准的要求。

在【图层特性管理器】选项板中，在某个图层名称的【线型】列表中单击，即可弹出【选择线型】对话框，从中选择相应的线型即可。

1. 线型管理器

在命令行中输入【LINETYPE】命令，弹出【线型管理器】对话框，如图 8-22 所示。在已加载的线型列表框中显示当前图形中的可用线型，选择一种线型，单击【确定】按钮即可。

图 8-22　【线型管理器】对话框

2. 加载或重载线型

在默认情况下，在【选择线型】对话框中的【已加载的线型】列表框中只有【Continuous】一种线型，如果要使用其他线型，必须将其添加到【已加载的线型】列表框中。如果想将图层的线型设为其他形式，可以单击【加载】按钮，弹出【加载或重载线型】对话框，如图 8-23 所示。从中可以将选定的线型加载到图层中，并将它们添加到【已加载的线型】列表框中。单击【文件】按钮，将弹出【选择线型文件】对话框，如图 8-24 所示，从中可以选择其他线型（.lin）的文件。

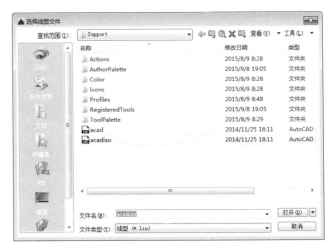

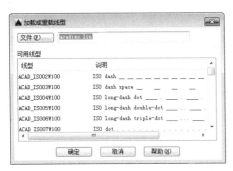

图 8-23 【加载或重载线型】对话框　　　　图 8-24 【选择线型文件】对话框

3. 设置线型比例

线型比例分为 3 种：【全局比例因子】、【当前对象的缩放比例】和【图纸空间的线型缩放比例】。【全局比例因子】控制所有新的和现有的线型比例因子。【当前对象的缩放比例】控制新建对象的线型比例。【图纸空间的线型缩放比例】作用为当【缩放时使用图纸空间单位】被选中时，AutoCAD 自动调整不同图纸空间视窗中线型的缩放比例。这 3 种线型比例分别由【LTSCALE】、【CELTSCALE】和【PSLTSCALE】三个系统变量控制。

通过【线型管理器】对话框可以加载线型和设置当前线型。在菜单栏中选择【格式】|【线型】命令，弹出【线型管理器】对话框，单击【显示细节】按钮，会在对话框下面出现【详细信息】选项组。其中显示了选中线型的名称、说明和全局比例因子等。在用某些线型进行绘图时，经常遇到如中心线或虚线显示为实线的情况，这是因为线形比例过小造成的。通过全局修改或单个修改每个对象的线形比例因子，可以以不同的比例使用同一个线型。在默认情况下，全局线型和单个线型比例均设置为 1.0。比例越小，每个绘图单位中生成的重复图案就越多。例如，线型比例由 1.0 变为 0.5 时，在同样长度的一条点画线中，将显示重复两次的同一图案。

按【Ctrl+1】组合键或在命令行中输入【Properties】命令，可打开【特性】选项板，如图 8-25 所示。当选中图元时，在【常规】属性栏中【线型比例】文本框中，可通过输入不同的数值，调整单个图元的线型比例。

图 8-25 【特性】选项板

8.2.4 【上机操作】——设置线型

如果对设置的线型不满意，可以对线型进行调整，下面将通过实例讲解如何设置线型，具体操作步骤如下：

01 打开随书附带光盘中的 CDROM\素材\第 8 章\台灯.dwg 素材文件，如图 8-26 所示。

02 在命令行中执行【LINETYPE】命令，并按【Enter】键确认，弹出【线型管理器】对话框。单击【加载】按钮，弹出【加载或重载线型】对话框，在该对话框中选择【CENTER】线型，并单击【确定】按钮，如图 8-27 所示。返回【线型管理器】对话框，在线型列表中选择【CENTER】线型，单击【显示细节】按钮 显示细节⑪，在【全局比例因子】右侧文本框中输入 3，如图 8-28 所示。

03 单击【确定】按钮，打开【图层特性管理器】对话框，将线型设置为【CENTER】线型，设置图层线型比例后的效果如图 8-29 所示。

图 8-26 打开素材

图 8-27 选择【CENTER】线型

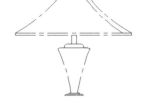

图 8-28 【线型管理器】对话框 　　　　　　图 8-29 　设置图层线型比例

设置图层线宽

在绘制图纸时不但要求图纸标注清晰准确，还需要美观，最重要的一条就是图元线条是否层次分明。设置不同的线宽，是使图纸层次分明的最好方法之一。

线宽设置就是指改变线条的宽度。在 AutoCAD 中，使用不同宽度的线条表现对象的大小或类型，可以提高图形的表达能力和可读性。例如，通过为不同图层指定不同的线宽，可以很方便地区分新建的、现有的和被破坏的结构。除非选择了状态栏上的【线宽】按钮，否则不显示线宽。在平面视图中，宽多段线忽略所有用线宽设置的宽度值。仅在视图中而不是在平面中查看宽多段线时，多段线才显示线宽。在模型空间中，线宽以像素显示，并且在缩放时不发生变化。

一般情况下，可通过【线宽】对话框选择线宽。可通过【线宽设置】对话框对线宽进行设置。

在命令行中执行【LAYER】命令，弹出【图层特性管理器】选项板，在该选项板的【线宽】列中单击，可弹出【线宽】对话框，从中选择线宽，如图 8-30 所示。

打开【线宽设置】对话框有如下方法：

● 在菜单栏中选择【格式】|【线宽】命令。

● 在命令行中执行【LWEIGHT】命令。

● 右击状态栏上的【线宽】按钮 ，在弹出的快捷菜单中选择【线宽设置】命令。

● 在图纸空白处右击，在弹出的快捷菜单中选择【选项】命令，弹出【选项】对话框，在该对话框的【用户系统配置】选项卡中单击【线宽设置】按钮。

通过以上方法可以弹出【线宽设置】对话框，在弹出的【线宽设置】对话框中可以设置当前线宽、设置线宽单位、控制【模型】选项卡上线宽的显示及其显示比例，以及设置图层的默认线宽值等。要设置图层的线宽，也可以通过调整线宽比例，使图形中的线宽显示得更宽或更窄，如图 8-31 所示。

图 8-30 【线宽】对话框　　　　　　　　图 8-31 【线宽设置】对话框

8.2.6 【上机操作】——设置线宽

下面将通过实例讲解如何设置线宽，具体操作步骤如下：

01 打开随书附带光盘中的 CDROM\素材\第 8 章\台灯.dwg 素材文件，如图 8-32 所示。

02 在命令行中执行【LAYER】命令，弹出【图层特性管理器】选项板，单击【线宽】栏，弹出对话框，在【线宽】列表中选择【0.40mm】，如图 8-33 所示。

03 单击【确定】按钮，在状态栏上单击【显示/隐藏线宽】按钮，图形显示效果如图 8-34 所示。

图 8-32 打开素材　　　　　　图 8-33 选择线宽　　　　　　图 8-34 显示效果

知识链接：

如果不显示设置的线宽效果，可以在命令行中输入【REGEN】（重生成）命令，并按【Enter】键确认即可。

8.2.7 图层特性

用户可以在图纸中使用任意数量的图层，系统对图层没有任何的限制，对每一个图层上的实体数量也没有任何的限制。

每一个图层都应有不同的名称，用户新建图层时 CAD 自动生成名为【0】的图层，且不能被修改，但其余图层用户可根据自己需要创建。

一个图层只能有一种线型、一种颜色及一种状态，但一个图层下的不同实体可以使用不同的线型、颜色。用户只能在当前图层中进行绘制，用户可以通过操作功能改变当前工作图层。

图层具有相同的坐标系、绘图界限、缩放系数，用户可以对位于不同图层上的实体进行操作。

用户可以对各图层进行打开、关闭、冻结、解冻、加锁、解锁等操作，以决定各图层上的对象的可见性及操作性。

可以在图层特性管理器和【图层】工具栏的【图层】控件中修改图层特性，单击图标以修改设置。图层名和颜色只能在图层特性管理器中修改，不能在【图层】控件中修改。

可以通过选择【格式】|【图层工具】|【上一个图层】命令，来放弃对图层设置所做的修改，如图 8-35 所示。例如，如果先冻结若干图层并修改图形中的某些几何图形，然后又要解冻冻结的图层，则可以使用单个命令来完成此操作而不会影响几何图形的修改。另外，如果修改了若干图层的颜色和线型之后，又决定使用修改前的特性，可以使用【上一个图层】命令撤销所做的修改并恢复原始的图层设置。

图 8-35　选择【上一个图层】命令

使用【上一个图层】命令，可以放弃使用【图层】控件或图层特性管理器最近所做的修改。用户对图层设置所做的每个修改都将被追踪，并且可以使用【上一个图层】命令放弃操作。在不需要图层特性追踪功能时，例如在运行大型脚本时，可以使用【LAYERPMODE】命令暂停该功能。关闭【上一个图层】追踪后，系统性能将在一定程度上有所提高。

但是，【上一个图层】命令无法放弃以下修改：

- 重命名的图层。如果重命名某个图层，然后修改其特性，则选择【上一个图层】命令，将恢复除原始图层名以外的所有原始特性。
- 删除的图层。如果删除或清理某个图层，则使用【上一个图层】命令，无法恢复该图层。
- 添加的图层。如果将新图层添加到图形中，则使用【上一个图层】命令，不能删除该图层。

可以通过在【选项】对话框中的【用户系统配置】选项卡中选择【合并图层特性更改】复选框，来对图层特性管理器中的更改进行分组。在【放弃】列表框中，图形创建和删除将被作为独特项目进行追踪。

8.2.8 【上机操作】——创建图层特性

下面将具体讲解如何设置图层特性，操作步骤如下：

01 在命令行中输入【LAYER】命令，打开【图层特性管理器】选项板。

02 选择要修改颜色特性的图层，单击中间列表框中的【颜色】栏下的图标 ■白 ，弹出【选择颜色】对话框，在其中选择需要的颜色，这里单击【洋红】图块，然后单击【确定】按钮，如图 8-36 所示。

03 返回【图层特性管理器】选项板，即可看到该图层的颜色由原来的白色变成了洋红色，如图 8-37 所示。

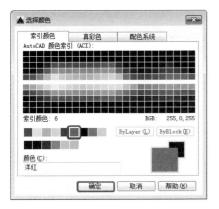

图 8-36 选择颜色

图 8-37 设置后的效果

04 选择要修改线型特性的图层，单击中间列表框中【线型】栏下的线型按钮，如图 8-38 所示。

05 弹出【选择线型】对话框，在该对话框中列出了当前已加载的线型，若列表框中没有所需线型，则单击【加载】按钮。

06 弹出【加载或重载线型】对话框，选择需要加载的线型，这里选择 ACAD_ISOO4W100 线型，单击【确定】按钮完成加载，如图 8-39 所示。

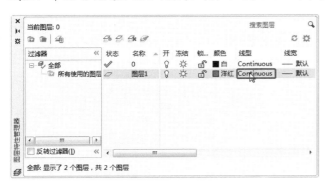

图 8-38 单击线型按钮

图 8-39 加载线型

07 返回【选择线型】对话框，选择刚才加载的线型，这里选择 ACAD_ISOO4W100 线型，单击【确定】按钮完成设置，如图 8-40 所示。

08 返回【图层特性管理器】选项板，即可看到线型由原来的 Continuous 变成了刚才设置的线型，如图 8-41 所示。

199

图 8-40　选择线型

图 8-41　查看效果

09 选择要修改线宽特性的图层，单击中间列表框中的【线宽】栏下的线宽按钮，弹出【线宽】对话框，在【线宽】列表框中选择需要的线宽，这里选择 0.30mm 线宽，然后单击【确定】按钮，如图 8-42 所示。

10 返回【图层特性管理器】选项板，即可看到线宽由原来的默认变成了 0.30mm，如图 8-43 所示。

图 8-42　选择线宽

图 8-43　查看效果

8.2.9 【上机操作】——创建辅助线图层

下面将根据前面所介绍的知识来创建辅助线图层，其具体操作步骤如下：

01 启动 AutoCAD 2016，在菜单栏中选择【格式】|【图层】命令，打开【图层特性管理器】选项板。

02 单击【新建图层】按钮，新建一个图层，在【名称】栏下的文本框中输入文本【门窗】，按【Enter】键确认，如图 8-44 所示。

03 选择【门窗】图层，单击中间列表框中的【颜色】栏下的颜色图标，弹出【选择颜色】对话框，在其中选择需要的颜色，这里单击【红色】图块，如图 8-45 所示，然后单击【确定】按钮。

04 返回【图层特性管理器】选项板，即可发现图层颜色由原来的白色变成了红色，然后单击中间列表框中的【线型】栏下的线型类型，弹出【选择线型】对话框，在该对话框中列出了当前已加载的线型，若列表框中没有所需线型，则单击【加载】按钮。

05 弹出【加载或重载线型】对话框，在【可用线型】列表框中选择【CENTER】线型，如图 8-46 所示，单击【确定】按钮完成加载。

06 返回【选择线型】对话框，选择【CENTER】线型，如图 8-47 所示，单击【确定】按钮完成设置。

图 8-44　输入文本

图 8-45　选择颜色

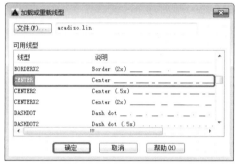

图 8-46　选择加载的线型

图 8-47　选择线型

07 返回【图层特性管理器】对话框，即可看到线型由原来的 Continuous 变成了 CENTER，然后单击中间列表框中的【线宽】栏下的线宽，弹出【线宽】对话框。

08 在【线宽】列表框中选择 0.20mm，如图 8-48 所示，然后单击【确定】按钮。

09 返回【图层特性管理器】选项板，即可看到线宽由原来的默认变成了 0.20mm，如图 8-49 所示。

图 8-48　选择线宽

图 8-49　查看效果

201

8.3 图层的管理

图层作为管理工具，可以关闭、隐藏不想看到的东西，当想看时再打开。一方面是让我们的工作区域更清晰明了，更有针对性，且排除了干扰也会使工作准确性更高。另一方面会影响到软件自身的运行速度。当工作文件很大时，图层开的越多软件运行速度越慢，反之越快。那么管理好图层工具就会使我们的工作更轻松、效率更高。大家都知道图层在 CAD 制作过程中的重要性。那么图层在 sketchup 中，却被人们所忽视。大家基本都是默认从 CAD 导入 sketchup 所产生的图层（这个图层完全和 CAD 图层一样）。但这里一定要提醒一下，虽然都是图层，但不同的软件，不同的环境下使用，由于两个软件的本质上的以及思维方式上的区别，所以在图层的管理方式上也存在着差别，但这种差别只是形式上的，而最终目的还是一样的。在 CAD 中，图层往往会被分得很细，这样能够更方便、更系统、更准确。但在 sketchup 中不需要把图层分得那么细，而是越简单明了越好。

8.3.1 置为当前图层

所有绘制的图形都是处在当前图层状态下绘制的，当前图层就是当前正在使用的图层，若需要在某个图层上绘制图形对象，则应将该图层设置为当前图层。将图层设置为当前图层的方法如下：

- 在【图层特性管理器】选项板中选择需设置为当前的图层，单击【置为当前】按钮❷。
- 在【图层特性管理器】选项板中需设置为当前图层的图层上右击，在弹出的快捷菜单中选择【置为当前】命令。
- 在【图层特性管理器】选项板中直接双击需置为当前图层的图层。
- 在【默认】选项卡的【图层】组中单击【图层】下拉按钮▼，然后在弹出的下拉列表中选择所需的图层，可将需要的图层设置为当前图层。

8.3.2 【上机操作】——改变图形所在图层

在绘制图形的过程中，可以将某图层上的图形对象改变到其他图层上，具体操作如下：

01 打开随书附带光盘中的 CDROM\素材\第 8 章\001.dwg，在绘图区中选择需要改变图层的图形对象，如图 8-50 所示。

02 在【默认】选项卡的【图层】组中单击【图层】下拉按钮▼，在弹出的下拉列表中选择目标图层，这里选择【洗菜盆】图层，如图 8-51 所示。

03 按【Esc】键取消图形对象的选择状态，即可将选中的图形更改到【洗菜盆】图层上，如图 8-52 所示。

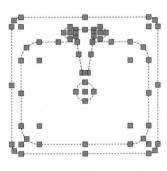

图 8-50　选择图形对象

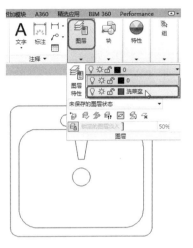

图 8-51　选择图层

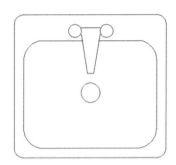

图 8-52　更改图层

8.3.3 【上机操作】—— 对图层进行管理

下面练习管理图层，以巩固前面所讲的知识。操作步骤如下：

01 打开随书附带光盘中的 CDROM\素材\第 8 章\002.dwg，在绘图区中选择洋红色的直线，如图 8-53 所示。

02 在【默认】选项卡的【图层】组中单击【图层】下拉按钮 ，在弹出的下拉列表中选择目标图层，这里选择【粗实线】图层，如图 8-54 所示。

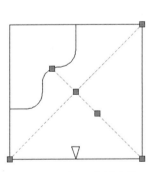

图 8-53　打开素材文件

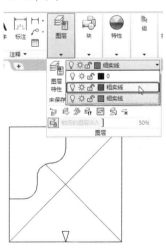

图 8-54　选择图层

03 按【Esc】键取消图形对象的选择状态，如图 8-55 所示。选择【格式】|【图层】命令，打开【图层特性管理器】选项板。

04 选择【细实线】图层，按【F2】键，然后输入文本【洋红标注】，按【Enter】键确认，如图 8-56 所示。

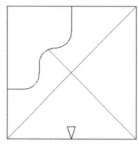

图 8-55　查看图形对象

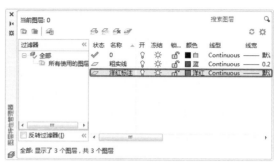

图 8-56　更改名称

8.4　控制图层状态

控制图层状态是为了更好地绘制或编辑图形，包括图层的打开与关闭、冻结与解冻、锁定与解锁等。

8.4.1　关闭与打开图层

若绘制的图形过于复杂，在编辑图形对象时就比较困难，此时可以将不相关的图层关闭，只显示需要编辑的图层，在图形编辑完成后，可以将关闭的图层打开。

1. 关闭图层

为了更清楚地绘制图形可以将暂时不需要的图层关闭。被关闭图层上的对象不仅不会显示在绘图区中，也不能被打印出来。关闭图层的方法如下：

● 在【默认】选项卡的【图层】组中单击【图层】下拉按钮 ▼，然后在弹出的下拉列表中单击需要关闭的图层前的💡图标，使其变成💡图标，如图 8-57 所示。

● 打开【图层特性管理器】选项板，在中间列表框中的【开】栏下单击💡图标，使其变成💡图标，如图 8-58 所示。

图 8-57　关闭图层

图 8-58　打开【图层特性管理器】选项板

2. 打开图层

在完成图形对象的编辑后，即可将隐藏的图层打开，方法如下：

● 在【默认】选项卡的【图层】组中单击【图层】下拉按钮 ▼，然后在弹出的下拉列表中单击需要打开的图层前的♀图标，使其变成♀图标。

- 打开【图层特性管理器】选项板，在中间列表框中的【开】栏下单击♀图标，使其变成♀图标。

8.4.2 冻结与解冻图层

为了减少系统重生成图形的计算时间可以采取冻结的方法。使用时可以将冻结后的图层解冻，但当前图层不能被冻结。

1. 冻结图层

冻结的图层不参与重生成计算，且不显示在绘图区中，用户不能对其进行编辑。冻结图层的方法如下：

- 在【默认】选项卡的【图层】组中单击【图层】下拉按钮 ▼，在弹出的下拉列表中单击需要冻结的图层前的☼图标，使其变成❀图标。
- 打开【图层特性管理器】选项板，在中间列表框中的【冻结】栏下单击☼图标，使其变成❀图标。

2. 解冻图层

解冻图层的方法如下：

- 在【默认】选项卡的【图层】组中单击【图层】下拉按钮 ▼，在弹出的下拉列表中单击需要解冻的图层前的❀图标，使其变成☼图标。
- 打开【图层特性管理器】选项板，在中间列表框中的【冻结】栏下单击❀图标，使其变成☼图标。

> **知识链接：**
>
> 　关闭图层与冻结图层的区别：冻结图层可以减少系统重生成图形的计算时间。若用户的计算机性能良好，且所绘制的图形较为简单，则一般不会感觉到冻结图层的优越性。

8.4.3 锁定与解锁图层

在绘制复杂的图形对象时，可以将不需要编辑的图层锁定，但被锁定图层中的图形对象仍显示在绘图区上，但不能对其进行编辑操作。

1. 锁定图层

被锁定的图层是可见的也可定位到图层上的实体，但不能对这些实体做修改，但是可以添加实体。这些特点可用于修改一幅很拥挤、稠密的图。把不用修改的图层全锁定，这样不用担心错误地改动某些实体。

锁定图层的方法如下：

- 在【默认】选项卡的【图层】组中单击【图层】下拉按钮 ▼，在弹出的下拉列表中单击需要锁定的图层前的🔓图标，使其变成🔒图标。
- 打开【图层特性管理器】选项板，在中间列表框中的【锁定】栏下单击🔓图标，使其变成🔒图标。

2. 解锁图层

解锁图层的方法如下：

● 在【默认】选项卡的【图层】组中单击【图层】下拉按钮 ▼，在弹出的下拉列表中单击需要解锁的图层前的🔒图标，使其变成🔓图标。

● 打开【图层特性管理器】选项板，在中间列表框中的【锁定】栏下单击🔒图标，使其变成🔓图标。

8.4.4 【上机操作】——控制图层

下面练习控制图层状态的相关操作，以巩固前面所讲的知识。操作步骤如下：

01 打开随书附带光盘中的 CDROM\素材\第 8 章\ 003.dwg，如图 8-59 所示。在菜单栏中选择【格式】|【图层】命令，打开【图层特性管理器】选项板。

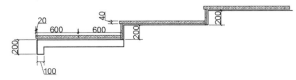

图 8-59　打开素材文件

02 选择【0】图层，在中间列表框中的【开】栏下单击💡图标，使其变成💡图标，如图 8-60 所示。

图 8-60　关闭图层

03 选择【轮廓】图层，在中间列表框中的【锁定】栏下单击🔓图标，使其变成🔒图标，如图 8-61 所示。

图 8-61　锁定图标

04 单击【图层特性管理器】选项板左上角的【关闭】按钮，关闭该面板，调整后的效果如图 8-62 所示。

图 8-62　调整后的效果

8.5　使用图层过滤器

当一张图纸中图层比较多时，利用图层过滤器设置过滤条件，可以只在图层管理器中显示满足条件的图层，缩短查找和修改图层设置的时间。

在 AutoCAD 中，当同一个图形中有大量的图层时，用户可以根据图层的特征或特性对图层进行分组，将具有某种共同特点的图层过滤出来。过滤的途径分为：通过状态过滤、层名过滤，以及颜色和线型过滤。图层特性管理器中设置了过滤功能，包括【新建特性过滤器】和【新建组过滤器】两种方法。

在命令行中输入【LAYER】命令，按【Enter】键，打开【图层特性管理器】选项板，【图层特性管理器】选项板包括两个窗格，左侧为树状图，右侧为列表图。树状图显示所有定义的图层组和过滤器。列表图显示当前组或者过滤器中的所有图层及其特性和说明。

8.5.1　图层特性过滤器

在【图层特性管理器】选项板的【过滤器】树状列表框中选择一个图层过滤器后，右侧列表中将显示符合过滤条件的图层。单击【新建特性过滤器】按钮 ![icon]，弹出【图层过滤器特性】对话框，如图 8-63 所示。在【过滤器名称】文本框中输入图层特性过滤器的名称。在【过滤器定义】列表框中可以使用一个或多个图层特性定义过滤器，例如，可以将过滤器定义为显示所有的红色或蓝色且正在使用的图层。要包含多种颜色、线型或线宽，则在下一行复制该过滤器，然后选择一种不同的设置。

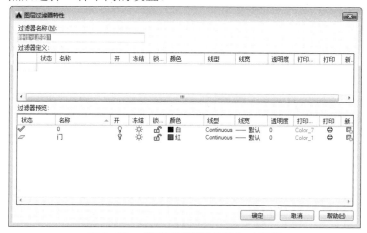

图 8-63　【图层过滤器特性】对话框

在【图层过滤器特性】对话框中可以选择要包含在过滤器定义中的以下任何特性：

- 图层名、颜色、线型、线宽和打印样式。
- 图层是否正被使用。
- 打开还是关闭图层。
- 在当前视口或所有视口中冻结图层还是解冻图层。
- 锁定图层还是解锁图层。
- 是否设置打印图层。

8.5.2 【上机操作】——创建图层特性过滤器

在如图 8-63 所示的【图层过滤器特性】对话框中,创建特性过滤器,名称为【过滤器 1】,使显示出来的名称中含有 A*,并且未被锁定的图层。具体操作步骤如下:

01 打开随书附带光盘中的 CDROM\素材\第 8 章\004.dwg,在命令行中输入【LAYER】命令,单击【新建特性过滤器】按钮 ,弹出【图层过滤器特性】对话框,单击【过滤器定义】中的【名称】列,在其中输入【A*】,【*】为通配符,A 表示可以为任意字或词,如图 8-64 所示,【过滤器预览】中显示的图层全部是名称中含有 A 的图层。

02 单击【冻结】列,弹出下拉列表,如图 8-65 所示。在其中选择未冻结的图标☼,这样未冻结的图层被显示出来。

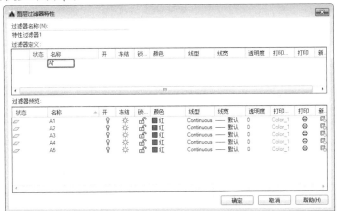

图 8-64　显示带 A 名称的图层

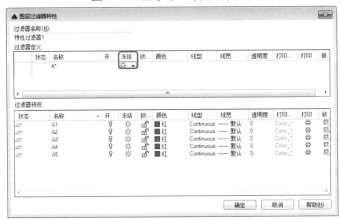

图 8-65　显示未冻结的图层

03 单击【锁定】列，弹出下拉列表，如图 8-66 所示。在其中选择未锁定的图标🔓，这样未被锁定的图层被显示出来。

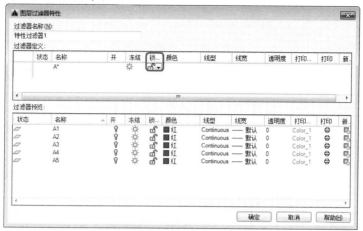

图 8-66　显示未锁定的图层

04 单击【线宽】列，弹出【线宽】对话框，如图 8-67 所示。在其中选择 0.30mm 的线宽，此处因为没有该特性的图层，所以不显示，如图 8-68 所示。

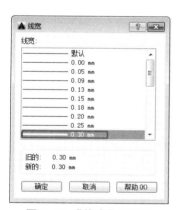

图 8-67　【线宽】对话框

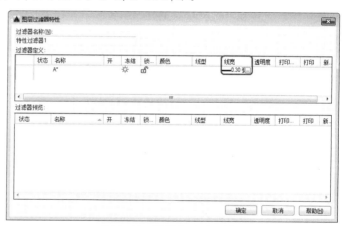

图 8-68　根据线宽显示图层

05 单击【确定】按钮关闭对话框。选择【过滤器】树状列表中的【特性过滤器 1】，在图层列表中将显示满足过滤特性的图层，如图 8-69 所示。

图 8-69　选择【特性过滤器 1】

209

8.5.3 图层组过滤器

所谓【组过滤器】，就是不用设置过滤条件，由用户自己通过添加图层来定义的过滤器。我们可以将一些需要同时关闭、冻结或锁定的图层设置成一个组，设置好组后，直接在图层管理器中右击组名，就可以在右键菜单中选择开关、冻结或锁定这一组图层。

在【图层特性管理器】选项板中单击【新建组过滤器】按钮，在【过滤器】树状列表中会显示一个【组过滤器1】，也可单击以更改名称。选择【全部】、【所有使用的图层】或【特性过滤器 1】选项，在图层列表中选中相应的图层并拖动到【组过滤器 1】上，就完成了组过滤器的设置。图层组过滤器只包括那些明确指定到该过滤器中的图层。即使修改了指定到该过滤器中的图层特性，这些图层仍属于该过滤器。图层组过滤器只能嵌套到其他图层组过滤器下。

8.5.4 【上机操作】——创建室内设计图层

了解了 AutoCAD 2016 中图纸集和图层的相关知识后，本节将通过一个简单实例的实现过程，来加深读者对相关知识的理解和掌握。操作步骤如下：

01 启动 AutoCAD 2016，在命令行中执行【LAYER】命令，打开【图层特性管理器】选项板，然后单击【新建图层】按钮，如图 8-70 所示，新建图层。

图 8-70　新建图层

02 输入图层新名称【轴线】，按【Enter】键确认，然后单击【轴线】图层的【颜色】栏下的■白图标，如图 8-71 所示。

图 8-71　单击【颜色】栏下的图标

03 弹出【选择颜色】对话框，选择【红色】图块，单击 确定 按钮，如图 8-72 所示。
返回【图层特性管理器】选项板，单击【轴线】图层的【线型】栏下的 Continuous 图标，如
图 8-73 所示。

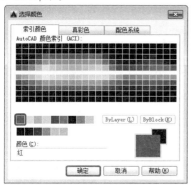

图 8-72　选择【红色】图块　　　　　　　　图 8-73　单击【线型】栏下的图标

04 弹出【选择线型】对话框，单击 加载(L)... 按钮，弹出【加载或重载线型】对话框，
选择 CENTER 线型，单击 确定 按钮完成加载，如图 8-74 所示。

05 返回【选择线型】对话框，选择【CENTER】线型，如图 8-75 所示，单击 确定
按钮。

图 8-74　加载线型　　　　　　　　　　　　图 8-75　选择线型

06 返回【图层特性管理器】选项板，单击【轴线】图层的【线宽】栏下的 —— 默认 图
标，如图 8-76 所示。

07 弹出【线宽】对话框，在【线宽】列表框中选择 0.20mm 线宽，单击 确定 按钮，
如图 8-77 所示。

图 8-76　单击【线宽】栏下的图标　　　　　图 8-77　选择线宽

211

08 返回【图层特性管理器】选项板，根据上面的方法对各图层进行设置，设置后的效果如图 8-78 所示。

图 8-78 对各图层进行设置

09 选择【轴线】图层，单击【置为当前】按钮✔，将其设置为当前图层，如图 8-79 所示。然后关闭【图层特性管理器】选项板，并保存图形文件为【室内设计图层】。

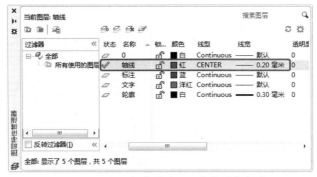

图 8-79 设置完成后对图形文件进行保存

8.5.5 【上机操作】——绘制灯笼

本例将介绍如何绘制灯笼，该例首先创建两个图层，在绘图区绘制图形，并对图形进行修剪即可，其具体操作步骤如下：

01 启动 AutoCAD 2016，在命令行中输入【LAYER】命令，弹出【图层特性管理器】对话框，如图 8-80 所示。

图 8-80 【图层特性管理器】对话框

02 单击【新建图层】按钮，新建【轮廓线】和【字体】两个图层，并分别设置颜色和线宽，如图 8-81 所示。

图 8-81 创建图层并设置

03 将【轮廓线】图层定义为当前图层，单击【绘图】选项组中的【圆心、半径】命令，绘制一个半径为 100 的圆，如图 8-82 所示。

04 在命令行中输入【LINE】命令，在绘图区绘制一条长度为 200 的直线，如图 8-83 所示。

05 在命令行中输入【OFFSET】命令，指定偏移距离为 24，选择直线，将该直线分别向左和向右进行偏移，偏移后的效果如图 8-84 所示。

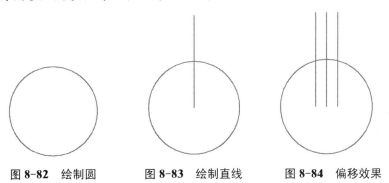

图 8-82 绘制圆　　　　　图 8-83 绘制直线　　　　　图 8-84 偏移效果

06 在命令行中输入【TRIM】命令，选择场景中的图形，按【Enter】键进行确认，再次选择所要修剪的直线，修剪后的效果如图 8-85 所示。

07 在命令行中输入【LINE】命令，绘制如图 8-86 所示的直线。

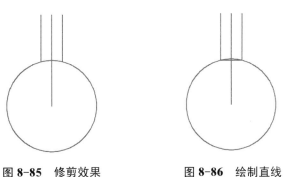

图 8-85 修剪效果　　　　　图 8-86 绘制直线

213

08 在命令行中输入【OFFSET】命令，将新绘制的直线，指定偏移距离为 41，向上偏移，如图 8-87 所示。

09 在命令行中输入【TRIM】命令，将修剪所绘制的图形，选择要删除的线段进行删除，效果如图 8-88 所示。

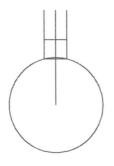
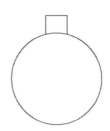

图 8-87　偏移效果　　　　图 8-88　完成后的效果

10 在命令行中输入【POLYGON】命令，在绘图区以圆形的圆心为中心绘制内切圆半径为 61 的四边形，如图 8-89 所示。

11 在命令行中输入【ROTATE】命令，将四边形以大圆圆心为中心旋转 45°度，完成后的效果如图 8-90 所示。

12 在命令行中输入【LINE】命令，在绘图区绘制如图 8-91 所示的直线。

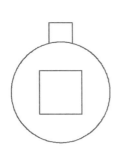
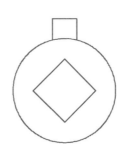
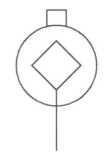

图 8-89　绘制多边形　　　图 8-90　旋转效果　　　图 8-91　直线效果

13 在命令行中输入【OFFSET】命令，指定偏移距离为 16，选择新绘制的直线，将该直线分别向左和向右进行偏移，偏移后的效果如图 8-92 所示。

14 在命令行中输入【TRIM】命令，选择大圆，按【Enter】键进行确认，然后选择三条直线进行修剪，效果如图 8-93 所示。

15 再次打开【图层特性管理器】对话框，将【字体】图层定义为当前图层，在命令行中输入【MTEXT】命令，绘制文本框，并输入【福】字，适当调整文字高度，在【格式】菜单中选择【文字样式】，将【字体】设置为【隶书】，单击【应用】按钮，将字体放置在合适的位置，如图 8-94 所示。

16 至此，灯笼效果就绘制完成了，将完成后的场景进行保存即可。

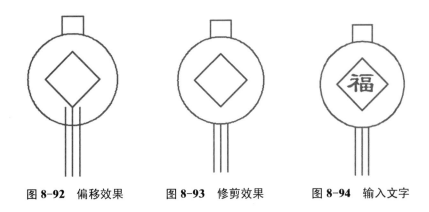

图 8-92　偏移效果　　　　　图 8-93　修剪效果　　　　　图 8-94　输入文字

8.6　本章小结

　　本章主要讲解了图层的新建、命名和删除等基本操作，图层颜色、线型和线宽等参数的设置方法和操作技巧，以及图层过滤器的使用和图层的有效控制。图层是 AutoCAD 中非常重要的一个功能，通过将图形的各个部分放在不同的图层上，用户可以方便、有效地绘制和修改图形，使绘图过程更加有条理，结构更加清晰。

　　就平面图而言，可以分为柱、墙、轴线、尺寸标注、一般标注、门窗看线和家具等。也就是说，建筑专业的平面图，就按照柱、墙、轴线、尺寸标注、一般标注、门窗看线和家具等来定义图层，然后，在绘图的时候，把相应的图元放到相应的图层中，进行各方面的设置是非常必要的，只有各项设置合理了，才能为接下来的绘图工作打下良好的基础，才有可能使接下来的绘图工作清晰、准确、高效。

8.7　问题与思考

　　1．图层的特点是什么？

　　2．图层的应用可以给绘图工作带来哪些方便？如何优化管理图层，使绘图操作方便高效？

　　3．有哪两种方法可以更改已经新建完成的图层名称？

图块

基础知识 ▶
◈ 创建、插入和阵列插入的图块

◈ 创建一个动态块

重点知识 ▶
◈ 外部参照的作用和特点

◈ 通过【设计中心】插入其他图形的图块、图层或文字样式

提高知识 ▶
◈ 图块的应用方法

◈ 通过实例进行学习

　　图块是一组图形实体的总称，在该图形单元中各实体可以具有各自的图层、线型、颜色等特征。在应用过程中，AutoCAD 将图块作为一个独立的、完整的对象来操作。用户可以根据需要按一定的比例、角度将图块插入到任意指定位置。

　　通过对本章内容的学习，读者应掌握创建与编辑块、编辑和管理属性块的方法，并能够在图形中附着外部参照图形。

9.1 图块的应用

　　AutoCAD 把一个图块作为一个对象进行编辑操作，用户可根据绘图需要把图块插入到图中任意指定的位置，而且在插入时，还可以指定不同的缩放比例和旋转角度。如果需要对图块中的单个图形对象进行修改，还可以利用【分解】命令把图块分解成若干个对象。还可以重新定义图块，整个图中基于该块的对象都将随之改变。

　　图块的修改也为用户的工作带来了方便，如果在当前图层中修改或更新一个已定义的图块，AutoCAD 将自动更新图中插入的所有该图块。

9.1.1 图块应用简介

　　在 AutoCAD 中每一个实体都有其特征参数，如图层、颜色、线型、位置等，而插入的图块作为一个整体图形单元，即作为一个实体插入，AutoCAD 只需保存图块的图形参数，而不需保存图块的每一个实体的特征参数，因此在绘制相对复杂的图形时，使用图块可以大大

节省磁盘空间。

另外，在 AutoCAD 2016 中还可以将块存储为一个独立的图形文件，也称为外部块。可以多次将这个文件作为块插入到自己的图形中，不必重新进行创建。因此可以通过这种方法建立块模库，这样既节约了时间和资源，又可保证图形的统一性、标准性。

> **知识链接：**
>
> 　　当用户创建一个块后，AutoCAD 2016 将该块存储在图形数据库中，此后用户可根据需要多次插入同一个块，而不必重复绘制和存储，因此节省了大量的绘图时间。此外，插入块并不需要对块进行复制，而只是根据一定的位置、比例和旋转角度来引用，因此数据量要比直接绘图小得多，从而节省了计算机的存储空间。

9.1.2 图块操作的过程简介

在 AutoCAD 绘图的过程中，图中经常会出现相同的内容，如图框、标题栏、符号、标准件等。通常大家都是画好一个后采用复制、粘贴的方式，这样的确是一个省事的方法。如果用户对 AutoCAD 中的图块操作了解的话，就会发现插入块会比复制、粘贴更加高效。

1. 定义块或写块

正确地建立块，可以加快人们利用计算机绘图的速度。在绘图时，必须要有前瞻性，要能预见什么样的组合图形会重复出现。对于重复出现的图形，应该首先建立好块。在块的建立过程中，比较直观、方便的方法是利用对话框建立。

但图块分为内部和外部图块。通过定义块所创建的图块为内部图块。也就是说，这种方法创建的块只能在对应的一个 AutoCAD 文件中使用。通过写块所创建的图块为外部图块。也就是说，这种方法创建的块能在任一个 AutoCAD 文件中使用。

2. 插入块

在定义好块以后，无论是外部块还是内部块，用户都可以重复插入块从而提高绘图效率。插入块或图形文件时，一般需要确定块的 4 组特征参数：插入的块名、插入的位置、插入比例系数和旋转角度。图块的重复使用是通过插入块的方式实现的，通过插入块，即可将已经定义的块插入到当前的图形文件中。插入块的方法包括命令行方式和对话框方式。一般情况下采用对话框方式。

3. 分解块

要对所插入的众多图块之一进行修改，就需要将该块分解。

在 AutoCAD 2016 中分解块的方法有以下两种：

● 在菜单栏中选择【插入】|【块】命令，在弹出的【插入块】对话框中单击【分解】按钮。

● 在命令行中执行【EXPLODE】命令。

> **提示**
>
> 　　对于一个按统一比例进行缩放的块引用，可分解为组成该块的原始对象。而对于缩放比例不一致的块引用，在分解时会出现不可预料的结果。如果块中还包含块（嵌套块）或多段线等其他组合对象时，在分解时只能分解一层，分解后嵌套块或者多段线仍将保留其块特性或多段线特性。

9.1.3　【上机操作】——分解图块

下面将通过实例讲解如何分解图块，具体操作步骤如下：

01　启动 AutoCAD 2016，按【Ctrl+O】组合键，打开随书附带光盘中的 CDROM\素材\第 9 章\分解图块.dwg，如图 9-1 所示。

02　在命令行中执行【EXPLODE】命令，根据命令行的提示，选择要分解的图块，并按【Enter】键确认，即可将图块分解，如图 9-2 所示。

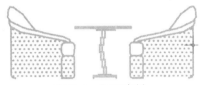　　　　　

图 9-1　打开素材　　　　　　　　　　图 9-2　分解图块

9.1.4　图块的属性简介

尽管块总是在当前图层上，但块参照保存了有关包含在该块中的对象的原图层、颜色和线型特性的信息。可以控制块中的对象是保留其原特性还是继承当前的图层、颜色、线型或线宽设置。

块是一个或多个在几个图层上的不同颜色、线型和线宽特性的对象的组合对象。块帮助用户在同一图形或其他图形中重复使用对象。块是一组对象的集合，形成单个对象（块定义），也称为块参照。它用一个名字进行标识，可作为整体插入图纸中。

块的属性是块的一个组成部分，它从属于块，当利用删除命令删除块时，属性也被删除。块的属性不同于块中的一般文本。一个属性包括属性标志和属性值两个方面。

在定义块之前，每个属性要用【ATTDEF】命令进行定义。由它来具体规定属性默认值、属性标志、属性提示，以及属性的显示格式等信息。属性定义后，该属性在图中显示出来，并把有关信息保留在图形文件中。

用户可以在块定义之前利用【CHANGE】命令对块的属性进行修改，也可用【DDEDIT】命令以对话框方式对属性进行定义，如属性提示、属性标志以及默认值做修改。

在插入块之前，系统将通过属性提示要求用户输入属性值。插入块后，属性以属性值表示。因此同一个定义块，在不同的插入点可以有不同的属性值。

插入块后，用户可以通过【ATTDISP】命令来修改属性的可见性，还可以利用【ATTEDIT】等命令对属性进行修改。

如果某个块带有属性，那么用户在插入该块的时候，可以根据具体情况，通过属性来为块设置不同的文本信息。

9.1.5　内部块和外部块简介

在 AutoCAD 中，图块分为内部块和外部块两类。

内部图块只能在定义它的图形文件中调用，它是跟随定义它的图形文件一起保存的，存储在图形未见内部。

外部图块又称为外部图块文件，它是以文件的形式保存在计算机中的。当定义好外部图块文件后，定义它的图形文件中不包含该外部图块，也就是指外部图块与定义它的图形文件没有任何关联。用户可以根据外部图块特有的功能，随时将其调用到其他图形文件中。

实际上外部块和内部块没有太大区别。所谓内部块即数据保存在当前文件中，只能被当前图形所访问的块。将块存储为一个独立的图形文件就是外部块。外部块可以运用到其他图形文件而不必重新操作，而内部块要运用到其他文件必须先变成外部块。所以，外部块是为了能使块在其他图形文件上应用而设立的。【WBLOCK】命令和【BLOCK】命令的主要区别在于前者可以将对象输出成一个新的、独立的图形文件，并且这张新图会将原图中图层、线型、样式及其他特性（如系统变量）等设置作为当前图形的设置。

9.2　创建图块

通过定义块所创建的图块为内部图块。即这种方法创建的块只能在对应的一个 AutoCAD 文件中使用。

每个图形文件都具有一个称为块定义表的不可见数据区域。块定义表中存储着全部块定义，包括块的全部关联信息。在图形中插入块时，所参照的就是这些块定义。

图块是由多个图形对象组成的一个复杂集合。它的基本功能就是为了方便用户重复绘制相同图形，用户可以为所定义的块赋予一个名称，在同一文件中的不同地方方便地插入已定义的块文件，并通过块上的基准点来确定块在图形中插入的位置。当图块作为文件保存下来时，还可以在不同的文件中方便地插入。在插入块的同时可以对插入的块进行缩放和旋转操作，通过上述操作，就可以方便地反复使用同一个复杂图形。

9.2.1　定义图块

块是一个或多个对象组成的对象集合，常用于绘制重复的图形。一旦一组对象组合成块，就可以根据作图需要将这组对象插入到图中任意指定位置，还可以按不同的比例和旋转角度插入。作为一个整体图形单元，块可以是绘制在几个图层上的不同颜色，线型和线宽特性对象的组合。

在 AutoCAD 2016 中，创建图块的方法如下：

● 在命令行中执行【BLOCK】命令。

● 在菜单栏中选择【绘图】|【块】|【创建】命令。

通过以上方式，可以打开如图 9-3 所示的【块定义】对话框。

图 9-3　【块定义】对话框

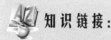

知识链接：

在【块定义】对话框中选项作用如下。

【名称】文本框：可以输入块的名称。块的创建不是目的，目的在于块的引用。块的名称为日后提取该块提供了搜索依据。块的名称可以长达 255 个字符。

【基点】选项组：用于设置块的插入基点位置。为日后将块插入图形中提供参照点。此点可任意指定，但为了日后块的插入一步到位，减少移动等工作，建议将此基点定义为与组成块的对象集合具有特定意义的点，比如端点和中点等。

【对象】选项组：用于设置组成块的对象。其中，单击【选择对象】按钮，可切换到绘图区选择组成块的各对象；单击【快速选择】按钮，可以在弹出的【快速选择】对话框中设置所选择对象的过滤条件；选择【保留】单选按钮，创建块后仍在绘图区保留组成块的各对象；选择【转换为块】单选按钮，创建块后将组成块的各对象保留，并把它们转换成块；选择【删除】单选按钮，创建块后删除绘图区组成块的原对象。

【方式】选项组：用于设置组成块的对象的显示方式。选择【按统一比例缩放】复选框，设置对象按统一的比例进行缩放；选择【允许分解】复选框，设置对象允许被分解。

【设置】选项组：用于设置块的基本属性。

【说明】选项组：用于输入当前块的说明部分。

在【块定义】对话框中设置完毕后，单击[确定]按钮即可完成创建块的操作。

9.2.2 【上机操作】——创建单个【抱枕】块

下面将讲解如何创建单个【抱枕】块，其操作步骤如下：

01 打开随书附带光盘中的 CDROM\第 9 章\001.dwg 素材文件，在命令行输入【BLOCK】命令，将弹出【块定义】对话框。

02 在弹出的【块定义】对话框中，单击【基点】选项组下的【拾取点】按钮。

03 移动光标，指定任意一点作为基点，返回【块定义】对话框。

04 在【块定义】对话框中的【对象】选项组单击【选择对象】按钮。选择该图形，并右击确认，再次返回【块定义】对话框。

05 将名称设置为【抱枕】，单击【确定】按钮，如图 9-4 所示。

06 完成定义块【抱枕】的过程，完成后的效果如图 9-5 所示。

图 9-4　设置完成后的效果

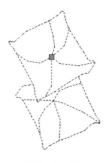

图 9-5　抱枕

提示

创建图块时指定的块插入基点，就像平时手提物体时的抓握点。通过这个抓握点，可以把手里抓取的物体放置在其他任意位置。基点的选择要考虑将来图块插入时定位的便利性。

9.2.3 块功能的优点

在 AutoCAD 2016 中，使用图块主要有以下几种作用。

1. 便于创建图块库（BlockLibrary）

建立图块库，避免重复工作，把绘图过程中需要经常使用的某些图形结构定义成图块并保存在磁盘中，这样就建立起了图块库。当需要某个图块时，把它插入图中即可，避免了大量的重复工作，大大提高了绘图的效率和质量。

2. 节省磁盘存储空间

每个图块在图形文件中只存储一次，在多次插入时，计算机只保留有关的插入信息，而不需要把整个图块重复存储，这样就节省了磁盘的存储空间。

在图中的每一个实体都有其特征参数，如图层、位置坐标、线型和颜色等。用户保存所绘制的图形，实质上也就是使用 AutoCAD 将图中所有的实体特征参数存储在磁盘上。当使用【COPY】命令复制多个图形时，图中所有特征参数都被复制了，因此会占用很大的磁盘空间。而利用插入块功能则既能满足工程图纸的要求，又能减少存储空间。因为图块作为一个整体图形单元，每次插入时只需保存块的特征参数，而无须保存块中各个实体的特征参数。

3. 便于修改图形

当某个图块修改后，所有原先插入图形中的图块全部随之自动更新，这样就使图形的修改更方便了。

在工程项目中经常会遇到修改图形的情况，当块作为外部引用插入时，修改一个早已定义好的图块，AutoCAD 就会自动更新图中已经插入的所有该图块。

4. 便于携带属性

有时图块中需要添加一些文字信息，这些图块中的文字信息称为图块的属性。AutoCAD允许为图块增添属性并可以设置可变的属性值，每次插入图块时不仅可以对属性值进行修改，而且可以从图中提取这些属性并将它们传递到数据库中。

9.3 写块

通过写块所创建的图块为外部图块文件。也就是说，这种方法创建的块能在任一个AutoCAD 文件中使用。

执行【写块】命令后，系统将打开【写块】对话框。通过该对话框即可将已定义的图块或所选定的对象以文件的形式保存在磁盘上在 AutoCAD 2016 中，在命令行中输入【WBLOCK】命令，将打开【写块】对话框，如图 9-6 所示。在【写块】对话框中设置完毕后，单击 确定 按钮即可完成写块的操作。

【写块】对话框中各选项的作用如下。

1.【源】选项组

指定块和对象，将其另存为文件并指定插入点。

● 块：用于从下拉列表中选择一个已定义的块名。

● 整个图形：将绘图区中所有图形保存为图块。

● 对象：以用户选定的图形对象作为图块保存。

图 9-6 【写块】对话框

2.【基点】选项组

指定块的基点，默认值是（0, 0, 0）。

● 拾取点：暂时关闭对话框以使用户能在当前图形中拾取插入基点。

● X：指定基点的 X 坐标值。

● Y：指定基点的 Y 坐标值。

● Z：指定基点的 Z 坐标值。

3.【对象】选项组

设置用于创建块的对象上的块效果。

● 保留：将选定对象另存为文件后，在当前图形中仍保留它们。

● 转换为块：将选定对象另存为文件后，在当前图形中将它们转换为块。块指定为【文件名】中的名称。

● 从图形中删除：将选定对象另存为文件后，从当前图形中删除它们。

● 【选择对象】按钮 ⊕：单击该按钮临时关闭该对话框以便可以选择一个或多个对象以保存至文件。

● 【快速选择对象】按钮 ：单击该按钮打开【快速选择】对话框，从中可以过滤选择集。

4.【目标】选项组

指定文件的新名称和新位置，以及插入块时所用的测量单位。

5. 插入单位

指定从【DesignCenter】（设计中心）拖动新文件，或将其作为块插入到使用不同单位的图形中时，用于自动缩放的单位值。如果希望插入时不自动缩放图形，请选择【无单位】选项。

9.3.1 【上机操作】——写一组绿化树块【植物】

下面通过实例来讲解整个写块过程操作步骤如下：

01 打开随书附带光盘中的 CDROM\素材\第 9 章\002.dwg，在命令行输入【WBLOCK】命令，将弹出【写块】对话框。

02 在弹出的【写块】对话框中，单击【基点】选项组中的【拾取点】按钮。

03 移动光标并在合适的地方单击，然后返回对话框。

04 在【写块】对话框中的【对象】选项组单击【选择对象】按钮。选择该图形，并右击确认，返回对话框。

05 在【写块】对话框中的【目标】选项组的【文件名和路径】栏，设置文件名和路径，完成后的效果如图 9-7 所示。

06 单击【确定】按钮，完成写块【植物】的过程。

图 9-7 绿化树组合【植物】

9.4 插入图块

当用户在图形文件中定义好了图块以后，即可在内部文件中进行任意插入图块的操作，还可以改变插入图块的比例和旋转角度。

对于内部图块，插入图块或图形文件时，一般需要确定图块的 4 组特征参数：插入的图块名、插入的位置、插入比例系数和旋转角度。

对于外部块，插入块或图形文件时，一般需要确定图块的 5 组特征参数：文件来源、插入的图块名、插入的位置、插入比例系数和旋转角度。

9.4.1 图块的插入

在 AutoCAD 2016 中，执行插入图块命令的方法如下：

- 在命令行中执行【INSERT】命令。
- 在菜单栏中选择【插入】|【块】命令。
- 在【默认】选项卡中选择【块】组中的【插入】命令。
- 在【插入】选项卡中选择【插入】命令。

通过以上方式，可以弹出【插入】对话框，如图 9-8 所示。设置相应的参数，单击【确定】按钮，就可以插入内部或者外部图块。

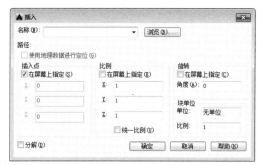

图 9-8 【插入】对话框

【插入】对话框中各选项的作用如下。

1. 【名称】文本框

【名称】文本框用于选择块或图形的名称。用户可以在【名称】下拉列表中选择已经定义的内部图块。也可以单击【浏览】按钮，弹出【选择图形文件】对话框，找到要插入的外部图块，单击【打开】按钮，返回【插入】对话框，设置其他参数。用户可以在预览区域查看要插入的图块。

2. 【插入点】选项组

【插入点】选项组用于设置块的插入点位置。

3. 【比例】选项组

【比例】选项组用于设置块的插入比例。可直接在 X、Y、Z 文本框中输入块在 3 个方向的比例；也可以通过选择【在屏幕上指定】复选框，在屏幕上指定。此外，该选项组的【统一比例】复选框用于确定所插入块在 X、Y、Z 这 3 个方向的插入比例是否相同，选中时表示比例相同，用户只需在 X 文本框中输入比例值即可。

图块被插入到当前图形中时，可以以任意比例进行放大或缩小，X 轴方向和 Y 轴方向的比例系数也可以取不同值。

- 以任意比例进行放大或缩小。如图 9-9（a）所示是按系统默认比例被插入的原图块【抱枕】。如图 9-10（b）所示是取比例系数为 1.5 时插入该图块的效果。
- 比例系数还可以是一个负数，当为负数时表示插入图块的镜像，其效果如图 9-10 所示。

a   b   X=1 Y=1   X=-1 Y=1   X=1 Y=-1   X=-1 Y=-1

图 9-9 取不同比例系数插入图块的效果   **图 9-10** 取比例系数为负值时插入图块的效果

4. 【旋转】选项组

【旋转】选项组用于设置块插入时的旋转角度。可直接在【角度】文本框中输入角度值，也可以选择【在屏幕上指定】复选框，在屏幕上指定旋转角度。

图块被插入到当前图形中时，可以绕其基点旋转一定的角度，角度可以是正数（表示沿逆时针方向旋转），也可以是负数（表示沿顺时针方向旋转）。

如图 9-11（a）所示为【抱枕】块默认值插入的原图；图 9-11（b）所示是旋转角度设置为 45° 后插入的效果；图 9-11（c）所示是旋转角度设置为-45° 后插入的效果。

a   b   c

图 9-11 以不同旋转角度插入图块的效果

如果选择【在屏幕上指定】复选框，系统将切换到绘图屏幕，在屏幕上拾取一点，AutoCAD

2016 将自动测量插入点与该点的连线和 X 轴正方向之间的夹角，并把它作为块的旋转角。

5.【分解】复选框

选择该复选框，可以将插入的块分解成组成块的各基本对象。

在【插入】对话框中设置完毕后，单击 [确定] 按钮即可完成插入块的操作。

9.4.2 【上机操作】——插入内部图块

下面讲解如何插入内部图块，其操作步骤如下：

01 打开随书附带光盘中的 CDROM\素材\第 9 章\003.dwg，如图 9-12 所示。在命令行输入【INSERT】命令，弹出【插入】对话框，在【名称】下拉列表中选择【2400 宽双扇门】，如图 9-13 所示。

图 9-12 打开素材

图 9-13 【插入】对话框

02 在弹出的【插入】对话框中，分别选择【插入点】选项组和【旋转】选项组中的【在屏幕上指定】复选框。

03 在【插入】对话框中，取消选择【比例】选项组中的【统一比例】复选框。

04 在【比例】选项组设置 X、Y、Z 方向比例分别为 1.5、1 和 1，如图 9-14 所示。

05 单击【确定】按钮，效果如图 9-15（b）所示。图 9-15（a）为默认比例。

图 9-14 设置插入比例

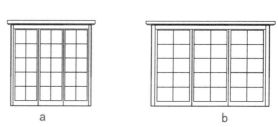

a   b

图 9-15 默认比例和设置比例插入的门

9.4.3 【上机操作】——以矩形阵列的形式插入图块

在 AutoCAD 2016 中允许用户将图块以矩形阵列（MINSERT）形式插入到当前图形中，同时在插入时也允许指定比例系数和旋转角度。以矩形阵列的形式插入图块的具体步骤如下：

01 打开随书附带光盘中的 CDROM\素材\第 9 章\004.dwg。在命令行输入【MINSERT】命令，按【Enter】键进行确认。

02 在命令行输入【2400 宽双扇门】命令，按【Enter】键进行确认。在绘图区单击选择任一点作为插入点。

03 在绘图区右击，在弹出的快捷菜单中单击【确定】按钮，默认 X 比例为 1，进行下一步操作。命令行将提示【输入 Y 比例因子或 <使用 X 比例因子>:】。

04 在绘图区右击，默认 Y 比例为【使用 X 比例因子】，将旋转角度设置为 0，进行下一步操作。命令行将提示【输入行数（---）<1>:】，在命令行提示下输入 3。

05 命令行将提示【输入列数（|||）<1>:】，在命令行提示下输入 3。

06 命令行提示【输入行间距或指定单位单元 (---):】，在命令行提示下输入 3000，将列间距设置为 6000，效果如图 9-16 所示。

图 9-16　以矩形阵列的形式插入图块

9.4.4 【上机操作】——插入外部图块

下面将讲解如何插入外部图块，其具体操作步骤如下：

01 在命令行输入【INSERT】命令，弹出【插入】对话框，在【名称】文本框右侧单击【浏览】按钮，打开随书附带光盘中的 CDROM\素材\第 9 章\001.dwg，如图 9-17 所示。

02 在弹出的【插入】对话框中，分别选中【插入点】选项组和【旋转】选项组中的【在屏幕上指定】复选框。

03 在【比例】选项组取消选择【统一比例】复选框。

04 在【比例】选项组设置 X、Y、Z 方向比例分别为 1、1、1。

05 单击【确定】按钮，返回绘图界面。

06 在绘图界面选择任一点作为插入点，得到如图 9-18 所示的图块。

图 9-17　【插入】对话框

图 9-18　完成后的效果

9.5　编辑图块

动态块具有灵活性和智能性。用户在操作时可以轻松地更改图形中的动态块参照。可以通过自定义夹点或自定义特性，来操作动态块参照中的几何图形。这使得用户可以根据需要调整块，而不用搜索另一个块以插入或重定义现有的块。

提示

可以使用块编辑器创建动态块。块编辑器是一个专门的编写区域，用于添加能够使块成为动态块的元素。用户可以新建块，也可以向现有的块定义中添加动态行为。

在 AutoCAD 2016 中，执行【块编辑器】命令的方法如下：

● 在命令行中执行【BEDIT】命令。

● 在菜单栏中执行【工具】|【块编辑器】命令。

● 在【插入】选项卡中选择【块定义】组中的【块编辑器】命令。

执行以上任意命令都可以打开【编辑块定义】对话框，如图 9-19 所示。在【要创建或编辑的块】文本框中可以选择已经定义的块，也可以选择当前图形创建新的动态块，如果选择【当前图形】选项，当前图形将在块编辑器中打开。在图形中添加动态元素后，可以保存图形并将其作为动态块参照插入到另一个图形中。同时可以在【预览】区域查看选择的块，在【说明】区域将显示关于该块的一些信息。

单击【编辑块定义】对话框中的【确定】按钮，即可进入块编辑器，如图 9-20 所示。

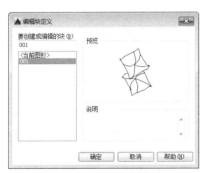

图 9-19　【编辑块定义】对话框

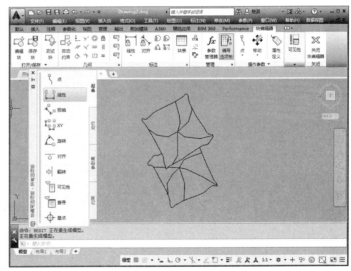

图 9-20　块编辑器

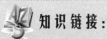

知识链接：

块编辑器由 3 个部分组成：块编写选项板（见图 9-21）、块编辑器工具栏（见图 9-22）和编写区域（显示图形的区域）。

图 9-21　块编写选项板

图 9-22　块编辑器工具栏

　　块编辑器工具栏默认位于整个编辑区的上侧。块编写选项板中包含用于创建动态块的工具。【块编辑器】工具栏包含多种功能选项卡，这里只介绍最重要的【参数】和【动作】选项卡。

　　1.【参数】选项卡

　　【参数】选项卡用于向块编辑器中的动态块定义中添加参数。参数可指定几何图形在块参照中的位置、距离和角度。将参数添加到动态块定义中时，该参数将定义块的一个或多个自定义特性。此项操作也可以通过命令【BPARAMETER】来打开。下面介绍【参数】选项卡中其中几项。

　　点参数：此操作将向动态块定义中添加一个点参数，并定义块参照的自定义 X 和 Y 特性。点参数定义图形中的 X 和 Y 位置。在块编辑器中，点参数类似于一个所标标注。

　　可见性参数：此操作将向动态块定义中添加一个可见性参数，并定义块参照的自定义可见性特性。可见性参数允许用户创建可见性状态，并控制对象在块中的可见性。可见性参数总是应用于整个块，并且无须与任何动作相关联。在图形中单击夹点可以显示块参照中所有可见性状态的列表。在块编辑器中，可见性参数显示为带有关联夹点的文字。

　　查询参数：此操作将向动态块定义中添加一个查询参数，并定义块参照的自定义查询特性。用户可以指定和设置该特性，以便从定义的列表或表格中计算出某个值。该参数可以与单个查询夹点相关联。在块参照中单击该夹点可以显示可用值的列表。在块编辑器中，查询参数显示为文字。

　　基点参数：此操作将向动态块定义中添加一个基点参数。基点参数用于定义动态块参照相对于块中的几何图形的基点。基点参数无法与任何动作相关联，但可以属于某个动作的选择集。在块编辑器中，基点参数显示为带有十字光标的圆。

　　其他参数与上面各项类似，不再赘述。

　　2.【动作】选项卡

　　【动作】选项卡是用于向块编辑器中的动态块定义中添加动作的工具。动作定义了在图形中操作块参照的自定义特性时，动态块参照的几何图形将如何移动或变化。应将动作与参数相关联。此项操作也可以通过命令【BACTIONTOOL】来打开。

9.6　设置动态图块属性

　　图块除了包含图形对象以外，还可以具有非图形信息，例如把一个椅子的图形定义为图块后，还可把椅子的号码、材料、重量、价格以及说明等文本信息一并加入到图块当中。图块的这些非图形信息，叫做图块的属性，它是图块的一个组成部分，与图形对象一起构成一个整体，在插入图块时，AutoCAD 2016 把图形对象连同属性一起插入到图形中。

提示

　　设置动态图块属性，是在某一图块的【图块编辑器】打开的情况下，对某一图块的属性进行定义与修改的过程。

　　要创建属性，首先创建描述属性特征的属性定义，然后将属性附着到目标块上即可将信息也附着到块上。

　　在 AutoCAD 2016 中，在打开某一图块的【图块编辑器】的情况下，执行定义图块属性命令的几种方法如下：

● 在命令行中输入【ATTDEF】命令。

● 选择【绘图】|【块】|【定义属性】命令。

● 在【图块编辑器】选项板中单击【定义属性】 按钮。

　　通过以上方式，可以弹出【属性定义】对话框，如图 9-23 所示。

图 9-23 【属性定义】对话框

该对话框中包含【模式】、【属性】、【插入点】和【文字选项】4 个选项组。

1. 【模式】选项组

【模式】选项组用于设置属性模式。其中包含以下几项。

● 【不可见】复选框：选择此复选框则属性为不可见显示方式，即插入图块并输入属性值后，属性值在图中并不显示出来。

● 【固定】复选框：选择此复选框则属性值为常量，即属性值在属性定义时给定，在插入图块时 AutoCAD 2016 不再提示输入属性值。

● 【验证】复选框：选择此复选框，当插入图块时 AutoCAD 2016 重新显示属性值让用户验证该值是否正确。

● 【预设】复选框：选择此复选框，当插入图块时 AutoCAD 2016 自动把事先设置好的默认值赋予属性，而不再提示输入属性值。

● 【锁定位置】复选框：锁定块参照中属性的位置。解锁后，属性可以相对于使用夹点编辑的块的其他部分移动，并且可以调整多行文字属性的大小。

229

- 【多行】复选框：指定属性值可以包含多行文字，并且允许指定属性的边界宽度。

2. 【属性】选项组

【属性】选项组用于设置属性值，在每个文本框中 AutoCAD 2016 允许输入不超过 256 个字符。其中包含以下几项。

- 【标记】文本框：输入属性标签。属性标签可由除空格和感叹号以外的所有字符组成，AutoCAD 2016 自动把小写字母改为大写字母。
- 【提示】文本框：输入属性提示。属性提示是插入图块时 AutoCAD 2016 要求输入属性值的提示，如果不在此文本框内输入文本，则以属性标签作为提示。如果在【模式】选项组选择【固定】复选框，即设置属性为常量，不需要设置属性提示。
- 【默认】文本框：设置默认的属性值。可以把使用次数较多的属性值作为默认值，也可不设默认值。

3. 【插入点】选项组

【插入点】选项组确定属性文本的位置。单击【拾取点】按钮，AutoCAD 2016 临时切换到绘图区域，由用户在图形中确定属性文本的位置，也可在 X、Y、Z 文本框中直接输入属性文本的位置坐标。

4. 【文字设置】选项组

【文字设置】选项组用于设置属性文字的格式，包括对正、文字样式、文字高度及旋转角度等选项。

5. 【在上一个属性定义下对齐】复选框

选择此复选框表示把属性标签直接放在前一个属性的下面，而且该属性继承前一个属性的文本样式、字高和倾斜角度等特性。

完成【属性定义】对话框中各项设置后，单击【确定】按钮，即可完成一次属性定义的操作。可用此方法定义多个属性。

9.7 插入外部参照图形

外部参照是指一个图形文件对另一个图形文件的引用，即把自己已有的其他图形文件链接到当前图形文件中，但所生成的图形并不会显著增加图形文件的大小。

外部参照与块有相似的地方，但它们的主要区别是：一旦插入了块，该块就永久性地成为当前图形的一部分；而以外部参照方式将图形插入到某一图形（称之为主图形）后，被插入图形文件的信息并不直接加入到主图形中，主图形只是记录参照的关系。

在 AutoCAD 2016 中，可以通过选择【插入】菜单中的【外部参照】命令，打开【外部参照】选项板，如图 9-24 所示。

图 9-24 【外部参照】选项板

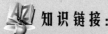

知识链接：

　　使用外部参照的优点是打开图形时，所有 DWG 参照（外部参照）将自动更新。在绘图过程中用户也可以通过图 9-24 所示的【外部参照】选项板中的【刷新】按钮，随时更新外部参照，以确保图形中显示最新版本。外部参照在多人联合绘制大型图纸时十分有用。

9.7.1 【上机操作】——附着外部参照

　　下面讲解如何附着外部参照，具体步骤如下：

　01 在菜单栏中执行【插入】|【外部参照】命令，打开【外部参照】选项板。

　02 单击左上角第一个按钮🔽，在其下拉菜单中选择【 附着 DWG(D)... 】命令。

　03 弹出【选择参照文件】对话框，选择参照文件，如图 9-25 所示。

　04 单击【打开】按钮，弹出【附着外部参照】对话框，将【参照类型】设置为【覆盖型】，其他选项按默认设置，如图 9-26 所示。

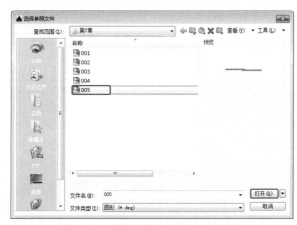

图 9-25 【选择参照文件】对话框

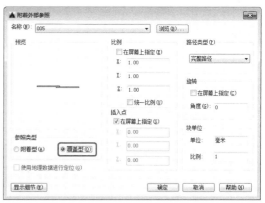

图 9-26 【附着外部参照】对话框

　05 单击【确定】按钮，即可将图形文件以外部参照的形式插入到当前图形中，如图 9-27 所示。

图 9-27 插入后的效果

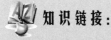

知识链接：

　　在 AutoCAD 2016 中，可以使用 3 种路径类型附着外部参照，它们是【完整路径】、【相对路径】和【无路径】。

　　（1）【完整路径】选项：外部参照的精确路径将保存到当前主文件中。此选项灵活性小，如果移动文件夹，可能会使 AutoCAD 无法融入任何使用完整路径附着的外部参照。

（2）【相对路径】选项：使用相对路径附着外部参照时，将保持外部参照相对于当前主文件的路径，此选项灵活性较大。如果改变文件夹位置，只要外部参照相对于当前主文件的位置未发生变化，AutoCAD 仍可融入附着的外部参照。

（3）【无路径】选项：在不使用路径附着外部参照时，AutoCAD 在当前主文件的文件夹中查找外部参照。当外部参照文件与主文件位于同一个文件夹时一般用此选项。

【完整路径】选项一般用于有固定路径的【工程图形库】的外部参照。【相对路径】可以用于同一个工程设计名下的不同专业和不同人员之间的相互参照。【无路径】用于单一工程的参照，参照与设计文件在同一文件夹内。

9.7.2 使用【外部参照】选项板

一个图形中可能存在许多个外部参照图形，用户必须了解外部参照的所有信息，才能对含有外部参照的图形进行有效的管理，这需要通过【外部参照】选项板来实现，如图 9-28 所示。

图 9-28 【外部参照】选项板

在 AutoCAD 2016 中，打开【外部参照】选项板的方法有以下几种：
● 在命令行中执行【XREF】命令。
● 在菜单栏中选择【插入】|【外部参照】命令。
● 单击【插入】选项卡中【参照】组右下三角按钮⁅。

在 AutoCAD 2016 中，用户可以在【外部参照】选项板中对外部参照进行编辑和管理。用户单击【外部参照】选项板左上方的【附着 DWG】按钮，可以添加不同格式的外部参照文件；在选项板下方的外部参照列表框中显示当前图形中各个外部参照文件的名称；选择任意一个外部参照文件后，在下方【详细信息】选项组中显示该外部参照的名称、加载状态、文件大小、参照类型、参照日期及参照文件的存储路径等内容。

AutoCAD 图形可以参照多种外部文件，包括图形、文字字体、图像和打印配置。这些参照文件的路径保存在每个 AutoCAD 图形中。有时可能需要将图形文件或它们参照的文件移动到其他文件夹或其他磁盘驱动器中，这时就需要更新保存的参照路径。

9.7.3 【上机操作】——参照管理器

AutoCAD 参照管理器提供了多种工具，列出了选定图形中的参照文件，可以修改保存的参照路径而不必打开 AutoCAD 中的图形文件。

使用参照管理器导入素材文件，其操作步骤如下：

01 单击【开始】按钮，选择【所有程序】|Autodesk |AutoCAD 2016-简体中文（Simplified Chinese）|【参照管理器】命令，如图 9-29 所示。

02 打开【参照管理器】对话框，在该对话框左窗格空白处右击，在弹出的快捷菜单中执行【添加图形】命令，如图 9-30 所示。

图 9-29　选择【参照管理器】命令

图 9-30　执行【添加图形】命令

03 打开随书附带光盘中的 CDROM\素材\第 9 章\005.dwg，单击【打开】按钮，即可进入【参照管理器】进行参照路径修改管理的设置，如图 9-31 所示。

图 9-31　完成后的效果

9.7.4 剪裁外部参照

剪裁外部参照，就是将选定的外部参照剪裁到指定边界，剪裁边界决定块或外部参照中隐藏的部分（边界内部或外部）。可以将剪裁边界指定为显示外部参照图形的可见部分。剪裁边界的可见性由系统变量【XCLIPFRAME】控制。

剪裁边界可以是多段线、矩形，也可以是顶点在图形边界内的多边形，可以通过夹点调整裁剪外部参照的边界。剪裁边界时，不会改变外部参照的对象，只会改变其显示方式。

插入到主图形的外部参照可能存在冗余部分。此时可以通过定义外部参照或块的剪裁边界，将冗余部分剪掉。外部参照的剪裁并不是真的剪掉了边界以外的图形，只是 AutoCAD 通过特殊方式对剪裁边界以外的外部参照进行了隐藏，隐藏后的外部参照部分不会在打印图上出现。

在 AutoCAD 2016 中，用户可以通过以下几种方式来执行【剪裁外部参照】命令：

● 在命令行中执行【XCLIP】命令。
● 在菜单栏中选择【修改】|【剪裁】|【外部参照】命令。
● 选择【插入】选项卡中【参照】组中的【剪裁】按钮 ⊡ 剪裁。

知识链接:

在命令行中执行【XCLIP】命令，选择参照图形后，命令行将显示如下信息：

输入剪裁选项

[开(ON)/关(OFF)/剪裁深度(C)/删除(D)/生成多段线(P)/新建边界(N)]<新建边界>：

各选项功能如下。

● 开（ON）：打开外部参照剪裁功能。为参照图形定义了剪裁边界后，在主图形中仅显示位于剪裁边界之内的参照部分。
● 关（OFF）：此选项可显示全部参照图形。
● 剪裁深度（C）：为参照的图形设置前后剪裁面。
● 删除（D）：用于取消置顶外部参照的剪裁边界，以便显示整个外部参照。
● 生成多段线（P）：自动生成一条与剪裁边界一致的多段线。
● 新建边界（N）：新建一条剪裁边界。

设置剪裁边界后，可以利用系统变量 XCLIPERAME 控制是否显示该剪裁边界。当其值为 0 时不显示边界，为 1 时显示边界。

9.8 设计中心

AutoCAD 的设计中心为用户提供了一个直观且高效的工具，它与 Windows 资源管理器类似，可以方便地在当前图形中插入块、引用光栅图像及外部参照，在图形之间复制块、复制图层、线型、文字样式、标注样式以及用户定义的内容等。

AutoCAD 提供了一个功能强大的设计中心管理系统。

9.8.1 设计中心功能概述

使用 AutoCAD 系统的设计中心，可以管理图形、填充块图案和访问其他图形，可以将源图形（源图形可以位于用户的计算机、网络驱动器或网站上）中的内容拖动到当前图形中，可以将图形、块和填充拖动到工具选项板上，可以在多个打开的图形之间复制和粘贴内容，如图层定义、布局和文字样式等。

9.8.2 设计中心的使用

在 AutoCAD 2016 的设计中心，可以读取如下几种类型的文件。

（1）作为图块引用或外部参照引用的图形文件。

（2）图形文件中的图块引用。

（3）图块文件中的图块引用。

（4）使用第三方应用程序创建的自定义内容。

（5）其他图形文件内容，如文本样式、尺寸样式、线型等。

在 AutoCAD 2016 中，启动设计中心的方法如下：

● 在命令行中执行【ADCENTER】命令。

● 在菜单中选择【工具】|【选项板】|【设计中心】命令，如图 9-32 所示。

● 按【Ctrl+2】组合键。

● 在【视图】选项卡中单击【选项板】组中的【设计中心】按钮。

通过以上方式，可以打开【设计中心】选项板，如图 9-33 所示。

图 9-32　执行【设计中心】命令　　　　　图 9-33　【设计中心】选项板

知识链接：

AutoCAD 设计中心主要由上部的工具栏按钮和各种视图构成，其含义和功能如下。

【文件夹】选项卡：显示设计中心的资源，可以将设计中心的内容设置为本计算机的桌面，或是本地计算机的资源信息，也可以是网上邻居的信息。

【打开的图形】选项卡：显示当前打开的图形列表。单击某个图形文件，然后单击列表中的一个定义表可以将图形文件的内容加载到内容区中。

【历史记录】选项卡：显示设计中心打开过的文件列表。双击列表中的某个图形文件，可以在【文件夹】选项卡中的树状视图中定位此图形文件，并将其内容加载到内容区中。

【树状图切换】按钮 ▣：可以显示或隐藏树状视图。

【收藏夹】按钮 ▣：在内容区域中显示【收藏夹】文件夹的内容。【收藏夹】文件夹包含经常访问项目的快捷方式。

【加载】按钮 ▱：单击该按钮，将打开【加载】对话框，使用该对话框可以从 Windows 的桌面、收藏夹或通过 Internet 加载图形文件。

【预览】按钮 ▣：该按钮控制预览视图的显示与隐藏。

【说明】按钮 ▣：该按钮控制说明视图的显示与隐藏。

【视图】按钮 ▦▾：指定控制板中内容的显示方式。

【搜索】按钮 ▨：单击该按钮后，可以通过【搜索】对话框查找图形、块和非图形对象。

9.8.3 通过设计中心查找内容

AutoCAD 设计中心提供了查找功能，使用它可以快速查找诸如图形、块、图层及尺寸样式等图形内容或设置。在【设计中心】选项板的工具栏中单击【搜索】按钮 ▨，弹出【搜索】对话框。在该对话框中可以设置条件来缩小搜索范围。例如，忘记了将块保存在图形中还是保存为单独的图形，可以选择【图形和块】进行搜索。

当在【搜索】下拉列表中选择不同的对象时，对话框中显示的选项卡也将不同。例如，当选择了【图形】选项时，对话框中包含 3 个选项卡，在每个选项卡中都可以设置不同的搜索条件。

【图形】选项卡：使用该选项卡可以按【文件名】、【标题】、【主题】、【作者】、【关键字】等查找图形文件。

【修改日期】选项卡：用于指定图形文件创建或上一次修改的日期，也可以指定日期范围。这样，查找图形文件时只按照指定的日期进行搜索，如图 9-34 所示。

【高级】选项卡：用于指定其他的搜索参数，如图 9-35 所示。例如，可以输入文字进行搜索，查找包含特定文字的块定义名称、属性或图形说明；还可以在该选项卡中指定搜索文件的范围。如在【大小】下拉列表中选择【至少】选项，并在其后的文本框中输入 100，则表示查找大小为 100KB 以上的图形文件。

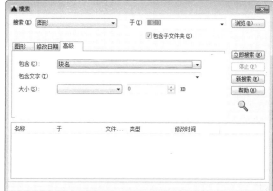

图 9-34 【修改日期】选项卡　　　　　　　　图 9-35 【高级】选项卡

提示

除了前面介绍的选项卡以外，对话框中还有一些公共选项。

【搜索】下拉列表：用于确定查找内容的类型，如图形、图层、文字样式、标注样式等。

【于】下拉列表：用于指定查找路径。

【浏览】按钮：单击该按钮，将打开【浏览文件夹】对话框指定查找路径。

【包含子文件夹】复选框：选择该复选框，将控制搜索范围包括搜索路径中的子文件夹。

【立即搜索】按钮：单击该按钮，按照指定条件开始搜索。

【停止】按钮：单击该按钮，停止搜索并显示搜索结果。

【新搜索】按钮：单击该按钮，表示要查找新的内容并清除以前的搜索。

9.8.4 通过设计中心添加内容

在设计中心，用户可以向绘图区插入块、引用光栅图像、引用外部参照、在图形之间复制块、在图形之间复制图层及用户自定义内容等。

1. 插入块

把一个图块插入到图形中的时候，块定义就被复制到图形数据库当中了。在一个图块被插入图形之后，如果原来的图块被修改，则插入到图形当中的图块也随之改变。

AutoCAD 2016 设计中心提供了插入图块的两种方法：【按默认缩放比例和旋转方式】和【精确指定坐标、比例和旋转角度方式】。

【按默认缩放比例和旋转方式】插入图块时，系统根据鼠标绘制出的线段的长度与角度比较图形文件和所插入块的单位比例，以此比例自动缩放插入图块的尺寸。

插入图块的具体步骤如下：

01 从【项目列表】或【查找】结果列表中选择要插入的图块，按住鼠标左键，将其拖动到打开的图形。

02 松开鼠标左键，被选择的对象就被插入到当前被打开的图形当中，利用当前设置的捕捉方式，可以将对象插入到任何存在的图形中。

03 按下鼠标左键，指定一点作为插入点，移动鼠标指针，则鼠标的位置点与插入点之间的距离为缩放比例，按鼠标左键来确定比例，用同样方法移动鼠标指针，鼠标指定的位置与插入点连线与水平线角度与旋转角度，被选择的对象就根据鼠标指定的比例和角度插入到图形中。

提示

> 如果其他命令正在执行，不能进行插入块的操作，必须首先结束当前激活的命令。

2. 引用光栅图像

光栅图像由一些着色的像素点组成，在 AutoCAD 中除了可以向当前图形插入块，还可以插入光栅图像，如数字照片、徽标等。光栅图像类似于外部参照，插入时必须确定插入的坐标、比例和旋转角度，在 AutoCAD 2016 中几乎支持所有的图像文件格式。

插入光栅图像的具体步骤如下：

01 在【设计中心】窗口左边的文件列表中找到光栅图像文件所在的文件夹名称。

02 右击要加载的图形，弹出快捷菜单，选择【附着图像】命令，弹出【附着图像】对话框，也可以直接拖至绘图区，然后输入插入点坐标、缩放比例和旋转角度。

03 在【附着图像】对话框中设置插入点的坐标、缩放比例和旋转角度，单击【确定】按钮完成光栅引用。

3. 复制图层

与添加外部图块相似，图层、线型、尺寸样式、布局等都可以通过从内容区显示窗口中拖放到绘图区的方式添加到图形文件中，但添加内容时，不需要给定插入点、缩放比例等信息，它们将直接添加到图形文件数据库中。

例如，如果需要创建一个新的图层和设计中心提供的某个图形文件具有相同的图层时，只需要使用设计中心将这些预先定义好的图层拖放到新文件中，既节省了重新创建图层的时间，又能保证项目标准的要求，保证图形间的一致性。

9.8.5 【上机操作】—— 附着为外部参照

下面介绍附着外部参照，具体操作步骤如下：

01 启动 AutoCAD 2016，在【视图】选项卡中的【选项板】组单击【设计中心】按钮，打开【设计中心】选项板，如图 9-36 所示。

02 在右侧列表框中，选择需要插入的图像文件【窗帘.dwg】并右击，在弹出的快捷菜单中选择【附着为外部参照】命令，如图 9-37 所示。

图 9-36 【设计中心】选项板

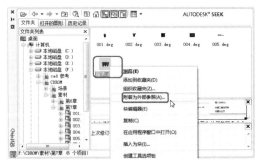

图 9-37 选择【附着为外部参照】命令

03 弹出【附着外部参照】对话框，如图 9-38 所示。

04 使用默认设置，单击【确定】按钮，根据命令行提示进行操作，指定插入点为（0, 0），按两次【Enter】键确认，即可插入图像，如图 9-39 所示。

图 9-38 【附着外部参照】对话框

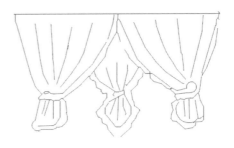

图 9-39 插入的图像

9.8.6 【上机操作】——在树状视图中查找并打开图形文件

下面介绍在树状视图中查找并打开图形文件，具体操作步骤如下：

01 启动 AutoCAD 2016，在【视图】选项卡中的【选项板】组单击【设计中心】按钮 ，打开【设计中心】选项板，并将【设计中心】选项板移动至绘图区的左侧，如图 9-40 所示。

02 在【设计中心】选项板右侧的列表框中选择素材文件【单人沙发.dwg】并右击，在弹出的快捷菜单中选择【在应用程序窗口中打开】命令，如图 9-41 所示。

03 即可打开图形文件，效果如图 9-42 所示。

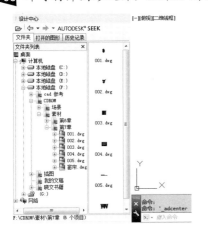

图 9-40 【设计中心】选项板和绘图区

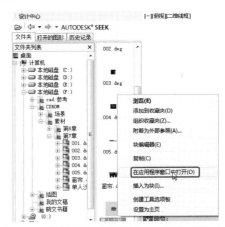

图 9-41 选择【在应用程序窗口中打开】命令

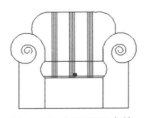

图 9-42 打开图形文件

9.8.7 【上机操作】——插入图层样式

下面介绍插入图层样式的方法，具体操作步骤如下：

01 启动 AutoCAD 2016，单击【视图】选项卡中的【选项板】组中的【设计中心】按钮，打开【设计中心】选项板，如图 9-43 所示。

02 在左侧的列表框中选择素材文件【桌子.dwg】，此时在右侧的列表框中将显示与素材文件【桌子.dwg】相关的【图层】、【标注样式】等内容，如图 9-44 所示。

图 9-43　【设计中心】选项板

图 9-44　选择素材文件

03 在右侧列表框中双击【图层】选项，此时将显示素材图形中的所有图层，选择所有图层并右击，在弹出的快捷菜单中选择【添加图层】命令，如图 9-45 所示。

04 切换到【默认】选项卡，在【图层】组单击【图层特性】按钮，弹出【图层特性管理器】选项板，在其中显示了已添加的图层，如图 9-46 所示。

图 9-45　选择【添加图层】命令

图 9-46　【图层特性管理器】选项板

9.9　本章小结

本章讲述了创建图块、在图形中插入图块、图块重定义及图块替换、把图块保存到磁盘、属性及属性块、动态块及其可见性、外部参照及附着和绑定等概念和操作。图块在绘图过程中起了很大的作用，插入图块时，如果插入的静态块变化，图内的文字高度也会随之发生变化。属性块可用于图形大小不变但图形内标注内容可变的情况，如绘制轴线符号、标高符号及大样图等。外部参照适用于多人联机绘制大型图纸，参照图形的更新会自动反映到主图形文件内。

其次讲解了 AutoCAD 设计中心的基本操作和基本作用等内容。另外 AutoCAD 设计中心是利用已有图形快速绘图、企业内联合绘制大型图纸产品的基础，应加强领会和理解。

9.10　问题与思考

1．如何编辑外部参照？

2．如何创建、插入和阵列插入一个图块？

3．外部参照的作用和特点是什么？

4．简述 AutoCAD 设计中心的功能和使用方法。

5．在 AutoCAD 中，如何通过设计中心，在当前图形中插入其他图形的图块、图层或文字样式？

10 尺寸标注

Chapter

本章导读：

基础知识
◆ 尺寸标注的组成
◆ 尺寸标注的方法

重点知识
◆ 设置尺寸标注样式
◆ 设置文字标注样式

提高知识
◆ 标注形位公差
◆ 替代和更新标注查看

　　尺寸是工程图中的一项重要内容，是实际生产中的重要依据。标注图形尺寸在图纸设计中是一个重要的环节，图纸中图形对象的大小和位置是通过尺寸标注来体现的，正确的尺寸标注可以使生产顺利完成。AutoCAD 提供了完整灵活的尺寸标注功能，本章首先详细介绍尺寸标注的有关概念和术语，然后介绍如何创建符合国家规定的建筑标注样式、如何控制标注样式，以及通过典型的建筑实例来讲解标注的应用技巧。

10.1　尺寸标注的规则与组成

　　图样只能表示物体各部分的外部形状，表达不出各个部分之间的联系及变化。所以，必须准确、详尽、清晰地表达出其尺寸，以确定大小并作为施工的依据。绘制图形不仅仅是为了反应对象的形状，对图形对象的真实大小和位置关系描述更加重要，而只有尺寸标注能反映这些大小和关系。AutoCAD 包含了整套的尺寸标注和实用程序，读者使用它们足以完成图样中尺寸标注的所有工作。

10.1.1　尺寸标注的基本规则

　　在 AutoCAD 2016 中，对绘制的图形进行尺寸标注时应遵循以下规则：

● 物体的真实大小应以图纸上标注的尺寸数值为依据，与图形的大小与绘图的准确度无关。

● 图样中（包括技术要求和其他说明）的尺寸，以毫米为单位时，不需要标注计量单位的符号和名称。若采用其他单位，则必须注明标注的计量单位的符号和名称。

● 图样中所标注的尺寸，为该图样所示物体的最后完成尺寸，否则另加说明。
● 物体的每一尺寸，一般只标注一次，并应标注在反映该结构最清晰的图纸上。
● 尺寸的配置要合理，功能尺寸应该直接标注；统一要素的尺寸应尽可能集中标注；尽量避免在不可见的轮廓线上标注尺寸，数字之间不允许任何图线穿过，必要时可以将图线断开。

10.1.2 尺寸标注的组成

一个完整的尺寸标注应标注出文字、尺寸线、尺寸界线、尺寸线的端点符号及起点等，如图 10-1 所示。

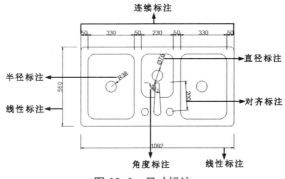

图 10-1　尺寸标注

 知识链接：

完整尺寸标注各项的含义如下。
● 标注文字：表明图形的实际测量值。可以使用由 AutoCAD 自动计算出来的测量值，提供自定义的文字或完全不用文字。
● 尺寸线：表明标注的范围。尺寸线是一条带有双箭头的线段，指出起点和端点，标注文字沿尺寸线放置。如果空间不足，则将尺寸线或文字移到测量区域的外部。
● 箭头（即尺寸线的端点符号）：箭头显示在尺寸线的末端，用于指出测量的开始和结束位置。
● 尺寸界线：从被标注的对象延伸到尺寸线。尺寸界线一般垂直于尺寸线，但也可以将尺寸界线倾斜。
● 导出线：对于一些弧形或者需要引线说明的标注，需要绘制导出线。

10.1.3 创建尺寸标注

在 AutoCAD 中对图形进行尺寸标注的方式有如下几种：
● 在菜单栏中选择【格式】|【图层】命令，在打开的【图层特性管理器】选项板中创建一个独立的图层，用于尺寸标注。

- 在菜单栏中选择【格式】|【文字样式】命令，在弹出的【文字样式】对话框中创建一种文字样式，用于尺寸标注。
- 在菜单栏中选择【格式】|【标注样式】命令，在弹出的【标注样式管理器】对话框中设置标注样式。
- 使用对象捕捉和标注等功能，对图形中的元素进行标注。

10.1.4 创建标注样式

用户在标注尺寸之前，第一步就是创建标注样式，如果不创建标注样式直接进行标注，系统将使用默认的【Standard】样式。如果用户感觉默认标注样式设置不合适，可以创建新的标注样式。

在 AutoCAD 中，用户可以通过【标注样式管理器】对话框来创建新的标注样式，或对标注样式进行修改和管理。现在通过【标注样式管理器】对话框来详细介绍标注样式的组成元素及其作用。

用户可以通过以下几种方式启动【标注样式管理器】：

- 在菜单栏中选择【格式】|【标注样式】命令。
- 在菜单中选择【标注】|【标注样式】命令。
- 在命令行中执行【DIMSTYLE】命令。
- 在【注释】选项卡中单击【标注】面板右下角的三角按钮↘。

执行以上任意命令后都可弹出【标注样式管理器】对话框，如图 10-2 所示。

该对话框显示了当前的标注样式，以及在【样式】列表框中被选中项目的预览图和说明。单击【新建】按钮，在弹出的【创建新标注样式】对话框中即可创建新标注样式，如图 10-3 所示。

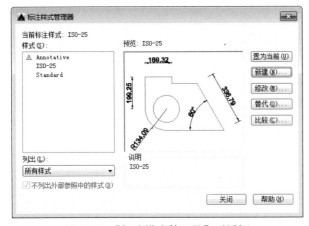

图 10-2 【标注样式管理器】对话框

图 10-3 【创建新标注样式】对话框

设置了新样式的名称、基础样式和适用范围后，单击该对话框中的【继续】按钮，将弹出【新建标注样式】对话框，可以创建标注中的直线、符号和箭头、文字，以及换算单位等内容，如图 10-4 所示。

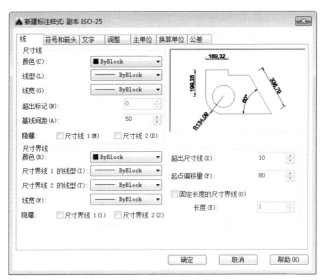

图 10-4 【新建标注样式】对话框

【新建标注样式】对话框中，有 7 个选项卡，下面分别介绍。

● 线：该选项卡对尺寸线、尺寸界线的形式和特性各个参数进行设置。包括尺寸线的颜色、线宽、超出标记、基线间距、隐藏等参数；尺寸界线的颜色、线宽、超出尺寸线、起点偏移量、隐藏等参数。

● 符号和箭头：该选项卡主要对箭头、圆心标记、弧长符号和半径折弯标注的形式和特性进行设置，包括箭头的大小、引线、形状等参数以及圆心标记的类型和大小等参数。

● 文字：该选项卡对文字的外观、位置、对齐方式等各个参数进行设置。其中包括文字外观的文字样式、颜色、填充颜色、文字高度、分数高度比例、是否绘制文字边框等参数；文字位置的垂直、水平、观察方向和从尺寸线偏移量等参数。对齐方式有水平、与尺寸线对齐、ISO 标准等 3 种方式。

● 调整：该选项卡对调整选项、文字位置、标注特性比例、调整等各个参数进行设置。包括调整选项选择、文字不在默认位置时的放置位置、标注特征比例选择以及调整尺寸要素位置等参数。

● 主单位：该选项卡用来设置尺寸标注的单位和精度，以及给尺寸文本添加固定的前缀或后缀。本选项卡含两个选项组，分别对长度型标注和角度型标注进行设置。

● 换算单位：该选项卡用于对换算单位进行设置。

● 公差：该选项卡用于对尺寸公差进行设置。其中【方式】下拉列表列出了 AutoCAD 提供的 5 种标注公差的形式，用户可以从中选择。这 5 种方式分别是【无】、【对称】、【极限偏差】、【极限尺寸】和【基本尺寸】，其中【无】表示不标注公差，即上面通常标注的情形。在【精度】、【上偏差】、【下偏差】、【高度比例】、【垂直位置】等文本框中输入或选择相应的参数值。

10.1.5 【上机操作】——创建标注样式

下面通过实例讲解如何创建标注样式，其操作步骤如下：

01 单击快速访问区中的【新建】按钮 ，在弹出的对话框中新建一幅空白图形文件。单击【注释】选项卡中【标注】组的【标注，标注样式】按钮↘，如图 10-5 所示。弹出【标注样式管理器】对话框，如图 10-6 所示。

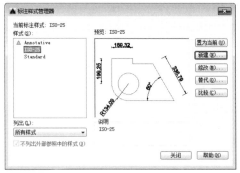

图 10-5 单击【标注，标注样式】按钮   **图 10-6 【标注样式管理器】对话框**

02 单击【新建】按钮，弹出【创建新标注样式】对话框，在【新样式名】文本框中输入【建筑标注】，如图 10-7 所示。

03 单击【继续】按钮，弹出【新建标注样式：建筑标注】对话框，使用默认设置，如图 10-8 所示。

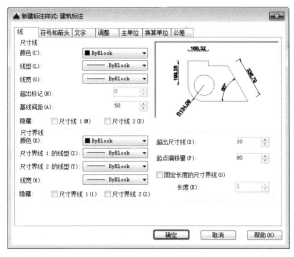

图 10-7 【创建新标注样式】对话框   **图 10-8 【新建标注样式：建筑标注】对话框**

04 单击【确定】按钮，返回到【标注样式管理器】对话框中，单击【置为当前】按钮和【关闭】按钮，即可创建完成标注样式。

10.1.6 尺寸线

在【新建标注样式】对话框中，使用【线】选项卡可以设置尺寸线、尺寸界限的格式和位置（见图 10-8）。

1. 尺寸线

尺寸线表示尺寸的度量方向。尺寸线使用细实线绘制。在【尺寸线】选项组中，可以设置尺寸线的颜色、线宽、超出标记和基线间距等属性。

2. 尺寸界限

尺寸界线应由图形的轮廓线、轴线或对称中心线处引出，也可利用轮廓线、轴线或对称中心线作为尺寸界线。在【尺寸界限】选项组中，可以设置尺寸界线的颜色、线宽、超出尺寸线、起点偏移量和隐藏控制等属性。

10.1.7 【上机操作】——设置标注尺寸界线

下面通过实例讲解如何设置标注尺寸界线，其操作步骤如下：

01 继续上一案例的操作。单击【注释】选项卡中【标注】组的【标注，标注样式】按钮，弹出【标注样式管理器】对话框，单击【修改】按钮，弹出【修改标注样式：建筑标注】对话框，单击【线】选项卡，在【尺寸界线】和【尺寸线】选项组中设置【颜色】为红色，勾选【固定长度的尺寸界线】复选框，在【长度】文本框中输入 3，如图 10-9 所示。

02 单击【确定】按钮，返回到【标注样式管理器】对话框，单击【关闭】按钮，设置完成后的标注尺寸界线如图 10-10 所示。

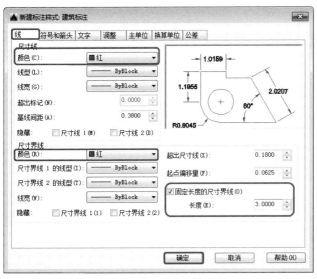

图 10-9 【尺寸界线】选项组

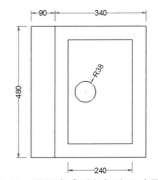

图 10-10 设置完成后的标注尺寸界线

10.1.8 符号和箭头格式

在【修改标注样式：建筑标注】对话框中，选择【符号和箭头】选项卡可以设置箭头、圆心标记、弧长符号和半径折弯标注的格式与位置，如图 10-11 所示。

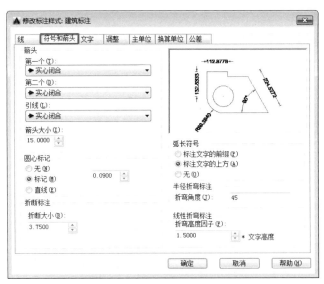

图 10-11　【符号和箭头】选项卡

1. 箭头

在【箭头】选项组中，可以设置尺寸线和引线箭头的类型及尺寸大小等。通常情况下，尺寸线的两个箭头应一致。

为了适用于不同类型的图形标注需要，AutoCAD 设置了 20 多种箭头样式。可以从对应的下拉列表中选择箭头，并在【箭头大小】文本框中设置其大小。也可以使用自定义箭头，此时可在下拉列表中选择【用户箭头】选项，将弹出【选择自定义箭头块】对话框，在【从图形块中选择】下拉列表中选择当前图形中已有的块名，单击【确定】按钮，AutoCAD 将以该块作为尺寸线的箭头样式，此时块的插入基点与尺寸线的端点重合。

> **知识链接：**
>
> 箭头用来指定标注线的范围。箭头的长度依据图的比例而定，一般来说，在小图中箭头的长度为 3.12mm，在大图中箭头的长度为 4.8mm。箭头太大或太小都容易产生阅读障碍，给人不舒服的感觉。

2. 圆心标记

【圆心标记】选项组中用于给指定的圆或圆弧画出圆心符号，标记圆心，其标记可以为短十线，也可以是中心线。

在【圆心标记】选项组中，可以设置圆或圆弧的圆心标记类型，包括【标记】、【直线】和【无】3 种类型。其中选择【标记】单选按钮，可以对圆或圆弧绘制圆心标记；选择【直线】单选按钮，可以对圆或圆弧绘制中心线；选择【无】单选按钮，则没有任何标记。当选择【标记】或【直线】单选按钮时，可以在其后的文本框中设置圆心标记的大小。

3. 弧长符号

在【弧长符号】选项组中，可以设置弧长符号显示的位置，包括【标注文字的前缀】、【标注文字的上方】和【无】3 种方式。

4. 半径折弯标注

在【半径折弯标注】选项组的【折弯角度】文本框中，可以设置标注圆弧半径时标注线的折弯角度大小。

5. 线性折弯标注

线性折弯标注是在线性或对齐标注上添加或删除折弯线。标注中的折弯线表示所标注对象中的折断，标注值表示实际距离，而不是图形中测量的距离。

在该选项组中可以控制线性标注折弯的显示。

10.1.9 文字

在【修改标注样式：建筑标注】对话框中，可以使用【文字】选项卡设置标注文字的外观、位置和对齐方式，如图 10-12 所示。

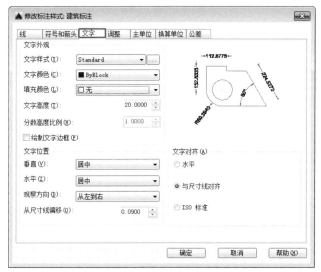

图 10-12 【文字】选项卡

1. 文字外观

在【文字外观】选项组中，可以设置文字的样式、颜色、高度和分数高度比例，以及控制是否绘制文字边框等。

- 【文字样式】下拉列表：设置文字的所用样式，单击右侧的按钮，可以弹出【文字样式】对话框，可以在该对话框中创建和修改文字样式，如图 10-13 所示。
- 【文字颜色】下拉列表：用于设置标注文字的颜色，单击右侧的下拉按钮，在打开的下拉列表中可以选择颜色，选择【选择颜色】选项可以弹出【选择颜色】对话框，如图 10-14 所示。
- 【填充颜色】下拉列表：设置标注文字的背景颜色。
- 【分数高度比例】文本框：设置标注文字中的分数相对于其他标注文字的比例，AutoCAD 将该比例值与标注文字高度的乘积作为分数的高度。
- 【绘制文字边框】复选框：设置是否为标注文字加边框。

图 10-13 【文字样式】对话框　　　　图 10-14 【选择颜色】对话框

2. 文字位置

在【文字位置】选项组中，可以设置文字的垂直、水平位置，以及从尺寸线的偏移量。

3. 文字对齐

在【文字对齐】选项组中，可以设置标注文字是保持水平还是与尺寸线对齐。

10.1.10 【上机操作】——设置标注文字和调整比例

下面通过实例讲解如何设置标注文字和调整比例，其操作步骤如下：

01 首先打开随书附带光盘中的 CDROM\素材\第 10 章\浴池.dwg 素材文件，如图 10-15 所示。

02 单击【注释】选项卡中的【标注】组的【标注，标注样式】按钮 ↘，弹出【标注样式管理器】对话框，单击【修改】按钮 [修改(M)...]，弹出【修改标注样式：ISO-25】对话框，单击【文字】选项卡，在【文字外观】选项组中将【文字颜色】设置为红色，将【文字高度】设置为 5，勾选【绘制文字边框】复选框，如图 10-16 所示。

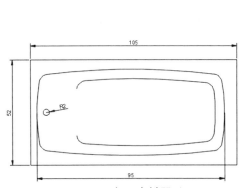

图 10-15　打开素材图形

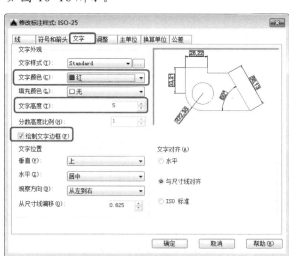

图 10-16　设置文字外观

03 单击【确定】按钮 确定 ，返回到【标注样式管理器】对话框，单击【关闭】按钮 关闭 ，设置完成后的标注文字如图 10-17 所示。

04 再次打开【修改标注样式：ISO-25】对话框，切换到【调整】选项卡，在【标注特征比例】选项组中选中【使用全局比例】单选按钮，并设置比例为 2，如图 10-18 所示。

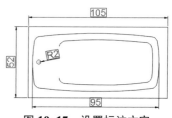

图 **10-17** 设置标注文字

05 单击【确定】按钮 确定 ，返回到【标注样式管理器】对话框，单击【关闭】 关闭 按钮，设置完成后的效果如图 10-19 所示。

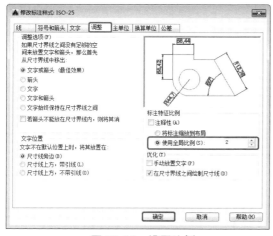

图 **10-18** 设置比例

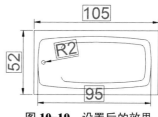

图 **10-19** 设置后的效果

10.1.11 调整

【调整】选项卡用于控制尺寸文字、尺寸线、尺寸箭头的位置，共有【调整选项】、【文字位置】、【标注特征比例】和【优化】4 个选项组。

在【修改标注样式：ISO-25】对话框中，可以使用【调整】选项卡设置标注文字、尺寸线和尺寸箭头的位置，如图 10-20 所示。

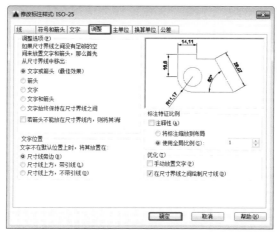

图 **10-20** 【调整】选项卡

1. 调整选项

在【调整选项】选项组中，如果尺寸界线之间没有足够的空间来放置文字和箭头，那么首先从尺寸界线中移出。

2. 文字位置

在【文字位置】选项组中，可以将文字设置在合适的位置。

3. 标注特征比例

在【标注特征比例】选项组中，通过设置标注尺寸的特征比例，来增加或减少各标注的大小。

4. 优化

在【优化】选项组中，可以对标注文本和尺寸线进行细微调整，该选项组包括以下两个复选框：

● 【手动放置文字】复选框：选择该复选框，则忽略标注文字的水平设置，在标注时可将标注文字放置在指定的位置。

● 【在尺寸界线之间绘制尺寸线】复选框：选择该复选框，当尺寸箭头放置在尺寸界线之外时，也可在尺寸界线之内绘制出尺寸线。

10.1.12 【上机操作】——设置标注调整比例

下面通过实例讲解如何设置标注调整比例，具体操作步骤如下：

01 打开随书附带光盘 CDROM\素材\第 10 章\立面门.dwg 素材文件，如图 10-21 所示。在命令行中执行【DIMSTYLE】命令，弹出【标注样式管理器】对话框，并单击【修改】按钮，弹出【修改标注样式：副本 ISO-25】对话框，切换至【调整】选项卡，在【标注特征比例】选项组中选中【使用全局比例】单选按钮，并设置比例为 2，如图 10-22 所示。

02 单击【确定】按钮，返回到【标注样式管理器】对话框，将其置为当前并单击【关闭】按钮，设置完成后的效果如图 10-23 所示。

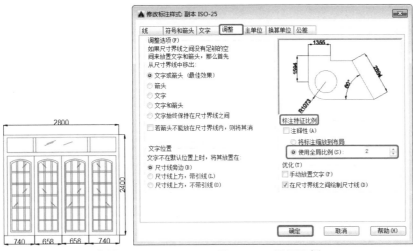

图 10-21　打开素材　　　　图 10-22　设置比例　　　　图 10-23　设置后的效果

10.1.13　主单位

在【新建标注样式：副本 ISO-25】对话框中，【主单位】选项卡中有【线性标注】（包括半径、直径、坐标）和【角度标注】选项组。可以使用【主单位】选项卡设置主单位的格式、精度等属性，如图 10-24 所示。

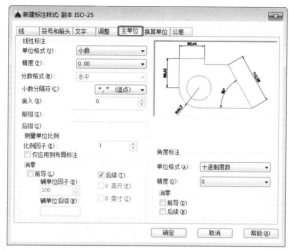

图 10-24　【主单位】选项卡

1.　线性标注

在【线性标注】选项组中可以设置线性标注的单位格式与精度，主要选项的功能如下。

● 【单位格式】下拉列表：设置除角度标注之外的其余各标注类型的尺寸单位，包括【科学】、【小数】、【工程】、【建筑】、【分数】和【Windows 桌面】选项。

● 【精度】下拉列表：设置除角度标注之外的其他标注的尺寸精度。

● 【分数格式】下拉列表：当单位格式为分数时，可以设置分数的格式，包括【水平】、【对角】和【非堆叠】3 种方式。

● 【小数分隔符】下拉列表：当单位格式为小数时，可以设置小数的分隔符，包括【逗点】、【句点】和【空格】3 种方式。

● 【舍入】文本框：用于设置除角度标注之外的尺寸测量值的舍入值。

● 【前缀】和【后缀】文本框：设置标注文字的前缀和后缀，在相应的文本框中输入字符即可。

● 【测量单位比例】选项组：在【比例因子】文本框中可以设置测量尺寸的缩放比例，AutoCAD 的实际标注值为测量值与该比例的乘积。选择【仅应用到布局标注】复选框，可以设置该比例关系仅适用于布局。测量的比例因子指的是显示的尺寸文本与实际的尺寸的比例，由于有些图形必须缩小或放大以适应图框的大小，所以图形中的实际尺寸已不能代表零件的实际尺寸，通过该项，可以将图形中的尺寸乘以一个比例因子以与零件的实际尺寸相配。如果所绘制的图形为 2:1（放大一倍），那么在【比例因子】文本框所填的比例应该为 0.5，如果所绘制的图形为 1:2（缩小一倍），则比例因子应为 2。通常情况下，如果图形为 1:1，该比例因子为 1。

2. 角度标注

在【角度标注】选项组中，可以使用【单位格式】下拉列表设置标注角度时的单位，使用【精度】下拉列表设置标注角度的尺寸精度，使用【消零】选项组设置是否消除角度尺寸的【前导】和【后续】零。

角度标注的单位格式有多种可以选择，在机械制图中，可以选择【十进制度数】或【度/分/秒】两种。精度保留小数点后两位或一位都可以。零的抑制与线性标注相同。

3. 消零

零抑制（消零操作）即消除多余的零，一般前导的零不能省略，而小数点后的后续零可以省略。

【消零】选项组用来设置前导和后续零是否输出。

- 前导：不输出所有十进制标注中的前导零。例如，0.5000 变成.5000。
- 后续：不输出所有十进制标注的后续零。例如，12.5000 变成 12.5，30.0000 变成 30。
- 0 英尺：当距离小于 1 英尺时，不输出【英尺-英寸】型标注中的英尺部分。例如，0'-6 1/2"变成 6 1/2"。
- 0 英寸：当距离是整数英尺时，不输出【英尺-英寸】型标注中的英寸部分。例如，1'-0"变为 1'.

10.1.14 【上机操作】——创建室内标注样式

本例讲解如何创建室内标注样式，其操作步骤如下：

01 启动 AutoCAD 2016，新建一个空白文件，在【默认】选项卡的【注释】组中单击 注释 ▼ 按钮，在弹出的下拉列表中单击【标注，标注样式】按钮 📐，弹出【标注样式管理器】对话框，如图 10-25 所示。

02 单击【新建】按钮 新建(N)... ，弹出【创建新标注样式】对话框，在【新样式名】文本框中输入标注样式的名称，这里输入文本【室内标注】，如图 10-26 所示，单击【继续】按钮 继续 。

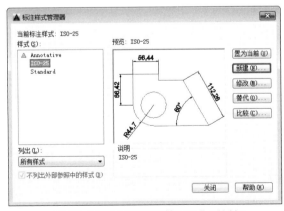

图 10-25 【标注样式管理器】对话框

图 10-26 创建【室内标注】样式

03 弹出【新建标注样式: 室内标注】对话框，切换至【线】选项卡，在【尺寸线】选项组的【颜色】下拉列表中选择【青】选项，在【尺寸界线】选项组的【颜色】下拉列表中选择【青】选项，在【超出尺寸线】数值框中输入 3，在【起点偏移量】数值框中输入 6.0，如图 10-27 所示。

04 切换至【符号和箭头】选项卡，在【箭头大小】数值框中输入 10，如图 10-28 所示。

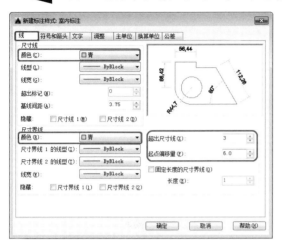

图 10-27　设置【线】选项卡

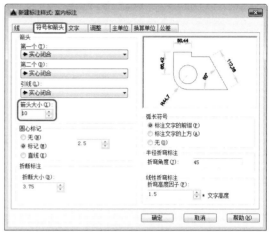

图 10-28　设置【符号和箭头】选项卡

05 切换至【文字】选项卡，在【文字外观】选项组的【文字颜色】下拉列表中选择【洋红】选项，在【文字高度】数值框中输入 50，在【文字位置】选项组的【从尺寸线偏移】数值框中输入 15，在【文字对齐】选项组中选择【ISO 标准】单选按钮，如图 10-29 所示。

06 切换至【主单位】选项卡，在【线性标注】选项组的【精度】下拉列表中选择 0，如图 10-30 所示，单击【确定】按钮完成设置。

图 10-29　设置【文字】选项卡

图 10-30　设置【主单位】选项卡

10.1.15　设置换算单位

在【新建标注样式：副本 ISO-25】对话框中，可以使用【换算单位】选项卡设置换算单位的格式，如图 10-31 所示。通过换算标注单位，可以转换使用不同测量单位制的标注。

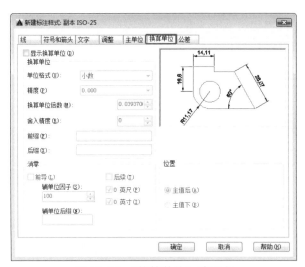

图 10-31　【换算单位】选项卡

换算单位格式的具体内容如下。

- 【单位格式】下拉列表：设置标注类型的当前单位格式（角度除外）。
- 【精度】下拉列表：设置标注的小数位数。
- 【换算单位倍数】数值框：指定一个乘数，作为主单位和换算单位之间的换算因子使用。例如，要将英寸转换为毫米，就可以输入 25.4。
- 【舍入精度】数值框：设置标注测量值的四舍五入规则（角度除外）。舍入为除【角度】之外的所有标注类型设置标注测量值的舍入规则。如果输入 0.25，则所有标注距离都以 0.25 为单位进行舍入。类似地，如果输入 1.0，AutoCAD 将所有标注距离舍入为最接近的整数。
- 【前缀】文本框：设置文字前缀，可以输入文字或用控制代码显示特殊符号。如果指定了公差，AutoCAD 也给公差添加前缀。例如，输入控制代码%%c 显示直径符号。当输入前缀时，将覆盖在直径（D）和半径（R）等标注中使用的任何默认前缀。
- 【后缀】文本框：为标注文字指示后缀。可以输入文字或用控制代码显示特殊符号（请参见控制码和特殊字符），输入的后缀将替代所有默认后缀。

10.1.16 【上机操作】——设置标注换算单位

下面通过实例讲解如何设置标注换算单位，其操作步骤如下：

01 启动 AutoCAD 2016，打开随书附带光盘中的 CDROM\素材\第 10 章\电视.dwg 素材文件，如图 10-32 所示。

02 单击【注释】选项卡中的【标注】组的【标注，标注样式】按钮 ，弹出【标注样式管理器】对话框，单击【修改】按钮 修改(M)... ，弹出【修改标注样式：ISO-25】对话框，单击【换算单位】选项卡，勾选【显示换算单位】复选框，如图 10-33 所示。

03 单击【确定】按钮，返回到【标注样式管理器】对话框，单击【关闭】按钮，设置完成后的效果如图 10-34 所示。

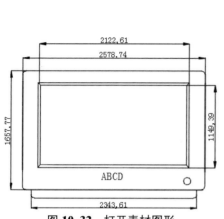

图 10-32　打开素材图形

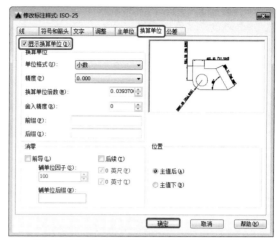

图 10-33　勾选【显示换算单位】复选框

图 10-34　设置完成后的效果

10.1.17　公差

公差是用来确定基本尺寸的变动范围的。

在【新建标注样式：副本 ISO-25】对话框中，可以使用【公差】选项卡设置是否标注公差，以及以哪种方式进行标注，如图 10-35 所示。

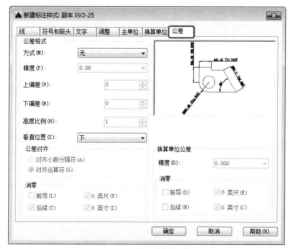

图 10-35　【公差】选项卡

257

- 【方式】下拉列表：选择以哪种方式进行标注，包括以下几种方式。
  - ➢ 无：无公差。
  - ➢ 对称：添加公差的加/减表达式，把同一个变量值应用到标注测量值，将在标注后显示【±】号。在【上偏差】文本框中输入公差值。
  - ➢ 极限偏差：添加公差的加/减表达式，把不同的变量值应用到标注测量值，正号（+）位于在【上偏差】文本框中输入的公差值前面。负号（−）位于在【下偏差】文本框中输入的公差值前面。
  - ➢ 极限尺寸：创建有上下限的标注，显示一个最大值和一个最小值，最大值等于标注值加上在【上偏差】文本框中输入的值。最小值等于标注值减去在【下偏差】文本框中输入的值。
- 基本尺寸：创建基本尺寸，AutoCAD 将在整个标注范围四周绘制一个框。
- 【精度】下拉列表：设置小数位数。
- 【上偏差】数值框：显示和设置最大公差值或上偏差值。当在【方式】下拉列表中选择【对称】选项时，AutoCAD 把该值作为公差。
- 【下偏差】数值框：显示和设置最小公差值或下偏差值。
- 【高度比例】下拉列表：显示和设置公差文字的当前高度。
- 【垂直位置】下拉列表：控制对称公差和极限公差的文字对齐方式。

10.2 标注尺寸方法

尺寸标注是绘图设计中一项重要的工作，图样中各实体的大小和位置需要通过尺寸标注样式来表达。AutoCAD 系统提供了一套完整的尺寸标注命令，通过这些命令，可以方便地标注图样上的各种尺寸。

为了能更好地理解尺寸标注的特性，首先介绍尺寸标注的类型，主要包括长度型尺寸标注、角度型尺寸标注、高度型尺寸标注和一些文字型标注，这里以最常见的长度型尺寸标注为重点进行介绍。

AutoCAD 2016 提供了十多种长度型尺寸标注工具以标注图形对象，可以大致分为直线型尺寸标注、曲线型尺寸标注和角度标注。使用它们可以进行角度、直径、半径、线性、对齐、连续、圆心及基线等标注，如图 10-36 所示。

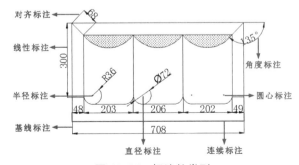

图 10-36　标注的类型

10.2.1 线性标注

线性标注用于标注图形对象的线性距离或长度，包括水平标注、垂直标注和旋转标注 3 种类型。

水平标注用于标注对象上的两点在水平方向上的距离，尺寸线沿水平方向放置；垂直标注用于标注对象上的两点在垂直方向的距离，尺寸线沿垂直方向放置；旋转标注用于标注对象上的两点在指定方向上的距离，尺寸线沿旋转角度方向放置。

在 AutoCAD 2016 环境中，用户可以通过以下几种方式来执行线性标注：

● 在命令行中输入【DIMLINEAR】命令。

● 选择【标注】|【线性】命令。

● 单击【注释】工具栏中的【线性】按钮 ⊢。

用户在屏幕上指定 3 个点，前两点作为线性标注的起始点，第三点为标注位置，可以创建用于标注用户坐标系 XY 平面中的两个点之间的距离测量值，并通过指定点或选择一个对象来实现，如图 10-37 所示。

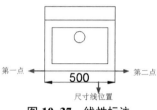

图 10-37　线性标注

10.2.2 【上机操作】——标注线性对象

下面讲解如何进行线性标注，具体操作步骤如下：

01 打开随书附带光盘 CDROM\素材\第 10 章\煤气灶.dwg 素材文件，在命令行中执行【DIMLINEAR】命令，如图 10-38 所示。

02 执行该命令后，对其进行线性标注，如图 10-39 所示。

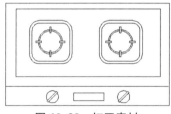

图 10-38　打开素材

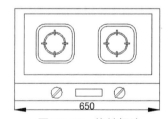

图 10-39　线性标注

10.2.3 对齐尺寸标注

对齐标注出于标注对象平行、对齐的反映真实长度的尺寸。对齐标注中尺寸线与所要标注的对象平行。

对齐尺寸标注用于创建平行所选对象或平行于两条尺寸界线原点连线的直线。在 AutoCAD 2016 中，用户可以通过以下 3 种方法实现对齐尺寸标注的操作。

● 单击【注释】选项卡中的【标注】组中【线性】按钮下方的下三角形按钮 ·，在弹出的下拉列表中选择【已对齐】选项。

- 在菜单栏中选择【标注】|【对齐】命令。
- 在命令行中执行【DIMALIGNED】命令。

10.2.4 【上机操作】——对齐尺寸标注

下面通过实例讲解如何创建对齐标注，操作步骤如下：

01 启动 AutoCAD 2016，打开随书附带光盘中的 CDROM\素材\第 10 章\水池.dwg 素材文件，如图 10-40 所示。

02 切换到【注释】选项卡，在【标注】组中单击【线性】按钮下方的下三角按钮，在弹出的下拉列表中选择【已对齐】选项，如图 10-41 所示。

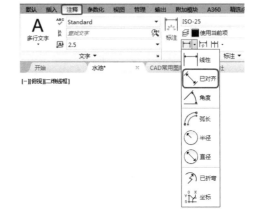

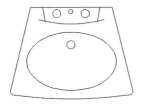

图 10-40　打开素材文件　　　　图 10-41　选择【已对齐】选项

03 根据命令行的提示进行操作，指定第一个尺寸界线原点，指定第二条尺寸界线原点，并将其调整到合适的位置，如图 10-42 所示。

04 将鼠标移动到合适的位置后单击，即可创建对齐尺寸标注，如图 10-43 所示。

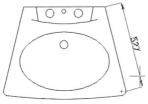

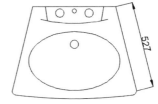

图 10-42　调整位置　　　　　　图 10-43　对齐尺寸标注

10.2.5 弧长尺寸标注

弧长尺寸标注用于测量和显示圆弧的长度。在 AutoCAD 2016 中，用户可以通过以下方法实现弧长尺寸标注的操作。

- 在菜单栏中选择【标注】|【弧长】命令。
- 在命令行中执行【DIMARC】命令。

执行以上任意命令都可对选择的圆弧进行标注。

10.2.6 【上机操作】——弧长尺寸标注

下面通过实例讲解如何标注弧长尺寸，操作步骤如下：

01 启动 AutoCAD 2016，打开随书附带光盘中的 CDROM\素材\第 10 章\水池.dwg 素材文件。

02 切换到【注释】选项卡，在【标注】组中单击【线性】下方的下三角按钮，在弹出的下拉列表中选择【弧长】选项，如图 10-44 所示。

03 根据命令行的提示进行操作，在绘图区选择多段线圆弧，并将鼠标移动到合适位置单击，即可创建弧长尺寸标注，如图 10-45 所示。

图 10-44 选择【弧长】选项

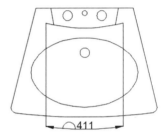

图 10-45 创建弧长尺寸标注

10.2.7 连续尺寸标注

连续尺寸标注是以前一个标注的第二条界线为基准，连续标注多个线性尺寸。切记，在使用连续标注的时候，一定要先创建一个线性、坐标或者是角度坐标。此类的方法与基线标注的方法是一样的。

在 AutoCAD 2016 中，用户可以通过以下 3 种方法实现连续标注的操作。

● 切换到【注释】选项卡，在【标注】组中单击【连续】按钮 ⊦⊦⊦ ·。

● 在菜单栏中选择【标注】|【连续】命令。

● 在命令行中执行【DIMCONTINUE】命令。

通过以上任意方法的操作都可以对图形对象进行连续标注。

10.2.8 【上机操作】——连续尺寸标注

下面通过实例讲解如何对图形对象进行连续标注，操作步骤如下：

01 启动 AutoCAD 2016，打开随书附带光盘中的 CDROM\素材\第 10 章\水池.2dwg 素材文件，如图 10-46 所示。

02 切换到【注释】选项卡，在【标注】组中单击【连续】按钮 ⑪⑪ ⑪，如图 10-47 所示。

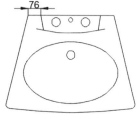

图 10-46 打开素材文件

图 10-47 选择【连续】选项

03 在绘图区依次指定标注的原点，如图 10-48 所示。

04 按【Esc】键退出，执行操作后，即可完成连续标注，如图 10-49 所示。

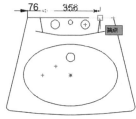

图 10-48 指定原点

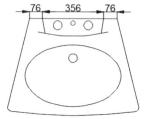

图 10-49 完成连续标注

10.2.9 基线尺寸标注

基线尺寸标注用于以第一个标注的第一条界线为基准，连续标注多个线性尺寸。每个新尺寸线将自动偏移一个以避免重叠。先画一条多段线，然后用线性标注标注第一段线，然后换成基线标注，标注剩下的线段就可以了。

基线标注就是从上一个标注或选定的标注的基线处创建线性、角度或坐标标注。在 AutoCAD 2016 中，用户可以通过以下 3 种方法实现基线标注的操作。

- 切换到【注释】选项卡，在【标注】组中单击【连续】按钮右侧的下三角按钮，在弹出的下拉列表中选择【基线】选项。
- 在菜单栏中选择【连续】|【基线】命令。
- 在命令行中执行【DIMBASELINE】命令。

通过以上任意方式都可对图形对象进行基线尺寸标注。

10.2.10 【上机操作】——基线尺寸标注

下面通过实例讲解如何对图形对象进行基线标注，操作步骤如下：

01 启动 AutoCAD 2016，打开随书附带光盘中的 CDROM\素材\第 10 章\水池.2dwg 素材文件，如图 10-50 所示。

02 切换到【标注】选项卡，在【标注】下拉列表中选择【基线】选项，如图 10-51 所示。

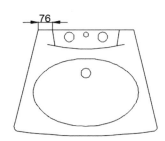

图 10-50 打开素材文件　　图 10-51 选择【基线】选项

03 在绘图区中依次指定标注的原点，指定第二原点，然后向上拉出标注尺寸线到合适位置，如图 10-52 所示。

04 然后指定第三原点，按【Esc】键退出，即可完成基线标注，效果如图 10-53 所示。

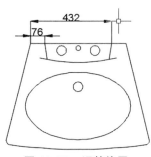

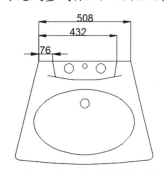

图 10-52 调整位置　　图 10-53 完成基线尺寸标注

知识链接：

　　基线标注与连续标注的不同之处在于：基线标注是基于同一条尺寸界线上的起点，而连续标注的每个标注都是从前一个或最后一个选定标注的第二个尺寸界线处开始创建，共享公共的尺寸线。创建基线标注时，必须选择一个线性标注、坐标标注或角度标注作为基线标注的基准。

10.2.11 半径尺寸标注

　　半径尺寸标注命令用来为圆弧或圆标注半径尺寸，标注半径尺寸只需选择圆或圆弧，然后选择表示尺寸线方向的一点即可。

在 AutoCAD 2016 中，用户可以通过以下方法实现半径尺寸标注的操作。

● 在菜单栏中选择【标注】|【半径】命令。

● 在命令行中执行【DIMRADIUS】命令。

> **提示**
>
> 测量选定圆或圆弧的半径，并显示前面带有半径符号（R）的标注文字。

10.2.12 【上机操作】——半径尺寸标注

下面讲解如何标注半径尺寸，其具体操作步骤如下：

01 启动 AutoCAD 2016，打开随书附带光盘中的 CDROM\素材\第 10 章\001.dwg 素材文件，如图 10-54 所示。

02 在命令行中输入【DIMRADIUS】命令，按【Enter】键确认，在绘图区选择如图 10-55 所示的圆。

03 将鼠标移动到合适的位置上单击，即可创建半径标注，如图 10-56 所示。

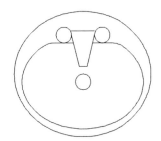
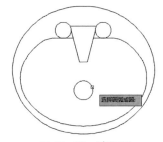
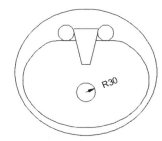

图 10-54　打开素材文件　　　　图 10-55　选择圆　　　　图 10-56　创建半径尺寸标注

10.2.13 标注折弯尺寸

在绘图过程中有时需要对大圆弧进行标注，这些圆弧的圆心可能在整张图纸之外，因此在工程图中就对这样的圆弧进行省略的折弯标注。

在 AutoCAD 2016 中，用户可以通过以下方法实现折弯尺寸标注的操作。

● 在菜单栏中选择【标注】|【折弯】命令。

● 在命令行中输入【DIMJOGGED】命令并按【Enter】键确认。

10.2.14 【上机操作】——折弯尺寸标注创建

下面讲解如何创建折弯尺寸标注，其具体操作步骤如下：

01 启动 AutoCAD 2016，打开随书附带光盘中的 CDROM\素材\第 10 章\001.dwg 素材文件。

02 在菜单栏中选择【标注】|【折弯】命令，在绘图区选择如图 10-57 所示的圆。

03 在绘图区合适位置上单击，指定图示中心位置，移动鼠标至合适位置，分别单击两次鼠标左键，指定尺寸线位置和折弯位置，执行操作后，即可创建折弯尺寸标注，如图 10-58 所示。

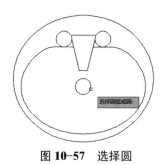

图 10-57　选择圆　　　　　　　　图 10-58　创建折弯尺寸标注

10.2.15 直径尺寸标注

直径标注的对象既可以是圆也可以是圆弧，尺寸标注线可以在圆或圆弧的内部，也可以在圆或圆弧的外部。直径尺寸标注的方法与半径尺寸标注的方法相同。当选择了需要标注直径的圆或圆弧后，即可直接确定尺寸线的位置，系统将按实际测量值标注出圆或圆弧的直径。

在 AutoCAD 2016 中，用户可以通过以下 3 种方法实现直径尺寸标注的操作。
- 在【默认】选项板中单击【注释】组中的【直径】按钮◎·。
- 在菜单栏中选择【标注】|【直径】命令。
- 在命令行中执行【DIMDIAMETER】命令。

10.2.16 【上机操作】——直径尺寸标注创建

下面讲解如何创建直径尺寸标注，其具体操作步骤如下：

01 启动 AutoCAD 2016，打开随书附带光盘中的 CDROM\素材\第 10 章\001.dwg 素材文件。

02 切换到【注释】选项卡，在【标注】组单击【线性】下方的下三角形按钮，在弹出的下拉列表中选择【直径】选项，在绘图区选择如图 10-59 所示的圆。

03 将鼠标移动到合适的位置上单击，即可创建直径尺寸标注，如图 10-60 所示。

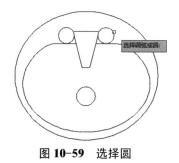
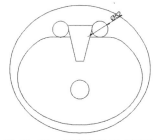

图 10-59　选择圆　　　　　　　　图 10-60　创建直径尺寸标注

265

10.2.17 角度尺寸标注

AutoCAD 可以为两条非平行直线形成的夹角、圆或圆弧的夹角或不共线的 3 个点进行角度标注，标注值为度数，因此 AutoCAD 会自动在标注值的后面加上度数单位【°】。

在 AutoCAD 2016 中，用户可以通过以下 3 种方法实现角度尺寸标注的操作。

- 切换到【注释】选项卡，在【标注】组中单击【线性】下方的下三角形按钮，在弹出的下拉列表中选择【角度】选项。
- 在菜单栏中选择【标注】|【角度】命令。
- 在命令行中执行【DIMANGULAR】命令。

10.2.18 【上机操作】——角度尺寸标注

下面讲解如何角度尺寸标注，其具体操作步骤如下：

01 启动 AutoCAD 2016，打开随书附带光盘中的 CDROM\素材\第 10 章\002.dwg 素材文件，如图 10-61 所示。

02 切换到【注释】选项卡，在【标注】组中单击【线性】右侧的下三角按钮，在弹出的下拉列表中选择【角度】选项，分别选择第一条直线和第二条直线，如图 10-62 所示。

03 将鼠标移动到合适位置上单击，即可标注选定的角度，如图 10-63 所示。

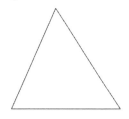

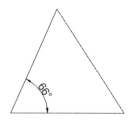

| 图 10-61 打开素材文件 | 图 10-62 选择直线 | 图 10-63 标注角度 |

10.2.19 圆心标记

标注圆心标记是指对圆或圆弧的圆心绘制圆心标记或中心线。

在 AutoCAD 2016 中，用户可以通过以下 3 种方式执行圆心标记命令：

- 在命令行中执行【DIMCENTER】命令。
- 在菜单栏中选择【标记】|【圆心标记】命令。
- 在【注释】选项卡中单击【标注】组中的【圆心标记】按钮。

10.2.20 【上机操作】——圆心标记

下面讲解如何圆心标注，其具体操作步骤如下：

01 启动 AutoCAD 2016 后，打开随书附带光盘中的 CDROM\素材\第 10 章\003.dwg 素

材文件。

02 在命令行中输入【DIMCENTER】命令，按【Enter】键确认，在绘图区选择圆弧即可完成圆心标记，如图 10-64 所示。

03 按【Esc】键退出，圆心标记效果如图 10-65 所示。

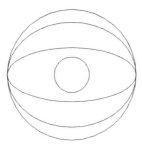

图 10-64　选择圆弧

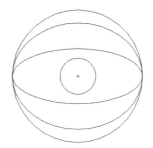

图 10-65　圆心标记

10.3　创建其他尺寸标注

在 AutoCAD 2016 中，除了前面介绍的几种常用的尺寸标注方法外，用户还可以进行坐标标注、快速标注、多重引线标注等尺寸标注。

10.3.1　坐标标注

【坐标标注】命令可在总平面图上标注测量坐标或者施工坐标，取值根据世界坐标或者当前用户坐标 UCS，天正 8.0 新增坐标引线固定角度的设置功能。

符号标注→坐标标注（ZBBZ）点取菜单命令后，命令行提示：

当前绘图单位为 mm，标注单位为 M，以世界坐标取值；北向角度 90.0000 度请点取标注点或[设置（S）]<退出>：S

首先要了解当前图形中的绘图单位是否 mm，如果图形中绘图单位是 m，图形的当前坐标原点和方向是否与设计坐标系统一致；如果有不一致之处，需要输入【S】设置绘图单位、坐标方向和坐标基准点。

坐标标注指的是标注指定点的坐标。

在 AutoCAD 2016 中，用户可以通过以下 3 种方法实现标注圆心标记的操作。

● 在命令行中执行【DIMORDINATE】命令。

● 切换到【注释】选项卡，在【标注】组中单击【线性】下方的下三角形按钮，在弹出的下拉列表中选择【坐标】选项。

● 在菜单栏中选择【标注】|【坐标】命令。

10.3.2　【上机操作】——坐标标注

下面讲解如何创建坐标标注，其具体操作步骤如下：

01 启动 AutoCAD 2016，打开随书附带光盘中的 CDROM\素材\第 10 章\003.dwg 素材

文件。

02 切换到【注释】选项卡，在【标注】组中单击【线性】右侧的下三角按钮，在弹出的下拉列表中选择【坐标】选项，如图 10-66 所示。

03 在绘图区指定圆心为点坐标，向左移动鼠标，输入 140，并按【Enter】键确认，即可创建坐标标注，如图 10-67 所示。

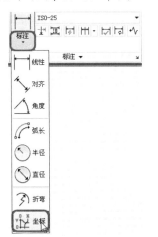

图 10-66　选择【坐标】选项　　　　　图 10-67　创建坐标标注

提示

在【指定点的坐标】提示下确定引线的端点位置之前，应该首先确定标注点的坐标是 X 坐标还是 Y 坐标。如果在此提示下相对于标注点上下移动鼠标，则标注点的 X 坐标；如果相对于标注点左右移动鼠标，则标注点的 Y 坐标。

10.3.3　快速标注

使用【快速标注】命令使用户可以交互地、动态地、自动化地进行尺寸标注。在执行命令的过程中可以选择对圆或圆弧标注直径或半径，也可以同时选择多个对象进行基线标注和连续标注，选择一次即可完成多个标注，因此可以节省时间，提高工作效率。使用【快速标注】命令可以快速创建成组的基线、连续、阶梯和坐标标注，快速标注多个圆、圆弧以及编辑现有标注的布局。

在 AutoCAD 2016 中，用户可以通过以下 3 种方法实现快速标注操作。

- 切换到【注释】选项卡，在【标注】组中单击【快速标注】按钮。
- 在菜单栏中选择【标注】|【快速标注】命令。
- 在命令行中执行【QDIM】命令。

使用以上任意一种方法调用【快速标注】命令，AutoCAD 均提示如下：

```
命令：_qdim
关联标注优先级=端点
选择要标注的几何图形：              //选择需要标注的各图形对象
选择要标注的几何图形：              //按【Enter】键，结束选择
```

指定尺寸线位置或[连续(C)/并列(S)/基线(B)/坐标(O)/半径(R)/直径(D)/基准点(P)/编辑(E)/设置(T)]
<半径>:

10.3.4 【上机操作】——快速标注

下面通过实例讲解如何快速标注，具体操作步骤如下：

01 打开随书附带光盘中的 CDROM\素材\第 10 章\厨房用品.dwg 素材文件，如图 10-68
所示。

02 在命令行中执行【QDIM】命令，在图形中选择需要标注的对象，如图 10-69 所示。

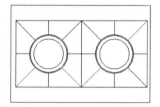

图 10-68　打开素材

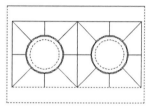

图 10-69　选择标注对象

03 按【Enter】键确认标注图形，然后拖动鼠标，自定义合适的尺寸线位置，标注完成
后的效果如图 10-70 所示。

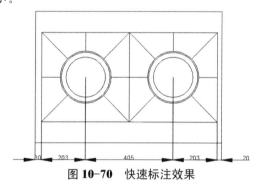

图 10-70　快速标注效果

10.3.5 多重引线标注

利用多重引线工具可以绘制一条引线来标注对象，且在引线的末端可以输入文字、添加
块等。此外还可以设置引线的形式、控制箭头的外观和注释文字的对齐对象等。

在 AutoCAD 2016 中，用户可以通过以下方法实现多重引线标注的操作。

● 在命令行中执行【MLEADER】命令。

● 在菜单栏中选择【标注】|【多重引线】命令。

● 切换到【注释】选项卡，在【标注】组中单击【多重引线】按钮。

10.3.6 【上机操作】——多重引线标注

下面讲解如何多重引线标注，其具体操作步骤如下：

01 启动 AutoCAD 2016，打开随书附带光盘中的 CDROM\素材\第 10 章\004.dwg 素材

文件，如图 10-71 所示。

02 在命令行中输入【MLEADER】命令，按【Enter】键确认，指定引线箭头的位置，如图 10-72 所示。

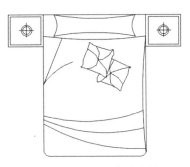

图 10-71　打开素材文件

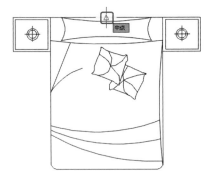

图 10-72　指定引线箭头的位置

03 在绘图区指定引线基线的位置，如图 10-73 所示。

04 在弹出的文本框中输入文字【床】，在绘图区的任意位置单击，即可创建多重引线标注，如图 10-74 所示。

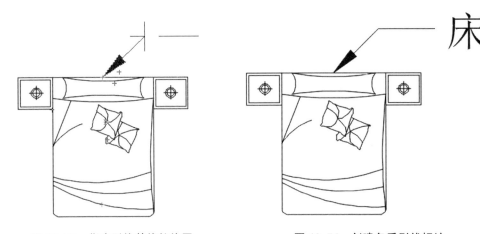

图 10-73　指定引线基线的位置　　　　　　图 10-74　创建多重引线标注

10.4　标注形位公差

　　形位公差在机械图形中非常重要，其重要性具体表现在两个方面：一方面，如果形位公差不能完全配合，装配件就不能正确装配；另一方面，过度吻合的形位公差又会由于额外的制造费用而产生浪费。但对大多数的建筑图形而言，形位公差是不存在的。

10.4.1　形位公差的含义

　　形位公差显示了特征的形状、轮廓、方向、位置和跳动的偏差，如表 10-1 所示。

表 10-1　形位公差符号及其含义

符号	含义	符号	含义
⊕	位置度	⌒	面轮廓度
◎	同轴度	⌒	线轮廓度
═	对称度	↗	圆跳动
//	平行度	↗↗	全跳动
⊥	垂直度	⌀	直径
∠	倾斜度	Ⓜ	最大包容条件（MMC）
⌀	圆柱度	Ⓛ	最小包容条件（LMC）
▱	平面度	Ⓢ	不考虑特征尺寸（RFS）
○	圆度	Ⓟ	投影公差
──	直线度		

【形位公差】对话框中至少包含两部分内容：一部分是几何特征符号；另一部分是公差值。其中各个组成部分的含义如下。

- 几何特征：用于表明位置、同心度或共轴性、对称性、平行性、垂直性、角度、圆柱度、平面度、圆度、直线度、面剖、线剖、环形偏心度及总体偏心度等。
- 直径：用于指定一个图形的公差带，并放于公差值前。
- 公差值：用于指定特征的整体公差的数值。
- 包容条件：用于大小可变的几何特征，有Ⓜ、Ⓛ、Ⓢ和空白等选项。其中，Ⓜ表示最大包容条件，几何特征包含规定极限尺寸内的最大包容量，在Ⓜ中，孔应具有最小直径，而轴应具有最大直径；Ⓛ表示最小包容条件，几何特征包含规定极限尺寸内的最小包容量，在Ⓛ中，孔应具有最大直径，而轴应具有最小直径；Ⓢ表示不考虑特征尺寸，这时几何特征可以是规定极限尺寸内的任意大小。
- 基准：特征控制框中的公差值，最多可以跟随 3 个可选的基准参考字母及其修饰符号。基准是用来测量和验证标注在理论上精确的点、轴或平面。通常两个或三个相互垂直的平面效果最佳，它们共同称为基准参考边框。
- 投影公差带：除指定位置公差外，还可以指定投影公差以使公差更加明确。

10.4.2 【上机操作】——标注形位公差

下面通过实例讲解如何标注形位公差，具体操作步骤如下：

01 启动 AutoCAD 2016，打开随书附带光盘中的 CDROM\素材\第 10 章\004.dwg 素材文件。

02 在【注释】选项卡中单击【标注】下三角按钮 [　　　　标注 ▼　　　　]，在弹出的下拉列表中单击【公差】按钮⊞，在弹出的【形位公差】对话框中单击【符号】下的第一个黑框，如图 10-75 所示。

03 弹出【特征符号】对话框，选择如图 10-76 所示的符号。

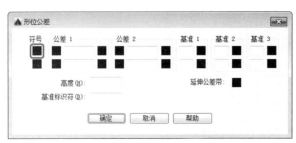

图 10-75 【形位公差】对话框

图 10-76 选择符号

04 在【公差 1】下方第一个黑框右侧的文本框中输入 30，如图 10-77 所示。

05 单击【确定】按钮，在绘图区的 A 点处单击，即可创建形位公差尺寸标注，如图 10-78 所示。

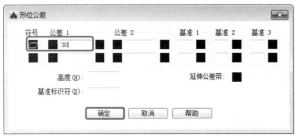

图 10-77 输入公差

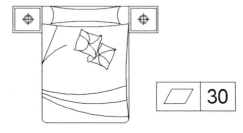

图 10-78 形位公差尺寸标注

10.5 关联与重新关联尺寸标注

尺寸关联指的是所标注的尺寸与被标注对象的关联关系。如果标注的尺寸值是按自动测量值标注，且尺寸标注是按尺寸关联模式标注的，那么改变被标注对象的大小后，相应的标注尺寸也将发生改变，即尺寸界线、尺寸线的位置都将改变到相应的新位置，尺寸值也变成新的测量值。反之，若改变尺寸界线的起始点位置，尺寸值将不发生变化。

10.5.1 设置关联标注模式

在 AutoCAD 2016 中，可以通过使用变量 DIMASSOC 来设置所标注的尺寸是否为关联标注，也可以将非关联的尺寸标注修改成关联标注模式，或查看尺寸标注是否为关联标注。其中，变量【DIMASSOC】的取值范围及功能如下：

● 当变量【DIMASSOC】的值为 0 时，表示为分解尺寸。
● 当变量【DIMASSOC】的值为 1 时，表示非尺寸关联。
● 当变量【DIMASSOC】的值为 2 时，表示尺寸关联。

10.5.2 重新关联尺寸标注

当用户调整图形的同时希望更新标注时，只能使用拉伸（stretch）命令，拉伸的同时选中图形和标注。当设置为标注关联状态时，用户只需关注图形，当用户以拖动夹点或其他方式改变图形对象的尺寸或位置时，标注会自动更新，不仅是线形标注，角度标注、坐标标注等都可以实现这种自动更新。

在 AutoCAD 2016 中，使用【重新关联标注】命令，可以对非关联标注的尺寸标注进行关联。

10.5.3 【上机操作】——重新关联尺寸标注

下面通过实例讲解重新关联尺寸标注，具体操作步骤如下：

01 启动 AutoCAD 2016，打开随书附带光盘中的 CDROM\素材\第 10 章\005.dwg 素材文件，如图 10-79 所示。

02 在菜单栏中执行【标注】|【重新关联标注】命令，如图 10-80 所示。

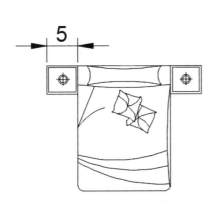

图 10-79　打开素材文件　　　　图 10-80　执行【重新关联标注】命令

03 在绘图区选择如图 10-81 所示的标注。

04 按【Enter】键确认，分别在 A 点和 B 点上单击，即可重新关联尺寸标注，如图 10-82 所示。

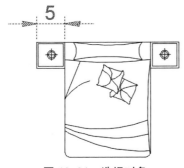

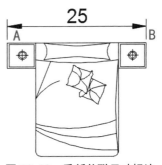

图 10-81　选择对象　　　　图 10-82　重新关联尺寸标注

273

10.6　编辑标注文字

在 AutoCAD 2016 中，可以对已有标注对象的文字、位置及样式等内容进行修改，而不必删除所标注的尺寸对象再重新进行标注。用户可以使用夹点编辑方法编辑各类尺寸标注的标注内容与位置等。

10.6.1　【上机操作】——旋转标注文字

在 AutoCAD 2016 中，用户可以通过执行【DIMEDIT】命令编辑标注文字。操作步骤如下：

01 启动 AutoCAD 2016，打开随书附带光盘中的 CDROM\素材\第 10 章\005.dwg 素材文件。

02 在命令行中输入【DIMEDIT】命令，按【Enter】键确认，在命令行中输入【R】，按【Enter】键确认，指定标注文字的角度为 85，如图 10-83 所示。

03 按【Enter】键确认，在绘图区选择标注对象，按【Enter】键确认，即可旋转标注文字，如图 10-84 所示。

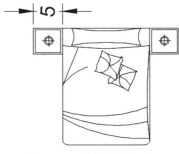

命令: DIMEDIT
输入标注编辑类型 [默认(H)/新建(N)/旋转(R)/倾斜(O)] <默认>: R
DIMEDIT 指定标注文字的角度: 85

图 10-83　输入命令　　　　　　　　　　图 10-84　旋转标注文字

10.6.2　替代标注文字

默认情况下，输入相应的系统变量名，并为该变量指定一个新值，然后选择需要修改的对象，这时指定的尺寸对象将按新的变量设置相应的更改。

在 AutoCAD 2016 中，替代标注文字可以使用【特性】面板进行调整。

10.6.3　【上机操作】——替代标注文字

下面讲解替代标注文字的用法，操作步骤如下：

01 启动 AutoCAD 2016，打开随书附带光盘中的 CDROM\素材\第 10 章\006.dwg 素材文件，如图 10-85 所示。

02 在绘图区选择如图 10-86 所示的尺寸标注，在【视图】选项卡中的【选项板】组中单击【特性】按钮，弹出如图 10-87 所示的面板。

03 在【文字】选项组中的【文字替代】文本框中输入新内容，按【Enter】键确认后，按【Esc】键退出，即可替代标注文字，如图 10-88 所示。

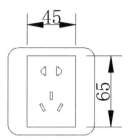

图 **10-85** 打开素材文件

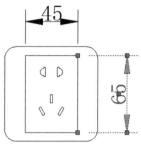

图 **10-86** 选择尺寸标注

图 **10-87** 【特性】面板

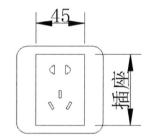

图 **10-88** 替代标注文字

10.6.4 调整标注文字的对齐方式

调整标注文字的对齐方式，可以修改尺寸的文字位置。选择需要修改的尺寸对象后，命令行会给出相应的命令提示。在 AutoCAD 2016 中，可以非常方便地调整标注文字的对齐方式。

10.6.5 【上机操作】——调整标注文字的位置

下面介绍调整标注文字的位置，具体操作步骤如下：

01 启动 AutoCAD 2016，打开随书附带光盘中的 CDROM\素材\第 10 章\007.dwg 素材文件。

02 在命令行中输入【DIMTEDIT】命令，按【Enter】键确认，选择如图 10-89 所示的标注。

03 移动鼠标，即可调整标注文字的位置，如图 10-90 所示。

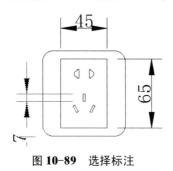
图 10-89　选择标注

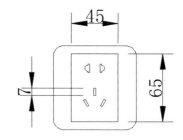
图 10-90　调整标注文字的位置

10.7　替代和更新标注

在 AutoCAD 2016 中，使用替代和更新标注功能，可以方便地对尺寸标注进行修改。

10.7.1　替代标注样式

替代标注可以临时修改尺寸标注的系统变量设置，并按该设置修改尺寸标注。该操作只对指定的尺寸对象作修改，并且修改后不影响原系统的变量设置。

在 AutoCAD 2016 中，用户可以通过以下 3 种方法修改尺寸的系统变量。

● 在【注释】选项卡中单击【标注】下三角按钮 标注 ▼ ，在弹出的下拉列表中选择【替代】按钮。

● 在菜单栏中选择【标注】|【替代】命令。

● 在命令行中输入【DIMOVERRIDE】命令并按【Enter】键确认。

使用以上任意一种方法都可以对尺寸标注进行修改。该操作只可对指定的尺寸对象进行修改，修改后并不影响原系统变量的设置。执行【DIMOVERRIDE】命令后，AutoCAD 提示如下：

命令：DIMOVERRIDE
输入要替代的标注变量名或[清除替代(C)]：
如果在该提示下输入要修改的系统变量名称，AutoCAD 提示如下：
输入标注变量的新值：　　　　　　　　　　　　　//输入标注变量的新值
输入要替代的标注变量名或[清除替代(C)]：　　　　//输入要替代的标注变量名
选择对象：　　　　　　　　　　　　　　　　　　//选择尺寸对象
选择对象：　　　　　　　　　　//按【Enter】键，结束选择，或继续选择尺寸对象
按提示执行操作后，指定的尺寸标注对象将按新的变量设置进行更改。

当在【输入要替代的标注变量名或[清除替代(C)]：】提示下输入【C】时，即可执行【清除替代】选项，取消用户已作的修改，此时，AutoCAD 提示如下：
选择对象：　　　　　　　　　　　　　　　　　　//选择尺寸对象
选择对象：　　　　　　　　　　//按【Enter】键，结束选择，或继续选择尺寸对象
选择尺寸标注对象后按【Enter】键，AutoCAD 可将尺寸标注对象恢复成在当前系统变量设置下的标注形式。

10.7.2 更新标注

在 AutoCAD 2016 中，使用【更新】命令可以对已有的尺寸标注进行更新。用户可以通过以下 3 种方法调用【更新】命令。

- 在【注释】选项卡中的【标注】组单击【更新】按钮🔲。
- 在菜单栏中选择【标注】|【更新】命令。
- 在命令行中执行【-DIMSTYLE】命令。

使用以上任意一种方法执行【更新】命令，都可以对已有的尺寸标注进行更新，此时，AutoCAD 提示如下：

命令行：-DIMSTYLE
当前标注样式：ISO-25   注释性：否
输入标注样式选项
[注释性(AN)/保存(S)/恢复(R)/状态(ST)/变量(V)/应用(A)/?]<恢复>：//输入标注样式选项

在上述命令中，各主要选项含义如下。

- 保存（S）：可以将当前尺寸系统变量的设置作为一种尺寸标注样式进行命名保存，选择该选项后，AutoCAD 提示如下：

  输入新标注样式名或[?]:

  在该提示下，如果输入【?】，则可以查看已命名的全部或部分尺寸标注样式；如果输入尺寸样式的名称，AutoCAD 则将当前尺寸系统变量的设置作为一种尺寸标注样式，并将其以该名称保存起来。

- 恢复（R）：可以将用户已保存的某一尺寸标注样式恢复为当前的样式，选择该选项后，AutoCAD 提示如下：

  输入标注样式名、[?]或<选择标注>:

  在该提示中，用户如果输入标注样式名，则将该尺寸标注样式恢复为当前样式；如果输入【?】，则可以查看当前图形中已有的全部或部分尺寸标注样式；如果直接按【Enter】键，则 AutoCAD 提示如下：

  选择标注：

  在该提示下选择某一个尺寸标注对象，AutoCAD 将显示出当前标注样式名，以及改变后的系统变量和设置。

- 状态（ST）：可以查看当前各尺寸系统变量的状态。选择该选项后，AutoCAD 将会切换到文本窗口，显示各尺寸系统变量及其当前设置。

- 变量（V）：可以列出指定的标注样式，指定对象的全部或部分尺寸系统变量及其设置。选择该选项后，命令行中将会出现与选择【恢复】选项相同的提示。

- 应用（A）：根据当前尺寸系统变量的设置对指定的尺寸对象进行更新。选择该选项后，AutoCAD 将提示用户选择要更新的尺寸对象。

10.8　本章小结

本章前后贯穿讲解了图形标注的概念、规则、结构、种类、方法及标注在实际工程应用上的重要性。重点介绍了标注样式的设置方法，以及常见几种标注方法和编辑标注的方法。通过本章的上机操作，读者可以结合实际项目或者自己找一些练习项目上机操作这些步骤直至熟练。

10.9　问题与思考

1．标注文字有什么特点？
2．什么选项可以设置公差的标注格式，选项的功能是什么？
3．在标注尺寸中可以通过哪几种方法进行角度标注？

图形的打印与输出

本章导读：

　　打印输出图纸是 AutoCAD 2016 绘图中一个十分重要的环节。通常情况下，我们都是在模型空间进行设计绘图和图形修改工作的。

　　本章将介绍图形输出与打印的相关知识，包括模型空间、图纸空间与布局、打印机的设置、页面设置等，通过对本章的学习，希望读者能够学会如何打印一份完美的 CAD 图。

11.1　模型空间和图纸空间

　　在 AutoCAD 中有两个工作空间，分别是模型空间和图纸空间。通常在模型空间 1:1 进行设计绘图；为了与其他设计人员交流、进行产品生产加工或工程施工，需要输出图纸，这就需要在图纸空间进行排版，即规划视图的位置与大小，将不同比例的视图安排在一张图纸上并标注尺寸，给图纸加上图框、标题栏、文字注释等内容，然后打印输出。可以这么说，模型空间是设计空间，而图纸空间则是表现空间。

11.1.1　模型空间

　　模型空间中的【模型】是指在 AutoCAD 中用绘制与编辑命令生成的代表现实世界物体的对象，而模型空间是建立模型时所处的 AutoCAD 环境，可以按照物体的实际尺寸绘制、编辑二维或三维图形，也可以进行三维实体造型，还可以全方位地显示图形对象，它是一个三维环境。因此人们使用 AutoCAD 首先是在模型空间中工作。

　　当启动 AutoCAD 后，默认处于模型空间，绘图区下面的【模型】选项卡是激活的，而图纸空间是未被激活的。

针对模型空间的所有特征归纳为以下几点：

- 在模型空间中，可以绘制全比例的二维图形和三维模型，并带有尺寸标注。
- 在模型空间中，每个视口都包含对象的一个视图。例如，设置不同的视口会得到俯视图、正视图、侧视图和立体图等。
- 用【VPORTS】命令创建视口和视口设置，并可以保存起来，以备后用。
- 视口是平铺的，它们不能重叠，总是彼此相邻。
- 在某一时刻只有一个视图处于激活状态，十字光标只能出现在一个视口中，并且也只能编辑该活动的视口（平移、缩放等）。
- 只能打印活动的视口。如果 UCS 图标设置 ON，该图标就会出现在每个视口中。
- 系统变量【MAXACTVP】决定了视口的范围是 2～64。

11.1.2 图纸空间

图纸空间中的【图纸】与真实的图纸相对应，图纸空间是设置、管理视图的 AutoCAD 环境。

在图纸空间中可以按模型对象的不同方位显示视图，按合适的比例在图纸上表示出来，还可以定义图纸的大小、生成的图框和标题栏。模型空间中的三维对象在图纸空间中是用二维平面上的投影来表示的，因此它是一个二维环境。

针对图纸空间的所有特征归纳为以下几点：

- 【VPORTS】、【PS】、【MS】和【VPLAYER】命令处于激活状态（只有激活了【MS】命令后，才能使用【PLAN】、【VPOINT】和【DVIEW】命令）。
- 视口的边界是实体，可以删除、移动、缩放、拉伸视口。
- 视口的形状没有限制，如可以创建圆形视口、多边形视口或对象等。
- 视口不是平铺的，可以用各种方法将它们重叠、分离。
- 每个视口都在创建它的图层上，视口边界与图层的颜色相同，但边界的线型总是实线。出图时如不想打印视口，可将其单独置于一图层上，冻结即可。
- 可以同时打印多个视口。
- 十字光标可以不断延伸，穿过整个图形屏幕，与每个视口无关。
- 可以通过【MVIEW】命令打开或关闭视口；用【SOLVIEW】命令创建视口或者用【VPORTS】命令恢复在模型空间中保存的视口。
- 在打印图形且需要隐藏三维图形的隐藏线时，可以使用【MVIEW】命令并选择【隐藏】（H）选项，然后拾取要隐藏的视口边界即可。
- 系统变量【MAXACTVP】决定了活动状态下的视口数是 64。

11.1.3 图纸空间与模型空间的切换

模型空间与图纸空间具有一种平行关系，如果把模型空间和图纸空间比喻成两张纸的话，它们相当于两张平行放置的纸，模型空间在底部，图纸空间在上部，从图纸空间可以看到模型空间（通过视口），但从模型空间看不到图纸空间，因此它们又具有一种单向关系。

如果处于图纸空间中，双击布局视口，随即将处于模型空间。选定的布局视口将成为当前视口，用户可以平移视图以及更改图层特性。如果需要对模型进行较大更改，应切换到模型空间进行修改。

另外，用鼠标单击【模型】和【布局】按钮，也可在模型空间和图纸空间之间进行转换。

通过设置系统变量【TIENMODE】也可以转换空间，系统变量【TILENMODE】设置为1（系统的默认值）时，系统在模型空间中工作；当【TIENMODE】设置为 0 时，系统在图纸空间中工作。

11.2　布局与布局管理

所谓布局，相当于图纸空间环境。一个布局就是一张图纸，并提供预置的打印页面设置。在布局中，可以创建和定位视口，并生成图框、标题栏等。利用布局可以在图纸空间中方便快捷地创建多个视口来显示不同的视图；而且每个视图都可以有不同的显示缩放比例并冻结指定的图层。

在一个图形文件中，模型空间只有一个，而布局可以设置多个。这样就可以用多张图纸多侧面地反映同一个实体或图形对象。如将在模型空间中绘制的装配图拆成多张零件图，或将某一工程的总图拆成多张不同专业的图纸。

11.2.1　布局

每个布局都代表一张单独的打印输出图纸，创建新布局后，就可以在布局中创建浮动视口。视口中的各个视图可以使用不同的打印比例，并能够控制视口中图层的可见性。在默认情况下，新图形最开始有两个【布局】选项卡，即【布局 1】和【布局 2】。如果使用图形样板或打开现有图形，图形中的【布局】选项卡可能以不同名称命名。在 AutoCAD 2016 中，使用布局向导创建布局的常用方法有以下几种：

- 选择【工具】|【向导】|【创建布局】命令。
- 选择【插入】|【布局】|【创建布局向导】命令。
- 在命令行中输入【LAYOUTWIZARD】命令并按【Enter】键。

提示

选择上面的任何一种操作，向导会提示有关布局设置的信息，其中包括:

（1）新布局的名称。

（2）与布局相关联的打印机。

（3）布局要使用的图纸尺寸。

（4）图形在图纸上的方向。

（5）标题栏。

（6）视口设置信息。

（7）布局中视口配置的位置。

（8）完成布局创建。

下面通过布局向导创建布局其操作步骤如下：

01 在命令行中输入【LAYOUTWIZARD】命令并按【Enter】键，打开【创建布局-开始】对话框，并在【输入新布局的名称】文本框中输入新创建的布局名称，这里采用默认名称【布局3】，如图11-1所示。

02 单击【下一步】按钮，打开【创建布局-打印机】对话框，在【为新布局选择配置的绘图仪】列表框中选择当前配置的打印机类型，如图11-2所示。

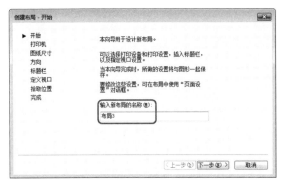

图11-1 【创建布局-开始】对话框　　　　图11-2 【创建布局-打印机】对话框

03 单击【下一步】按钮，打开【创建布局-图纸尺寸】对话框，根据实际需要选择图纸的尺寸大小与图形单位，这里设置【图形尺寸】为A4，【图形单位】为【毫米】，如图11-3所示。

04 单击【下一步】按钮，打开【创建布局-方向】对话框，在【选择图形在图纸上的方向】选项组中有【纵向】和【横向】两种打印方向，这里选中【横向】单选按钮，如图11-4所示。

图11-3 【创建布局-图纸尺寸】对话框　　　　图11-4 【创建布局-方向】对话框

05 单击【下一步】按钮，打开【创建布局-标题拦】对话框，选择图的边框和标题栏的样式。对话框右边的预览框中给出了所选样式的预览图像。在【类型】选项组中可以指定所选择的标题栏图形文件是作为块还是作为外部参照插入到当前图形中，如图11-5所示。

06 单击【下一步】按钮，打开【创建布局-定义视口】对话框，对话框中的设置采用默认形式，即在【视口设置】选项组中选中【单个】单选按钮，在【视口比例】下拉列表中选中【按图纸空间缩放】选项，如图11-6所示。

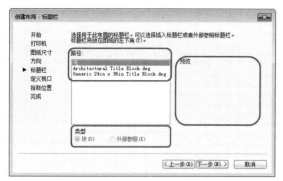

图 11-5 【创建布局-标题拦】对话框

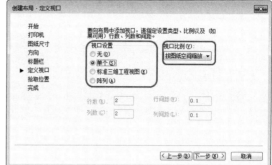

图 11-6 【创建布局-定义视口】对话框

07 单击【下一步】按钮，打开【创建布局-拾取位置】对话框，如图 11-7 所示。

提示

单击【选择位置】按钮系统返回绘图界面，提示用户选择视口位置。

08 选择完成后，系统会打开【创建布局-完成】对话框，如图 11-8 所示。

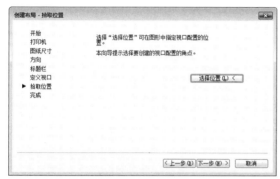

图 11-7 【创建布局-拾取位置】对话框

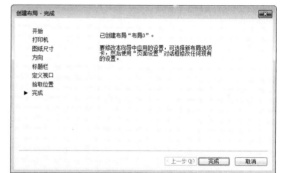

图 11-8 【创建布局-完成】对话框

09 单击【完成】按钮即可完成新布局的创建，此时在绘图区左下方的【布局 2】选项卡的右侧即会显示出【布局 3】选项卡，如图 11-9 所示。

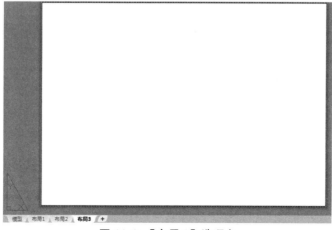

图 11-9 【布局 3】选项卡

283

提 示

创建视口对象后，可以从布局视口访问模型空间，以执行以下任务：

（1）在布局视口内部的模型空间中创建和修改对象。

（2）在布局视口内部平移视图并更改图层的可见性。

（3）当有多个视口时，如果要创建或修改对象，请使用状态栏上的【最大化视口】按钮最大化布局视口。最大化的布局视口将扩展布满整个绘图区，将保留该视口的圆心和布局可见性设置，并显示周围的对象。

（4）在模型空间中可以进行平移和缩放操作，但是恢复视口返回图纸空间后，也将恢复布局视口中对象的位置和比例。

（5）如果另存为的文件与原文件保存在同一目录中，将不能使用相同的文件名称。对于线宽大于 0 的多段线，系统将按其中心线来计算面积和周长。

（6）可以在图形中创建多个布局，每个布局都可以包含不同的打印设置和图纸尺寸。但是为了避免在转换和发布图形时出现混淆，通常建议每个图形只创建一个布局。

11.2.2 布局管理

AutoCAD 中的布局命令可实现布局的创建、删除、复制、保存和重命名等各种操作。创建布局以后，可以继续在模型空间中进行绘制并编辑图形，在 AutoCAD 2016 中，管理布局的常用方法有以下几种：

- 在【布局】选项卡上右击，弹出快捷菜单，如图 11-10 所示，可以管理布局。
- 在命令行中输入【LAYOUT】命令并按【Enter】键。

图 11-10　快捷菜单

 提 示

如果在绘图区未显示【模型】和【布局】选项卡，可在状态栏中右击【模型】按钮，在弹出的快捷菜单中选择【显示布局和模型选项卡】命令即可。

11.3　页面设置管理

页面设置是随布局一起保存的。它可以对打印设备和影响最终输出的外观与格式进行设置，并且能够将这些设置应用到其他的布局当中。

在绘图过程中首次选择【布局】选项卡时，将显示单一视口，并以带有边界的表来标识当前配置的打印机的纸张大小和图纸的可打印区域。

页面设置中指定的各种参数和布局将随图形文件一起保存，用户随时可以通过【页面设置管理器】对话框修改其中的参数。

打开【页面设置管理器】对话框的常用方法有以下几种：

- 选择【文件】|【页面设置管理器】命令。
- 在【输出】选项卡中，单击【打印】面板中的【页面设置管理器】按钮 。
- 在命令行中输入【PAGESETUP】命令并按【Enter】键。

执行上述命令后，将弹出【页面设置管理器】对话框，如图 11-11 所示。单击【新建】按钮，打开【新建页面设置】对话框，可以在其中创建新的布局，如图 11-12 所示。

图 11-11 【页面设置管理器】对话框

图 11-12 【新建页面设置】对话框

单击【确定】按钮，打开【页面设置】对话框，如图 11-13 所示。

图 11-13 【页面设置】对话框

其中主要选项的功能如下。

- 【打印机/绘图仪】选项组：指定打印机的名称、位置和说明。在【名称】下拉列表中可以选择当前配置的打印机。如果要查看或修改打印机的配置信息，可单击【特性】按钮，在打开的【绘图仪配置编辑器】对话框中进行设置，如图 11-14 所示。
- 【打印样式表】选项组：为当前布局指定打印样式和打印样式表。当在下拉列表中选择一个打印样式后，单击【编辑】按钮 ，可以使用打开的【打印样式表编辑器】对话框（见图 11-15）查看或修改打印样式（与附着的打印样式表相关联的打印样式）。当在下拉列表中选择【新建】选项时，将打开【添加颜色相关打印样式表】向导，用于创建新的打印样式表，如图 11-16 所示。另外，在【打印样式表】选项组中，【显示打印样式】复选框用于确定是否在布局中显示打印样式。

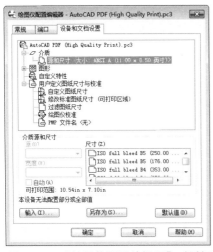

图 11-14 【绘图仪配置编辑器】对话框

图 11-15 【打印样式表编辑器】对话框

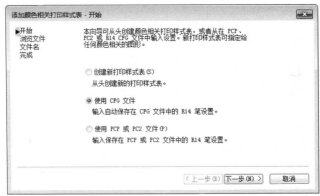

图 11-16 【添加颜色相关打印样式表】向导

- 【图纸尺寸】选项组：指定图纸的尺寸大小。
- 【打印区域】选项组：设置布局的打印区域。在【打印范围】下拉列表中可以选择要打印的区域，包括布局、视图、显示和窗口。默认设置为布局，表示针对【布局】选项卡，打印图纸尺寸边界内的所有图形，或表示针对【模型】选项卡，打印绘图区中所有显示的几何图形。
- 【打印偏移】选项组：显示相对于介质源左下角的打印偏移值的设置。在布局中，可打印区域的左下角点，由图纸的左下边距决定，用户可以在 X 和 Y 文本框中输入偏移量。如果选中【居中打印】复选框，则可以自动计算输入的偏移值，以便居中打印。
- 【打印比例】选项组：设置打印比例。在【比例】下拉列表中可以选择标准缩放比例，或者输入自定义值。布局空间的默认比例为 1:1，模型空间的默认比例为【按图纸空间缩放】。如果要按打印比例缩放线宽，可选中【缩放线宽】复选框。布局空间的打印比例一般为1:1，如果要缩小为原尺寸的一半，则打印比例为 1:2，线宽也随比例缩放。

- 【着色视口选项】选项组：指定着色和渲染视口的打印方式，并确定它们的分辨率大小和 DPI 值。其中，在【着色打印】下拉列表中可以指定视图的打印方式；在【质量】下拉列表中可以指定着色和渲染视口的打印分辨率；在【DPI】文本框中，可以指定渲染和着色视图每英寸的点数，最大可为当前打印设备分辨率的最大值，该选项只有在【质量】下拉列表中选择【自定义】选项后才可用。

- 【打印选项】选项组：设置打印选项。例如打印线宽、显示打印样式和打印几何图形的次序等。如果选中【打印对象线宽】复选框，可以打印对象和图层的线宽；选中【按样式打印】复选框，可以打印应用于对象和图层的打印样式；选中【最后打印图纸空间】复选框，可以先打印模型空间几何图形，通常先打印图纸空间几何图形，然后再打印模型空间几何图形；选中【隐藏图纸空间对象】复选框，可以指定【消隐】操作应用于图纸空间视口中的对象，该选项仅在【布局】选项卡中可用。并且，该设置的效果反映在打印预览中，而不反映在布局中。

- 【图形方向】选项组：指定图形方向是横向还是纵向。选中【上下颠倒打印】复选框，还可以指定图形在图纸页上倒置打印，相当于旋转 180°打印。

11.4　视口

在构造布局图时，可以将浮动视口视为图纸空间的图形对象，并对其进行移动和调整。浮动视口可以相互重叠或分离。在图纸空间中无法编辑模型空间中的对象，如果要编辑模型，必须激活浮动视口，进入浮动模型空间。激活浮动视口的方法有多种，如可执行【MSPACE】命令、单击状态栏上的【图纸】按钮或双击浮动视口区域中的任意位置。

11.4.1　视口的创建

视口就是视图所在的窗口。在创建复杂的二维图形和三维模型时，为了便于同时观察图形的不同部分或三维模型的不同侧面，可以将绘图区划分为多个视口。在 AutoCAD 中，视口可分为平铺视口和浮动视口。

1. 创建平铺视口

选择【视图】|【视口】|【新建视口】命令，弹出【视口】对话框，如图 11-17 所示。

平铺视口是在模型空间中创建的视口，各视口间必须相邻，视口只能为标准的矩形，而无法调整视口的边界。

在【视图】选项卡的【视口】选项板中单击【命名】按钮，然后在打开的【视口】对话框中切换至【新建视口】选项卡，即可在该选项卡中设置视口的个数、每个视口中的视图方向，以及各视图对应的视觉样式。如图 10-18 所示就是选择创建的【四个：左】视口效果。【新建视口】选项卡中各选项的含义如下。

- 新名称：输入创建当前视口的名称。这样添加有明显的文字标记，方便调用。

- 应用于：该下拉列表中包含【显示】和【当前视口】两个选项，用于指定设置是应用于整个显示还是当前视口。如果要创建多个三维平铺视口，可以选择【当前视口】选项，视图将以当前视口显示。

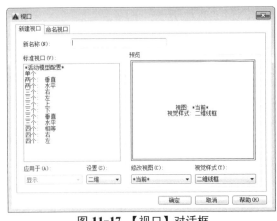

图 11-17 【视口】对话框

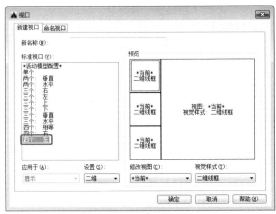

图 11-18 新建视口

- 设置：该下拉列表中包括【二维】和【三维】两个选项；选项【三维】选项可以进一步设置主视图、俯视图和轴测图等；选择【二维】选项只能是当前位置。

- 修改视图：在该下拉列表中设置所要修改视图的方向。该下拉列表的选项与【设置】下拉列表选项相关。

- 视觉样式：在【预览】中指定相应的视口，即可在该下拉列表中设置该视口的视觉样式。

2. 创建浮动视口

在图纸空间中创建视口的方法与【模型】布局中创建视口的方法一样，用户可调用【视口】对话框来创建一个或多个矩形浮动视口，如同在模型空间中创建平铺视口一样。

3. 创建非标准浮动视口

在 AutoCAD 中，还可以创建非标准浮动视口，如图 11-19 所示，创建非标准浮动视口的方法有以下两种：

图 11-19 创建非标准视口

- 选择【视图】|【视口】|【多边形视口】命令。

- 在命令行输入【-VPORTS】命令并按【Enter】键，选择【多边形】（P）选项。

提示

在创建非标准视口时，一定要先切换到布局空间，该命令才能使用。

11.4.2 编辑视口

可以在 AutoCAD 中对视口进行编辑，如剪裁视口、独立控制浮动视口的可见性，以及对齐两个浮动视口中的视图和锁定视口等。

1. 剪裁

在 AutoCAD 2016 中，剪裁视口的常用方法有以下几种：

- 在命令行中输入【VPCLIP】命令并按【Enter】键。

- 先选择视口再右击，在弹出的快捷菜单中选择【视口剪裁】命令。

2. 对齐

可以使用【移动】工具，选择要移动的对象，移动到视图对齐。也可以使用【对齐】工具，选择相应的视图并且对齐。

3. 锁定

在图纸空间选择视口并右击，在弹出的快捷菜单中选择【显示锁定】命令，在弹出的子菜单中选择【是】或者【否】命令，如图 11-20 所示。可以锁定或者解锁浮动视口。视口锁定的是视图的显示参数，并不影响视口本身的编辑。

图 11-20　锁定视口视图

11.5　绘图仪和打印样式的设置

绘图仪和打印样式的设置是 AutoCAD 绘图中的重要功能，只有进行正确的设置，最终才能打印出显示正确的图纸。一般情况下，设计图的输出是需要专业的图纸输出设备，在专业人员的操作下完成的，设计人员只需告诉他们自己的要求即可，在设计的过程中，打印图纸的目的是对设计的过程加以核校。一般的办公室采用的是喷墨或激光打印机，输出的图幅比较小，以 A4 或 A3 的居多。

11.5.1　绘图仪的创建与设置

在 AutoCAD 2016 中，使用绘图仪管理器的常用方法有以下几种：

● 选择【文件】|【绘图仪管理器】命令。

● 在命令行中输入【PLOTTERMANAGER】并按【Enter】键。

使用任意一种方法，将会弹出 Plotters 窗口，如图 11-21 所示，使用该窗口可以创建或修改绘图仪配置。

图 11-21　Plotters 窗口

11.5.2 打印样式的设置

打印样式（plot style）是一种对象特性，用于修改打印图形的外观，包括对象的颜色、线型和线宽等，也可指定端点、连接和填充样式，以及抖动、灰度、笔指定和淡显等输出效果。

打印样式可分为颜色相关（color dependent）和命名（named）两种模式。颜色相关打印样式以对象的颜色为基础，共有 255 种颜色相关打印样式。在颜色相关打印样式模式下，通过调整与对象颜色对应的打印样式可以控制所有具有同种颜色的对象的打印方式。

命名打印样式可以独立于对象的颜色使用，可以给对象指定任意一种打印样式，而不管对象的颜色是什么。

常用的打印样式的设置与修改是在打印样式编辑器中进行的，在 AutoCAD 2016 中，使用打印样式编辑器管理打印样式表的方法有以下几种：

● 选择【文件】|【打印样式管理器】命令。

● 在命令行中输入【STYLESMANAGER】命令并按【Enter】键。

采用上面的操作将会弹出 Plot Styles 窗口，如图 11-22 所示，可以在该窗口中管理打印样式。

图 11-22　Plot Styles 窗口

11.6　图纸集管理

图纸集管理器支持管理项目的方式。它的作用是为用户提供一个整理设计数据的界面，方便用户将整理后的数据提交给项目小组和客户。通过将各种图形的视图编组为图纸集中的图纸，可以将它们作为一个单元来处理和打包。

11.6.1 图纸集管理器简介

图纸集是来自多个图形文件的图纸的有组织的集合。每一个图纸引用到一个图形文件

（DWG）的布局。图纸集可以引用来自任意数量的图形文件的任意数量的布局。可以从任何图形中将一种布局导入到一个图纸集中，作为一个编号的图纸。

使用图纸集管理器，可以管理一个图纸集内的图纸集、图纸、视图和模型。图纸集管理器显示可用的图形图纸集以帮助组织、打印并链接图形内的信息。

1. 图纸集管理器界面

图纸集管理器包含两个窗格：树形窗格和详细信息或者预览窗格。树形窗格显示当前打开的图纸集和图纸。详细信息或者预览窗格根据选择显示所选图纸的预览或者该图纸的详细信息，如图 11-23 所示。

图 11-23　图纸集管理器

2.【图纸列表】选项卡

【图纸列表】选项卡显示图纸集和图纸的有组织的列表。可以在称为【子集】的标题下面管理这些图纸。【图纸列表】选项卡还具有【发布到 DWF】、【发布】和【图纸选择】按钮。为了访问这些选项，还可以使用快捷菜单，依据所选择的图纸集、子集或者图纸会显示相关的快捷菜单。例如，想要创建一个图纸集的子集，可以右击该图纸，然后选择【新建子集】命令。

3.【视图列表】选项卡

【视图列表】选项卡显示当前图纸集可用的有组织的视图。可以使用【新建视图类别】按钮在称为【类别】的标题下面创建并组织这些视图。当右击一个图纸集、视图类别或者命名的视图时，会显示相关的快捷菜单。

4.【资源图形】选项卡

【资源图形】选项卡显示当前图纸集可用的文件夹和图形文件的位置。可以添加或者删除文件夹位置来控制哪一个图形文件与当前图纸集关联，通过使用【添加新位置】按钮或者快捷菜单，可以添加一个新的位置。

11.6.2　创建图纸集

每一个图纸对应于一个图形文件中的布局。使用图纸集，可在适当的类别下面组织所有的图形文件，或者从头开始创建一个图纸集，或者使用一个现有的图纸集作为样板来创建一个新的图纸集。在这些方法中，都要从多个图形文件中将布局导入到图纸集中。在一个图纸集内的关系被存储在图纸集数据文件（DST）中。

1. 根据 DWG 和 DWT 创建图纸集

当属于一个工程的图形文件存在于不同的文件夹中，并且这些图纸没有以任何逻辑顺序组织时，可以使用这种方法来创建图纸集。使用图纸集管理器可以创建不同的子集，并且在必要时对图纸重新编号。当想要从现有的 DWG 创建一个图纸集时，可以选择【现有图形】。这个选项能够指定一个或者多个包含图形文件的文件夹。来自这些图形文件的布局被自动导入到这个图纸集中。在向导的【选择布局】界面中，浏览这些文件夹选择需要添加的图形文件或布局。

在向导的【确认】界面中，显示的是新图纸集的所有信息，比如子集以及该图纸集的存储路径。

2. 使用向导创建图纸集

【创建图纸集】向导包含一系列指导用户完成创建一个新图纸集过程的页面。可以选择从现有图形文件创建一个图纸集，或者使用现有的图纸集作为新的图纸集基础样板。

为使用【创建图纸集】向导将图形文件组织为一个图纸集，可以通过单击【文件】|【新建图纸集】命令访问它。

在【创建图纸集】向导的第一页，要选择创建一个图纸集的方法。可以从一个样例图纸集或者现有的图形文件创建一个图纸集。这个向导将指导用户执行创建一个新的图纸集需要的所有步骤。一旦创建了一个图纸集，就可以使用【图纸管理器】查看并修改这个图纸集。

11.7 打印图纸

创建完图形之后，通常要打印到图纸上，也可以生成一份电子图纸，以便从互联网上进行访问。打印的图纸可以包含图形的单一视图，或者更为复杂的视图排列。根据不同的需要，可以打印一个或多个视口，或设置选项以决定打印的内容和图像在图纸上的布置。

11.7.1 打印预览

在打印输出图形之前可以预览输出结果，以检查设置是否正确。例如，图形是否都在有效输出区域内等。选择【文件】|【打印预览】命令（PREVIEW），或在【标准】工具栏中单击【打印预览】按钮，可以预览输出结果。

AutoCAD 将按照当前的页面设置、绘图设备设置及绘图样式表等在屏幕上绘制最终要输出的图纸。

11.7.2 输出图形

在 AutoCAD 2016 中，可以使用【打印】对话框打印图形。当在绘图区选择一个布局选

项卡后，选择【文件】|【打印】命令，打开【打印】对话框进行打印输出。

11.7.3 【上机操作】——打印客厅电视背景立面图

下面讲解如何打印客厅电视背景立面图，来加深读者对本章的理解和掌握。操作步骤如下：

01 打开随书附带光盘中的 CDROM\素材\第 11 章\客厅电视背景立面图.dwg 图形文件，单击快速访问区的【打印】按钮🖨️，弹出【打印-模型】对话框。在【打印机/绘图仪】选项组的【名称】下拉列表中选择所需的打印设备，在【图纸尺寸】下拉列表中选择 A4 选项。

02 在【打印区域】选项组的【打印范围】下拉列表中选择【窗口】选项，单击右侧的【窗口】按钮，返回绘图区，绘制如图 11-24 所示的矩形。

03 返回【打印-模型】对话框，在【打印样式表】下拉列表中选择 acad.ctb 选项，系统自动弹出【问题】对话框，单击【是】按钮，如图 11-25 所示。

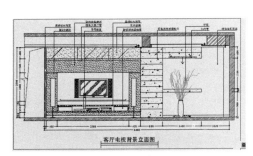

图 11-24　绘制矩形

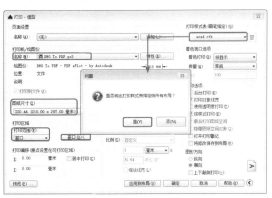

图 11-25　弹出【问题】对话框

04 单击左下角的【预览】按钮，如图 11-26 所示。单击【关闭预览窗口】按钮，如图 11-27 所示。

图 11-26　单击【预览】按钮

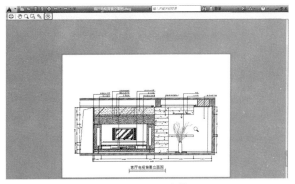

图 11-27　预览效果

05 返回【打印-模型】对话框，在【打印偏移】选项组中选择【居中打印】复选框，如图 11-28 所示。单击左下角的【预览】按钮，显示设置打印参数后的打印预览效果，如图 11-29 所示。

图 11-28　选择【居中打印】复选框

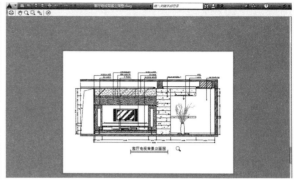

图 11-29　打印预览效果

06 单击【关闭预览窗口】按钮，返回【打印-模型】对话框，在【页面设置】选项组中单击【添加】按钮，弹出【添加页面设置】对话框，在【新页面设置名】文本框中输入文本【客厅电视背景立面图】，单击【确定】按钮，如图 11-30 所示。返回【打印-模型】对话框，单击【确定】按钮，然后保存图形文件，打印参数即随图形文件一起保存。

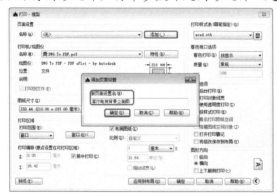

图 11-30　弹出【添加页面设置】对话框

11.8　发布 DWF 文件

用户可以根据【网上发布】向导创建 Web 页，创建 Web 页后，可将其发布到 Internet 上。

11.8.1　输出 DWF 文件

【网上发布】向导简化了创建 DWF 文件并对其进行格式化（以在 HTML 页面上显示）的过程。它提供了一个简化的界面，用于创建包含图形的 DWF、JPEG 或 JPG 图像的格式化 Web 页。使用【网上发布】向导，即使不熟悉 HTML 编码，也可以快速、轻松地创建出精彩的格式化网页。

启用【网上发布】向导的方式如下：

● 在菜单栏中选择【文件】|【网上发布】命令。

● 在命令行中输入或动态输入【PUBUSHTOWEB】命令，并按【Enter】键。

调用上述命令后，弹出【网上发布-开始】对话框，如图 11-31 所示。根据要求进行相应的设置，并单击【下一步】按钮，从而创建新 Web 页或编辑现有的 Web 页，如图 11-32 所示。

 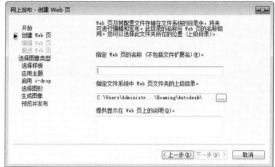

图 11-31 【网上发布-开始】对话框　　　　**图 11-32** 【网上发布-创建 Web 页】对话框

在【网上发布-创建 Web 页】对话框中输入指定 Web 页的名称，这里输入【发布】，然后单击【下一步】按钮，弹出【网上发布-选择图像类型】对话框，如图 11-33 所示。

在弹出【网上发布-选择图像类型】对话框中保持默认设置并单击【下一步】按钮，弹出【网上发布-选择样板】对话框，如图 11-34 所示。

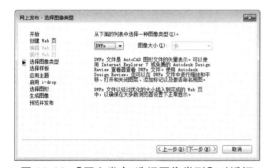 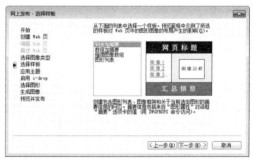

图 11-33 【网上发布-选择图像类型】对话框　　　**图 11-34** 【网上发布-选择样板】对话框

在【网上发布-选择样板】对话框中保持默认设置并单击【下一步】按钮，弹出【网上发布-应用主题】对话框，如图 11-35 所示。

在【网上发布-应用主题】对话框中保持默认设置并单击【下一步】按钮，弹出【网上发布-启用 i-drop】对话框，如图 11-36 所示。

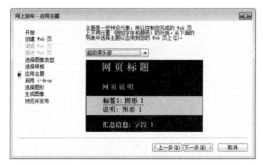 

图 11-35 【网上发布-应用主题】对话框　　　**图 11-36** 【网上发布-启用 i-drop】对话框

在【网上发布-启用 i-drop】对话框中保持默认设置并单击【下一步】按钮，弹出【网上发布-选择图形】对话框，如图 11-37 所示。

在【网上发布-选择图形】对话框中单击【添加】按钮并单击【下一步】按钮，弹出【网上发布-生成图像】对话框，如图 11-38 所示。

图 11-37 【网上发布-选择图形】对话框　　　图 11-38 【网上发布-生成图像】对话框

在【网上发布-生成图像】对话框中保持默认设置并单击【下一步】按钮，弹出【网上发布-预览并发布】对话框，如图 11-39 所示。

图 11-39 【网上发布-预览并发布】对话框

11.8.2 图形发布

将用于发布的图纸（可对其进行组合、重排序、重命名、复制和保存）指定为多页图形集。图形集可以发布到 DWF 文件，也可以发送到页面设置中指定的绘图仪，进行硬复制输出或作为打印文件保存，可以将此图纸列表保存为 DSD（图形集说明）文件，保存的图形集可以替代或添加到现有列表中进行发布。

图形发布执行方式如下：

● 在菜单栏中单击【文件】|【发布】命令。

● 在【菜单浏览器】快捷菜单中单击【发布】按钮 。

● 在命令行中输入或动态输入【PUBLISH】命令。

调用上述命令后，系统弹出如图 11-40 所示的【发布】对话框。

在【发布】对话框中，各选项的具体含义如下。

● 【要发布的图纸】列表框：包含要发布的图纸的列表，单击【页面设置】栏可对其进行更改，使用快捷菜单可添加图纸或对列表进行其他更改。

● 【图纸名】栏：由图形名和布局组成。

● 【页面设置/三维 DWF】栏：显示图纸的命名页面设置，可以选择将模型空间图纸的页面设置为【三维 DWF】,【三维 DWF】选项对于图纸列表中的布局不可用。

图 11-40 【发布】对话框

- 【状态】栏:将图纸加载到图纸列表时显示图纸状态。
- 【预览】按钮:按执行【PREVIEW】命令时在图纸上打印的方式显示图形。要退出打印预览并返回【发布】对话框,按【Esc】键,然后按【Enter】键,或单击鼠标右键,然后选择快捷菜单栏的【退出】命令。当图纸的页面设置被设置为【三维 DWF】时,【预览】按钮处于不活动状态。
- 【添加图纸】按钮:单击该按钮,显示【选择图形】对话框,从中可以选择要添加到图纸列表的图形。将从这些图纸文件中提取布局名,并在图纸列表中为每个布局和模型添加一张图纸。
- 【删除图纸】按钮:从图纸列表中删除当前选定的图纸。
- 【上移图纸】按钮:将列表中选定的图纸上移一个位置。
- 【下移图纸】按钮:将列表中选定的图纸下移一个位置。
- 【加载图纸列表】按钮:单击该按钮,显示【加载图纸列表】对话框,从中可以选择要加载的 DSD 文件或 BP3(批处理打印)文件。如果【发布图纸】对话框中列有图纸,将显示【替代或附加】对话框,用户可以用新图纸代替现有图纸列表,也可以将新图纸附加到当前列表中。
- 【保存图纸列表】按钮:单击该按钮,显示【列表另存为】对话框,从中可以将当前图形列表保存为 DSD 文件。DSD 文件用于说明这些图形文件列表以及其中的选定布局列表。
- 【打印戳记设置】按钮:单击该按钮,显示【打印戳记】对话框,从中可以指定应用于打印戳记的信息,如图形名称和打印比例,如图 11-41 所示。
- 【包括打印戳记】复选框:在每个图形的指定角放置一个打印戳记并将戳记记录在文

件中，打印戳记的日期可以在【打印戳记】对话框中指定。

图 11-41 【打印戳记】对话框

- 【打印份数】输入框：指定要发布的份数。以反转次序将图纸发送到绘图仪，可将图纸按默认顺序的逆序发送到绘图仪，仅当选择了【页面设置中指定的绘图仪】选项时，此选项才可用。
- 【发布为】下拉列表：定义发布图纸列表的方式。可以发布到多页 DWF 文件（电子图形集），也可以发布到页面设置中指定的绘图仪（图纸图形集或打印文件集）。
  - ➢ 页面设置中指定的绘图仪：表明将使用页面设置中为每张图纸指定的输出设备。
  - ➢ DWF 文件：表示图纸集将发布为 DWF 文件。
- 【添加图纸时包括】：指定添加图纸时，是否将图形中包含的模型和布局添加到图纸列表中，必须至少选择一个选项。
- 【模型选项卡】：指定添加图纸时是否包含模型。
- 【布局选项卡】：指定添加图纸时是否包含所有布局。
- 【发布选项】按钮：打开发布选项对话框，从中可以指定发布选项。
- 【显示细节】/【隐藏细节】按钮：显示或隐藏【选定的图纸细节】和【预览】区域。
- 【选定的图纸细节】：显示所选图纸的源图形、图形位置和布局名称信息。
- 【页面设置详细信息】：显示所选页面设置的打印设备、打印大小、打印比例和详细信息。
- 【发布】：开始发布操作。根据【发布为】区域中选定的选项和【发布选项】对话框中选定的选项，创建一个或多个单页 DWF 文件，或一个多页 DWF 文件，或打印到设备或文件。

11.9 本章小结

本章主要讲解了 CAD 的打印方法与技巧，通过对本章的学习，读者应该学会 CAD 文件的输出与打印。

11.10 问题与思考

1. 模型空间与图纸空间的区别？
2. 打印图形的主要过程有哪些？
3. 打印图形时，一般需要设置哪些打印参数？

常见室内设施图的绘制

12 Chapter

本章导读：

提高知识 ▶ ◈ 家具平面图的绘制
◈ 家具立面图的绘制

室内设施图是室内设计图纸中非常重要的组成部分。随着时代的发展，室内设施种类繁多，用料各异，品种齐全，用途不一。本章将详细介绍如何通过 AutoCAD 绘制各种常见的室内设施图。

12.1 绘制门平面图

门的种类有很多，其中包括平开门、弹簧门、推拉门、折叠门、旋转门、卷帘门、生态门等，本节将介绍如何绘制 3 种不同的门对象。

12.1.1 绘制平开门

下面讲解如何绘制平开门，其具体操作步骤如下：

01 在菜单栏中选择【矩形】工具，在绘图区中绘制一个长度为 50、宽度为 900 的矩形，如图 12-1 所示。

02 使用【圆弧】|【起点、端点、方向】工具，在绘图区中绘制圆弧，如图 12-2 所示。

图 12-1 绘制矩形　　　　　　图 12-2 绘制圆弧

> **知识链接：**
>
> 平开门有单开的平开门和双开的平开门。
> 单开门指只有一扇门板，而双开门有两扇门板。
> 平开门又分为单向开启和双向开启。
> 单向开启是只能朝一个方向开（只能向里推或外拉），双向开启是门扇可以向两个方

向开启（如弹簧门）。

平开门是相对于别的开启方式来分的，因为门还有移动开启的、上翻的、卷帘升降的、垂直升降的、旋转式的等。

12.1.2 绘制推拉门

下面讲解绘制推拉门，其具体操作步骤如下：

01 使用【矩形】工具，在绘图区中绘制一个长度为 800、宽度为 40 的矩形，如图 12-3 所示。

02 选择创建的矩形，使用【复制】工具，捕捉其左下角点为基点，将其向右移动 1 750，如图 12-4 所示。

图 12-3 绘制矩形   图 12-4 将矩形向右复制

03 选择【直线】工具，连接两个矩形的角点，如图 12-5 所示。

图 12-5 绘制直线

04 选择绘制的矩形，对其进行复制，将其复制到直线的中点位置，并将上一步创建的辅助线删除，如图 12-6 所示。

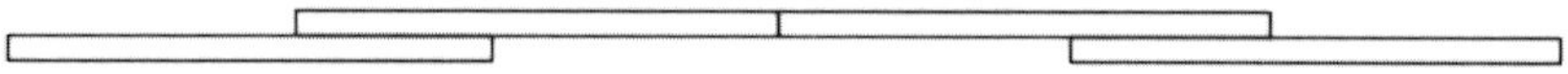

图 12-6 复制矩形

> **知识链接：**
>
> 　　推拉门有节省空间的优势，不论是小平方米的卫生间，还是不规则的储物间，只要换上推拉门，再狭小的空间都不会被浪费，折叠式的推拉门甚至还能 100% 开启，不占空间。从使用上看，推拉门无疑极大地满足了居室的空间分割和利用，其合理的推拉式设计满足了现代生活所讲究紧凑的秩序和节奏。从情趣上说，推拉式玻璃门会让居室显得更轻盈，其中的分割、遮掩等都很简单但又不失变化。在提倡亲近自然的今天，在阳台位置可以装上一道顺畅静音、通透明亮的推拉门，尽情享受阳光和风景。

12.1.3 绘制旋转门

下面讲解绘制旋转门，其具体操作步骤如下：

01 使用【矩形】工具，在绘图区中绘制一个长度为 2 400、宽度为 800 的矩形，如图 12-7 所示。

02 选择创建的矩形，使用【复制】工具，捕捉其左下角点为基点，将其向右移动 7 500，如图 12-8 所示。

图 12-7　绘制矩形　　　　　　　图 12-8　复制矩形

03 使用【直线】工具，连接两个矩形的中点，如图 12-9 所示。使用【圆心】工具，捕捉直线的中点，绘制半径为 150 的圆心，如图 12-10 所示。

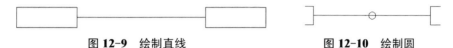

图 12-9　绘制直线　　　　　　　图 12-10　绘制圆

🌀 知识链接：

旋转门按照驱动方式可分为电动旋转门和手动旋转门两种。旋转门是用来防止直接的气流将不良气味、声音、灰尘和泥土带进建筑物内。

04 将绘制的辅助线删除，使用【偏移】工具，将圆向外偏移 1 000、1 300，如图 12-11 所示。

05 使用【构造线】工具，捕捉圆心，绘制两条互相垂直的构造线，如图 12-12 所示。

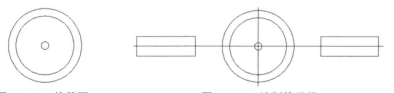

图 12-11　偏移圆　　　　　　　图 12-12　绘制构造线

06 使用【修剪】工具，将图形进行修剪，完成后的效果如图 12-13 所示。

图 12-13　修剪后的效果

07 使用【矩形】工具，在绘图区中绘制一个长度为 1 000、宽度为 100 的矩形，然后使用【复制】和【移动】工具，将矩形放置到合适的位置，如图 12-14 所示。

08 继续使用【矩形】工具，在绘图区中绘制一个长度为 150、宽度为 1 450 的矩形，将其放置在合适的位置，如图 12-15 所示。

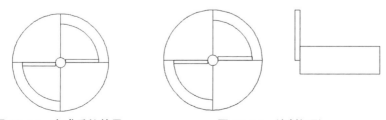

图 12-14　完成后的效果　　　　　图 12-15　绘制矩形

手动旋转门（普通型或豪华型）和四翼式手动旋转门（普通型或豪华型）具有自动旋转门的品质，适用于银行、商店、酒店、宾馆和办公大楼等场所。

自动旋转门可以自动启闭，使用方便。自动旋转门用 PLC 控制系统采用计算机控制旋转门的开启和运行速度，因此使用非常方便，运行可靠而安静，因偶然原因断电时还可以用手动打开，轻便、灵活又安全。

09 使用【圆弧】|【起点、端点、方向】工具，绘制如图 12-16 所示的图形。

10 选择上一步绘制的圆弧和矩形，使用【镜像】工具，对图形进行镜像，如图 12-17 所示。

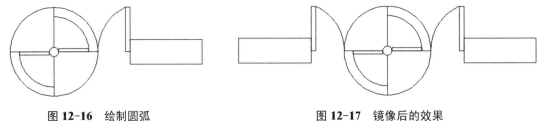

图 12-16 绘制圆弧   图 12-17 镜像后的效果

12.2 绘制窗户平面图

窗户，在建筑学上是指墙或屋顶上建造的洞口，用以使光线或空气进入室内。本节将介绍如何绘制窗户对象，其具体操作步骤如下：

01 使用【矩形】工具，在绘图区中绘制一个长度为 1 500、宽度为 150 的矩形，如图 12-18 所示。

02 使用【分解】工具，将上一步创建的矩形进行分解，然后使用【偏移】工具，将矩形的上下两侧边分别向内偏移 80，完成后的效果如图 12-19 所示。

图 12-18 绘制矩形   图 12-19 完成后的效果

03 使用【图案填充】工具，选择【设置】选项，弹出【图案填充和渐变色】对话框，单击【图案】后的 [...] 按钮，弹出【填充图案选项板】对话框，如图 12-20 所示。

04 切换至【ANSI】选项卡，选择【ANSI36】选项，单击【确定】按钮，如图 12-21 所示。

05 返回到【图案填充和渐变色】对话框，在【角度和比例】选项组中将【比例】设为 3，单击【确定】按钮，如图 12-22 所示。对图形进行填充，效果如图 12-23 所示。

图 12-20 【填充图案选项板】对话框

图 12-21 选择【ANSI36】选项

图 12-22 设置【比例】

图 12-23 完成后的效果

12.3 绘制餐桌椅平面图

餐桌椅是餐厅必不可少的一部分，本节将介绍如何绘制餐桌与椅子对象。

12.3.1 绘制餐桌

餐桌是指专供吃饭用的桌子。按材质可分为实木餐桌、钢木餐桌、大理石餐桌、玉石餐桌、云石餐桌等，下面将通过具体的操作步骤来介绍绘制的方法。

01 使用【多段线】工具，将【宽度】设为 5，绘制长度为 1400、宽度为 800 的矩形，如图 12-24 所示。

02 使用【矩形】工具，在绘图区中绘制一个长度为 127、宽度为 138 的矩形，然后使用【复制】和【移动】工具，将矩形放置到合适的位置，效果如图 12-25 所示。

图 12-24　绘制矩形

图 12-25　完成后的效果

 知识链接：

1. 通用尺寸

餐桌尺寸大致分为 3 种类型，即大中小 3 种，尺寸分别是长 2 400mm、高 735mm 和宽 900mm；长 1 800mm、高 735mm 和宽 900mm；长 1 500mm、高 735mm 和宽 750mm。这 3 种餐桌尺寸是最常用的尺寸。容纳的人数分别为 8、6、4 人。

2. 圆形餐桌

圆桌面直径可从 150mm 递增。在一般中小型住宅，如用直径 1 200mm 餐桌，常嫌过大，可定做直径 1 140mm 的圆桌，同样可坐 8～9 人，但看起来空间较宽敞。如果用直径900mm 以上的餐桌，虽可坐多人，但不宜摆放过多的固定椅子。如直径 1 200mm 的餐桌，放 8 张椅子，就很拥挤，可放 4～6 张椅子，在人多时，再用折椅。

3. 长方形餐桌

760mm×760mm 的方桌和 1 070mm×760mm 的长方形桌是常用的餐桌尺寸。如果椅子可伸入桌底，即便是很小的角落，也可以放一张六座位的餐桌，用餐时，只需把餐桌拉出一些就可以了。760mm 的餐桌宽度是标准尺寸，至少也不宜小于 700mm，否则，对坐时会因餐桌太窄而互相碰脚。餐桌的脚最好是缩在中间，如果四只脚安排在四角，就很不方便。桌高一般为 710mm，配 415mm 高度的坐椅。桌面低些，就餐时，可对餐桌上的食品看得清楚些。

03 使用【图案填充】工具，选择【设置】选项，弹出【图案填充和渐变色】对话框，将【图案】设为【SOLID】，单击【确定】按钮，如图 12-26 所示。

04 对步骤 02 绘制的矩形进行填充，按【Enter】完成操作，完成后的效果如图 12-27 所示。

图 12-26　设置图案

图 12-27　填充后的效果

05 使用【直线】工具，绘制如图 12-28 所示的图形。

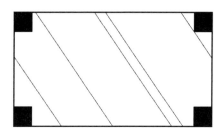

图 **12-28** 绘制直线

12.3.2 绘制椅子

下面介绍绘制椅子的方法，其具体操作步骤如下：

01 使用【矩形】工具，在绘图区绘制一个长度为 190、宽度为 400 的矩形，继续使用【矩形】工具，在绘图区绘制一个长度为 256、宽度为 460 的矩形，然后使用【移动】工具，将其移动到合适的位置，如图 12-29 所示。

02 继续使用【矩形】工具，在绘图区绘制一个长度为 188、宽度为 63 的矩形，然后使用【复制】和【移动】工具将其移动到合适的位置，如图 12-30 所示。

03 使用【圆弧】|【三点】工具，绘制如图 12-31 所示的圆弧。

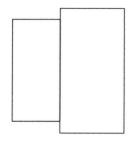
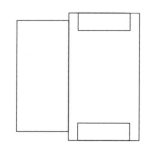
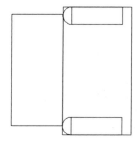

图 **12-29** 绘制矩形　　　　图 **12-30** 绘制矩形并移动　　　　图 **12-31** 绘制圆弧

04 使用【圆弧】|【起点、端点、方向】工具，捕捉大矩形的右下角点作为第一个点，然后捕捉矩形的右上角点作为第二个点，设置角度为 50°，绘制如图 12-32 所示的圆弧。

05 使用【圆弧】|【三点】工具，绘制如图 12-33 所示的圆弧。

06 使用【复制】工具，选择步骤 05 绘制的圆弧，将其向内偏移 30，如图 12-34 所示。

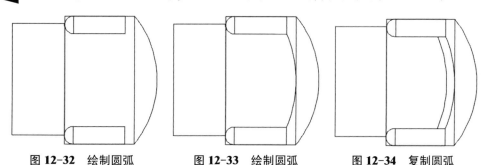

图 **12-32** 绘制圆弧　　　　图 **12-33** 绘制圆弧　　　　图 **12-34** 复制圆弧

07 使用【修剪】工具，将图形修剪，完成后的效果如图 12-35 所示。

08 使用【圆角】工具，将【半径】设为 26，【修剪】模式设为修剪，对矩形进行圆角处理，效果如图 12-36 所示。

09 椅子绘制完成后，将其移动到适当位置，并对绘制的椅子进行复制，并将复制的椅子进行旋转移动，放置在适当位置，效果如图 12-37 所示。

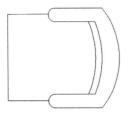 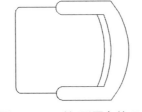 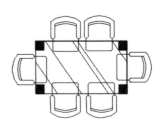

图 12-35　修剪图形　　　图 12-36　对矩形圆角处理　　　图 12-37　完成后的效果

12.4　绘制床平面图

床是卧室中主要的家具组成部分，本例介绍床和床头柜的主要绘制方法。

12.4.1 绘制床

下面介绍绘制床的方法，其具体操作步骤如下：

01 在菜单栏中选择【绘图】|【矩形】命令，在绘图区中绘制一个长度为 1 500、宽度为 2 000 的矩形，效果如图 12-38 所示。

02 使用【圆角】工具，将【半径】设为 90，【修剪】模式设为修剪，将矩形下方的两个角进行圆角处理，如图 12-39 所示。

图 12-38　绘制矩形　　　　　图 12-39　圆角处理

03 使用【矩形】工具，在绘图区中绘制一个长度为 1 200、宽度为 300 的矩形，使用【移动】工具，捕捉矩形的中点，将其移动到如图 12-40 所示的位置。

04 使用【圆弧】|【起点、端点、方向】工具，捕捉小矩形的左下角点作为第一个点，继续捕捉小矩形的左上角点作为第二个点，设置角度为 53°，绘制圆弧，如图 12-41 所示。

05 继续使用【圆弧】|【起点、端点、方向】工具，捕捉小矩形的左下角点作为第一个点，

继续捕捉小矩形的右下角点作为第二个点，设置角度为 10°，绘制圆弧，如图 12-42 所示。

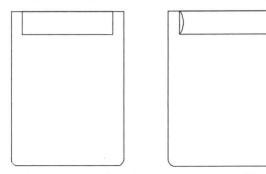

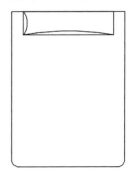

图 12-40　绘制矩形并移动　　图 12-41　绘制圆弧　　图 12-42　继续绘制圆弧

06 连续使用【镜像】工具，捕捉矩形的中点，将刚绘制的圆弧分别镜像处理，如图 12-43 所示。

07 使用【删除】工具，将小矩形删除，如图 12-44 所示。

08 使用【分解】工具，将矩形进行分解，然后使用【偏移】工具，将矩形的上侧边向下偏移 300，如图 12-45 所示。

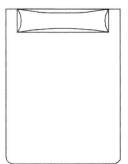

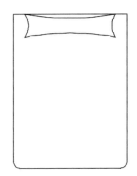

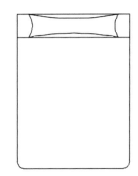

图 12-43　进行镜像　　图 12-44　删除小矩形　　图 12-45　偏移直线

09 使用【圆弧】|【起点、端点、方向】工具，捕捉直线的左端点作为第一个点，捕捉直线的右端点作为第二个点，设置角度为-7°，绘制圆弧，如图 12-46 所示。

10 使用【删除】工具，将辅助线删除，如图 12-47 所示。

11 使用【圆弧】|【起点、端点、方向】命令，在矩形中绘制圆弧，如图 12-48 所示的效果。

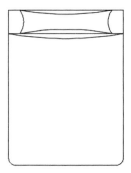

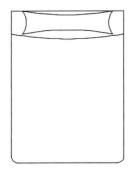

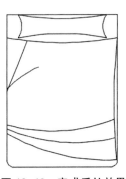

图 12-46　绘制圆弧　　图 12-47　删除辅助线　　图 12-48　完成后的效果

12.4.2 绘制床头柜

下面介绍绘制床头柜的方法，其具体操作步骤如下：

01 使用【矩形】工具，在绘图区绘制一个长度为 500、宽度为 450 的矩形，并将其放置在适当位置，如图 12-49 所示。

02 在菜单栏中选择【修改】|【偏移】命令，将矩形向内偏移 30，效果如图 12-50 所示。

03 使用【圆】工具，捕捉矩形的中心，绘制半径为 54 的圆，然后使用【偏移】工具，将其向外偏移 20，如图 12-51 所示。

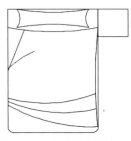
图 12-49　绘制矩形并移动

图 12-50　偏移矩形

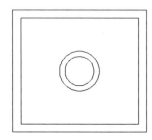
图 12-51　绘制同心圆

04 在菜单栏中选择【绘图】|【直线】命令，绘制两条相互垂直且经过两个圆圆心的直线，效果如图 12-52 所示。

05 选择绘制的床头柜，在菜单栏中选择【修改】|【复制】命令，将绘制的床头柜复制到床的另一边，效果如图 12-53 所示。

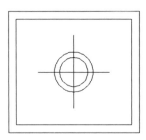
图 12-52　绘制互相垂直的直线

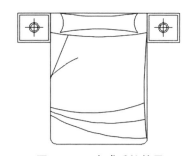
图 12-53　完成后的效果

12.5　绘制衣柜平面图

衣柜是存放衣物的柜式家具，一般分为单门、双门、嵌入式等，是家庭常用的家具之一，下面介绍如何绘制衣柜对象，其具体操作步骤如下：

01 使用【矩形】工具，在绘图区绘制一个长度为 2 700、宽度为 610 的矩形，如图 12-54 所示。

02 继续使用【矩形】工具，在绘图区绘制一个长度为 855、宽度为 550 的矩形，如图 12-55 所示。

图 12-54 绘制矩形   图 12-55 继续绘制矩形

03 使用【移动】工具，捕捉小矩形的左侧中点，作为第一个点，捕捉大矩形的左侧中点作为第二个点，进行移动，然后使用【复制】工具，捕捉小矩形的左下角点，将其向右复制 30、915、1815，将原矩形删除，完成后的效果如图 12-56 所示。

图 12-56 完成后的效果

04 使用【分解】工具，将 3 个小矩形进行分解，使用【偏移】工具，将上侧边向下偏移 251，将下侧边向上偏移 258，如图 12-57 所示。

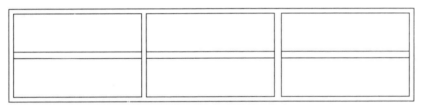

图 12-57 分解矩形并进行偏移

知识链接：

从衣柜门划分衣柜可分为三大类：推拉门衣柜、平开门衣柜和开放式衣柜。

1. 推拉门衣柜

推拉门衣柜也称移门衣柜或"一"字型整体衣柜，可嵌入墙体连接屋顶成为家装的一部分。分为内推拉衣柜和外挂推拉衣柜：内推拉衣柜是将衣柜门置于衣柜内，个体性较强，易融入、较灵活，相对耐用，清洁方便，空间利用率较高；外挂推拉衣柜则是将衣柜门置于柜体之外，多数为根据家中环境的元素需求量身定制，空间利用率非常高。

总体来说，推拉门衣柜给人一种简洁明快的感觉，一般适合面积较小的家庭，以现代中式为主。现代家居装修中越来越多的人都会选择推拉门衣柜，其轻巧、使用方便、空间利用率高，订制过程较为简便，进入市场以来，一直备受装修业主青睐，大有取代传统平开门的趋势。

2. 平开门衣柜

平开门衣柜是靠烟斗合页连接门板和柜体的一种传统开启方式的衣柜。档次高低主要是看门板用材、五金品质两方面，优点就是比推拉门衣柜要便宜很多，缺点则是比较占用空间。

3. 开放式衣柜

开放式衣柜的储藏功能很强，而且比较方便，开放式衣柜比传统衣柜更前卫，虽然很时尚但是对于房间的整洁度要求也是比较高，所以要经常注意衣柜清洁。

从结构上划分衣柜可分为两大类：板式结构衣柜和框架结构衣柜。

05 使用【多段线】工具，将【宽度】设为 15，在绘图区绘制一条长为 450 的多段线。使用【复制】工具，将多段线复制 6 次，使用【旋转】工具，选择 3 条多段线，将其旋转 45°，继续使用【旋转】工具，选择剩余的 3 条多段线，将其旋转 135°，然后使用【移动】工具，将所有的多段线移动到合适的位置，完成后的效果如图 12-58 所示。

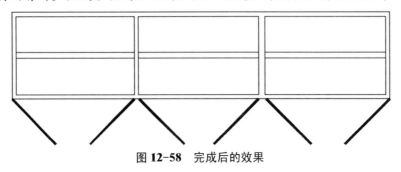

图 12-58 完成后的效果

12.6 绘制厨具平面图

厨房用品是厨房中的主要组成部分，本例将介绍洗菜盆和煤气灶的主要绘制方法。

12.6.1 绘制洗菜盆

下面介绍如何绘制洗菜盆，其具体操作步骤如下：

01 使用【矩形】工具，在绘图区中绘制一个长度为 740、宽度为 388 的矩形，如图 12-59 所示。

02 使用【圆角】工具，将【半径】设为 30，【修剪】模式设为修剪，对矩形进行圆角处理，如图 12-60 所示。

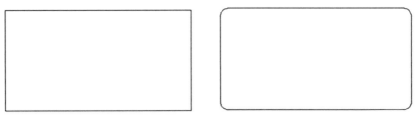

图 12-59 绘制矩形   图 12-60 圆角处理

03 继续使用【矩形】工具，在绘图区绘制两个长度为 379、266，宽度为 291、291 的矩形，使用【圆角】工具，将【半径】设为 50，【修剪】模式设为修剪，对绘制的矩形进行圆角处理，如图 12-61 所示。

04 使用【圆】工具，绘制半径为 21、21、19、19 的 4 个圆。

05 使用【矩形】工具，在绘图区绘制一个长度为 52、宽度为 153 的矩形，使用【倒角】工具，在命令行中输入【A】，将第一条直线的倒角长度设为 150，将第一条直线的倒角角度设为 5°，对矩形下方的两个角点进行倒角处理，如图 12-62 所示。

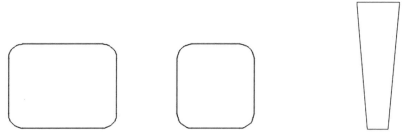

图 12-61　绘制矩形并进行圆角处理　　　　图 12-62　绘制矩形并进行倒角处理

06 使用【圆角】工具，将【半径】设为 20，对矩形上方的两个角点进行圆角处理，如图 12-63 所示。

07 使用【移动】和【旋转】工具，对图形进行移动和旋转处理，完成后的效果如图 12-64 所示。

08 使用【修剪】工具，对图形进行修剪，效果如图 12-65 所示。

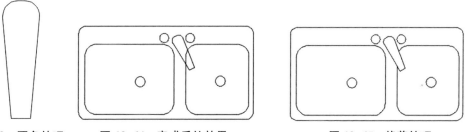

图 12-63　圆角处理　　　图 12-64　完成后的效果　　　　图 12-65　修剪处理

12.6.2　绘制煤气灶

煤气灶是通过向设在灶体及上盖之间的间隙供应自然空气的方法，来补充燃烧时空气的不足，进而促进燃烧，减少一氧化碳及氮氧化物的生成。煤气灶按照使用气种可分为天燃气灶、液化石油气灶和电磁灶等。下面介绍如何绘制煤气灶，其具体操作步骤如下：

01 使用【矩形】工具，在绘图区绘制一个长度为 640、宽度为 400 的矩形，使用【分解】工具，将刚绘制的矩形进行分解，如图 12-66 所示。

02 使用【偏移】工具，将矩形的下侧边向上偏移 80，如图 12-67 所示。

03 使用【圆】工具，绘制 4 个半径为 18 的圆，使用【移动】工具，将其放置到合适的位置，如图 12-68 所示。

图 12-66　绘制矩形并分解　　　图 12-67　偏移直线　　　图 12-68　绘制圆并移动

04 使用【圆】工具，在绘图区绘制一个半径为 57 的圆，然后使用【偏移】工具，将圆向外偏移 40、60，如图 12-69 所示。

05 使用【矩形】工具，在绘图区绘制一个长度为 24、宽度为 80 的矩形，使用【复制】工具，复制两个矩形，使用【旋转】工具，将一个矩形旋转 60°，另一个矩形旋转 120°，使用【移动】工具，将完成后的矩形移动到合适的位置，如图 12-70 所示。

> **知识链接：**
>
> 　　灶体为环形，在内上周面设有混合气体喷射口；混合管的一端连接灶体的一侧，另一端设有空气调节口，空气调节口中间是煤气输入管；在灶体下中间的空气箱上设有向上喷射由鼓风机吹出空气的多个空气喷射口；通过电机吹送空气的鼓风机与第一空气箱是由输入管相连接；在灶体的上方盖着上盖，中间是火焰喷射区域，火焰经过火焰喷射区域向上喷出；在灶体的上方，顺着圆周设有至少三个以上的凸座；在凸座上放置上盖；再通过上盖与凸座之间生成的间隙供应自然空气。灶具一般分为台式灶具和嵌入式灶具。
>
> 　　1. 台式灶具
>
> 　　台式灶具主要由燃烧器（炉头、内外火盖）、阀体（含喷嘴、风门板、锥形弹簧）、壳体（可以是分体壳体，由面板、后板和左右侧板组装而成，也可以是整体拉伸壳体）、炉架、旋钮、盛液盘、炉脚、进气管和脉冲点火器（灶具专用脉冲点火方式）等组成。
>
> 　　2. 嵌入式灶具
>
> 　　嵌入式灶具主要由嵌入燃烧器（炉头、内外火盖等）、阀体（含喷嘴、风门板、锥形弹簧、电磁阀）、面板（有钢化玻璃面板、不锈钢面板和不粘油面板等）、炉架、旋钮、盛液盘、炉脚、底壳、进气管、连接管、脉冲点火器（嵌入式灶具一般都是脉冲点火方式，目前燃气灶具的点火方式主要分为电子点火和脉冲点火两种）、热电偶（熄火安全保护装置，指在燃气灶具火焰熄灭后自动切断燃气通路的装置）组成。

06 使用【修剪】工具，将上一步绘制的矩形进行修剪，完成后的效果如图 12-71 所示。

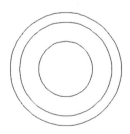
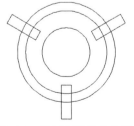
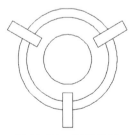

图 12-69　绘制圆　　　图 12-70　绘制矩形并旋转移动　　　图 12-71　修剪效果

07 使用【复制】工具，将上一步完成后的图形向右复制 318，使用【移动】工具，将图形移动到合适的位置，完成后的效果如图 12-72 所示。

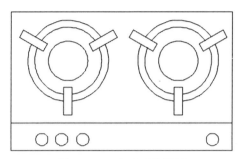

图 12-72　完成后的效果

12.7　绘制洁具平面图

洁具是卫生间中的主要组成部分，本例将介绍坐便器、浴缸和洗脸盆的主要绘制方法。

12.7.1　绘制坐便器

坐便器属于建筑给排水材料领域的一种卫生器具。下面介绍如何绘制坐便器，其具体操作步骤如下：

01 使用【直线】工具，绘制两条长度为 1 000 并相互垂直的直线，如图 12-73 所示。

02 使用【圆心】工具，指定直线的交叉点为中心点，绘制长半轴为 228、短半轴为 114 的椭圆，如图 12-74 所示。

03 继续使用【圆心】工具，指定直线的交叉点为中心点，绘制长半轴为 304、短半轴为 190 的椭圆，如图 12-75 所示。

图 12-73　绘制直线　　　　**图 12-74　绘制椭圆**　　　　**图 12-75　继续绘制椭圆**

04 使用【修剪】工具，对图形进行修剪，完成后的效果如图 12-76 所示。

05 使用【圆心】工具，指定直线的交叉点为中心点，绘制长半轴为 114、短半轴为 114 的椭圆，如图 12-77 所示。

06 继续使用【圆心】工具，指定直线的交叉点为中心点，绘制长半轴为 189、短半轴为 190 的椭圆，如图 12-78 所示。

图 12-76 修剪图形　　　　图 12-77 绘制椭圆　　　　图 12-78 继续绘制椭圆

07 使用【修剪】工具,对图形进行修剪,完成后的效果如图 12-79 所示。

08 使用【偏移】工具,将垂直直线向左偏移 134、203、266、342,将水平直线向两侧偏移 101、190,如图 12-80 所示。

09 使用【修剪】工具,将图形进行修剪,完成后的效果如图 12-81 所示。

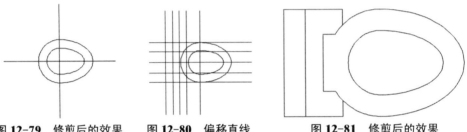

图 12-79 修剪后的效果　　　图 12-80 偏移直线　　　　图 12-81 修剪后的效果

> **知识链接:**
>
> 　　坐便器按冲洗方式分有冲落式、虹吸式、喷射虹吸式、旋涡虹吸式。按结构可分为分体坐便器和连体坐便器两种。其技术特征在于现有坐便器 S 型存水弯上部开口安装一个清扫栓,其清扫栓主要由检查口 1 和清扫栓枪 2 构成,检查口 1 嵌装在 S 型存水弯上部预留口上,清扫栓枪 2 为用来清除淤堵物的工具。

10 使用【圆弧】|【起点、端点、方向】命令,绘制如图 12-82 所示的圆弧,然后使用【镜像】工具对其进行镜像,使用【修剪】工具,对镜像后的效果进行修剪,效果如图 12-83 所示。

11 使用【圆】工具,绘制半径为 30 的圆,使用【移动】工具,将其移动至合适的位置,然后使用【样条曲线】工具,绘制如图 12-84 所示的图形。

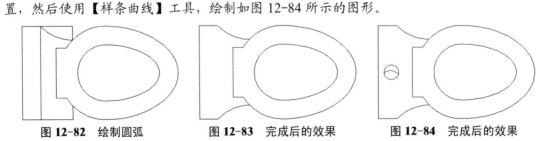

图 12-82 绘制圆弧　　　　图 12-83 完成后的效果　　　　图 12-84 完成后的效果

12.7.2　绘制浴缸

下面介绍如何绘制浴缸,其具体操作步骤如下:

01 使用【矩形】工具，在绘图区绘制一个长度为1524、宽度为812的矩形，使用【分解】工具，将刚绘制的矩形进行分解，如图12-85所示。

02 使用【偏移】工具，将矩形的上下边向内偏移76，左侧边向右偏移52，右侧边向左偏移100，如图12-86所示。

03 使用【圆角】工具，将【半径】设为76，【修剪】模式设为修剪，对矩形的左侧两个角点进行圆角处理，继续使用【圆角】工具，将【半径】设为152，对矩形的右侧两个角点进行圆角处理，完成后的效果如图12-87所示。

图 12-85 绘制矩形并分解

图 12-86 偏移直线

图 12-87 完成后的效果

04 使用【圆】工具，绘制半径为25的圆，使用【移动】工具，将圆移动到如图12-88所示的位置。

05 继续使用【移动】工具，将圆向右移动74，完成后的效果如图12-89所示。

图 12-88 移动圆

图 12-89 完成后的效果

12.7.3 绘制洗脸盆

下面将介绍如何绘制洗脸盆，其具体操作步骤如下：

01 使用【矩形】工具，在绘图区中绘制一个长度为457、宽度为457的矩形，效果如图12-90所示。

02 使用【圆角】工具，将矩形进行圆角处理，其圆角半径为50，【修剪】模式设为修剪，效果如图12-91所示。

03 再次使用【圆角】工具，对矩形进行处理，其圆角半径设置为350，效果如图12-92所示。

图 12-90 绘制矩形

图 12-91 对矩形进行圆角

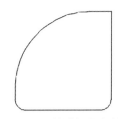
图 12-92 继续进行圆角处理

04 使用【偏移】工具，将图形向内部偏移 20，效果如图 12-93 所示。

05 使用【圆】工具，以右下角圆弧的圆心为圆的圆心绘制一个半径为 20 的圆，完成后的效果如图 12-94 所示。

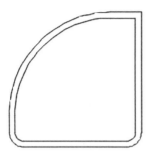

图 12-93　偏移圆角后的矩形

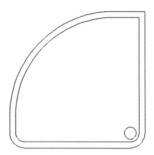

图 12-94　完成后的效果

12.8　绘制电器平面图

电器是室内主要组成部分，本节将介绍洗衣机和钢琴的主要绘制方法。

12.8.1　绘制洗衣机

下面介绍如何绘制洗衣机，其具体操作步骤如下：

01 使用【矩形】工具，在绘图区绘制一个长度为 597、宽度为 624 的矩形，然后使用【分解】工具，将矩形进行分解，如图 12-95 所示。

02 使用【偏移】工具，将矩形的上侧边向下偏移 161、170、600，如图 12-96 所示。

03 使用【圆角】工具，将【半径】设为 80，【修剪】模式设为修剪，将矩形下方的两个角点进行圆角处理，如图 12-97 所示。

图 12-95　绘制矩形

图 12-96　偏移直线

图 12-97　圆角矩形

04 使用【修剪】工具，对绘制的图形进行修剪，完成后的效果如图 12-98 所示。

05 使用【圆】工具，绘制一个半径为 15 的圆，使用【复制】工具，将其向右复制 93、179，然后使用【移动】工具，将绘制的圆移动到合适的位置，完成后的效果如图 12-99 所示。

06 使用【矩形】工具，在绘图区绘制一个长度为 36、宽度为 6 的矩形，使用【复制】

工具，将绘制的矩形向右复制 100、187，然后使用【移动】工具，将其移动到合适的位置，完成后的效果如图 12-100 所示。

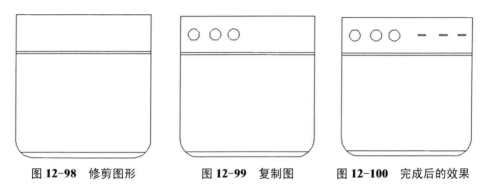

图 12-98　修剪图形　　　　图 12-99　复制图　　　　图 12-100　完成后的效果

12.8.2　绘制钢琴

下面介绍如何绘制钢琴，其具体操作步骤如下：

01 使用【矩形】工具，绘制两个长度为 355、304，宽度为 1 574、1 524 的矩形，然后使用【移动】工具，捕捉矩形的中点进行移动，如图 12-101 所示。

02 继续使用【矩形】工具，在绘图区绘制一个长度为 355、宽度为 914 的矩形，使用【移动】工具，将其移动到合适的位置，如图 12-102 所示。

03 使用【分解】工具，将大矩形进行分解，使用【偏移】工具，将大矩形的左侧边向右偏移 304，如图 12-103 所示。

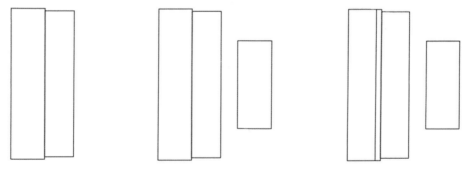

图 12-101　绘制矩形并移动　　图 12-102　继续绘制矩形并移动　　图 12-103　分解矩形并偏移

04 使用【矩形】工具，在绘图区绘制一个长度为 50、宽度为 914 的矩形，然后使用【移动】工具，将其移动到合适的位置，如图 12-104 所示。

05 继续使用【矩形】工具，在绘图区绘制一个长度为 127、宽度为 1 422 的矩形，然后使用【移动】工具，将其移动到合适的位置，如图 12-105 所示。

06 使用【分解】工具，将上一步绘制的矩形分解，然后使用【矩形阵列】工具，将矩形的下侧边进行阵列，将【列数】设为 1，【行数】设为 32，【介于】设为 44.4，如图 12-106 所示。

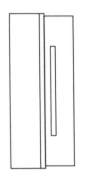
图 12-104 绘制矩形并移动

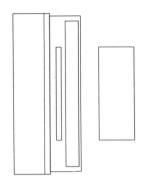
图 12-105 绘制矩形并移动

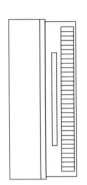
图 12-106 矩形阵列

07 使用【多段线】工具，将【宽度】设为 40，绘制长度为 76 线段，使用【复制】和【移动】工具，将其移动到合适的位置，完成后的效果如图 12-107 所示。

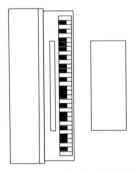
图 12-107 完成后的效果

12.9 绘制门立面图

在室内立面图设计过程中，门的绘制是必不可少的，本节将重点讲解各种门的绘制方法，在实际操作过程中用户可以根据需要设置不同的门的宽度。

01 使用【矩形】工具，在绘图区绘制一个长度为 2 515、宽度为 2 566 的矩形，然后使用【分解】工具，将矩形进行分解，如图 12-108 所示。

02 使用【偏移】工具，将矩形的下侧边向上偏移 171、181、287、297、369、379、982、992、1 087、1 097、1 186、1 196、1 677、1 687、1 759、1 769、1 876、1 886、2 036、2 096、2 496，如图 12-109 所示

图 12-108 绘制矩形并分解

图 12-109 偏移矩形下侧边

03 继续使用【偏移】工具，将矩形的左侧边向右偏移 79、188、198、283、293、482、492、576、586、616、676、686、770、780、865、875、1 063、1 073、1 158、1 168、1 223、1 258，如图 12-110 所示。

04 使用【修剪】工具，对图形进行修剪，完成后的效果如图 12-111 所示。

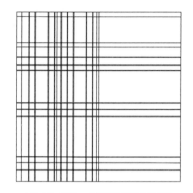

图 12-110　偏移矩形左侧边

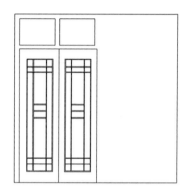

图 12-111　修剪后的效果

05 使用【镜像】工具，将上一步修剪后的效果进行镜像，效果如图 12-112 所示。

06 使用【矩形】工具，在绘图区绘制一个长度为 15、宽度为 134 的矩形，然后使用【复制】工具，将其向右复制 86，使用【移动】工具，将矩形移动到合适的位置，完成后的效果如图 12-113 所示。

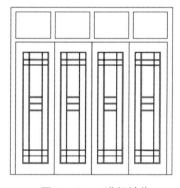

图 12-112　进行镜像

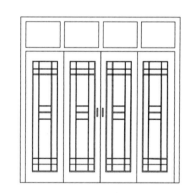

图 12-113　完成后的效果

12.10　绘制床立面图

下面讲解如何绘制床立面图，其操作步骤如下：

01 连续使用【矩形】工具，在绘图区绘制长度为 1 500、1 600、50、50，宽度为 319、80、319、319 的矩形，并使用【移动】工具将其移动到合适的位置，如图 12-114 所示。

02 使用【圆】工具，在绘图区绘制一个半径为 27 的圆。然后使用【矩形阵列】工具，将【行数】设置为 2，【介于】设置为 99，将【列数】设为 7，【介于】设为 134，并使用【移动】工具，将其移动到合适的位置，如图 12-115 所示。

图 12-114　绘制矩形并调整位置

图 12-115　绘制圆并将其阵列

03 使用【圆弧】|【起点、端点、半径】工具，捕捉左侧小矩形的右上角点作为第一个点，捕捉右侧小矩形的左上角点作为端点，将半径设为 9 400，绘制圆弧，完成后的效果如图 12-116 所示。

04 使用【矩形】工具，在绘图区绘制一个长度为 2 413，宽度为 320 的矩形，然后使用【移动】工具，捕捉中点将其移动到合适的位置，如图 12-117 所示。

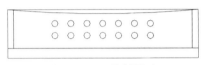

图 12-116　绘制圆弧

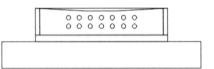

图 12-117　绘制矩形并调整位置

05 使用【插入块】工具，将随书附带光盘中的 CDROM\素材\第 12 章\灯.dwg 素材文件插入到图形文件中，然后使用【复制】工具，将其进行复制，完成后的效果如图 12-118 所示。

06 使用【样条曲线】工具，在绘图区绘制一条如图 12-119 所示的样条曲线。

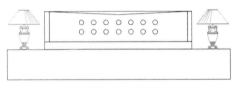

图 12-118　插入块

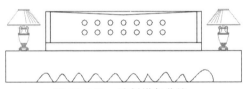

图 12-119　绘制样条曲线

07 使用【直线】工具，绘制如图 12-120 所示的倾斜线。

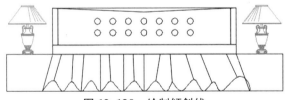

图 12-120　绘制倾斜线

12.11　绘制电视柜立面图

电视柜是家具中的一个种类，因人们不满足把电视随意摆放而产生的家具，也称为视听柜。电视柜不单是摆放电视的用途，而是集电视、机顶盒、DVD、音响设备、碟片等产品收纳和摆放的一种家具。下面将讲解如何绘制电视柜立面图，其操作步骤如下：

01 使用【矩形】工具，在绘图区绘制一个长度为 3 800、宽度为 80 的矩形，使用【分解】工具，将绘制的矩形进行分解，然后使用【偏移】工具，将矩形的右侧边向左偏移 14、36、67、105、154、596、645、683、714、736、750，将矩形的左侧边向右偏移 599、645、680、706、726、741、750，完成后的效果如图 12-121 所示。

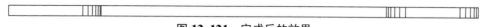

图 12-121　完成后的效果

02　继续使用【矩形】工具，在绘图区绘制一个长度为 3 100、宽度为 330 的矩形，使用【分解】工具，将绘制的矩形进行分解，然后使用【偏移】工具，将矩形的上侧边向下偏移 20、27、35、64、72、80，将矩形右侧边向左偏移 11、25、46、78、116、164、636、684、722、754、775、789、800，将矩形左侧边向右偏移 500、600、609、624、644、670、705、750、1 000、1 350、1 395、1 430、1 456、1 476、1 491、1 500，如图 12-122 所示。

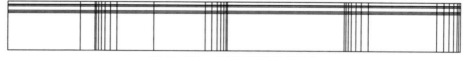

图 12-122　绘制矩形并偏移直线

03　使用【修剪】工具，将上一步绘制的矩形进行修剪，完成后的效果如图 12-123 所示。

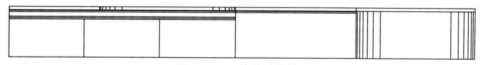

图 12-123　修剪后的效果

04　继续使用【矩形】工具，在绘图区绘制一个长度为 800、宽度为 500 的矩形，使用【分解】工具，将矩形进行分解，然后使用【偏移】工具，将矩形的右侧边向左偏移 13、33、60、95，使用【移动】工具，将完成后的图形移动到合适的位置，如图 12-124 所示。

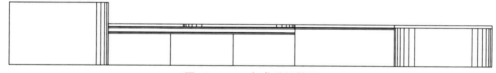

图 12-124　完成后的效果

05　使用【移动】工具，将步骤 01 完成后的效果移动到合适的位置，如图 12-125 所示。

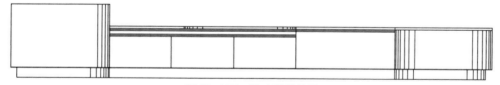

图 12-125　移动后的效果

06　连续使用【矩形】工具，在绘图区绘制长度为 1 550、30，宽度为 20、170 的矩形，然后使用【移动】工具，将其移动到合适的位置，如图 12-126 所示。

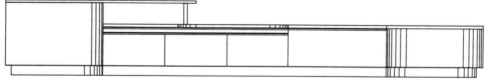

图 12-126　绘制矩形并移动 1

321

07 继续使用【矩形】工具，在绘图区绘制长度为1200、30，宽度为20、150的矩形，然后使用【移动】工具，将其移动到合适的位置，如图12-127所示。

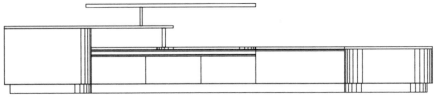

图 12-127　绘制矩形并移动 2

08 使用【矩形】工具，在绘图区绘制一个长度为800、宽度为560的矩形，绘制完成后使用【分解】工具将其分解，然后使用【偏移】工具，将矩形的上侧边向下偏移80，将矩形右侧边向左偏移390、400、410，如图12-128所示。

09 使用【修剪】工具，将步骤08绘制的图形进行修剪，完成后的效果如图12-129所示。

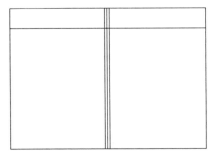 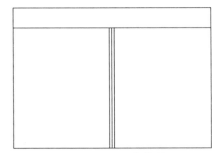

图 12-128　绘制矩形并偏移　　　　　图 12-129　修剪效果

10 使用【移动】工具，将其移动到合适的位置，完成后的效果如图12-130所示。

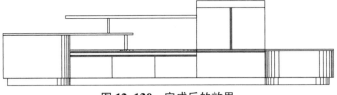

图 12-130　完成后的效果

知识链接：

电视柜按结构可分为地柜式、组合式、板架式等类型。

1. 地柜式

地柜式的电视柜其形状大体上和地柜类似，也是现在家居生活中使用最多、最常见的电视柜，地柜式的电视柜最大优点就是能够起到不错的装饰效果，无论是放在客厅还是放在卧室，它都会占用极少的空间。

2. 组合式

组合式电视柜是传统地柜式电视柜的一种升华产品，也是近年来很受消费者喜欢的电视柜，组合式电视柜的特点就在于"组合"二字，组合式电视柜可以和酒柜、装饰柜、地柜等家居柜子组合在一起形成独具匠心的电视柜。

3. 板架式

板架式电视柜其特点大体上和组合式电视柜相似，主要在于采用的是板材架构设计，在实用性和耐用性上更加突出。

电视柜按材质可分为钢木结构、玻璃/钢管、大理石结构及板式结构。随着时代的发展，越来越多的新材料、新工艺用在了电视柜的制造设计上，体现出其在家具装饰和实用上的重要性。

12.12　绘制衣柜立面图

下面讲解如何绘制衣柜立面图，其操作步骤如下：

01 使用【矩形】工具，在绘图区绘制一个长度为2360、宽度为2400的矩形，然后使用【分解】工具，将其分解，如图12-131所示。

02 使用【偏移】工具，将矩形的上侧边向下偏移20、30、520、560、570、590、600，将矩形下侧边向上偏移100、110、150、180、220、875、900，完成后的效果如图12-132所示。

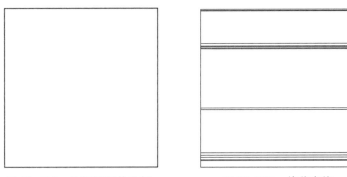

图 12-131　绘制矩形并分解　　　图 12-132　偏移直线

03 继续使用【偏移】工具，将矩形右侧边向左偏移20、30、485、495、950、960、1415、1425、1880、1890，如图12-133所示。

04 使用【修剪】工具，将图形修剪，完成后的效果如图12-134所示。

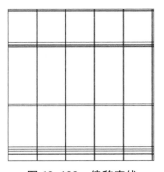 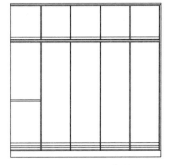

图 12-133　偏移直线　　　　图 12-134　修剪效果

05 使用【圆】工具，在绘图区绘制一个【半径】为13的圆，使用【图案填充】工具，将图案设为【SOLID】，对圆进行填充，然后使用【复制】工具，将圆进行多次复制，完成后的效果如图12-135所示。

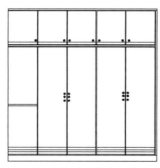

图 12-135　完成后的效果

12.13　绘制洗衣机立面图

下面讲解如何绘制洗衣机立面图，其操作步骤如下：

01 使用【矩形】工具，在绘图区绘制长度为 800、宽度为 900 的矩形，如图 12-136 所示。用同样的方法绘制长度为 800，宽度分别为 80、60、12 的 3 个矩形。并将其调整到合适的位置，如图 12-137 所示的位置。

02 使用【圆】工具，在绘图区绘制两个半径为 25 的圆，并将其调整到合适的位置，如图 12-138 所示的位置。

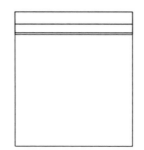
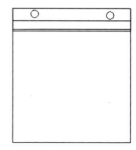

图 12-136　绘制矩形　　　　图 12-137　绘制矩形并调整位置　　图 12-138　绘制圆并调整位置

03 使用【矩形】工具，在绘图区绘制长度为 15、宽度为 30 的 3 个矩形，并将其调整到合适位置。按【Enter】键继续使用【矩形】命令，绘制 3 个长度为 35、宽度为 60 的矩形和一个长度为 250、宽度为 50 的矩形，并将其调整到合适的位置，如图 12-139 所示。

04 使用【直线】工具，绘制两条倾斜线，如图 12-140 所示。

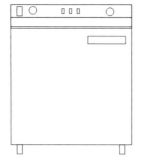
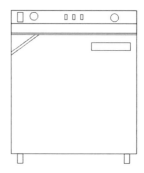

图 12-139　绘制矩形并调整位置　　　　　　图 12-140　完成效果

室内平面图的绘制

　　本章以室内平面户型图的设计为出发点，其中讲述了室内装饰设计理念和装饰图的绘制技巧，其中包括室内家具布局、文字说明和尺寸标注等。通过对本章的学习，掌握具体的绘制过程和操作技巧，为后面章节的学习打下良好的基础。

13.1　室内的概念

　　所谓室内，指供家庭居住使用的建筑物。

　　庄周说："古者禽兽多而人少，于是民皆巢居以避之，昼拾橡栗，暮栖木上，故命之曰有巢氏之民。"（《庄子·盗跖》）所指"巢居"，也许就是人类最早的室内的雏形，它描述了人类为了生存在营造自己的居室。漫漫历史演进到今天，室内早已远远超出了它单纯的"生存"意义，而是追求"以人为本"的生活质量和居住环境，以全面满足人的生理、心理需要。

　　室内在狭义上等同于家。众所周知，家的精神所在自然是家庭，家庭的物质载体就是室内。家的概念因人而异，随着人的成长、阅历的丰富、经验的积累，家，这个饱含亲情的概念不断地变化，事业顺利时家是激情的港湾，遇到困难挫折时家是温馨的怀抱。家可以简单地理解为放松，可以按照自己的需要行为去表达情感。家令人倍感亲切的原因在于亲情和便利。

　　毋庸质疑，当今时代是高速发展的信息时代，人们呆在家里的时间越来越多，网络提供了人们购物、办公无须出门，天各一方也可在网上相会，相隔万里也能共同完成某项工作。马吉在《人们在家里做些什么？——信息时代要平均分配工作、生活、娱乐休闲时间》这本书中说："信息时代的家除了作为生活的营地之外，还成了人们的工作场所。在这种情况下，人们没有更多的时间表达相互之间的亲情与爱，或者回顾过去、展望未来的空间，或者仅仅冷静思考的时间。"她把现代的家比做一个火车站，在这个"火车站"，忙碌的家人总是来去匆匆，见面时只是打一个招呼而已——他们没有时间、没有空间交流。她暗示了现代人对在家里安静地思索的渴望和现代人的浮躁。

　　今天，室内"装修风"盛行，人们举起无情的钻头对准冰凉的墙壁，似乎要打破某种禁锢，寻找失去的慰藉。房子是死的，家是活的；房子是冰冷的，没有温度的，家是温暖的，充满温情的；房子只是居所，而家是心灵的归宿。家应该是一片沃土、净土，人们能在家中呼吸到新鲜的空气，吸收到文化的营养，享受到高品质的生活。

无论是宽敞明亮，还是小巧温馨，构成家的最重要的因素并不在于它的规模、形式和装修档次，而在于家中有爱——亲情。因此，若要从设计者的角度来诠释室内设计，关键在于要用爱心来设计，从而打造出和谐舒适的环境空间，让家成为真正远离工作压力、远离喧嚣街市的【避风港】。

13.2　室内设计的创新理念

21 世纪，科学发展日新月异，信息浪潮扑面而来，社会已向着高效能、高节奏、高情感、高物质、高文化的方向发展。这是一个需要理念创新，以人为本、环境为源诉求文化内涵去向可持续发展的多元化时代。

室内设计要全面考虑"人为核心"这一法则，即"人性化"主题。

当前，"以人为本"的设计思想已成为共识。为"人"设计，为"人"服务，这是室内设计的最大特点，也是室内设计的根本理念和崇高职责。因为，室内设计的目的就是为了满足人们生活、生产活动的需要，为人们创造理想的室内空间环境，使人们感到生活在其中，受到关怀和尊重；同时，一经确定的室内空间环境，同样也能启发、引导甚至在一定程度上改变人们活动于其间的生活方式和行为模式。这是从"人的属性"决定的，即人的自然属性——我们要关注生态、环境；人的社会属性——我们要关注情感、文化。

所以，室内设计的依据首先是对"人的生活"的研究，重视对"人性"、"人情"的关怀，在设计中讲求室内情调、意境对人心理上的感受等，这是"人性主义"的设计哲理，也是国际设计的大潮流。

自包豪斯提出"四维空间环境艺术"概念以来，环境意识、绿色设计成为当代室内设计最重要的理念之一。"生态设计"的理念，可是说是"人性化"设计理念的外延。

近年来，随着人们对环境认识的深化，人们意识到居住环境中自然景观的重要性，优美的风景、清新的空气既能提高工作效率又可以改善人的精神生活。"回归自然"一时间成了现代人的情感追求和室内设计消费的热点。

生态设计的范畴很广泛，主要是环境意识——绿色设计，如小环境的创造包括以健康宜人的温度、湿度、清洁的空气、好的水环境和声环境，以及长效多适和灵活开敞的室内空间等；大环境指的是围绕着人和一切生物的一切外在条件，包括自然环境、城市环境、社会环境、社会生活方式、文化心态以及社会的物质文明和精神文明等诸多方面的因素。另外，绿色设计还指选用绿色材料和设备，如涂料、油漆和空调等。

"山水有灵，天人合一"是中国传统哲学中的宇宙观，这不仅说明了人和自然界的相互关系，也表达了环境和人类之间的相互依存、相互制约的关系。在这个时代，改善室内环境质量，提高生活品质，还人们一个清洁、优雅的空间环境，是每一个设计师责无旁贷的责任。

13.3　室内平面户型图 A

下面讲解如何使用【直线】、【修剪】等命令绘制户型图，绘制完成后的效果如图 13-1所示。

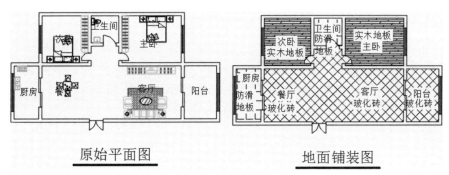

原始平面图　　　　　　　　　　地面铺装图

图 13-1　户型图 A 的绘制

13.3.1　绘制辅助线

首先讲解如何绘制辅助线，其具体操作步骤如下：

01 按【Ctrl+N】组合键弹出【选择样板文件】对话框，在该对话框中选择【acadiso.dwt】样板，单击【打开】按钮，如图 13-2 所示。

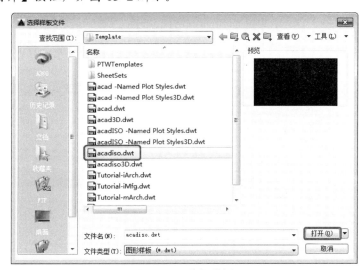

图 13-2　选择样板

02 在命令行中输入【LAYER】命令，按【Enter】键弹出【图层特性管理器】选项板，新建一个【辅助线】图层，将【颜色】设置为红色，并将其置为当前图层，如图 13-3 所示。

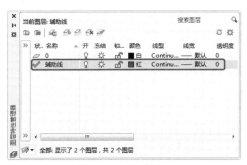

图 13-3　新建图层

03 使用【直线】工具，在绘图区绘制水平长度为 17 000、垂直长度为 10 000 且互相垂直的直线，如图 13-4 所示。

04 使用【偏移】工具，将水平直线向下偏移 3 815、8 050、2 320，将垂直直线向右偏移 2 140、6 000、8 345、13 140、15 880，如图 13-5 所示。

图 13-4　绘制辅助线　　　　　　　　　图 13-5　偏移辅助线

13.3.2　绘制墙体

当辅助线绘制完成后，接下来就要绘制户型图的墙体，其具体操作步骤如下：

01 打开【图层特性管理器】选项板，新建【墙体轮廓】图层，并置为当前图层，如图 13-6 所示。

02 在命令行中输入【MLSTYLE】命令并按【Enter】键，弹出【多线样式】对话框，如图 13-7 所示。

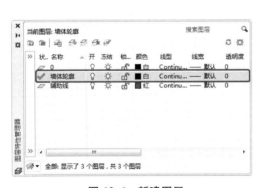

图 13-6　新建图层　　　　　　　　　　图 13-7　【多线样式】对话框

03 在该对话框中单击【新建】按钮，弹出【创建新的多线样式】对话框，在该对话框中将【新样式名】设置为【墙体轮廓】，单击【继续】按钮，如图 13-8 所示。

04 弹出【新建多线样式：墙体轮廓】对话框，勾选直线的【起点】和【端点】复选框，将【偏移】分别设置为 6、-6，如图 13-9 所示。

图 13-8　新建【墙体轮廓】多线样式　　　　　图 13-9　设置多线样式

05 设置完成后，单击【确定】按钮，在返回的【多线样式】对话框中单击【置为当前】
按钮，然后单击【确定】按钮，如图 13-10 所示。

06 使用【多线】工具，将【对正】设为【无】，在绘图区绘制墙体轮廓，如图 13-11
所示。

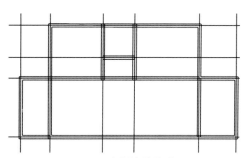

图 13-10　将【墙体轮廓】置为当前　　　　　图 13-11　绘制墙体轮廓

07 使用【分解】工具对绘制的墙体轮廓线进行分解，然后使用【修剪】工具，对其进
行修剪，完成后的效果如图 13-12 所示。

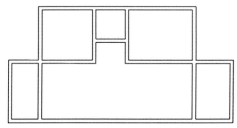

图 13-12　对图形进行修剪

13.3.3 绘制门窗

下面讲解如何绘制门窗，其具体操作步骤如下：

01 使用【偏移】工具，将 13.3.1 节绘制的辅助线最下方的水平直线向上偏移 700、1 000、3 235、3 535、4 535、5 115、7 197，如图 13-13 所示。

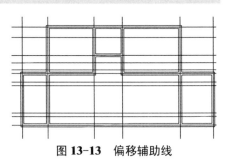

02 使用【修剪】工具，对图形进行修剪，并使用【直线】工具对图形进行封闭处理，完成后的效果如图 13-14 所示。

图 13-13　偏移辅助线

03 使用【偏移】工具，将绘制的辅助线最左侧的垂直直线向右偏移 6 884、7 034、8 025，如图 13-15 所示。

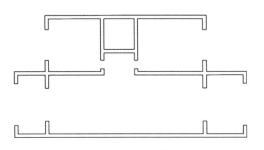

图 13-14　完成后的效果

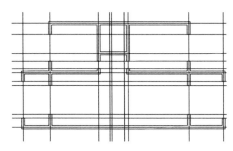

图 13-15　偏移垂直辅助线

04 使用【修剪】工具，对图形进行修剪，使用【直线】工具，对图形进行封闭处理，完成后的效果如图 13-16 所示。

05 打开【图层特性管理器】选项板，新建【门窗】图层，将颜色设为蓝色，并置为当前图层，如图 13-17 所示。

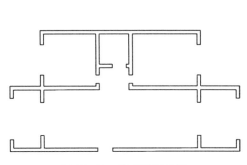

图 13-16　完成后的效果

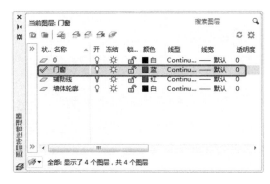

图 13-17　新建图层

06 使用【直线】工具，绘制长度为 645 的直线，然后使用【起点、端点、方向】圆弧工具，绘制一个角度为 90° 的弧线，如图 13-18 所示。

07 在命令行中输入【BLOCK】命令并按【Enter】键，弹出【块定义】对话框，在【名称】文本框中输入【门】，单击【选择对象】按钮，拾取刚绘制的门，按【Enter】键返回到

【块定义】对话框，然后单击【拾取点】按钮，拾取圆弧的端点按【Enter】键返回到【块定义】对话框，单击【确定】按钮完成操作，如图 13-19 所示。

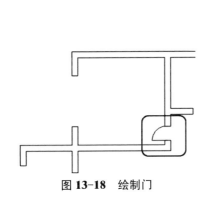

图 13-18 绘制门

图 13-19 创建块

08 在命令行中输入【INSERT】命令，并按【Enter】键，弹出【插入】对话框，如图 13-20 所示。

09 将步骤 07 创建的【门】图块插入到图形中，然后使用【镜像】工具进行镜像，删除源对象，如图 13-21 所示。

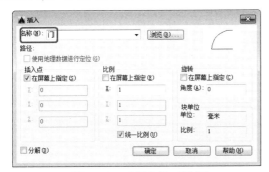

图 13-20 【插入】对话框

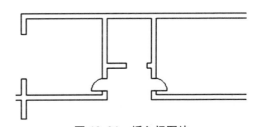

图 13-21 插入门图块

10 使用同样的方法绘制其他的门，如图 13-22 所示。

11 使用【矩形】工具绘制长度为 120、宽度为 1 117.5 的矩形，然后使用【移动】和【复制】工具将绘制的矩形移动到合适的位置，如图 13-23 所示。

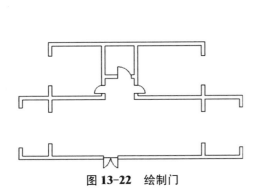

图 13-22 绘制门

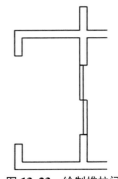

图 13-23 绘制推拉门

331

12 使用同样的方法创建块，将名称设为【推拉门】，然后将创建的【推拉门】图块插入单放置到合适的位置，如图 13-24 所示。

13 使用【直线】工具绘制如图 13-25 所示的直线。

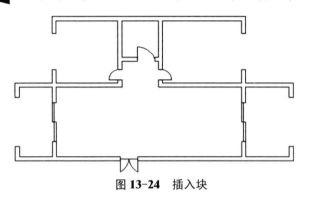

图 13-24　插入块

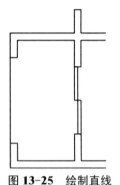

图 13-25　绘制直线

14 连续使用【偏移】工具，将直线向右偏移 60，偏移 4 次，如图 13-26 所示。

15 使用同样的方法绘制其他的窗图形，完成后的效果如图 13-27 所示。

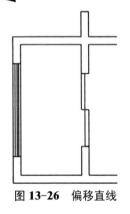

图 13-26　偏移直线

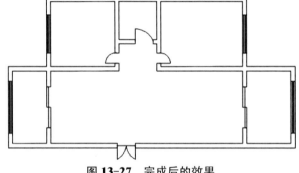

图 13-27　完成后的效果

13.3.4　文字标注及尺寸标注

本节将介绍如何为绘制完成的室内平面图进行尺寸标注及文字标注。操作步骤如下：

01 打开【图层特性管理器】选项板，新建【文字】图层，将【颜色】设置为红色，并置为当前图层，如图 13-28 所示。

02 在命令行输入【TEXT】命令，并按【Enter】键，然后根据命令提示，指定起点，将【高度】设为 500，【角度】设为 0，输入相应的文字，如图 13-29 所示。

03 使用同样的方法对其他区域进行标注，完成后的效果如图 13-30 所示。

04 打开【图层特性管理器】选项板，新建【尺寸标注】图层，将【颜色】设置为白色，并置为当前图层，如图 13-31 所示。

05 在命令行中输入【DIMSTYLE】命令，并按【Enter】键，弹出【标注样式管理器】对话框，如图 13-32 所示。

06 单击【新建】按钮，弹出【创建新标注样式】对话框，将【新样式名】设置为【尺寸标注】，将【基础样式】设置为【ISO-25】，单击【继续】按钮，如图 13-33 所示。

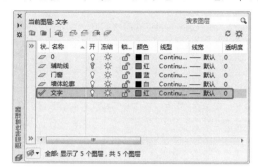

图 13-28　新建【文字】图层

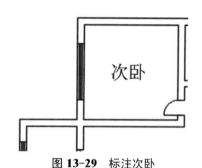

图 13-29　标注次卧

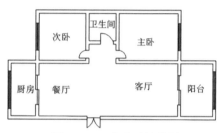

图 13-30　完成后的效果

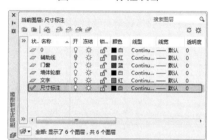

图 13-31　新建【尺寸标注】图层

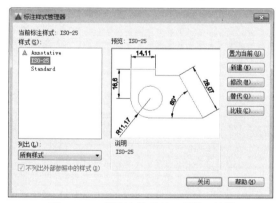

图 13-32　【标注样式管理器】对话框

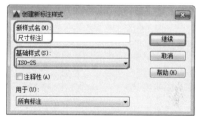

图 13-33　创建尺寸标注样式

07 弹出【新建标注样式：尺寸标注】对话框，切换至【文字】选项卡，将【文字高度】设置为 400，如图 13-34 所示。

08 切换至【主单位】选项卡，将【精度】设置为 0，单击【确定】按钮，如图 13-35 所示。

09 返回【标注样式管理器】对话框，选择【尺寸标注】样式，单击【置为当前】按钮，单击【关闭】按钮即可，如图 13-36 所示。

10 使用【线性标注】和【连续标注】对其进行标注，如图 13-37 所示。

11 将【文字】图层置为当前图层，在命令行输入【TEXT】命令并按【Enter】键，根据命令提示指定起点，将【高度】设为 800，【旋转角度】设为 0，并输入文字【原始平面图】，如图 13-38 所示。

12 使用【多段线】工具，指定起点，将【宽度】设为 150，绘制多段线，如图 13-39 所示。

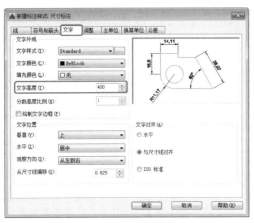

图 13-34　设置【文字高度】

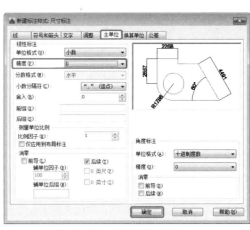

图 13-35　设置【精度】

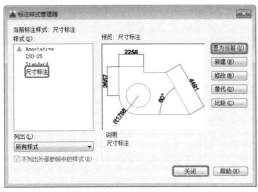

图 13-36　将【尺寸标注】置为当前

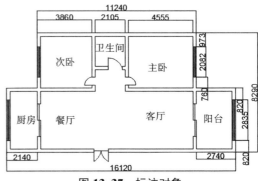

图 13-37　标注对象

图 13-38　标注文字

图 13-39　绘制多段线

13.3.5　地面铺装图的绘制及添加家具

地面铺装图是在平面布置图的基础上进行操作的，主要使用【图案填充】工具对所在的房间进行填充，并使用【引线标注】对使用的材料进行标注。

01 对创建的原始平面图进行复制，将其文字修改为【地面铺装图】，如图 13-40 所示。

02 打开【图层特性管理器】选项板，将【尺寸标注】图层隐藏，然后新建【地面】图层，并将其置为当前图层，如图 13-41 所示。

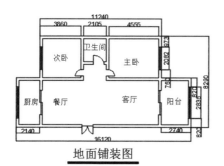

图 13-40　对文字进行修改

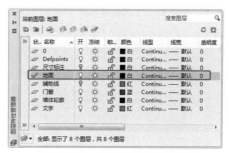

图 13-41　新建【地面】图层

03 在命令行输入【HATCH】命令并按【Enter】键，选择【设置】选项，弹出【图案填充和渐变色】对话框，单击【图案】右侧的 ![...] 按钮，弹出【填充图案选项板】对话框，切换至【其他预定义】选项卡，选择【ANGLE】图案，单击【确定】按钮，如图 13-42 所示。

04 返回到【图案填充和渐变色】对话框，将【比例】设为 100，单击【确定】按钮，如图 13-43 所示。

图 13-42　选择图案

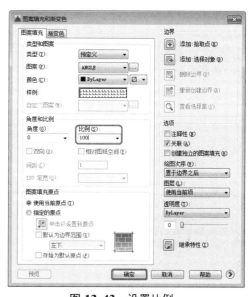

图 13-43　设置比例

05 返回绘图区对厨房及卫生间进行图案填充，从而形成防滑砖的效果，如图 13-44 所示。

06 继续使用【图案填充】工具，选择填充图案为【DOLMIT】，将比例设为 20，对卧室进行填充，从而形成木地板效果，如图 13-45 所示。

图 13-44　厨房和卫生间填充效果

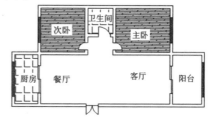

图 13-45　卧室填充效果

335

07 继续使用【图案填充】工具，选择填充图案为【ANSI37】，将比例设为 150，对餐厅、客厅和阳台进行填充，从而形成地板砖效果，如图 13-46 所示。

08 将【文字】图层置为当前图层，然后使用【多行文字】工具，将【高度】设为 500，然后对地面材质进行文字说明，效果如图 13-47 所示。

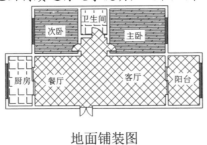

图 13-46　餐厅、客厅和阳台填充效果　　　图 13-47　进行文字说明

09 切换到原始平面图，然后打开随书附带光盘中的 CDROM\素材\第 13 章\素材.dwg 图形文件，将其调整到合适的位置，完成后的效果如图 13-48 所示。

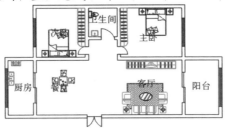

图 13-48　完成后的效果

13.4　室内平面户型图 B

本节将介绍如何绘制室内平面户型图 B，其中包括绘制辅助线、墙体、门、窗等对象，最终效果如图 13-49 所示。

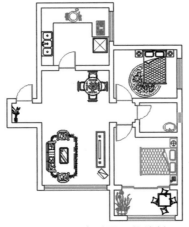

图 13-49　户型图 B 的绘制

13.4.1 绘制辅助线

在绘制室内平面图之前，首先要在绘图区中绘制辅助线，以方便平面图的绘制，下面介绍如何绘制辅助线，其具体操作步骤如下：

01 启动 AutoCAD 2016，按【Ctrl+N】组合键，弹出【选择样板】对话框，在该对话框中选择【acadiso】样板，如图 13-50 所示，单击【打开】按钮，按【F7】键取消栅格的显示。

02 在命令行执行【LAYER】命令，在【图层特性管理器】面板中单击【新建图层】按钮，新建【辅助线】图层，将【颜色】设置为红色，置为当前图层，如图 13-51 所示。

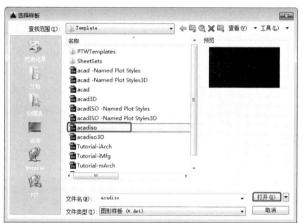

图 13-50　选择样板　　　　　　　　　图 13-51　新建图层

03 在命令行中执行【LINE】命令，在命令行中输入（1662，1000），按【Enter】键确认，再输入（@9300，0），按两次【Enter】键确认，绘制后的效果如图 13-52 所示。

04 在命令行中执行【OFFSET】命令，在绘图区分别将绘制的辅助线向下偏移 2100、3900、5900、9000、10500，偏移后的效果如图 13-53 所示。

图 13-52　绘制辅助线　　　　　　　　图 13-53　偏移直线后的效果

05 在命令行中执行【LINE】命令，在命令行中输入（2062，1400）坐标，按【Enter】键确认，再输入（@0，-11300），按两次【Enter】键完成绘制，绘制后的效果如图 13-54 所示。

06 在命令行中执行【OFFSET】命令，在绘图区中将新绘制的辅助线分别向右偏移 1500、5100、8500，偏移后的效果如图 13-55 所示。

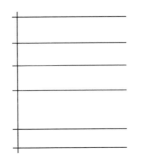

图 13-54　绘制垂直辅助线

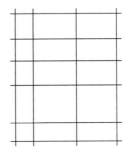

图 13-55　偏移后的效果

13.4.2　绘制墙体

当辅助线绘制完成后，接下来就要绘制户型图的大体轮廓，其具体操作步骤如下：

01 在命令行中执行【LAYER】命令，在弹出的面板中单击【新建图层】按钮，新建【墙体】图层，将其【颜色】设置为洋红，置为当前图层，效果如图 13-56 所示。

02 在命令行执行【MLSTYLE】命令，在弹出的对话框中单击【新建】按钮，如图 13-57 所示。

图 13-56　新建图层

图 13-57　单击【新建】按钮

03 在弹出的对话框中将【新样式名】设置为【墙体】，单击【继续】按钮，如图 13-58 所示。

04 在弹出的对话框中将【偏移】分别设置为 120、-120，如图 13-59 所示。

05 设置完成后，单击【确定】按钮，在返回的【多线样式】对话框中单击【置为当前】按钮，然后单击【确定】按钮，在命令行中执行【MLINE】命令，在命令行中输入【J】命令，按【Enter】键确认，在命令行中输入【Z】命令，按【Enter】键确认，在命令行中输入【S】命令，按【Enter】键确认，将比例设置为 1，按【Enter】键确认，在命令行中输入【ST】命令，按【Enter】键确认，输入多线名称【墙体】，按【Enter】键确认，将绘图区中如图 13-60 所示的交点指定为起点。

06 在绘图区中沿辅助线进行绘制，绘制后的效果如图 13-61 所示。

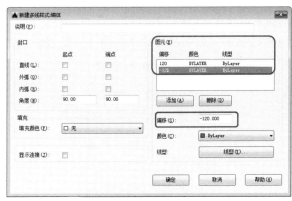

图 13-58　设置样式名称　　　　　　　图 13-59　设置偏移参数

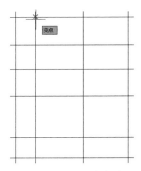

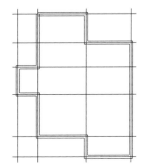

图 13-60　指定起点　　　　　　　　图 13-61　绘制墙体后的效果

07 在绘图区选择绘制的墙体，双击鼠标，在弹出的【多线编辑工具】对话框中选择【角点结合】选项，如图 13-62 所示。

08 在绘图区中对左上角的拐角进行选择，结合后的效果如图 13-63 所示。

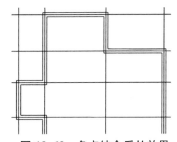

图 13-62　选择【角点结合】选项　　　　图 13-63　角点结合后的效果

09 将当前图层设置为【辅助线】，在命令行中执行【OFFSET】命令，在绘图区中将 A 线向右偏移 1280，偏移后的效果如图 13-64 所示。

10 将当前图层设置为【墙体】，在命令行中执行【MLINE】命令，以 A 点为起点，在命令行中输入（@0，3100）坐标，按【Enter】键确认，输入（@1280，0），按【Enter】键确认，输入（@0,-500），按【Enter】键确认，输入（@2120,0），按两次【Enter】键完成主卧室墙体的绘制，绘制后的效果如图13-65所示。

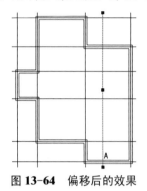

图13-64　偏移后的效果　　　　图13-65　绘制主卧室墙体

11　在命令行中执行【MLINE】命令，同样以A点为起点，在命令行中输入（@3400,0），按两次【Enter】键确认，完成主卧室阳台墙体的绘制，效果如图13-66所示。

12　在命令行中执行【MLINE】命令，在绘图区中以A点为起点，在命令行中输入（@0,1200），按两次【Enter】键完成卫生间墙体的绘制，效果如图13-67所示。

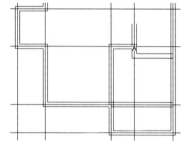

图13-66　绘制阳台墙体　　　　图13-67　绘制卫生间墙体

13　将当前图层设置为【辅助线】，在命令行中执行【OFFSET】命令，在绘图区中将A线向上偏移1200，偏移后的效果如图13-68所示。

14　将当前图层设置为【墙体】，在命令行中执行【MLINE】命令，在绘图区中以A点为起点，在命令行中输入（@-3400,0），按【Enter】键确认，输入（@0,2600），按两次【Enter】键完成次卧墙体的绘制，效果如图13-69所示。

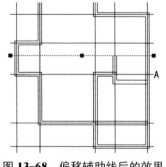
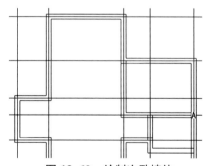

图13-68　偏移辅助线后的效果　　　　图13-69　绘制次卧墙体

15　将当前图层设置为【辅助线】，在绘图区中将A点处的水平线向上偏移1600，偏移后的效果如图 13-70 所示。

16 将当前图层设置为【墙体】，在命令行中执行【MLINE】命令，在命令行中输入（@3600, 0），按两次【Enter】键完成厨房墙体的绘制，效果如图 13-71 所示。

17 在命令行中输入【EXPLODE】命令，将墙体进行分解，在命令行中输入【TRIM】命令，在绘图区中对绘制的墙体进行修剪，完成后的效果如图 13-72 所示。

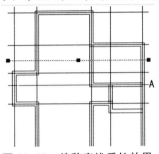
图 13-70　偏移直线后的效果

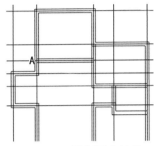
图 13-71　绘制厨房墙体

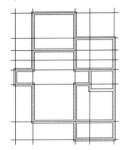
图 13-72　修剪后的效果

13.4.3　绘制门

下面介绍如何绘制门，其具体操作步骤如下：

01 在命令行中执行【LAYER】命令，在弹出的面板中单击【新建图层】按钮，并将其命名为【门】，将其【颜色】设置为绿色，效果如图 13-73 所示。

02 将当前图层设置为【辅助线】，在绘图区中将 A 线分别向右偏移 350、1 150，偏移后的效果如图 13-74 所示。

图 13-73　新建图层

03 当前图层设置为【门】图层，在命令行中输入【BREAK】命令，在绘图区中在偏移后的辅助线的交点上单击鼠标，将其中间的墙体修剪，效果如图 13-75 所示。

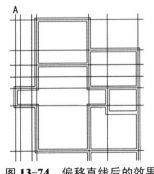
图 13-74　偏移直线后的效果

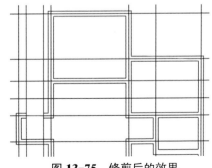
图 13-75　修剪后的效果

04 将当前图层设置为【墙体】，在命令行中执行【LINE】命令，在绘图区中对剪切的墙体进行连接，效果如图 13-76 所示。

05 将当前图层设置为【门】，并将【辅助线】图层隐藏，在命令行中执行【PLINE】命令，在绘图区中以 A 点为起点，在命令行中输入【W】命令，按【Enter】键确认，输入 20，按两次【Enter】键确认，输入（@800, 0），按【Enter】键确认，输入（@0, 800），按两次【Enter】键完成绘制，效果如图 13-77 所示。

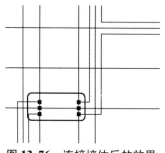

图 13-76　连接墙体后的效果

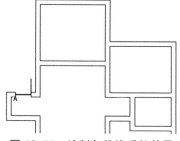

图 13-77　绘制多段线后的效果

06 使用【圆弧】|【起点、端点、方向】工具，在绘图区中对绘制多段线进行连接，完成后的效果如图 13-78 所示。

07 将当前图层设置为【墙体】，将【辅助线】显示，在绘图区中选择门左右两侧的辅助线，在命令行中执行【MOVE】命令，以门左侧的端点为基点，在命令行中输入（@2150, 0），按【Enter】键确认，移动后的效果如图 13-79 所示。

图 13-78　绘制圆弧

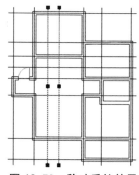

图 13-79　移动后的效果

08 使用【打断】工具，在绘图区中偏移后的辅助线的交点上单击，将其中间的墙体修剪，然后将辅助线隐藏，效果如图 13-80 所示。

09 在命令行中执行【LINE】命令，在绘图区中对剪切后的墙体进行连接，连接后的效果如图 13-81 所示。

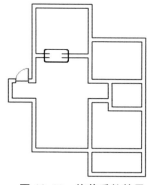

图 13-80　修剪后的效果

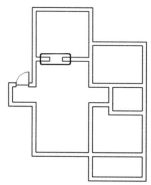

图 13-81　连接后的效果

10 将当前图层设置为【门】，在绘图区中选择绘制的门，在命令行中执行【COPY】命令，在绘图区中指定基点和第二个点，按【Enter】键完成复制，复制后的效果如图 13-82 所示。

11 使用同样的方法添加其他门，添加后的效果如图 13-83 所示。

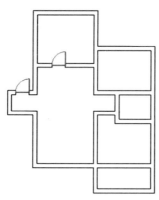

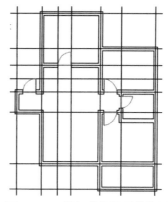

图 13-82 复制门后的效果   图 13-83 添加其他门后的效果

13.4.4 绘制窗户

下面介绍如何绘制窗户，其具体操作步骤如下：

01 在命令行中执行【LAYER】命令，在弹出的面板中单击【新建图层】按钮，新建【窗户】图层，将其【颜色】设置为青色，效果如图 13-84 所示。

02 在绘图区中将 A 线向左移动 260，将 B 线向右移动 260，移动后的效果如图 13-85 所示。

图 13-84 新建图层

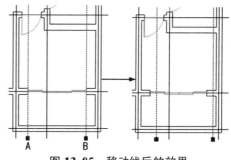

图 13-85 移动线后的效果

03 将当前图层设置为【墙体】，使用【打断】工具，在绘图区中偏移后的辅助线的交点上单击，将其中间的墙体修剪，然后将辅助线隐藏，效果如图 13-86 所示。

04 在命令行中执行【LINE】命令，在绘图区中对修剪后的墙体进行连接，连接后的效果如图 13-87 所示。

05 将当前图层设置为【窗户】，在命令行中执行【LINE】命令，在如图 13-88 所示的位置绘制一条直线。

06 在命令行中执行【OFFSET】命令，将直线向下偏移

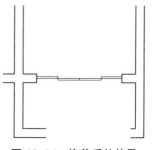

图 13-86 修剪后的效果

80、80、80，偏移后的效果如图 13-89 所示。

07 使用同样的方法绘制其他窗户，绘制后的效果如图 13-90 所示，绘制完成后将绘制窗户的辅助线删除。

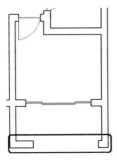

图 13-87 连接后的效果

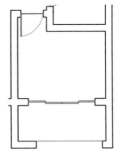

图 13-88 绘制直线

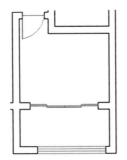

图 13-89 偏移直线后的效果

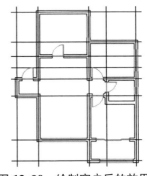

图 13-90 绘制窗户后的效果

13.4.5 添加标注与家具

本节介绍如何为绘制完成的室内平面图添加标注和家具，其具体操作步骤如下：

01 在【图层特性管理器】面板中将【辅助线】图层隐藏，在绘图区选中所有对象，对其进行复制。复制后的效果如图 13-91 所示。

提示

为了更好地显示标注效果，使用左侧的图形进行标注，右侧的图形来显示添加家具后的效果。

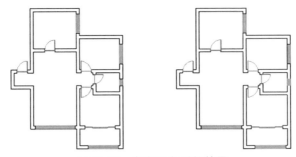

图 13-91 复制对象后的效果

02 在菜单栏中选择【标注】|【标注样式】命令，在弹出的对话框中单击【新建】按钮，在弹出的【创建新标注样式】对话框中将【新样式名】设置为【平面图】，如图 13-92 所示。

03 单击【继续】按钮，在弹出的对话框中选择【线】选项卡，将尺寸线和尺寸界线的【颜色】都设置为蓝色，将【超出尺寸线】设置为 100，将【起点偏移量】设置为 300，如图 13-93 所示。

图 13-92　设置新样式名

图 13-93　设置尺寸线与尺寸界线参数

04 选择【符号和箭头】选项卡，将【箭头大小】设置为 100，如图 13-94 所示。

05 选择【文字】选项卡，在【文字外观】选项组中将【文字颜色】设置为蓝色，将【文字高度】设置为 300，在【文字位置】选项组中将【从尺寸线偏移】设置为 50，如图 13-95 所示。

图 13-94　设置箭头参数

图 13-95　设置文字参数

06 选择【主单位】选项卡，在【线性标注】选项组中的【精度】下拉列表中选择【0】，如图 13-96 所示。

07 设置完成后，单击【确定】按钮，在【标注样式管理器】对话框中单击【置为当前】按钮，如图 13-97 示。

08 在命令行中输入【LAYER】命令，在【图层特性管理器】面板中单击【新建图层】按钮，将其名称设置为【标注】，如图 13-98 所示。

09 将当前图层设置为【标注】,在绘图区中对平面图进行标注,标注后的效果如图 13-99 所示。

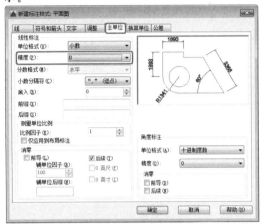

图 13-96 设置单位精度

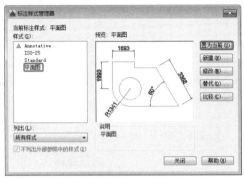

图 13-97 单击【置为当前】按钮

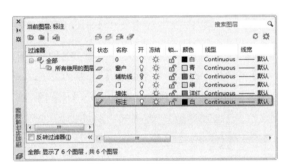

图 13-98 新建图层

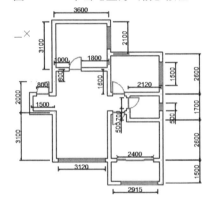

图 13-99 标注后的效果

10 按【Ctrl+O】组合键,在弹出的对话框中打开随书附带光盘中的 CDROM\素材\第 13 章\素材 02.dwg 图形文件,如图 13-100 所示。

11 将素材文件中的对象添加复制到平面图中,并在绘图区中调整其位置,完成后的效果如图 13-101 所示。

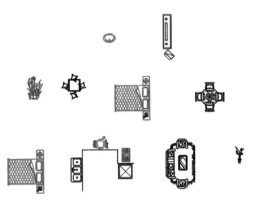

图 13-100 打开的素材文件

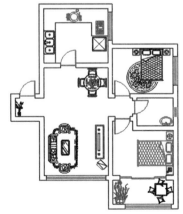

图 13-101 添加家具后的效果

13.5 室内平面户型图 C

本例将讲解如何绘制室内平面户型图 C，如图 13-102 所示。

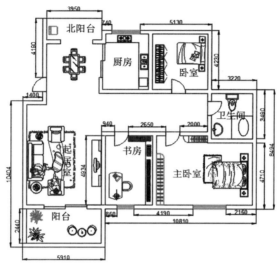

图 13-102 完成后的效果

13.5.1 绘制辅助线

为了方便平面图的绘制，需要绘制辅助线，其具体操作步骤如下：

01 启动软件后，新建一个空白图纸，在命令行中输入【LAYER】命令，单击【新建图层】按钮 ，将图层名称更改为【辅助线】，将【颜色】设置为红色，并将其置为当前图层，如图 13-103 所示。

02 在命令行中输入【LINE】命令，绘制一条长度为 20 000 的直线，使用【偏移】工具，向上依次偏移 504、3 000、3 530、700，向下偏移 4 710、2 720，在 A 点处绘制一条长度为 20 000 的垂直直线，适当调整位置，如图 13-104 所示。

图 13-103 新建【辅助线】图层

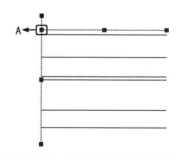

图 13-104 偏移直线并绘制垂直线段

03 使用【偏移】工具，将绘制的垂直线段向右依次偏移 1 969、1 400、4 040、190、3 330、320、3 940、3 220，然后将最左侧的垂直线段删除，如图 13-105 所示。

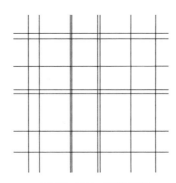

图 13-105　偏移线段

13.5.2　绘制墙体

绘制墙体操作步骤如下：

01 在菜单栏中执行【格式】|【多线样式】命令，弹出【多线样式】对话框，单击【新建】按钮，在弹出的【创建新的多线样式】对话框中，将【新样式名】设置为【多线样式】，单击【继续】按钮，如图 13-106 所示。

02 弹出【新建多线样式：多线样式】对话框，在【封口】选项组勾选【直线】下的【起点】和【端点】复选框，将【图元】选项组的【偏移】分别设置为 7 和-7，如图 13-107 所示。

03 设置完成后单击【确定】按钮即可，返回至【多线样式】对话框，选择【多线样式】，并单击【置为当前】按钮，单击【确定】按钮，如图 13-108 所示。

图 13-106　创建多线样式

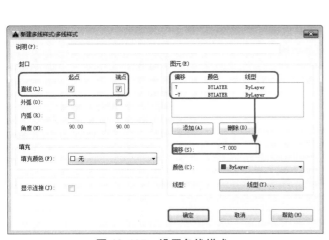

图 13-107　设置多线样式

图 13-108　将【多线样式】置为当前

04 在命令行中输入【LAYER】命令，打开【图层特性管理器】选项板，新建【轮廓线】图层，将【颜色】设置为白色，设置完成后将其置为当前图层，如图 13-109 所示。

05 在菜单栏中执行【绘图】|【多线】命令，在命令行中输入【J】，然后输入【Z】，然后绘制多线，如图 13-110 所示。

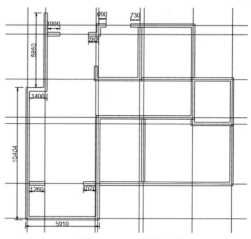

图 13-109　新建【轮廓线】图层　　　　图 13-110　绘制多线

06 打开【图层特性管理器】选项板，将【辅助线】图层隐藏，使用【分解】工具，将所有的多段对象进行分解，使用【打断于点】和【删除】工具，对其进行打断和删除，如图 13-111 所示。

07 将【辅助线】图层取消隐藏，使用【偏移】工具，选择 A 线段，将其向上偏移 1000，如图 13-112 所示。

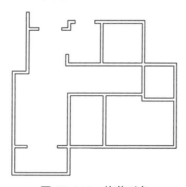

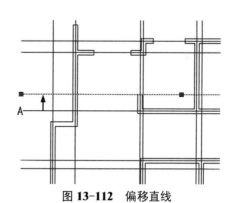

图 13-111　修剪对象　　　　图 13-112　偏移直线

08 使用【打断于点】和【删除】工具，将线段进行打断和删除，并使用【直线】工具，对其进行封口，并将偏移的线段删除，如图 13-113 所示。

09 选择 A 线段，使用【偏移】工具，向下依次偏移 700、1000，如图 13-114 所示。

10 再次使用【打断于点】和【删除】工具，将线段进行打断和删除，然后使用【直线】工具，对其进行封口，并将偏移的线段删除，如图 13-115 所示。

11 使用【偏移】工具，选择 A 线段，将其向右偏移 800、1000、1800、2200，选择 B 线段，将其向右偏移 800、1200、1800、2200，选择 C 线段，分别向两侧偏移 1200，如图 13-116 所示。

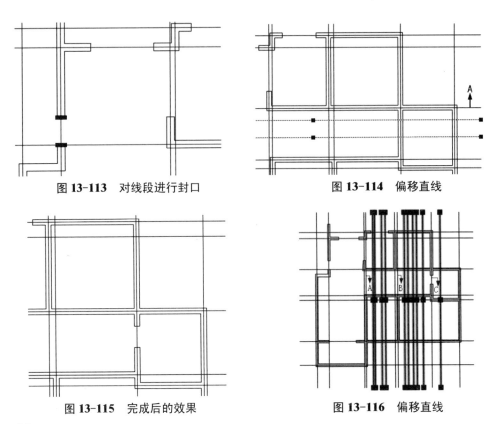

图 13-113　对线段进行封口　　　　　　　　图 13-114　偏移直线

图 13-115　完成后的效果　　　　　　　　图 13-116　偏移直线

12 使用上面的方法，将线段进行打断和删除并进行封口，最后将偏移的线段删除，如图 13-117 所示。

13 将【辅助线】进行隐藏，捕捉 A 点，使用【直线】工具，向右引导鼠标，输入 3 950，然后向下引导鼠标，捕捉端点，如图 13-118 所示。

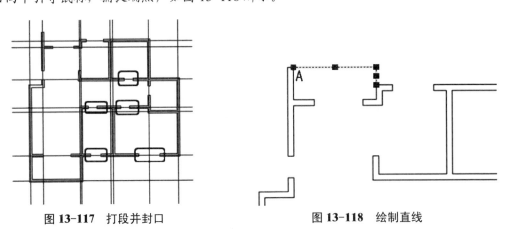

图 13-117　打段并封口　　　　　　　　　图 13-118　绘制直线

13.5.3　绘制门窗

绘制门窗操作步骤如下：

01 在命令行中输入【LAYER】命令，新建【门】图层，将【颜色】设置为蓝色，并将其置为当前图层，如图 13-119 所示。

　　02 使用【直线】工具，指定第一个点，然后向下引导鼠标输入 1 000，然后向左引导鼠标输入 1 000，使用【圆弧】|【起点、端点、方向】命令，绘制圆弧，对其进行编组，使用【移动】工具，将其移动至合适的位置，如图 13-120 所示。

图 13-119　新建图层　　　　　　　　　　　图 13-120　绘制门

　　03 使用【移动】、【复制】和【旋转】工具，将其移动到合适位置，如图 13-121 所示。

　　04 使用【矩形】工具，绘制两个长度为 1 535、宽度为 140 的矩形，使用【移动】工具，将其移动至合适的位置，如图 13-122 所示。

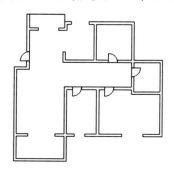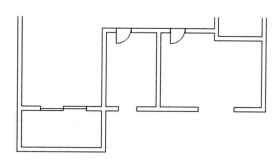

图 13-121　移动位置　　　　　　　　　　图 13-122　绘制双开门

　　05 再次使用【矩形】工具，绘制两个长度为 140、宽度为 1 195 的矩形，使用【移动】工具，将其移动至合适的位置，如图 13-123 所示。

　　06 在命令行中输入【LAYER】命令，新建【窗】图层，将【颜色】设置为青色，并将其置为当前图层，如图 13-124 所示。

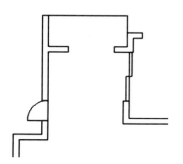

图 13-123　绘制双开门　　　　　　　　图 13-124　新建图层

351

07 在绘图区中绘制一条长度为 2 000 的直线，使用【偏移】工具，将偏移距离设置为 70，向上偏移 4 次，如图 13-125 所示。

08 使用同样的方法绘制其他窗，如图 13-126 所示。

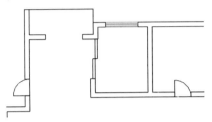

图 13-125　绘制窗

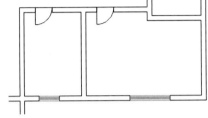

图 13-126　绘制全部窗效果

13.5.4　添加家具与标注

为平面图添加家具与标注，操作步骤如下：

01 打开随书附带光盘中的 CDROM\素材\第 13 章\素材 1.dwg 图形文件，将其调整到合适的位置，如图 13-127 所示。

02 在菜单栏中执行【格式】|【标注样式】命令，弹出【标注样式管理器】对话框，单击【新建】按钮，在弹出的对话框中将【新样式名】设置为【标注样式】，如图 13-128 所示。

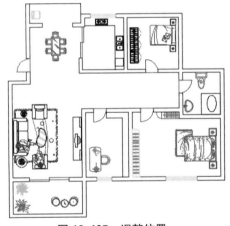

图 13-127　调整位置

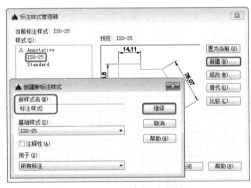

图 13-128　新建标注样式

03 弹出【新建标注样式：标注样式】对话框，切换至【线】选项卡，将【基线间距】设置为 35，将【超出尺寸线】和【起点偏移量】设置为 35，如图 13-129 所示。

04 切换至【符号和箭头】选项卡，将【箭头大小】设置为 300，如图 13-130 所示。

05 切换至【文字】选项卡，将【文字高度】设置为 300，如图 13-131 所示。

06 切换至【主单位】选项卡，将【精度】设置为 0，单击【确定】按钮，如图 13-132 所示。

07 返回至【标注样式管理器】对话框，选择【标注样式】，单击【置为当前】按钮，然后单击【关闭】按钮，如图 13-133 所示。

08 新建【标注】图层，将【颜色】设置为白色，其余保持默认设置，将其置为当前图层，如图 13-134 所示。

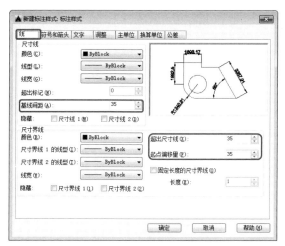

图 13-129　设置线参数

图 13-130　设置箭头参数

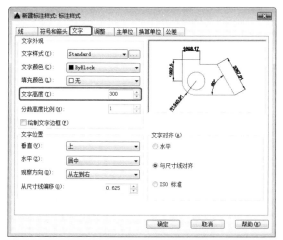

图 13-131　设置文字参数

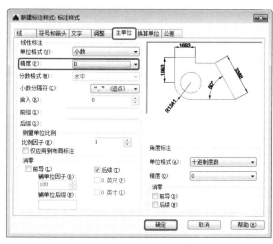

图 13-132　设置主单位参数

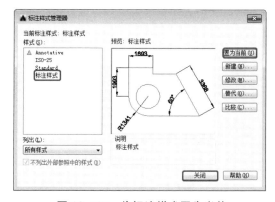

图 13-133　将标注样式置为当前

图 13-134　新建图层

09 使用【线性标注】命令, 对其进行标注, 如图 13-135 所示。

10 在命令行中输入【LAYER】命令, 新建【文字标注】图层, 将【颜色】设置为白色, 并将其置为当前图层, 如图 13-136 所示。

353

⑪ 使用【单行文字】工具，将【文字高度】设置为 500，在合适的位置添加文字，如图 13-137 所示。

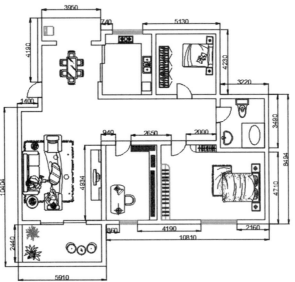

图 **13-135** 标注效果

图 **13-136** 新建图层

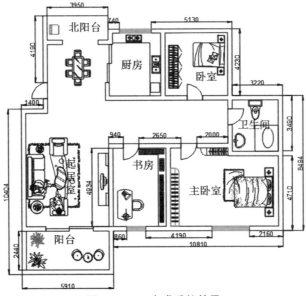

图 **13-137** 完成后的效果

室内立面图的绘制

本章导读：

重点知识 ▶

◆ 绘制客厅立面图

◆ 绘制餐厅立面图

◆ 绘制厨房立面图

◆ 绘制卧室立面图

◆ 绘制书房立面图

◆ 绘制卫生间立面图

室内立面图是施工图纸设计中重要的一环，它可以反映出客厅、卧室、厨房和卫生间等空间的各个面的详细部分。本章将详细介绍室内立面图的相关绘制方法。

14.1 绘制客厅立面图

客厅是家庭居住环境中最大的生活空间，也是家庭的活动中心，它的主要功能是家庭会客、看电视、听音乐、家庭成员聚谈等。客厅室内家具配置主要有沙发、茶几、电视柜、酒吧柜及装饰品陈列柜等。

14.1.1 绘制客厅立面图 A

下面将讲解如何绘制客厅立面图，具体操作步骤如下：

01 在命令行中输入【RECTANG】命令，指定第一点，在命令行中输入【D】，绘制一个长度为 9 000、宽度为 5 150 的矩形，如图 14-1 所示。

02 在命令行中输入【EXPLODE】命令，将矩形分解，将下侧边向上偏移 100，如图 14-2 所示。

03 再次使用【矩形】命令，指定第一点，在命令行中输入【D】，绘制一个长度为 3 465、宽度为 4 235 的矩形，如图 14-3 所示。

04 在命令行中输入【OFFSET】命令，选择绘制的矩形，向内部偏移 200，如图 14-4 所示。

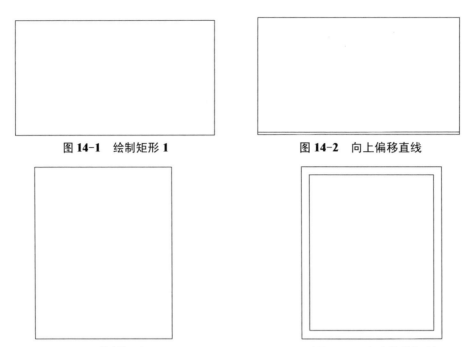

图 14-1　绘制矩形 1　　　　　　图 14-2　向上偏移直线

图 14-3　绘制矩形 2　　　　　　图 14-4　向内偏移矩形

05 在命令行中输入【EXPLODE】命令，将绘制的两个矩形进行分解，在命令行中输入【EXTEND】命令，将对象进行延伸，并将多余的线段删除，如图 14-5 所示。使用【矩形】工具，绘制一个长度为 1 275、宽度为 3 779 的矩形，如图 14-6 所示。

06 在命令行中输入【OFFSET】命令，选择绘制的矩形，将上一步绘制的矩形向内部偏移 100，如图 14-7 所示。

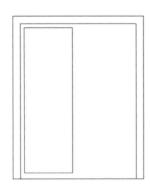
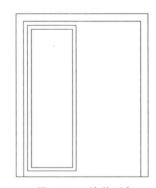

图 14-5　延伸并删除线段　　　图 14-6　绘制矩形 3　　　　图 14-7　偏移对象

07 再次使用【偏移】工具，将最左侧的线段向右偏移 1 732.5，如图 14-8 所示。

08 在命令行中输入【MIRROR】命令，将【矩形】向右进行镜像，如图 14-9 所示。

09 在命令行中输入【RECTANG】命令，指定第一点，在命令行中输入【D】，绘制一个长度为 50、宽度为 450 的矩形，如图 14-10 所示。

10 在命令行中输入【MIRROR】命令，选择绘制的对象，指定第一点和第二点，将其向右进行镜像，如图 14-11 所示。

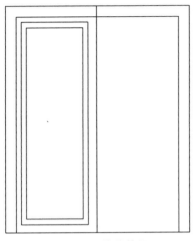

图 14-8　偏移效果

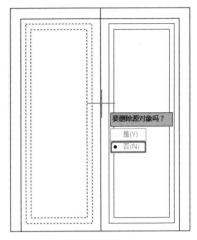

图 14-9　镜像对象

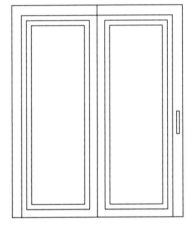

图 14-10　绘制矩形

图 14-11　镜像对象

11 选择绘制的门对象并右击，在弹出的快捷菜单中执行【组】|【组】命令，如图 14-12 所示。

12 选择对象，使用【移动】工具，将其移动至合适的位置，如图 14-13 所示。

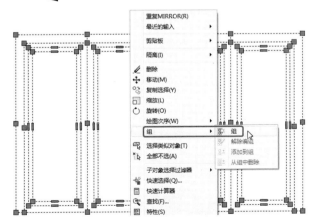

图 14-12　将对象进行编组

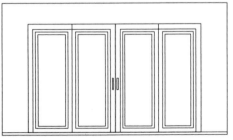

图 14-13　移动对象

⑬ 使用【打断于点】工具，将直线打断，如图 14-14 所示。

⑭ 在命令行中输入【OFFSET】命令，将打断的直线依次向上偏移 1262、1262、1262，如图 14-15 所示。

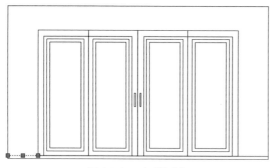

图 14-14 打断对象   图 14-15 偏移对象

⑮ 使用同样的方法，将右侧的直线进行打断，然后使用【偏移】工具，依次向上偏移 1262、1262、1262，如图 14-16 所示。

⑯ 在命令行中输入【HATCH】命令，将【图案填充图案】设置为【ANSI32】，将【填充图案比例】设置为 80，对其进行图案填充，如图 14-17 所示。

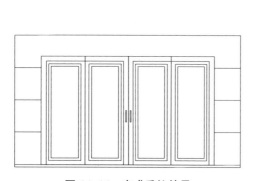

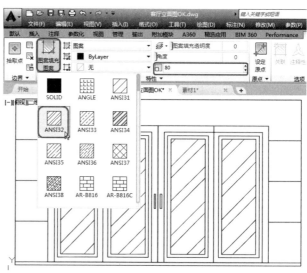

图 14-16 完成后的效果   图 14-17 填充图案

⑰ 打开随书附带光盘中的 CDROM\素材\第 14 章\素材 1.dwg 图形文件，将素材放置到合适的位置，如图 14-18 所示。

⑱ 在命令行中输入【LAYER】命令，打开【图层特性管理器】选项板，新建一个名为【标注样式】的图层，并将其置为当前图层，如图 14-19 所示。

⑲ 在菜单栏中执行【格式】|【标注样式】命令，如图 14-20 所示。

⑳ 在打开的对话框中单击【新建】按钮，弹出【创建新标注样式】对话框，将【新样式名】设置为【标注样式】，将【基础样式】设置为【ISO-25】，如图 14-21 所示。

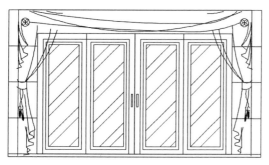

图 14-18 最终效果

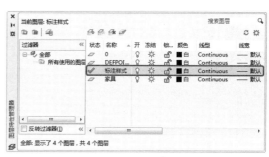

图 14-19 新建图层

图 14-20 执行【标注样式】命令

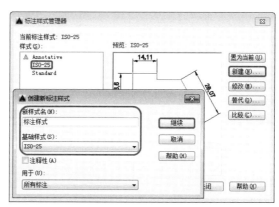

图 14-21 创建新标注样式

21 弹出【新建标注样式：标注样式】对话框，切换至【线】选项卡，将【尺寸线】选项组中的【基线间距】设置为 150，将【超出尺寸线】和【起点偏移量】设置为 150，如图 14-22 所示。

22 切换至【符号和箭头】选项卡，将【箭头】选项组中的【第一个】和【第二个】设置为【建筑标记】，将【箭头大小】设置为 250，如图 14-23 所示。

图 14-22 设置线参数

图 14-23 设置箭头参数

㉓ 切换至【文字】选项卡，将【文字高度】设置为 250，如图 14-24 所示。

㉔ 切换至【调整】选项卡，单击【文字位置】选项组中的【尺寸线上方，不带引线】单选按钮，如图 14-25 所示。

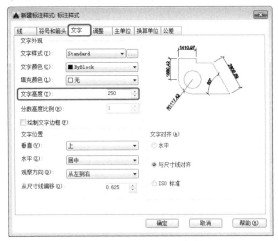

图 14-24 设置文字参数

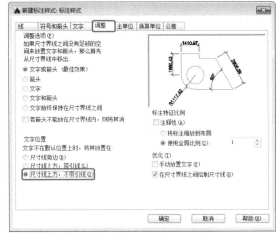

图 14-25 设置调整参数

㉕ 使用同样的方法，切换至【主单位】选项卡，将【线性标注】选项组中的【精度】设置为 0，单击【确定】按钮，然后选择【标注样式】，单击【置为当前】按钮，然后将对话框关闭即可。使用【线性标注】和【连续标注】对其进行标注，如图 14-26 所示。

 提示

> 在使用【连续标注】命令时，必须要先使用【线性标注】命令以后才可以使用，系统自动在先前标注的线性标注后面连续标注，只需要选择标注的尺寸的定位点即可。

㉖ 在菜单栏中执行【格式】|【多重引线样式】命令，弹出【多重引线样式管理器】对话框，单击【新建】按钮，弹出【创建新多重引线样式】对话框，将【新样式名】设置为【多重引线】，单击【继续】按钮，如图 14-27 所示。

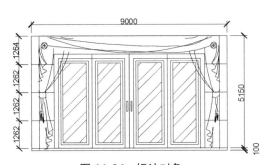

图 14-26 标注对象

图 14-27 设置【多重引线样式】

 提示

> 绘制立面图时需要根据设计要求绘制家具图案，也可以从图库中调取已有的或者以前曾经创建的家具图例。在实际的绘制过程中要注意灵活应用。

27 弹出【修改多重引线样式：多重引线】对话框，切换至【引线格式】选项卡，将【箭头】选项组中的【符号】设置为【点】，将【大小】设置为 250，如图 14-28 所示。

28 切换至【引线结构】选项卡，将【设置基线距离】设置为 20，如图 14-29 所示。

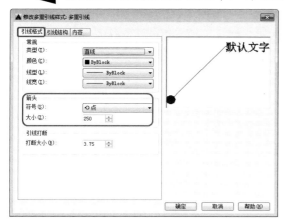

图 14-28　设置引线格式参数

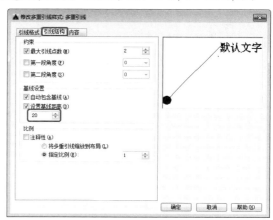

图 14-29　设置引线结构参数

29 切换至【内容】选线卡，将【文字高度】设置为 400，单击【确定】按钮，如图 14-30 所示。

30 返回至【多重引线样式管理器】对话框，选择【多重引线】样式，单击【置为当前】按钮，然后关闭该对话框即可，如图 14-31 所示。

图 14-30　设置内容参数

图 14-31　将【多重引线】样式置为当前

31 使用【引线】工具，对其进行文字标注说明，如图 14-32 所示。

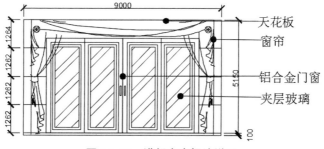

图 14-32　进行文字标注说明

14.1.2 绘制客厅立面图 B

下面讲解如何绘制客厅立面图 B，其具体操作步骤如下：

01 将【0】图层置为当前图层，在命令行中输入【RECTANG】命令，指定第一个点，在命令行中输入【D】，将矩形的长度设置为 12 000、宽度设为 5 150，如图 14-33 所示。

02 在命令行中输入【EXPLODE】命令，将矩形进行分解，在命令行中输入【OFFSET】命令，将下侧边向上依次偏移 100、300，如图 14-34 所示。

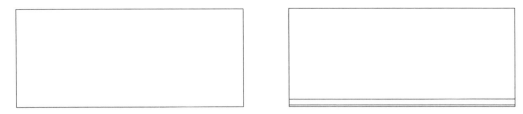

图 14-33　绘制矩形 1　　　　　　　　　图 14-34　偏移直线

03 再次使用【偏移】命令，将左侧边向右偏移 2 000、1 000、6 000、1 000，如图 14-35 所示。

04 在命令行中输入【TRIM】命令，对其进行修剪，如图 14-36 所示。

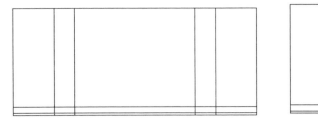

图 14-35　偏移对象　　　　　　　　　　图 14-36　修剪对象

05 在命令行中输入【RECTANG】命令，在命令行中输入【W】，将【宽度】设置为 40，指定第一个点，然后在命令行中输入【D】，将矩形的长度设置为 1 400、宽度设置为 2 600，如图 14-37 所示。

06 在命令行中输入【OFFSET】命令，向内部偏移 200，如图 14-38 所示。

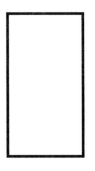
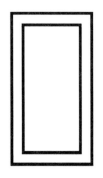

图 14-37　绘制矩形 2　　　　图 14-38　偏移对象 1

07 在命令行中输入【RECTANG】命令，绘制一个长度为1400、宽度为1400的矩形，如图14-39所示。

08 使用【偏移】工具，将上一步绘制的矩形向内部偏移200，如图14-40所示。

09 使用【矩形】工具，绘制一个长度为400、宽度为2600的矩形，如图14-41所示。

10 使用【偏移】工具，将上一步绘制的矩形向内部偏移100，如图14-42所示。

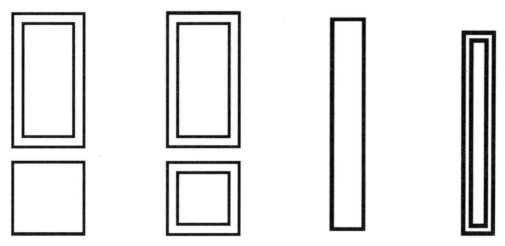

图 14-39　绘制矩形 3　　　图 14-40　偏移对象 2　　　图 14-41　绘制矩形 4　　　图 14-42　偏移对象 3

11 使用【矩形】工具，绘制一个长度为400、宽度为1400的矩形，如图14-43所示。

12 使用【偏移】工具，将上一步绘制的矩形向内部偏移100，如图14-44所示。

13 使用【移动】工具，将绘制的对象移动至合适的位置，使用【直线】工具，绘制直线，如图14-45所示。

14 在命令行中输入【MIRROR】命令，选择左侧的对象，对其进行镜像，如图14-46所示。

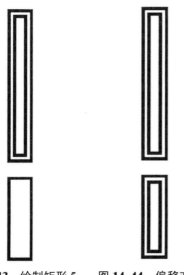

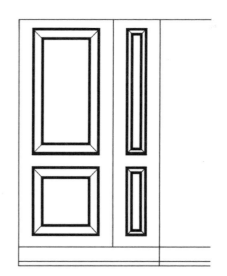

图 14-43　绘制矩形 5　　　图 14-44　偏移对象 4　　　　　　　图 14-45　绘制直线

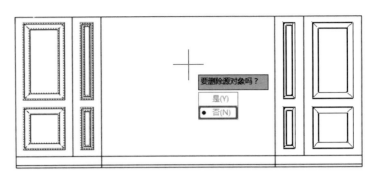

图 14-46　镜像对象

15 打开随书附带光盘中的 CDROM\素材\第 14 章\素材 1.dwg 图形文件，将对象复制到合适的位置，如图 14-47 所示。

16 在命令行中输入【RECTANG】命令，在命令行中输入【W】，将矩形的线宽设置为 0，指定第一个点，在命令行中输入绘制一个长度为 3 300、宽度为 1 400 的矩形，如图 14-48 所示。

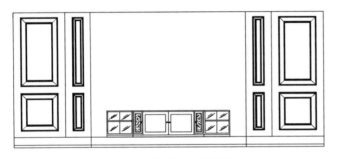

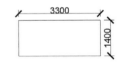

图 14-47　调整电视柜的位置　　　　图 14-48　绘制矩形 6

17 在命令行中输入【OFFSET】命令，选择上一步绘制的矩形，将其向内部依次偏移 150、30，如图 14-49 所示。

18 在命令行中输入【LINE】命令，绘制直线，如图 14-50 所示。

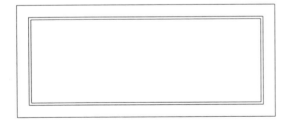

图 14-49　偏移矩形　　　　　　　　图 14-50　绘制直线

19 在命令行中输入【CIRCLE】命令，绘制 1 个半径为 25 的圆，然后将其进行复制，如图 14-51 所示。

20 再次使用【圆】命令，绘制一个长度为 60 的圆，在命令行中输入【OFFSET】命令，将其向内部偏移 10，然后使用【矩形】工具，绘制一个长度为 10、宽度为 74 的矩形，如图 14-52 所示。

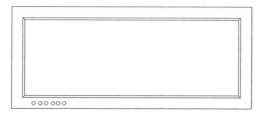

图 14-51 绘制圆

图 14-52 绘制矩形 7

21 使用【移动】工具，将其移动至合适的位置，如图 14-53 所示。

22 在命令行中输入【HATCH】命令，将【图案填充图案】设置为【CROSS】，将【图案填充比例】设置为 20，如图 14-54 所示。

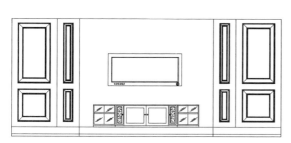

图 14-53 调整位置

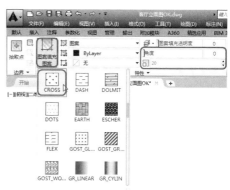

图 14-54 设置图案填充

 提示

使用【图案填充】（HATCH）命令时，需要选择填充的种类和比例等，具体设置如图 14-55 和图 14-56 所示。在选择好以上部分后，重要的一点是对填充区域的选择，填充壁纸时，由于填充的部分比较复杂，需要直接指定选择区域，这时选择以【添加：选择对象】的方式选择，需要把组成填充区域的所有线段都选择上，这样能够更加精确地指定选择区域。需要强调的是，以上选择区域必须是由线段组成的闭合区域，这样才能进行填充。

图 14-55 【填充图案选项板】对话框

图 14-56 【图案填充和渐变色】对话框

23 对图形进行填充，如图 14-57 所示。

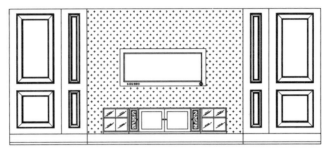

图 14-57　填充图案

24 将【标注样式】置为当前图层，使用【线性标注】和【连续标注】对其进行标注，如图 14-58 所示。

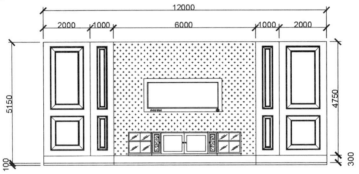

图 14-58　标注对象

25 使用【引线】工具，对其进行文字标注说明，如图 14-59 所示。

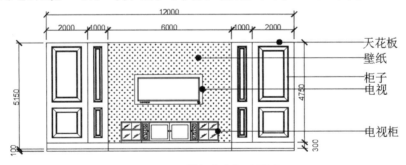

图 14-59　进行文字标注说明

14.1.3　绘制客厅立面图 C

下面讲解如何绘制客厅立面图 C，其具体操作步骤如下：

01 将【0】图层置为当前图层，在命令行中输入【RECTANG】命令，指定第一个点，在命令行中输入【D】，绘制一个长度为 9 000、宽度为 5 150 的矩形，如图 14-60 所示。

02 在命令行中输入【EXPLODE】命令，将绘制的矩形进行分解，将上侧边向下偏移 1 000、4 000，如图 14-61 所示。

图 14-60　绘制矩形

图 14-61　偏移上侧边

03 在命令行中输入【OFFSET】命令，将左侧边向右依次偏移 4 000、3 000，如图 14-62 所示。

04 在命令行中输入【TRIM】命令，将图形修剪，如图 14-63 所示。

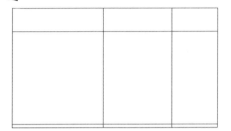

图 14-62　偏移左侧边

图 14-63　修剪对象

05 在命令行中输入【LINE】命令，绘制直线，如图 14-64 所示。

06 使用【打断于点】工具，将其进行打断，如图 14-65 所示。

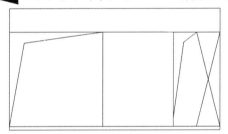

图 14-64　绘制直线

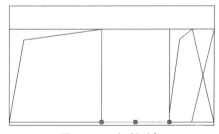

图 14-65　打断对象

07 在命令行中输入【OFFSET】命令，将打断的直线向上偏移 500，如图 14-66 所示。

08 在命令行中输入【RECTANG】命令，指定第一个点，在命令行中输入【D】，绘制一个长度为 2 600、宽度为 3 000 的矩形，并使用【移动】工具，将矩形移动至合适的位置，如图 14-67 所示。

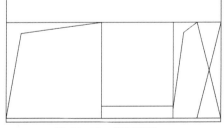

图 14-66　偏移直线

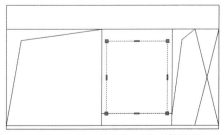

图 14-67　绘制矩形并调整位置

09 使用【偏移】工具，将其向内部偏移 100，如图 14-68 所示。

10 在命令行中输入【EXPLODE】命令，将偏移的矩形进行分解，在命令行中输入
【EXTEND】命令，对其进行延长，并将多余的线段删除，如图 14-69 所示。

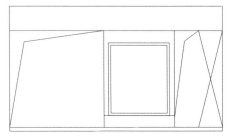

图 14-68　偏移矩形

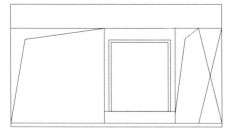

图 14-69　完成后的效果

11 使用【偏移】工具，将直线 A 向右偏移 1 000，如图 14-70 所示。

12 在命令行中输入【HATCH】命令，将【图案填充图案】设置为【AR-CONC】，将
【图案填充比例】设置为 2，将【角度】设置为 0，然后拾取对象，如图 14-71 所示。

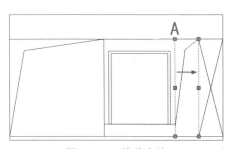

图 14-70　偏移直线

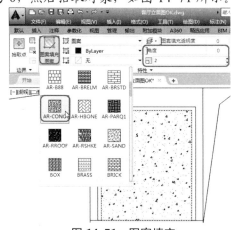

图 14-71　图案填充

13 再次使用【图案填充】工具，将【图案填充图案】设置为【GRASS】，将【图案填
充比例】设置为 4，将【角度】设置为 10，然后拾取对象，如图 14-72 所示。

14 打开随书附带光盘中的 CDROM\素材\第 14 章\素材 1.dwg 图形文件，将素材复制到
合适的位置，如图 14-73 所示。

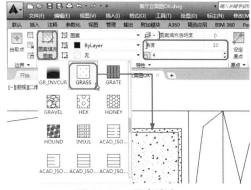

图 14-72　图案填充

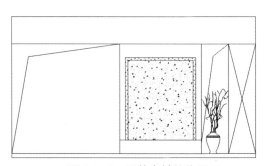

图 14-73　调整素材的位置

15 将【标注样式】置为当前图层，使用【线性标注】和【连续标注】对其进行标注，如图 14-74 所示。

16 使用【引线】工具，对其进行文字标注说明，如图 14-75 所示。

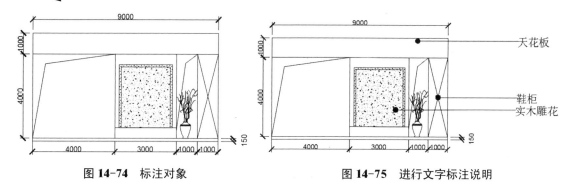

图 14-74　标注对象　　　　　　　　　　图 14-75　进行文字标注说明

14.1.4　绘制客厅立面图 D

下面讲解如何绘制客厅立面图 D，其具体操作步骤如下：

01 将客厅立面图 B 进行复制，然后将多余的对象进行删除，如图 14-76 所示。

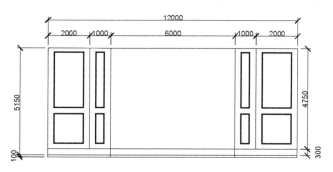

图 14-76　复制对象并删除多余的对象

02 将【0】图层设置为当前图层，打开随书附带光盘中的 CDROM\素材\第 14 章\素材1.dwg 图形文件，将其复制到合适的位置，如图 14-77 所示。

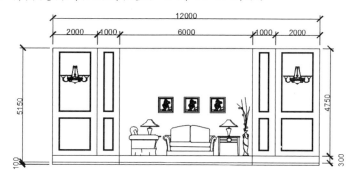

图 14-77　调整素材的位置

03 确认【标注样式】为当前图层，使用【引线】工具，对其进行文字标注说明，如

图 14-78 所示。

04 使用【单行文字】工具，对其他图形进行标注，将高度设置为 500，如图 14-79 所示。

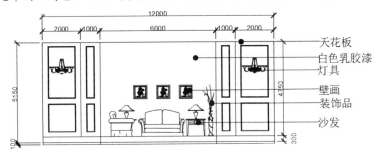

图 14-78 对文字进行标注说明

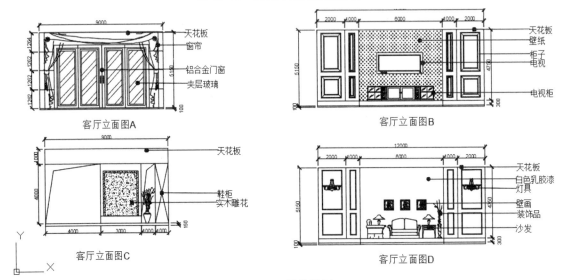

客厅立面图A

客厅立面图B

客厅立面图C

客厅立面图D

图 14-79 最终效果

14.2 绘制餐厅立面图

餐厅（restaurant），一般指在一定的场所，公开地对大众提供食品、饮料等餐饮的设施或公共餐饮屋，有时会与厨房或客厅相连。餐厅一般都是指供吃饭用的房间。

下面讲解如何绘制餐厅立面图，具体操作步骤如下：

01 按【Ctrl+N】组合键弹出【选择样板】对话框，在该对话框中选择【acadiso.dwt】样板，单击【打开】按钮，如图 14-80 所示。

02 在命令行中输入【LAYER】命令，按【Enter】键弹出【图层特性管理器】选项板，新建【墙体】图层，并将其置为当前图层，如图 14-81 所示。

03 在命令行中输入【RECTANG】命令并按【Enter】键，绘制长度为 4 900、宽度为 3 000 的矩形，如图 14-82 所示。

04 继续使用【矩形】工具，绘制两个相同的矩形，绘制长度为 1 000、宽度为 3 000 的矩形并调整到合适的位置，如图 14-83 所示。

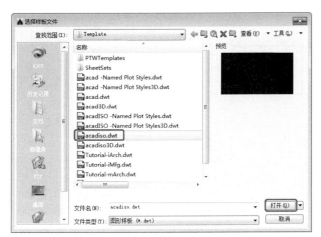

图 14-80　新建样板

图 14-81　新建图层

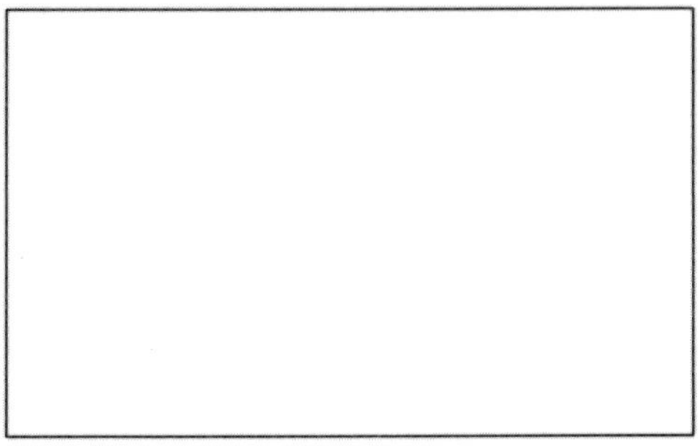

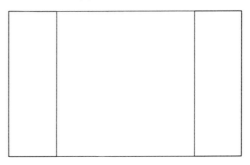

图 14-82　绘制矩形

图 14-83　继续绘制矩形并调整位置

05 在命令行中输入【EXPLODE】命令，按【Enter】键将第一次绘制的矩形进行分解。再在命令行中执行【OFFSET】命令，将最上方的直线向下偏移 500，偏移后的效果如图 14-84 所示。

06 使用【修剪】工具，选择所有图形，将偏移得到的线段进行修剪，效果如图 14-85 所示。

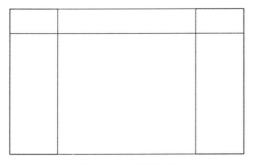

图 14-84　偏移直线

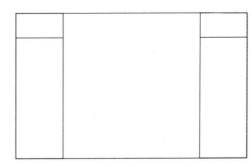

图 14-85　修剪图形

07 在命令行中执行【OFFSET】命令，将修剪后的线段进行偏移，偏移距离为 800，然后依次将偏移得到的直线分别向下偏移（左边偏移一次，右边偏移两次）。偏移效果如图 14-86 所示。

08 使用【多段线】工具，绘制如图 14-87 所示的多段线。

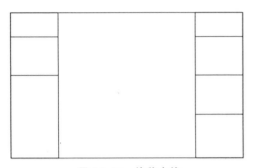

图 14-86　偏移直线

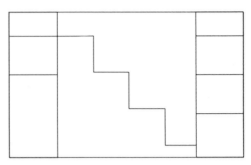

图 14-87　绘制多段线

09 打开【图层特性管理器】选项板，新建【填充】图层，并将其置为当前图层，如图 14-88 所示。

10 在命令行中执行【HATCH】命令，并按【Enter】键，选择【设置】选项，弹出【图案填充和渐变色】对话框，单击【图案】右侧的 ⊡ 按钮，弹出【填充图案选项板】对话框，切换至【其他预定义】选项卡，选择【DOTS】图案，单击【确定】按钮，如图 14-89 所示。

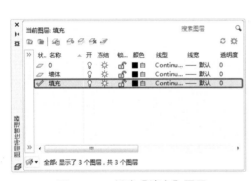

图 14-88　新建【填充】图层

图 14-89　选择填充图案

11 返回到【图案填充和渐变色】对话框，将【比例】设为 50，单击【确定】按钮，如图 14-90 所示。

12 返回绘图区对图形进行填充，如图 14-91 所示。

13 打开随书附带光盘中的 CDROM\素材\第 14 章\餐厅素材.dwg 文件，将文件中的素材图形进行复制，然后添加到餐厅立面图中，调整到如图 14-92 所示的位置。

14 打开【图层特性管理器】选项板，新建【文字标注】图层，单击右侧的【颜色】按钮，弹出【选择颜色】对话框，将【颜色】设为红色，单击【确定】按钮，如图 14-93 所示。

15 返回到【图层特性管理器】选项板，将创建的【文字标注】图层置为当前图层，如图 14-94 所示。

16 使用【单行文字】工具，将高度设为 200，旋转角度设为 0，对绘制的客厅立面图进行文字标注，如图 14-95 所示。

图 14-90　设置图案填充比例

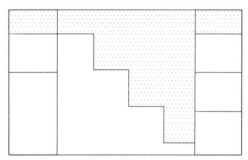

图 14-91　对图形进行填充

图 14-92　添加素材

图 14-93　设置图层颜色

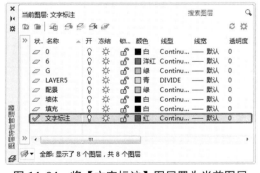

图 14-94　将【文字标注】图层置为当前图层

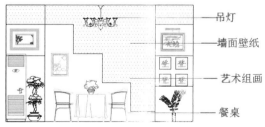

图 14-95　进行文字标注

⑰ 新建【尺寸标注】图层，并将其置为当前图层，如图 14-96 所示。

⑱ 打开【标注样式管理器】对话框，单击【修改】按钮，弹出【修改标注样式：ISO-25】，切换至【文字】选项卡，将【文字高度】设为 120，如图 14-97 所示。

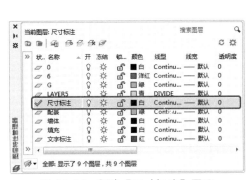

图 14-96　新建【尺寸标注】图层

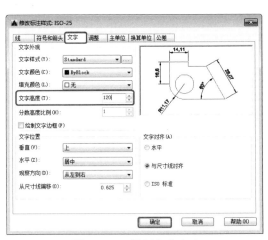

图 14-97　设置文字高度

19 切换至【主单位】选项卡，将【精度】设为 0，单击【确定】按钮，如图 14-98 所示。

20 返回到【标注样式管理器】对话框，单击【置为当前】按钮，然后单击【关闭】按钮，如图 14-99 所示。

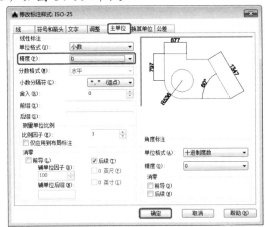

图 14-98　设置精度

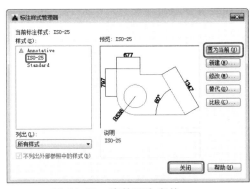

图 14-99　将其置为当前

21 返回绘图区，使用【标注】工具对图形进行尺寸标注，如图 14-100 所示。

22 将【文字标注】图层置为当前图层，使用【单行文字】工具，根据命令提示指定起点，将【高度】设为 300，【旋转角度】设为 0，并输入【餐厅立面图】，然后使用【多段线】工具，指定起点，将【宽度】设为 50，如图 14-101 所示。

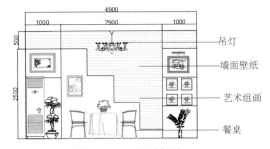

图 14-100　尺寸标注

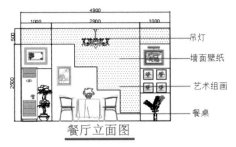

图 14-101　文字标注

14.3 绘制厨房立面图

厨房，是指可在内准备食物并进行烹饪的房间，一个现代化的厨房通常有的设备包括炉具（瓦斯炉、电炉、微波炉或烤箱）、流理台（洗碗槽或是洗碗机）及储存食物的设备（冰箱）。随着现代化的不断发展，厨房的布局与样式也越来越多样化，本节将根据前面所学的知识来绘制厨房立面图，效果如图 14-102 所示。

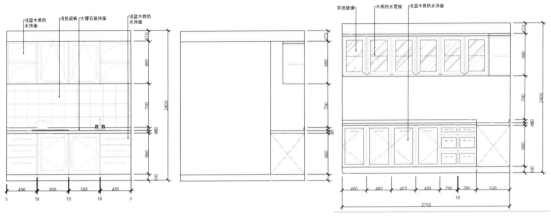

图 14-102 厨房立面图

14.3.1 绘制厨房立面图 A

下面讲解如何绘制厨房立面图 A ，具体操作步骤如下：

01 启动 Auto CAD 2016，按【Ctrl+O】组合键，在弹出的对话框中选择【acadiso.dwt】图形样板，如图 14-103 所示。

02 单击【打开】按钮，按【F7】键取消栅格显示，在命令行中输入【PL】命令，按【Enter】键确认，在绘图区中任意位置单击，指定多线的起点，根据命令提示输入（@0, 2400），按【Enter】键确认，输入（@2020, 0），按【Enter】键确认，输入（@0, -2400），按两次【Enter】键完成绘制，效果如图 14-104 所示。

图 14-103 选择图形样板

图 14-104 绘制多线

03 选中绘制的多线并右击，在弹出的快捷菜单中选择【特性】命令，如图 14-105 所示。

04 在弹出的【特性】选项板中将【颜色】设置为蓝色，如图 14-106 所示。

图 14-105　选择【特性】命令

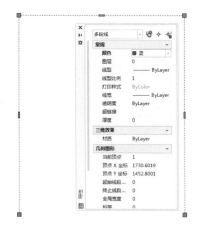

图 14-106　设置多线颜色

05 在命令行中输入【LINE】命令，按【Enter】键确认，在绘图区中以多线左下角的端点为起点，根据命令提示输入（@-2020,0），按两次【Enter】键完成绘制，效果如图 14-107 所示。

06 选中新绘制的直线，在命令行中输入【CP】命令，按【Enter】键确认，以选中直线左侧的端点为基点，根据命令提示输入（@0, 2230），按两次【Enter】键完成复制，效果如图 14-108 所示。

图 14-107　绘制直线

图 14-108　复制直线

07 将复制的直线【颜色】设置为红色，选中设置后的直线，在命令行中输入【CP】命令，按【Enter】键确认，以该直线左侧的端点为基点，根据命令提示输入（@0, -680），按两次【Enter】键完成复制，效果如图 14-109 所示。

08 在命令行中输入【REC】命令，按【Enter】键确认，以最上方红色直线的左侧端点为矩形的第一个角点，根据命令提示输入（@465, -630），按【Enter】键完成绘制，效果如图 14-110 所示。

09 选中绘制的矩形，在命令行中输入【M】命令，按【Enter】键确认，以该矩形左上角的端点为基点，根据命令提示输入（@25,-25），按【Enter】键完成移动，效果如图 14-111 所示。

10 在命令行中输入【L】命令，按【Enter】键确认，以矩形的右上角端点为起点，根据命令提示输入（@465，0），按两次【Enter】键确认，效果如图 14-112 所示。

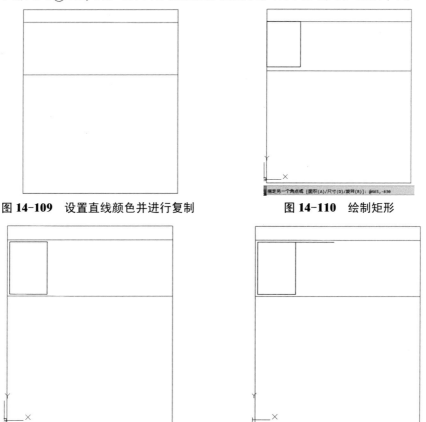

图 14-109　设置直线颜色并进行复制　　　　　图 14-110　绘制矩形

图 14-111　移动矩形　　　　　　　　　图 14-112　绘制直线线段

⑪　选中绘制的直线，在命令行中输入【M】命令，按【Enter】键确认，以该直线左侧端点为基点，根据命令提示输入（@-465，-302.5），按【Enter】键完成移动，效果如图 14-113 所示。

⑫　继续选中该直线，在命令行中输入【O】命令，按【Enter】键确认，将选中的直线向下偏移 25，按【Enter】键确认，效果如图 14-114 所示。

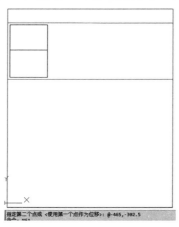

图 14-113　移动直线后的效果

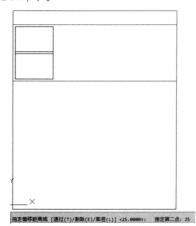

图 14-114　将直线进行偏移

⑬ 在绘图区选中绘制的矩形及偏移的两条直线，将其【颜色】设置为绿色，效果如图 14-115 所示。

⑭ 在命令行中输入【PL】命令，按【Enter】键确认，以矩形右上角的端点为起点，根据命令提示输入（@-381,-113），按【Enter】键确认，输入（@-84,-189.5），按两次【Enter】键确认，绘制后的效果如图 14-116 所示。

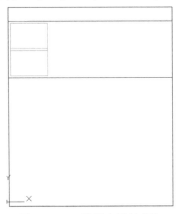

图 14-115　设置直线的颜色

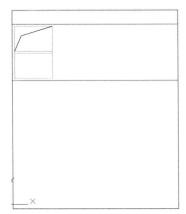

图 14-116　绘制多线后的效果

⑮ 选中绘制后的对象，在命令行中输入【CP】命令，按【Enter】键确认，以选中对象左上角的端点为基点，根据命令提示输入（@0,-327.5），按【Enter】键确认，效果如图 14-117 所示。

⑯ 在绘图区选中两条多线，在【特性】选项板中将【颜色】设置为【颜色 9】，效果如图 14-118 所示。

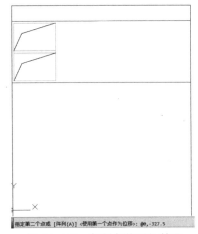

图 14-117　复制多线后的效果

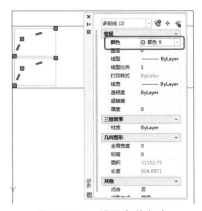

图 14-118　设置多线颜色

⑰ 在命令行中输入【REC】命令，按【Enter】键确认，以矩形右上角的端点为基点，根据命令提示输入（@500,-680），按【Enter】键完成绘制，效果如图 14-119 所示。

⑱ 选中新绘制的矩形，在命令行中输入【M】命令，按【Enter】键确认，以新矩形左上角的端点为基点，根据命令提示输入（@15,25），按【Enter】键完成移动，效果如图 14-120 所示。

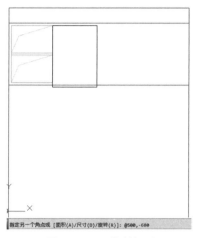

图 14-119　绘制矩形

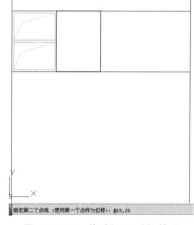

图 14-120　移动矩形后的效果

⑲ 选中移动后的矩形，在【特性】选项板中将其【颜色】设置为绿色，效果如图 14-121 所示。

⑳ 继续选中该矩形，在命令行中执行【O】命令，按【Enter】键确认，将其向内偏移 60，效果如图 14-122 所示。

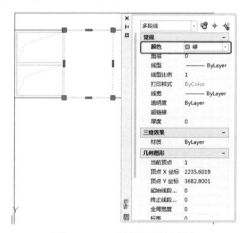

图 14-121　设置矩形的颜色

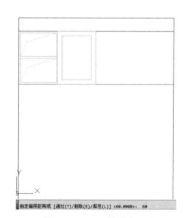

图 14-122　偏移矩形

㉑ 选中偏移后的矩形，将其【颜色】设置为【颜色 9】，在命令行中输入【PL】命令，按【Enter】键确认，在绘图区中以左下角的端点为起点，根据命令提示输入（@250, 680），按【Enter】键确认，输入（@250, -680），按两次【Enter】键完成绘制，效果如图 14-123 所示。

㉒ 选中绘制的多线，在命令行中输入【LINETYPE】命令，按【Enter】键确认，在弹出的对话框中单击【加载】按钮，如图 14-124 所示。

㉓ 在弹出的对话框中选中【ACAD_IS003W100】线型，如图 14-125 所示。

㉔ 单击【确定】按钮，在返回的对话框中单击【确定】按钮，确认该多线处于选中状态，在【特性】选项板中将【颜色】设置为【颜色 9】，将【线型】设置为【ACAD_IS003W100】，将【线型比例】设置为 0.11，效果如图 14-126 所示。

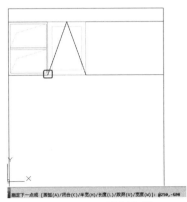

图 14-123　绘制多线

图 14-124　单击【加载】按钮

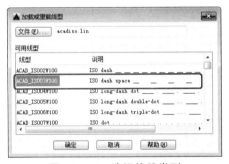

图 14-125　选择线段类型

图 14-126　设置多线特性

25 在命令行中执行【REC】命令，在绘图区中以如图 14-127 所示的端点为矩形的第一个角点，根据命令提示输入（@315,-10），按【Enter】键完成绘制。

26 确认新绘制的矩形处于选中状态，在【特性】选项板中将【颜色】设置为青色，将【线型】设置为【Bylayer】，如图 14-128 所示。

图 14-127　绘制矩形

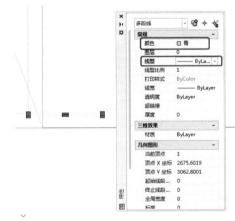

图 14-128　设置矩形的特性

27 继续选中该矩形，在命令行中输入【M】命令，按【Enter】键确认，以选中矩形的左上角端点为基点，根据命令提示输入（@-347.5,-25），按【Enter】键确认，效果如图 14-129 所示。

㉘ 移动完成后，在绘图区中选择如图 14-130 所示的图形对象。

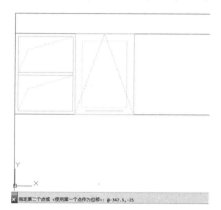

图 14-129　移动矩形后的效果

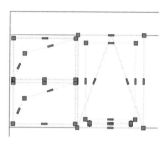

图 14-130　选择图形对象

㉙ 在命令行中执行【MI】命令镜像对象，在绘图区以红色直线的中点为基点，向下垂直移动鼠标，在合适的位置上单击，输入【N】，按【Enter】键确认，如图 14-131 所示。

㉚ 在绘图区选择如图 14-132 左图所示的对象，根据相同的方法将其进行镜像，并删除源对象，效果如图 14-132 右图所示。

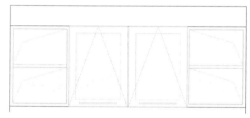

图 14-131　镜像对象后的效果

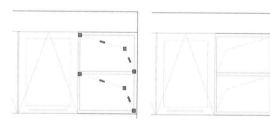

图 14-132　选择对象并进行镜像

㉛ 在绘图区选择两条红色的水平直线并右击，在弹出的快捷菜单中选择【绘图次序】|【前置】命令，如图 14-133 所示。

㉜ 在绘图区选择最下方的红色直线，在命令行中输入【O】命令，按【Enter】键确认，分别向下偏移 700、750、790、1 450，偏移后的效果如图 14-134 所示。

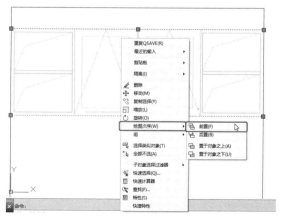

图 14-133　选择【前置】命令

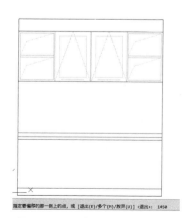

图 14-134　偏移直线后的效果

33 根据前面介绍的方法绘制其他柜子，绘制后的效果如图 14-135 所示。

34 打开随书附带光盘中的素材文件，将其复制至场景文件中，并指定其位置，效果如图 14-136 所示。

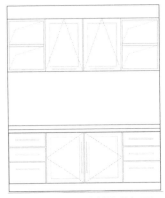

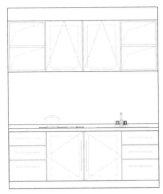

图 14-135　绘制其他柜子　　　　　　　　图 14-136　添加素材文件

35 按【Ctrl+A】组合键，选中所有对象，在命令行中输入【TR】命令，按【Enter】键确认，在绘图区中对选中的对象进行修剪，效果如图 14-137 所示。

36 在命令行中执行【REC】命令，在绘图区以如图 14-37 所示的端点为基点，绘制一个矩形，效果如图 14-138 所示。

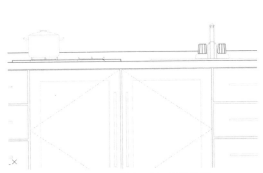

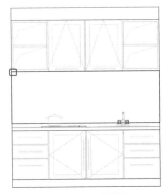

图 14-137　修剪对象后的效果　　　　　　　图 14-138　绘制矩形

37 在命令行中执行【HATCH】命令，在绘图区选择新绘制的矩形，输入【T】命令，在弹出的对话框中将【图案】设置为【NET】，将【颜色】设置为【颜色 9】，将【比例】设置为 65，如图 14-139 所示。

38 设置完成后，单击【确定】按钮，按【Enter】键完成填充，删除前面所绘制的矩形，并在绘图区中选择如图 14-140 所示的对象。

39 在命令行中输入【TR】命令，按【Enter】键确认，在绘图区对选中的对象进行修剪，修剪完成后，按【Enter】键确认，效果如图 14-141 所示。

40 在菜单栏中执行【格式】|【标注样式】命令，在弹出的对话框中单击【新建】按钮，弹出【创建新标注样式】对话框，将【新样式名】设置为【标注样式】，将【基础样式】设置为【ISO-25】，如图 14-142 所示。

图 14-139　设置图案填充

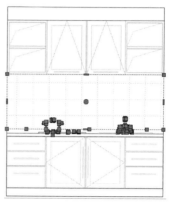

图 14-140　删除对象并选择对象

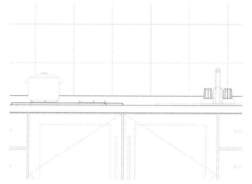

图 14-141　修剪对象后的效果

图 14-142　设置标注名称

🔴41　单击【继续】按钮，弹出【新建标注样式：标注样式】对话框，切换至【线】选项卡，在【尺寸线】选项组中将【颜色】设置为洋红，将【基线间距】设置为 50，在【尺寸界线】选项组中将【颜色】设置为洋红，将【超出尺寸线】和【起点偏移量】设置为 50，如图 14-143 所示。

🔴42　切换至【符号和箭头】选项卡，将【箭头】选项组中的【第一个】和【第二个】设置为【建筑标记】，将【箭头大小】设置为 50，如图 14-144 所示。

图 14-143　设置线参数

图 14-144　设置箭头参数

43 切换至【文字】选项卡，将【文字颜色】设置为洋红，将【文字高度】设置为50，如图 14-145 所示。

44 切换至【调整】选项卡，选中【文字位置】选项组中的【尺寸线上方，不带引线】单选按钮，如图 14-146 所示。

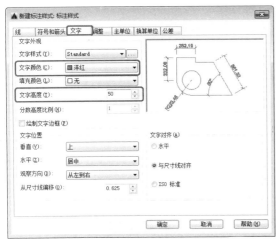

图 14-145　设置文字参数

图 14-146　设置文字位置参数

45 单击【确定】按钮，选择【标注样式】，单击【置为当前】按钮，然后将对话框关闭即可。使用【线性标注】和【连续标注】对其进行标注，如图 14-147 所示。

46 在菜单栏中执行【格式】|【多重引线样式】命令，弹出【多重引线样式管理器】对话框，单击【新建】按钮，弹出【创建新多重引线样式】对话框，将【新样式名】设置为【多重引线】，如图 14-148 所示。

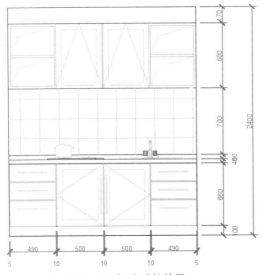

图 14-147　标注后的效果

图 14-148　设置新样式名

47 单击【继续】按钮，弹出【修改多重引线样式：多重引线】对话框，切换至【引线格式】选项卡，将【颜色】设置为洋红，将【箭头】选项组中的【符号】设置为【实小闭合】，将【大小】设置为 30，如图 14-149 所示。

48 切换至【引线结构】选项卡，将【设置基线距离】设置为 20，如图 14-150 所示。

49 切换至【内容】选线卡，将【文字】颜色设置为洋红，将【文字高度】设置为 50，如图 14-151 所示。

50 单击【确定】按钮，使用【引线】工具对其进行标注，效果如图 14-152 所示。

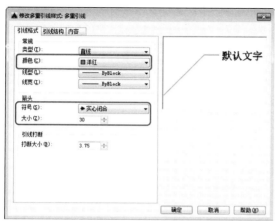

图 14-149　设置引线格式

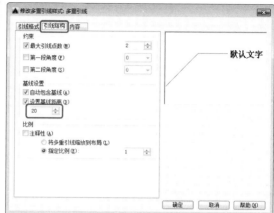

图 14-150　设置基线距离

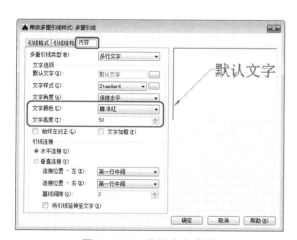

图 14-151　设置文字参数

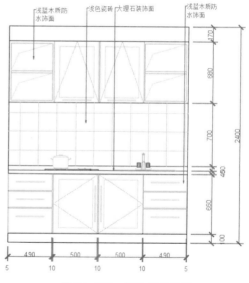

图 14-152　标注后的效果

14.3.2　绘制厨房立面图 B

下面讲解如何绘制厨房立面图 B，具体操作步骤如下：

01 继续前面的操作，在绘图区中选择如图 14-153 所示的对象。

02 在命令行中输入【CP】命令，按【Enter】键确认，以选中对象左下角的端点为基点，将其向右进行复制，效果如图 14-154 所示。

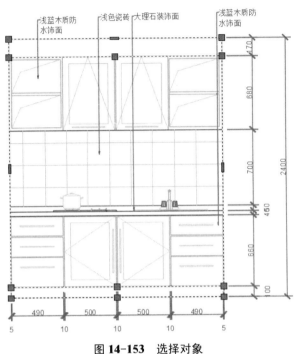

图 14-153　选择对象

图 14-154　复制对象

03 在命令行中执行【LINE】命令，按【Enter】键确认，在绘图区以多线左上角的端点为起点，根据命令提示输入（@0, -2130），按两次【Enter】键确认，效果如图 14-155 所示。

04 选中绘制的直线，在命令行中输入【M】命令，按【Enter】键确认，根据命令提示输入（@1470, -170），按【Enter】键确认，如图 14-156 所示。

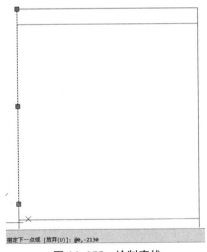

图 14-155　绘制直线

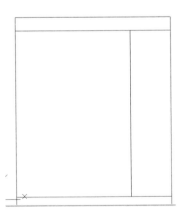

图 14-156　移动直线后的效果

05 选中移动后的直线，在【特性】选项板中将【颜色】设置为红色，如图 14-157 所示。

06 在命令行中输入【REC】命令，按【Enter】键确认，在绘图区以如图 14-158 所示的端点为新矩形的第一个角点，根据命令提示输入（@-347.5, -30），按【Enter】键确认，效果如图 14-158 所示。

图 14-157　设置线型颜色

图 14-158　绘制矩形

07　选中绘制的矩形，将其【颜色】设置为红色，在命令行中输入【L】命令，按【Enter】键确认，在绘图区以矩形左下角的端点为起点，根据命令提示输入（@347.5，0），按两次【Enter】键确认，效果如图 14-159 所示。

08　选中绘制的直线，在命令行中输入【M】命令，按【Enter】键确认，以选中直线左侧的端点为基点，根据命令提示输入（@0，-25），按【Enter】键确认，效果如图 14-160 所示。

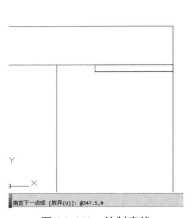

图 14-159　绘制直线

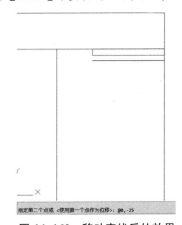

图 14-160　移动直线后的效果

09　继续选中该直线，将其【颜色】设置为绿色，在命令行中输入【O】命令，按【Enter】键确认，将选中的直线向下偏移 600，偏移后的效果如图 14-161 所示。

10　在命令行中输入【PL】命令，按【Enter】键确认，在绘图区中以红色矩形左下角的端点为基点，根据命令提示输入（@-270，0），按【Enter】键确认，输入（@0，-25），按【Enter】键确认，输入（@270，0），按两次【Enter】键确认，效果如图 14-162 所示。

11　选中绘制的多线，在命令行中输入【M】命令，按【Enter】键确认，以多线的起点为基点，根据命令提示输入（@347.5，-312.5），按【Enter】键确认，并将其【颜色】设置为绿色，效果如图 14-163 所示。

12 在命令行中输入【PL】命令，按【Enter】键确认，以红色矩形左下角的端点为起点，根据命令提示输入（@0, -650），按【Enter】键确认，输入（@347.5, 0），按两次【Enter】键完成绘制，将其【颜色】设置为红色，效果如图 14-164 所示。

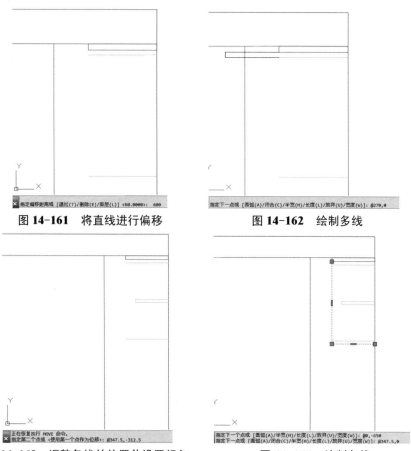

图 14-161　将直线进行偏移

图 14-162　绘制多线

图 14-163　调整多线的位置并设置颜色

图 14-164　绘制多线

13 使用同样的方法绘制其他对象，并对绘制的对象进行调整，效果如 14-165 所示。

14 根据前面介绍的方法为绘制的图形添加标注，效果如图 14-166 所示。

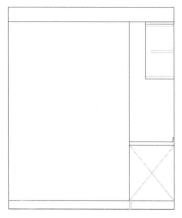

图 14-165　绘制其他对象

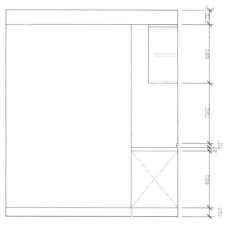

图 14-166　添加标注后的效果

14.3.3 绘制厨房立面图 C

下面讲解如何绘制厨房立面图 C，具体操作步骤如下：

01 在命令行中输入【PL】命令，按【Enter】键确认，在绘图区指定多线的起点，根据命令提示输入（@0, 2400），按【Enter】键确认，输入（@2750, 0），按【Enter】键确认，输入（0, -2400），按两次【Enter】键确认，效果如图 14-167 所示。

02 选中绘制的多线，将其【颜色】设置为蓝色，在命令行中执行【L】命令，按【Enter】键确认，以多线的起点为新起点，根据命令提示输入（@2750, 0），按两次【Enter】键确认，效果如图 14-168 所示。

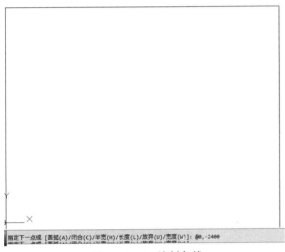

图 **14-167** 绘制多线

图 **14-168** 绘制直线

03 绘制完成后，在绘图区中选择如图 14-169 所示的对象。

04 在命令行中输入【CP】命令，按【Enter】键确认，对选中的对象进行复制，复制后的效果如图 14-170 所示。

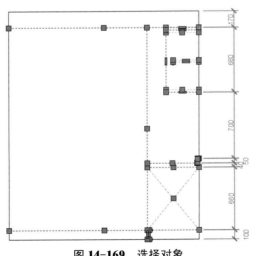

图 **14-169** 选择对象

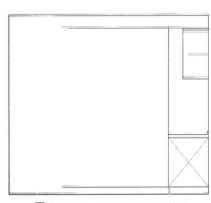

图 **14-170** 复制对象后的效果

389

05 复制完成后，对复制完成后的对象进行调整，调整后的效果如图 14-171 所示。

06 在绘图区选择最上方的红色直线，在命令行中输入【O】命令，按【Enter】键确认，将其分别向下偏移 30、680，偏移后的效果如图 14-172 所示。

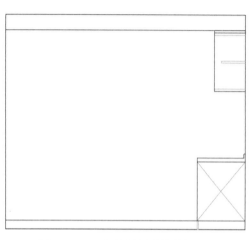

图 14-171　调整图形后的效果　　　　图 14-172　偏移直线后的效果

07 在命令行中输入【REC】命令，按【Enter】键确认，确定第一个角点，根据命令提示输入（@360, -600），按【Enter】键确认，效果如图 14-173 所示。

08 选中绘制的矩形，在命令行中输入【M】命令，以矩形左上角的端点为基点，根据命令提示输入（@20, -20），按【Enter】键确认，并将其【颜色】设置为绿色，如图 14-174 所示。

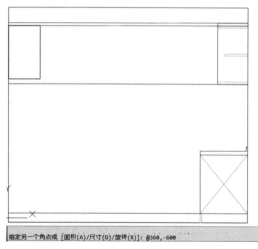

图 14-173　绘制矩形

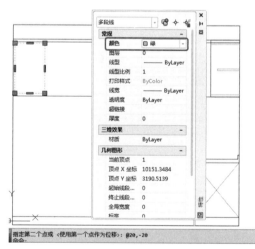

图 14-174　移动矩形并设置其颜色

09 继续选中该矩形，在命令行中输入【O】命令，按【Enter】键确认，将其分别向内偏移 45、50，效果如图 14-175 所示。

10 选中中间的矩形图形，在【特性】面板中将【颜色】设置为【颜色 8】，效果如图 14-176 所示。

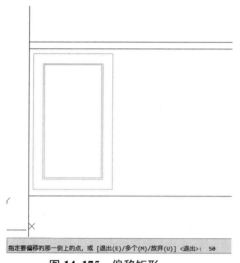

图 14-175　偏移矩形

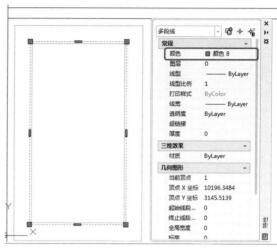

图 14-176　设置图形颜色

11 在命令行中输入【HATCH】命令，按【Enter】键确认，在绘图区选择最内侧的矩形，输入【T】，按【Enter】键确认，在弹出的对话框中将【图案】设置为【AR-RROOF】，将【颜色】设置为【颜色 8】，将【角度】和【比例】分别设置为 45、8，如图 14-177 所示。

12 单击【确定】按钮，按【Enter】键完成图案填充，效果如图 14-178 所示。

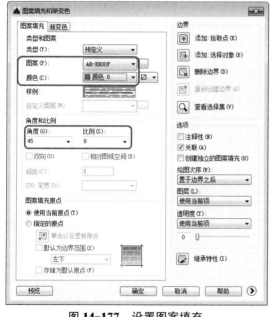

图 14-177　设置图案填充

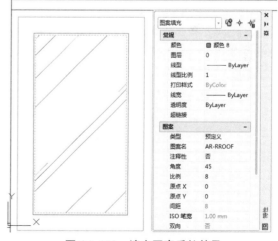

图 14-178　填充图案后的效果

13 根据前面所介绍的方法绘制其他图形，并对绘制的图形进行调整，效果如图 14-179 所示。

14 根据前面所介绍的方法为图形添加标注及引线，效果如图 14-180 所示。

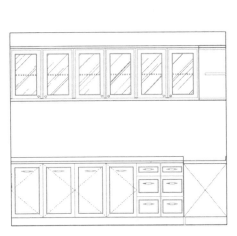

图 14-179　绘制其他图形后的效果

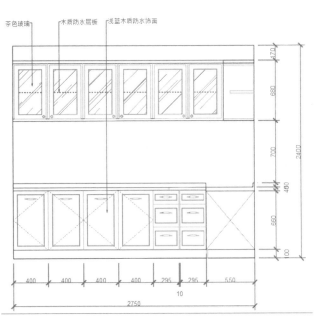

图 14-180　添加标注及引线后的效果

14.4　绘制卧室立面图

卧室立面图一般包含床、床头柜和灯具等的绘制，有些还需要做出衣柜或者进行墙面的装饰，如粘贴墙纸、壁纸等。绘制卧室立面图操作步骤如下：

01　在命令行中执行【RECTANG】命令，绘制一个长度为 4 900、宽度为 3 000 的矩形，如图 14-181 所示。

02　在命令行中执行【EXPLODE】命令将矩形分解，在命令行中执行【OFFSET】命令，将最左侧边向右偏移 900 和 4 000，偏移效果如图 14-182 所示。

03　继续在命令行中执行【OFFSET】）命令，将最底边分别向上偏移 150、2 500 和 2 800，偏移效果如图 14-183 所示。

图 14-181　绘制矩形

图 14-182　向右偏移

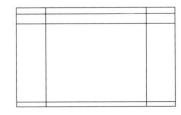

图 14-183　向上偏移

04　在命令行中执行【TRIM】命令，将多余的线段进行修剪，修剪效果如图 14-184 所示。

05　在命令行中执行【LINE】命令，绘制如图 14-185 所示的线段。

06　在命令行中执行【RECTANG】命令，在空白位置绘制一个长度为 100、宽度为 30 的矩形，如图 14-186 所示。

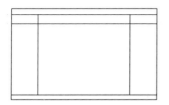
图 14-184 修剪效果

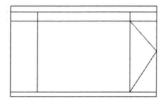
图 14-185 绘制线段

图 14-186 绘制矩形

07 在命令行中执行【CIRCLE】命令，绘制一个半径为 25 的圆，并放在如图 14-187 所示的位置。

08 在命令行中执行【TRIM】命令，将多余的线段进行修剪，修剪效果如图 14-188 所示。

图 14-187 绘制圆

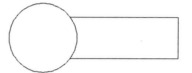
图 14-188 修剪线段

09 在命令行中执行【MOVE】命令，将绘制好的图形移动至如图 14-189 所示位置。

10 打开随书附带光盘中的 CDROM\素材\第 14 章\卧室立面图.dwg 文件，将文件中的素材图形进行复制，然后添加到卧室立面图中，调整到如图 14-190 所示的位置。

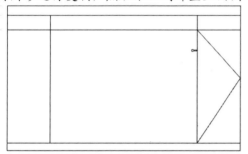
图 14-189 移动位置

图 14-190 添加素材

11 在命令行中执行【HATCH】命令，将【填充图案】设置为【AR-SAND】，【填充图案比例】设置为 5，对墙面进行图案填充，如图 14-191 所示。

12 对绘制的客厅立面图进行尺寸标注，如图 14-192 所示。

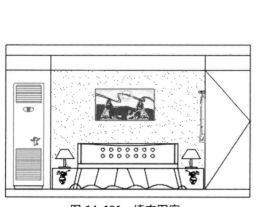
图 14-191 填充图案

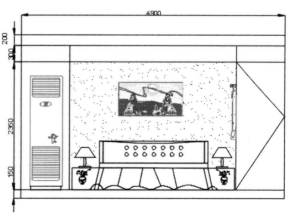
图 14-192 标注尺寸

393

⑬ 使用【单行文字】（TEXT）命令对所绘制的图纸进行说明，最后再使用【直线】命令将所输入的文字引出标注，如图 14-193 所示。

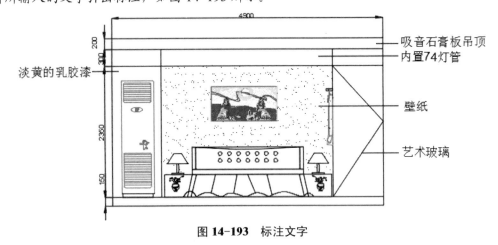

图 14-193　标注文字

14.5　绘制书房立面图

书房，古称书斋，是住宅内的一个房间，专门用作阅读、自修或工作之用。特别是从事文教、科技、艺术工作者必备的活动空间。书房，是人们结束一天工作之后再次回到办公环境的一个场所。因此，它既是办公室的延伸，又是家庭生活的一部分。书房的双重性使其在家庭环境中处于一种独特的地位。下面讲解如何绘制书房立面图，具体操作步骤如下：

⑴ 在命令行中执行【RECTANG】命令，在绘图区中绘制一个长度为 3 390、宽度为 2 900 的矩形，如图 14-194 所示。

⑵ 在命令行中执行【EXPLODE】命令将矩形分解，然后在命令行中执行【OFFSET】命令，将左侧的垂直直线向右偏移 1 000，如图 14-195 所示。

⑶ 在命令行中执行【RECTANG】命令，在绘图区绘制一个长度为 600、宽度为 1 000 的矩形，并在命令行中执行【MOVE】命令，将绘制的矩形移动到如图 14-196 所示的位置。

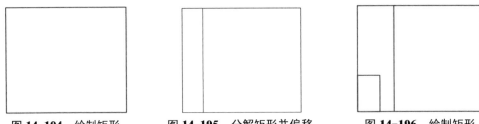

图 14-194　绘制矩形　　　图 14-195　分解矩形并偏移　　　图 14-196　绘制矩形

⑷ 在命令行中执行【RECTANG】命令，在绘图区中绘制 3 个长度为 600、宽度为 50 的矩形，在命令行中执行【MOVE】命令，将绘制的矩形移动到如图 14-197 所示的位置。

⑸ 继续在命令行中执行【RECTANG】命令，在绘图区绘制一个长度为 1 520、宽度为 2 600 的矩形，并在命令行中执行【MOVE】命令，将绘制的矩形移动到如图 14-198 所示的位置。

06 在命令行中执行【OFFSET】命令，将绘制的矩形向内偏移 80 的距离，偏移效果如图 14-199 所示。

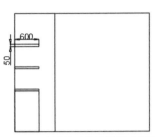

图 14-197 绘制矩形并置于合适位置

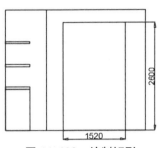

图 14-198 绘制矩形

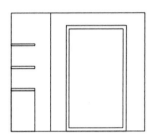

图 14-199 偏移矩形

07 在命令行中执行【EXPLODE】命令将偏移的矩形进行分解，然后在命令行中执行【OFFSET】命令，以偏移得到的直线作为偏移对象，将上边线段向下偏移 500、500、500、80、800 的距离，偏移效果如图 14-200 所示。

08 在命令行中执行【LINE】命令，绘制如图 14-201 所示的线段。

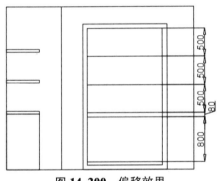

图 14-200 偏移效果

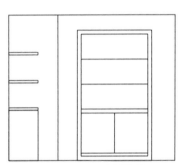

图 14-201 绘制线段

09 在命令行中输入【RECTANG】命令，在绘图区绘制一个长度为 20、宽度为 200 的矩形，并在命令行中执行【MOVE】命令，将绘制的矩形移动到如图 14-202 所示的位置。

10 在命令行中输入【MIRROR】命令，将刚绘制的矩形进行镜像，以步骤 08 绘制的线段为镜像线，镜像效果如图 14-203 所示。

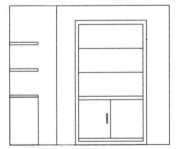

图 14-202 绘制矩形并移到合适位置

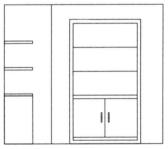

图 14-203 镜像效果

11 打开随书附带光盘中的 CDROM\素材\第 14 章\书房立面图.dwg 文件，将文件中的素材图形进行复制，然后添加到书房立面图中，调整到如图 14-204 所示的位置。

⓬ 在命令行中执行【HATCH】命令，将【填充图案】设置为【AR-SAND】，【填充图案比例】设置为 5，对墙面进行图案填充，如图 14-205 所示。

图 14-204 添加素材

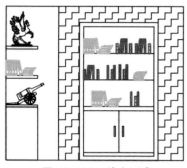

图 14-205 填充图案

⓭ 对绘制的客厅立面图进行尺寸标注，如图 14-206 所示。

⓮ 使用【单行文字】（TEXT）命令对所绘制的图纸进行说明，最后再使用【直线】命令将所输入的文字引出标注，如图 14-207 所示。

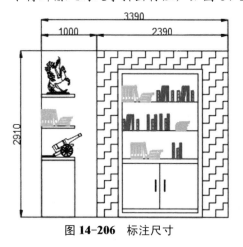

图 14-206 标注尺寸

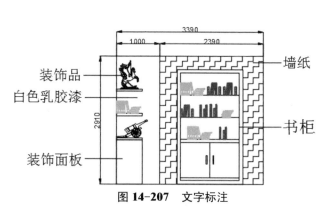

图 14-207 文字标注

14.6 绘制卫生间立面图

卫生间并不单指厕所，而是厕所、洗手间、浴池的合称。卫生间根据布局可分为独立型、兼用型和折中型 3 种；根据形式可分为半开放式、开放式和封闭式。目前比较流行的是干湿分区的半开放式。住宅的卫生间一般有专用和公用之分。专用的只服务于主卧室；公用的与公共走道相连接，由其他家庭成员和客人公用。下面讲解如何绘制卫生间立面图，具体操作步骤如下：

⓪① 启动软件后，单击左上角的软件图标，在其弹出的下拉列表中选择【新建】命令，如图 14-208 所示，弹出【选择样板】对话框，选择【acadiso.dwt】，单击【打开】按钮，如图 14-209 所示。

⓪② 在菜单栏中选择【格式】|【图层】命令，如图 14-210 所示，打开【图层特性管理器】对话框，根据前面讲解的方法新建如图 14-211 所示的图层。

图 14-208　选择【新建】命令

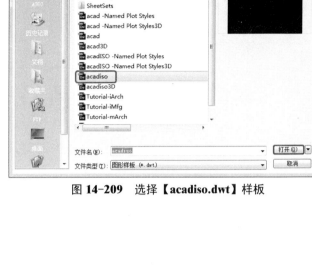

图 14-209　选择【acadiso.dwt】样板

图 14-210　选择【图层】命令

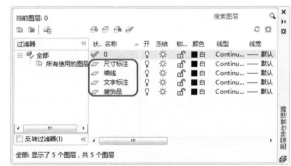

图 14-211　新建图层

03 将【墙线】设置为当前图层，在命令行中执行【RECTANG】命令，绘制一个长度为 3 700、宽度为 2 600 的矩形，如图 14-212 所示。

04 在命令行中执行【EXPLODE】命令将矩形分解，然后在命令行中执行【OFFSET】命令，将左侧的垂直直线向右偏移 940、2 500 的距离，如图 14-213 所示。

05 在命令行中执行【BREAK】命令，将上面的水平线进行打断，打断成如图 14-214 所示的 3 条线段（线段 AB、线段 BC、线段 CD）。

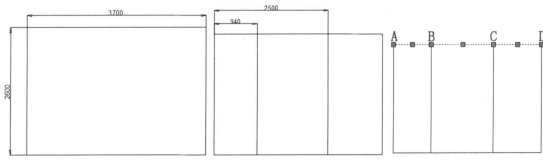

图 14-212　绘制矩形　　　　　图 14-213　分解矩形并偏移　　　　　图 14-214　打断线段

06 在命令行中执行【OFFSET】命令，将打断的线段 AB 和线段 CD 分别向下偏移 500 的距离，偏移效果如图 14-215 所示。

07 继续在命令行中执行【OFFSET】命令，将上一步偏移的线段向下偏移 1 000 的距离，偏移效果如图 14-216 所示。

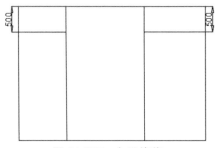

图 14-215　向下偏移

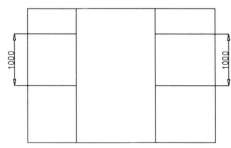

图 14-216　继续向下偏移

08 将【装饰品】图层置为当前图层，打开随书附带光盘中的 CDROM\素材\第 14 章\卫生间立面图.dwg 文件，将文件中的素材图形进行复制，然后添加到卫生间立面图中，调整到如图 14-217 所示的位置。

09 在命令行中执行【HATCH】命令，根据命令行的提示输入【T】，并按【Enter】键，确认，弹出【图案填充和渐变色】对话框，在【类型和图案】选项组中单击【图案】右侧的按钮 ...，弹出【填充图案选项板】对话框，在【其他预定义】选项卡中选择【ANGLE】图案，单击【确定】按钮，如图 14-218 所示。

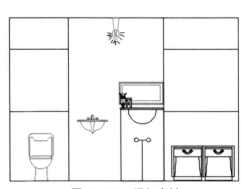

图 14-217　添加素材

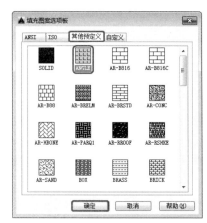

图 14-218　选择【ANGLE】图案

10 返回到【图案填充和渐变色】对话框，在【角度和比例】选项组中将【填充图案比例】设置为 25，并单击【确定】按钮，如图 14-219 所示。对墙面进行图案填充，填充效果如图 14-220 所示。

11 继续在命令行中执行【HATCH】命令，将【填充图案】设置为【AR-SAND】，将【填充图案比例】设置为 5，对墙面进行图案填充，填充效果如图 14-221 所示。

12 将【尺寸标注】图层置为当前图层，在菜单栏中选择【格式】|【标注样式】命令，如图 14-222 所示，弹出【标注样式管理器】对话框。选择【ISO-25】样式后单击【修改】按钮，如图 14-223 所示。

⓭ 弹出【修改标注样式：ISO-25】对话框，切换至【符号和箭头】选项卡，将箭头大小设置为100，如图14-224所示。

图 14-219 设置【填充图案比例】设置为 25

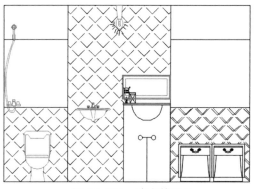

图 14-220 填充效果 1

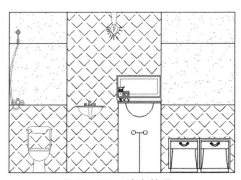

图 14-221 填充效果 2

图 14-222 选择【标注样式】命令

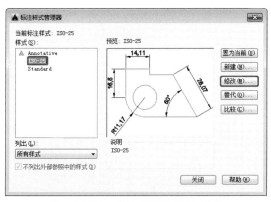

图 14-223 修改【ISO-25】样式

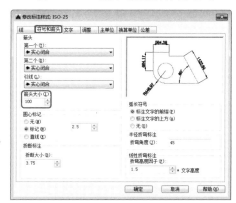

图 14-224 设置箭头大小

14 切换至【文字】选项卡，将【文字高度】设为100，如图 14-225 所示。

15 切换至【主单位】选项卡，将【精度】设为0，如图 14-226 所示，单击【确定】按钮。

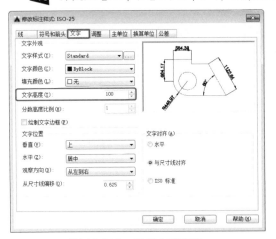

图 14-225 设置文字高度

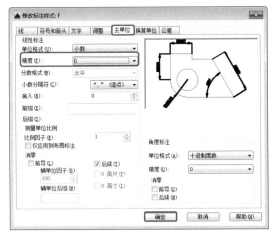

图 14-226 设置精度

16 返回【标注样式管理器】对话框，单击【置为当前】按钮并关闭，在菜单栏中选择【标注】|【线性】命令，如图 14-227 所示。使用【线性】标注工具对图形进行标注，标注效果如图 14-228 所示。

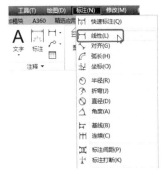

图 14-227 选择【线性】命令

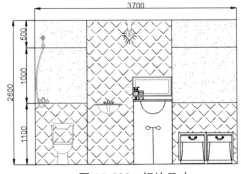

图 14-228 标注尺寸

17 将【文字标注】图层置为当前图层。在【注释】选项卡的【文字】组中单击【单行文字】按钮，如图 14-229 所示。使用【单行文字】(TEXT)命令对所绘制的图纸进行说明，最后再使用【直线】命令将所输入的文字引出标注，如图 14-230 所示。

图 14-229 单击【单行文字】按钮

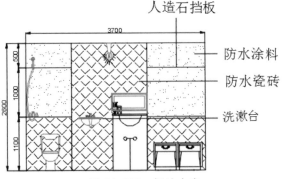

图 14-230 标注文字

室内剖面图及详图的绘制

15
Chapter

本章导读：

基础知识 ◆ 窗台剖面图的绘制
◆ 天花剖面图的绘制

重点知识 ◆ 入户门节点剖面大样的绘制
◆ 绘制窗的节点详图

提高知识 ◆ 绘制玄关详图
◆ 绘制隔断装饰详图

本章将从绘制窗台剖面图、天花剖面图、玄关详图和隔断详图等经典实例来学习装修详图的绘制方法和具体绘制过程。

15.1 窗台剖面图的绘制

本案例制作的窗台剖面图效果如图 15-1 所示。

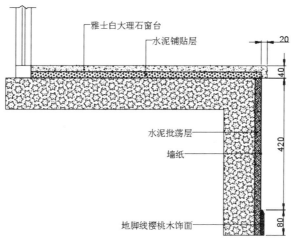

图 15-1 窗台剖面图

15.1.1 设置绘图环境

在绘制之前首先创建需要的图层和线条样式。操作步骤如下：

01 启动软件，按【Ctrl+N】组合键，弹出【选择样板】对话框，选择【acadiso】，单击【打开】按钮，如图 15-2 所示。

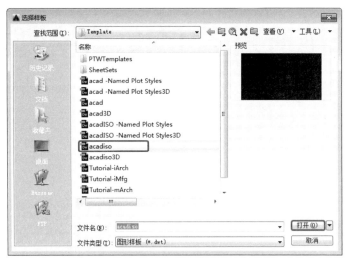

图 15-2　新建图纸

02 打开【图层特性管理器】选项板，新建【尺寸标注】图层，将【颜色】设置为蓝色，其他保持默认设置，新建【剖面轮廓】图层，将【颜色】设置为 182，其他保持默认设置，新建【文字说明】图层，将【颜色】设置为红色，其他保持默认设置，如图 15-3 所示。

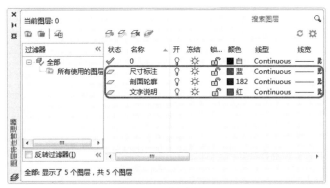

图 15-3　创建图层

15.1.2　绘制墙体轮廓线

图层创建完成后，下面绘制墙体轮廓线，其具体操作步骤如下：

01 将当前图层设为【剖面轮廓】图层，在命令行中输入【RECTANG】命令，在绘图区中分别绘制一个长度为802、宽度为100的矩形和长度为100、宽度为400的矩形，如图 15-4 所示。

02 在命令行中输入【TRIM】命令，对矩形进行修剪，如图 15-5 所示。

03 在命令行中输入【HATCH】命令，将【图案】设为【STARS】，将【图案填充比例】设为 2.5，将【角度】设置为 35，将【颜色】设置为洋红，对图形进行填充，如图 15-6 所示。

04 继续在命令行中输入【HATCH】命令，将【图案】设为【AR-SANO】，将【图案填充比例】设为 0.3，对图形进行填充，如图 15-7 所示。

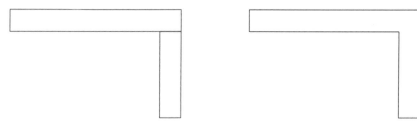

图 15-4 创建矩形   图 15-5 修剪矩形

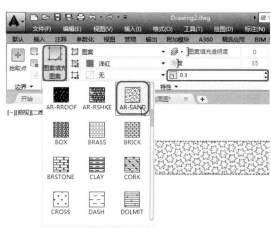

图 15-6 填充图案 1   图 15-7 填充图案 2

05 在命令行中输入【RECTANG】命令，在绘图区绘制一个长度为 50、宽度为 225 的矩形，如图 15-8 所示。

06 在命令行中输入【EXPLODE】命令，将矩形进行分解，将矩形的左右两侧边向内偏移 20，将下侧边向上偏移 40，如图 15-9 所示。

07 在命令行中输入【TRIM】命令，对偏移的直线进行修剪，如图 15-10 所示。

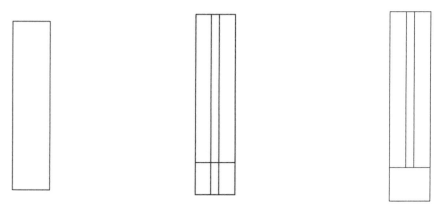

图 15-8 绘制矩形   图 15-9 偏移直线   图 15-10 修剪直线

08 将矩形的上侧边延伸，并使用【直线】和【修剪】工具，绘制折断符号，如图 15-11 所示。

09 选择创建的【窗】对象进行编组，使用【移动】工具，选择窗对象，捕捉窗的左下角点，在命令行中输入【FROM】命令，捕捉剖面图的左上角点，然后输入（@32，0），如图 15-12 所示。

10 在命令行中输入【RECTANG】命令，在命令行中绘制一个长度为 740、宽度为 20 的矩形，并调整位置，如图 15-13 所示。

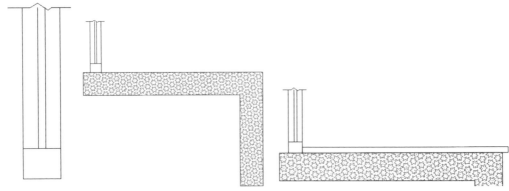

图 15-11　绘制折断符号　　图 15-12　调整位置　　图 15-13　创建矩形并移到合适位置

11 在命令行中输入【HATCH】命令，将【图案】设为【TRIANG】，将【颜色】设为红色，将【角度】设为 40，将【图案填充比例】设为 1，对图形进行填充，如图 15-14 所示。

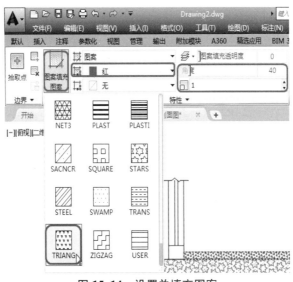

图 15-14　设置并填充图案

12 继续在命令行中输入【RECTANG】命令，在绘图区绘制一个长度为 760、宽度为 20 的矩形，并调整位置，如图 15-15 所示。

13 继续在命令行中输入【RECTANG】命令，在绘图区绘制一个长度为 20、宽度为 20 的矩形，如图 15-16 所示。

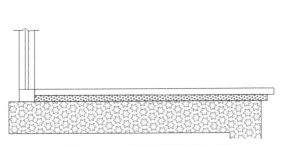
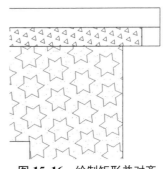

图 15-15　绘制矩形并调整位置　　　　　图 15-16　绘制矩形并对齐

14 在命令行中输入【EXPLODE】命令，将上一步创建的矩形进行分解，将矩形的下侧边向上偏移 14，将右侧边向左偏移 3，如图 15-17 所示。

15 在命令行中输入【TRIM】命令，对图形进行修剪，如图 15-18 所示。

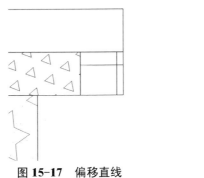
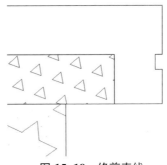

图 15-17　偏移直线　　　　　　　　　图 15-18　修剪直线

16 在命令行中输入【CHAMFER】命令，将【距离】设为 6，将【修剪模式】设为修剪，对图形进行倒角，如图 15-19 所示。

17 在命令行中输入【HATCH】命令，将【图案】设为【AR_CONC】，将【颜色】设为蓝色，将【填充图案比例】设为 0.1，将【角度】设为 0，对图形进行填充，如图 15-20所示。

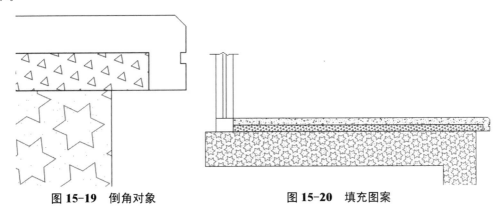

图 15-19　倒角对象　　　　　　　　　图 15-20　填充图案

18 在命令行中输入【RECTANG】命令，在绘图区绘制一个长度为 20、宽度为 500 的矩形，如图 15-21 所示。

19 在命令行中输入【HATCH】命令，将【图案】设为【EARTH】，将【颜色】设为 BYLayer，将【角度】设为 35，将【填充图案比例】设置为 2，对图形进行填充，如图 15-22 所示。

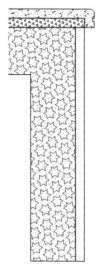

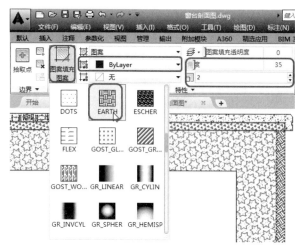

图 15-21　创建矩形　　　　　图 15-22　设置并填充图案

20 继续在命令行中输入【HATCH】命令，将【图案】设为【AR_CONC】，将【颜色】设为 BYLayer，将【角度】设为 0，将【图案填充比例】设为 0.1，对图形进行填充，如图 15-23 所示。

21 在命令行中输入【EXPLODE】命令，将上一步填充的矩形进行分解，然后使用偏移工具将其右侧边向右偏移 1，将下侧边向右延伸，如图 15-24 所示。

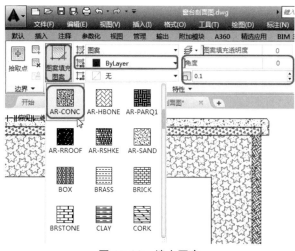

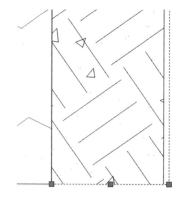

图 15-23　填充图案　　　　　图 15-24　偏移并延伸直线

22 在命令行中输入【RECTANG】命令，在命令行中绘制一个长度为 9、宽度为 65 的矩形，并调整位置，如图 15-25 所示。

23 在命令行中输入【HATCH】命令，将【图案】设为【GOST_WOOD】，将【图案填充比例】设为 1,【图案填充角度】设为 45, 对图形进行填充, 如图 15-26 所示。

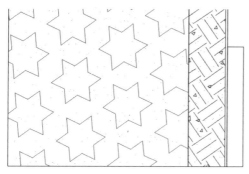

图 15-25 在图案右侧创建矩形

图 15-26 对创建的矩形进行填充

24 在命令行中输入【EXPLODE】命令, 将矩形进行分解, 将矩形的右侧的边向右偏移 3, 并将矩形的上下两侧边延长, 如图 15-27 所示。

25 在命令行中输入【LINE】命令, 捕捉 A 点为起点, 依次输入(@0, 3)、(@-7, 12)、(@-5, 0)绘制直线, 如图 15-28 所示。

26 在命令行中输入【HATCH】命令, 将【图案】设为【JIS_RC_30】, 将【图案填充比例】设为 0.1, 对图形进行填充, 如图 15-29 所示。

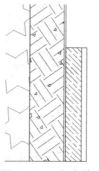

图 15-27 向右偏移

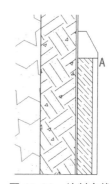

图 15-28 绘制直线

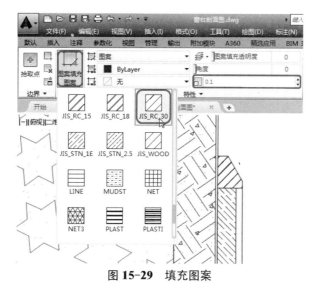

图 15-29 填充图案

15.1.3 标注

图形绘制完成后, 需要对其进行尺寸标注和文字标注, 其标注方法可以参考前面介绍的方法，在这里不再赘述，标注完成后的效果如图 15-30 所示。

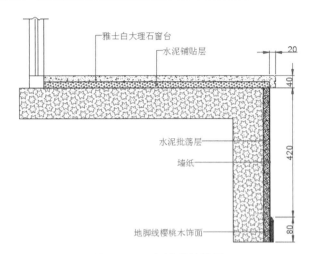

图 15-30　标注后的效果

15.2　天花剖面图的绘制

下面讲解如何绘制天花剖面图，其具体操作步骤如下：

01 启动软件，新建空白图纸，根据图 15-31 所示创建新图层。

02 将【剖面轮廓】图层设为当前图层，在命令行中绘制一个长度为 1 783、宽度为 834 的矩形，如图 15-32 所示。

图 15-31　创建矩形　　　　　　　　　　　　图 15-32　绘制矩形

03 在命令行中输入【EXPLODE】命令，将矩形分解，在命令行中输入【OFFSET】命令，然后将左右两侧边向内偏移 200，将上侧边向下偏移 120，如图 15-33 所示。

04 在命令行中输入【TRIM】命令，对直线进行修剪，如图 15-34 所示。

05 在命令行中输入【HATCH】命令，对图形进行填充，将【图案】设为【SOLID】，将【颜色】设置为（99, 100, 102），填充图案，如图 15-35 所示。

06 在命令行中输入【RECTANG】命令，在绘图区中绘制一个长度为 1128、宽度为 85 的矩形，并调整位置，如图 15-36 所示。

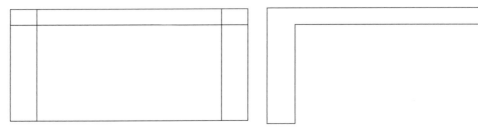

图 15-33　偏移直线　　　　　　　　　　图 15-34　修剪直线

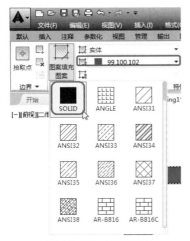

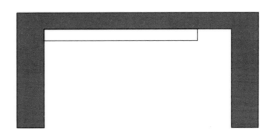

图 15-35　填充图案　　　　　　　　图 15-36　绘制矩形并调整位置

07 继续使用【矩形】工具，分别绘制两个 25×30 和一个 25×25 的矩形，并调整位置，如图 15-37 所示。

08 捕捉角点绘制直线，如图 15-38 所示。

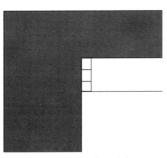

图 15-37　创建 3 个矩形　　　　　　　图 15-38　绘制直线

09 将上一步创建的 3 个矩形复制到如图 15-39 所示的位置。

图 15-39　复制矩形

10 将左侧的矩形向右复制两次，距离分别为 300、600，将右侧的 3 个矩形向左复制，复制距离为 300，如图 15-40 所示。

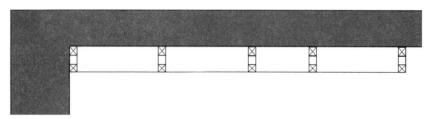

图 15-40　分别复制矩形

11 在命令行中输入【LINE】命令，捕捉端点绘制直线，如图 15-41 所示。

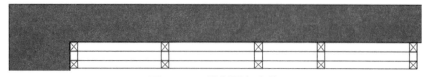

图 15-41　绘制两条直线

12 在命令行中输入【RECTANG】命令，在绘图区中绘制一个长度为 1 128、宽度为 5 的矩形，并调整位置，如图 15-42 所示。

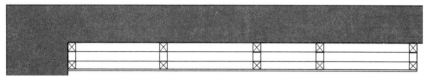

图 15-42　绘制矩形

13 在命令行中输入【RECTANG】命令，分别绘制 15×90、85×14、15×40 的矩形，并对矩形的位置进行调整，如图 15-43 所示。

14 在命令行中输入【HATCH】命令，将【图案】设为【AR_HBONE】，将【图案填充比例】设为 0.1，【图案填充角度】设为 0，对图形进行填充，如图 15-44 所示。

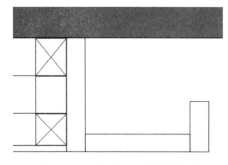

图 15-43　创建矩形并调整位置

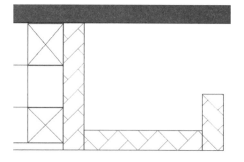

图 15-44　对 3 个矩形进行填充

15 在命令行中输入【RECTANG】命令，在命令行中绘制一个长度为 1 243、宽度为 10 的矩形，并对其调整位置，如图 15-45 所示。

16 在命令行中输入【HATCH】命令，将【图案】设为【AR_PARQ1】，将【图案填充比例】设为 0.1，将【角度】设置为 45，填充图案，如图 15-46 所示。

⑰ 在命令行中输入【RECTANG】命令，在绘图区绘制一个长度为 205、宽度为 285 的矩形，并调整位置，如图 15-47 所示。

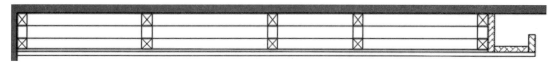

图 15-45 创建矩形

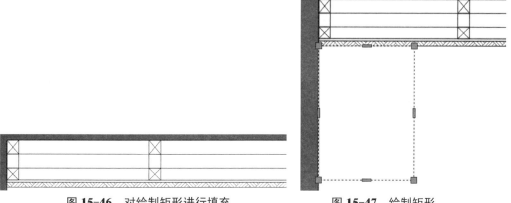

图 15-46 对绘制矩形进行填充

图 15-47 绘制矩形

⑱ 绘制 4 个长度为 25、宽度为 30 的矩形，并调整位置，如图 15-48 所示。

⑲ 在命令行中输入【LINE】命令，捕捉角点绘制直线，如图 15-49 所示。

⑳ 在绘图区绘制一个长度为 205、宽度为 15 的矩形并调整位置，如图 15-50 所示。

㉑ 在命令行中输入【HATCH】命令，将【图案】设为 DOLMIT，将【图案填充比例】设为 0.7，【图案填充角度】设为 0，对图形进行填充，如图 15-51 所示。

㉒ 在命令行中输入【RECTANG】命令，分别绘制 15×390、115×15、15×60 的矩形，并调整位置，如图 15-52 所示。

㉓ 在命令行中输入【HATCH】命令，将【图案】设为【JIS_STN_1E】，将【图案填充比例】设为 10，【图案填充角度】设为 0，对图形进行填充，如图 15-53 所示。

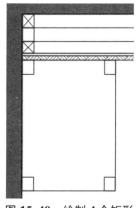

图 15-48 绘制 4 个矩形

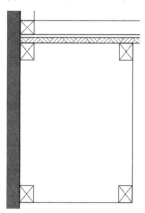

图 15-49 绘制直线

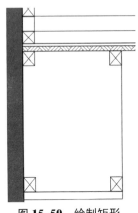

图 15-50 绘制矩形

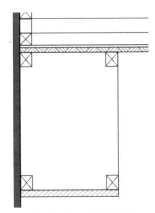

图 15-51 填充图案

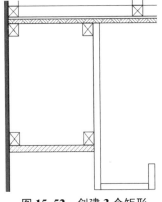

图 15-52 创建 3 个矩形

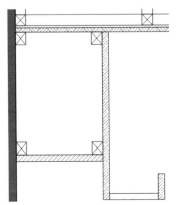

图 15-53 对两个矩形进行填充

24 在命令行中输入【HATCH】命令，将【图案】设为【AR_PARQ1】，将【图案填充比例】设为 0.1，【图案填充角度】设为 45，对图形进行填充，如图 15-54 所示。

25 在命令行中输入【RECTANG】命令，绘制一个长度为 70、宽度为 90 的矩形，在命令行中输入【EXPLODE】命令，并将其分解，然后将其下侧边向上偏移 5，如图 15-55 所示。

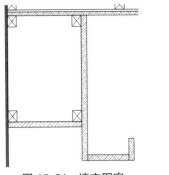

图 15-54 填充图案

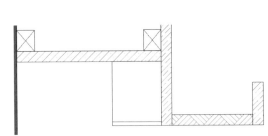

图 15-55 绘制矩形并偏移

26 绘制 4 个长度为 25、宽度为 30 的矩形，并调整位置，如图 15-56 所示。

27 在命令行中输入【LINE】命令，捕捉矩形的角点进行绘制，如图 15-57 所示。

28 在命令行中输入【RECTANG】命令，绘制一个长度为 15、宽度为 100 的矩形，并调整位置，如图 15-58 所示。

29 在命令行中输入【HATCH】命令，将【图案】设为【JIS_STN_1E】，将【图案填充比例】设为 10，【图案填充角度】设为 0，对图形进行填充，如图 15-59 所示。

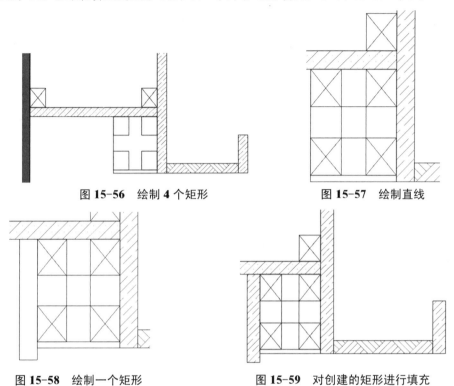

图 **15-56** 绘制 4 个矩形　　　　　图 **15-57** 绘制直线

图 **15-58** 绘制一个矩形　　　　　图 **15-59** 对创建的矩形进行填充

30 在命令行中输入【RECTANG】命令，在绘图区绘制一个长度为 215、宽度为 10 的矩形，并调整位置，如图 15-60 所示。

31 在命令行中输入【HATCH】命令，将【图案】设为【JIS_SIN_2.5】，将【图案填充比例】设为 2，【图案填充角度】设为 0，对图形进行填充，如图 15-61 所示。

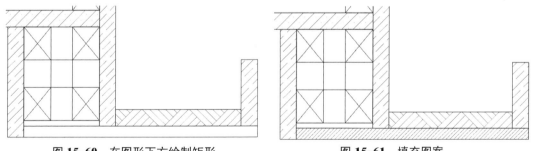

图 **15-60** 在图形下方绘制矩形　　　　　图 **15-61** 填充图案

32 在命令行中输入【RECTANG】命令，在绘图区中绘制两个 15×500、20×70 的矩形，并调整位置，如图 15-62 所示。

33 在命令行中输入【EXPLODE】命令，将矩形进行分解，使用【修剪】工具，对两个矩形进行修剪，如图 15-63 所示。

34 使用【偏移】工具，将直线向左偏移 5，如图 15-64 所示。

35 在命令行中输入【HATCH】命令，将【图案】设为【MUOST】，将【图案填充比例】设为 1，【图案填充角度】设为 45，对图形进行填充，如图 15-65 所示。

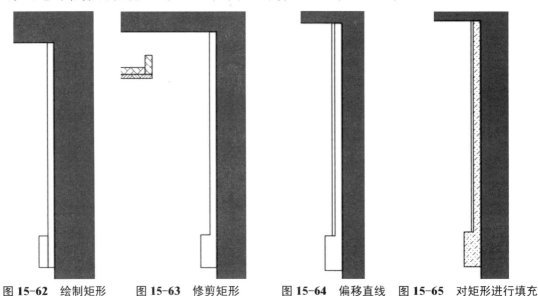

图 15-62　绘制矩形　　　图 15-63　修剪矩形　　　图 15-64　偏移直线　　图 15-65　对矩形进行填充

36 在命令行中输入【LINE】命令，绘制两条如图 15-66 所示的直线。

37 使用【修剪】工具，对图形进行修剪，如图 15-67 所示。

38 在命令行中输入【RECTANG】命令，在命令行中绘制一个长度为 35、宽度为 25 的矩形，如图 15-68 所示。

39 在矩形的上方绘制半径为 12 的圆，如图 15-69 所示。

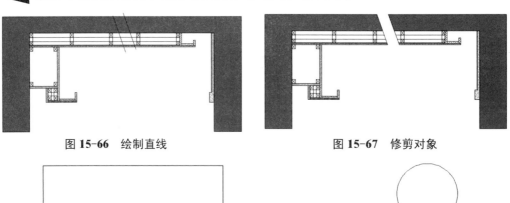

图 15-66　绘制直线　　　　　　　　　　图 15-67　修剪对象

图 15-68　创建矩形　　　　　　　　　　图 15-69　绘制圆

40 在命令行中输入【LINE】命令，绘制相互对称的直线，如图 15-70 所示。

41 将绘制的对象编组，并放置到合适的位置，如图 15-71 所示。

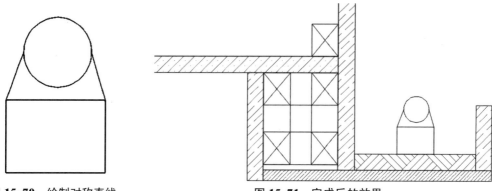

图 **15-70**　绘制对称直线

图 **15-71**　完成后的效果

42 使用同样的方法绘制射灯，在绘图区绘制一个长度为 40、宽度为 3 的矩形，然后再利用【直线】进行绘制，如图 15-72 所示。

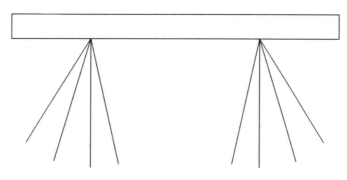

图 **15-72**　绘制射灯

43 使用同样的方法对其进行编组。将创建的灯对象调整到相应的位置，如图 15-73 所示。

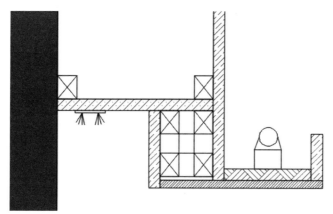

图 **15-73**　调整位置

44 使用前面介绍的的方法对其进行标注和文字说明，如图 15-74 所示。

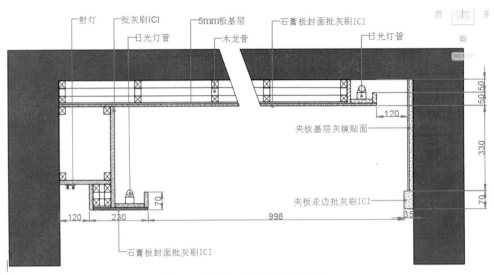

图 15-74　尺寸标注和文字说明

15.3　入户门节点剖面大样的绘制

下面讲解如何绘制入户门节点剖面大样，其具体操作步骤如下：

01 在命令行中输入【LAYER】命令，将名称设置为【节点剖面】，将【颜色】设置为蓝色，如图 15-75 所示。

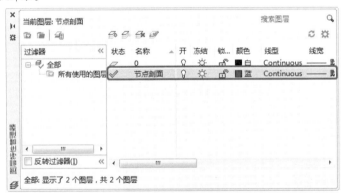

图 15-75　新建图层

02 在命令行中输入【RECTANG】命令，在绘图区绘制一个长度为 99、宽度为 85 的矩形，效果如图 15-76 所示。

03 在命令行中输入【EXPLODE】命令，将矩形进行分解，在命令行中输入【OFFSET】命令，将图形左侧的边向右偏移，以偏移出的对象作为下一次的偏移对象，分别创建出间距为 31、10、1、3、6、1、10 的垂直轮廓线，将上侧边向下移动 8，将下侧边向上移动 4，效果如图 15-77 所示。

04 在命令行中输入【OFFSET】命令，将图形下侧的边向上偏移，以偏移出的对象作为下一次的偏移对象，分别创建出间距为 10、5、1 的垂直轮廓线，效果如图 15-78 所示。

05 在命令行中输入【TRIM】命令，将偏移的直线进行修剪，效果如图 15-79 所示。

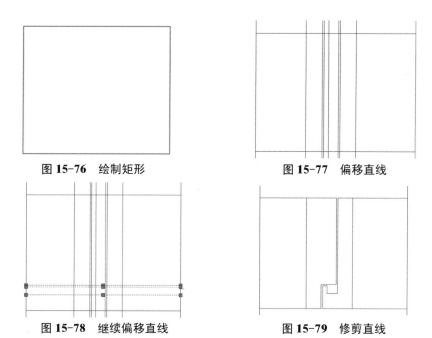

图 15-76　绘制矩形　　　　　　　　图 15-77　偏移直线

图 15-78　继续偏移直线　　　　　　图 15-79　修剪直线

06 在命令行中输入【OFFSET】命令，将绘制的图形上侧边向下偏移，以偏移出的对象作为下一次偏移对象，分别创建出间距为 2、13、2.5、1、1、34、1、1、2.5、13 的垂直轮廓线，效果如图 15-80 所示。

07 在命令行中输入【TRIM】命令，将偏移出的直线进行修剪，并使用直线命令，将直线封闭，效果如图 15-81 所示。

08 使用相同的方法绘制另一侧的直线，并进行修剪，效果如图 15-82 所示。

图 15-80　向下偏移直线　　　　图 15-81　修剪直线　　　　图 15-82　绘制直线并修剪

09 在菜单栏中选择【绘图】|【圆弧】|【起点、端点、方向】命令，在绘图区绘制一个圆弧，其位置如图 15-83 所示。

10 在命令行中输入【LINE】命令，在绘制图形的左右两条边上绘制墙体的断层，效果如图 15-84 所示。

11 在菜单栏中选择【绘图】|【图案填充】命令，对图形中的部分进行填充，将【图案填充图案】设置为【ANSI31】，将【填充图案比例】设置为 0.5，效果如图 15-85 所示。

12 在菜单栏中选择【绘图】|【图案填充】命令，对图形中的部分进行填充，将【图案填充图案】设置为【EARTH】，将【填充图案比例】设置为 1，将【角度】设置为 45，效果如图 15-86 所示。

417

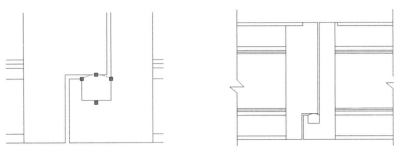

图 15-83 绘制圆弧　　　　　　　　图 15-84 绘制断层

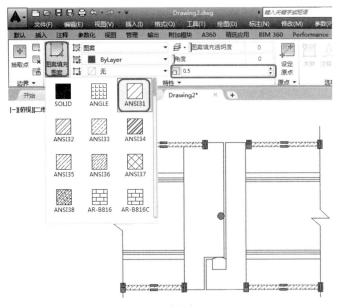

图 15-85 填充部分图形

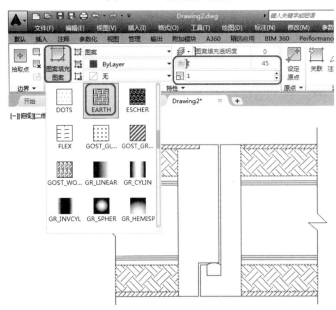

图 15-86 填充 EARTH 图案

13 在菜单栏中选择【绘图】|【图案填充】命令，为绘图区中图案进行填充，将【图案填充图案】设置为【TRIANG】，将【填充图案比例】设置为 0.1，将【角度】设置为 45，效果如图 15-87 所示。

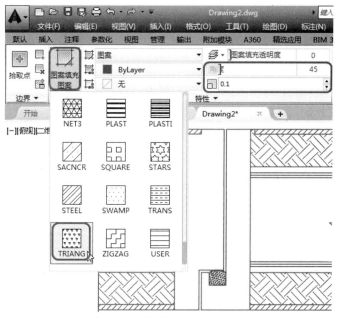

图 15-87　填充 TRIANG 图案

14 在菜单栏中选择【绘图】|【样条曲线】命令，在图形中绘制曲线，将【颜色】设置为 8，效果如图 15-88 所示。

15 使用【单行文字】（DTEXT）命令对所绘制的图纸进行说明，最后再使用【直线】命令将所输入的文字进行引出标注，具体操作步骤可以参考以前的实例，效果如图 15-89 所示。

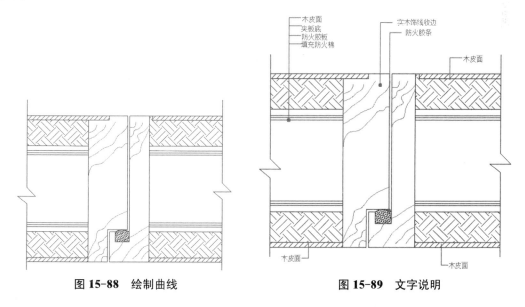

图 15-88　绘制曲线　　　　　　　　　图 15-89　文字说明

15.4 绘制窗的节点详图

下面以窗的详图为例，讲解一下窗户节点详图的绘制方法。操作步骤如下：

01 在命令行中输入【RECTANG】命令，绘制一个长度为 1 050、宽度为 240 的矩形，效果如图 15-90 所示。

02 在命令行中输入【HATCH】命令，为墙体上的剖面赋予材质，选择【图案填充图案】下的【ANSI33】选项，设置比例为 15，角度为 0，进行填充，效果如图 15-91 所示。

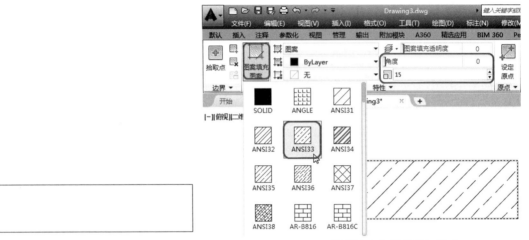

图 15-90 绘制矩形　　　　图 15-91 设置填充参数并进行填充

03 将矩形进行分解，将最上方的水平线向左延长，在命令行中输入【OFFSET】命令，将最下方的水平线向下偏移 270、20，将最右边的竖直线向左偏移 850，在图形最左侧画一条直线，并将相应的直线延长，效果如图 15-92 所示。在命令行中输入【TRIM】命令，进行修剪，效果如图 15-93 所示。

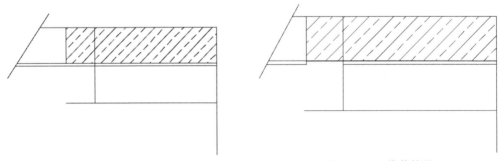

图 15-92 偏移效果　　　　　　图 15-93 修剪效果

04 绘制百叶门的两侧夹板。在命令行中输入【RECTANG】命令，绘制矩形，将矩形的长度设置为 21、宽度设置为 250，效果如图 15-94 所示。在命令行中输入【EXPLODE】命令，将矩形分解，在命令行中输入【OFFSET】命令，将最左边的垂直线分别向右偏移 3、3、12，将最上边的水平线分别向下偏移 50、50、50、50、43、3，偏移效果如图 15-95 所示。

05 在命令行中输入【TRIM】命令，将如图 15-96 所示的偏移出的直线进行修剪，修剪效果如图 15-96 所示。

06 在命令行中输入【LINE】命令，取消正交捕捉模式，并绘制斜直线，效果如图 15-97 所示。

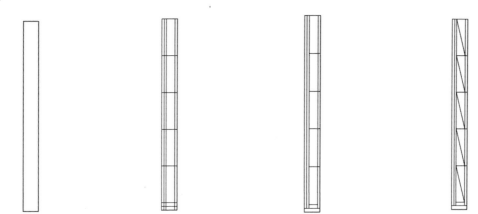

图 15-94　绘制矩形　　　　图 15-95　向下偏移　　　　图 15-96　修剪线段　　　　图 15-97　绘制斜直线

07 将绘制好的百叶门的两侧夹板进行编组，移到图 15-98 的合适位置，在命令行中输入【MIRROR】命令，镜像百叶门的两侧夹板，然后使用【直线】工具，进行绘制，效果如图 15-99 所示。

08 根据上面的方法绘制如图 15-100 所示的图形。

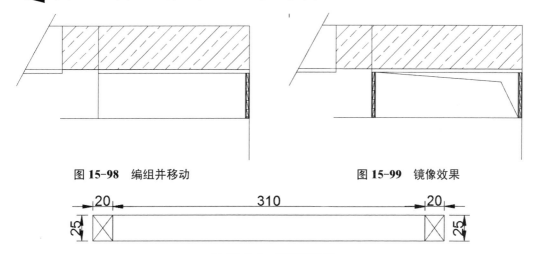

图 15-98　编组并移动　　　　　　　　　　　　图 15-99　镜像效果

图 15-100　绘制百叶门

09 对其进行旋转，在命令行中输入【MIRROR】命令，对其进行镜像，如图 15-101 所示。

10 在命令行中输入【MOVE】命令，把百叶门移到合适的位置，效果如图 15-102 所示。

11 用绘制百叶门的两侧夹板的方法绘制铝合金窗，效果如图 15-103 所示。

12 在命令行中输入【MOVE】命令，把铝合金窗移到合适的位置，适当调整直线的长短，效果如图 15-104 所示。

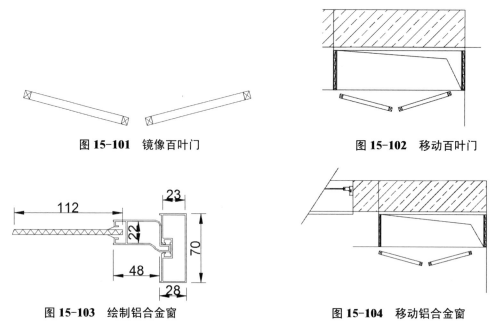

图 15-101　镜像百叶门　　　　　　　图 15-102　移动百叶门

图 15-103　绘制铝合金窗　　　　　　图 15-104　移动铝合金窗

⓭ 使用【单行文字】（DTEXT）命令对所绘制的图纸进行说明。在第一次使用【单行文字】命令时，需要对文字的高度和角度进行选择，确定后就可以输入所需要的文字了。最后再使用【直线】命令将所输入的文字进行引出标注，如图 15-105 所示。

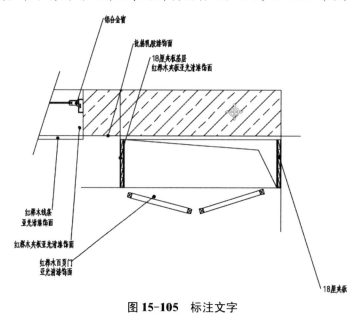

图 15-105　标注文字

15.5　绘制玄关详图

　　一般在设计玄关时，常采用的材料有木材、夹板贴面、雕塑玻璃、喷砂彩绘玻璃、镶嵌玻璃、玻璃砖、镜屏、不锈钢、花岗岩、塑胶饰面材、壁毯和壁纸等。

在设计玄关时，若充分考虑到玄关周边的相关环境，把握住周围环境要素的设计原则，要获得好的效果应该不难。需要强调的是，设计时一定要立足整体，抓住重点，在此基础上追求个性，这样才会获得好的效果。

下面以别墅的玄关为例，讲解一下玄关详图的绘制工作，具体操作步骤如下：

01 在命令行中输入【PLINE】命令，将【起点宽度】和【端点宽度】设置为10，绘制一个长度为1880、宽度为2600的矩形，玄关外轮廓效果如图15-106所示。

02 在命令行中输入【BREAK】命令，将4条多段线进行打断，在命令行中输入【OFFSET】命令，将矩形上侧边向下偏移280，以偏移出的线为偏移对象继续向下偏移1520、30，效果如图15-107所示。

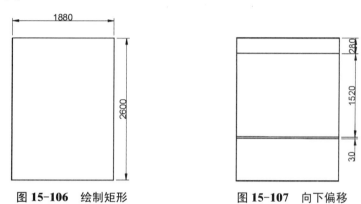

图15-106 绘制矩形　　　　图15-107 向下偏移

03 在绘制的多段线的最上侧边绘制一条等长的直线。

04 在命令行中输入【OFFSET】命令，将上侧边向下偏移，以偏移出的线为偏移对象继续向下偏移615、10、325、10、860、700，效果如图15-108所示。

05 在命令行中输入【RECTANG】命令，在绘图区绘制一个长为230、宽为280的矩形，并将其移动到如图15-109所示的位置。

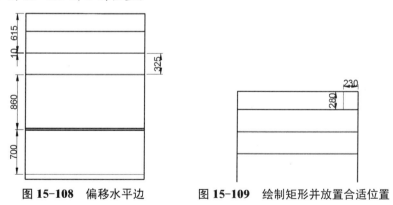

图15-108 偏移水平边　　　　图15-109 绘制矩形并放置合适位置

06 在菜单栏中选择【绘图】|【图案填充】命令，为矩形填充图案，将【图案填充图案】设置为【STARS】和【SWAMP】，将【填充图案比例】分别设置为7、1，效果如图15-110所示。

07 选择之前偏移出的最下侧直线，将其向上进行偏移，以偏移出的直线为下次偏移对象，依次偏移距离173、173、173，效果如图15-111所示。

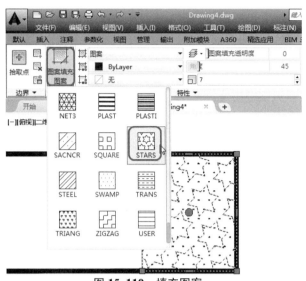
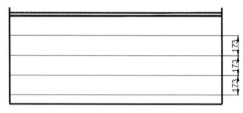

图 15-110　填充图案　　　　图 15-111　向上偏移

08 在命令行中输入【LINE】命令，绘制同左侧多段线等长的直线，并以绘制的直线为基线向右偏移，以偏移出的对象作为下一次的偏移对象，分别创建出间距为 350、224、170、393、393，效果如图 15-112 所示。

09 在命令行中输入【TRIM】命令，将绘制的直线进行修剪，效果如图 15-113 所示。

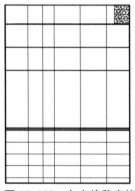
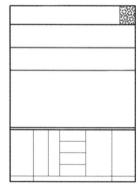

图 15-112　向右偏移直线　　　　图 15-113　修剪直线

10 在命令行中输入【ELLIPSE】命令，在绘图区绘制一个合适的椭圆，并将其复制粘贴多个分布在图形中，效果如图 15-114 所示。

11 在菜单栏中选择【绘图】|【圆】|【圆心、半径】命令，在绘图区绘制半径为 10、20 的同心圆，并将其复制粘贴 3 个分布在图形中，效果如图 15-115 所示。

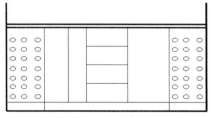
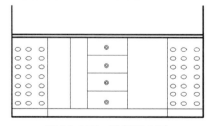

图 15-114　绘制椭圆　　　　图 15-115　绘制同心圆

⑫ 使用矩形工具绘制两个矩形放置在合适位置，效果如图 15-116 所示。

⑬ 在菜单栏中选择【插入】|【块】命令，在弹出的对话框中单击【浏览】按钮，在弹出的对话框中选择随书附带光盘中的 CDROM\素材\第 15 章\素材.dwg 文件，并将其放置在适当位置，效果如图 15-117 所示。

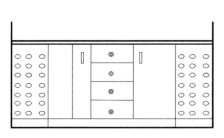

图 15-116　绘制矩形

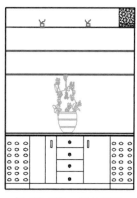

图 15-117　插入图块

⑭ 使用【单行文字】（DTEXT）命令对所绘制的图纸进行说明。在第一次使用【单行文字】命令时，需要对文字的高度和角度进行选择，确定后就可以输入所需要的文字了。最后，再使用【直线】命令将所输入的文字进行引出标注，如图 15-118 所示。

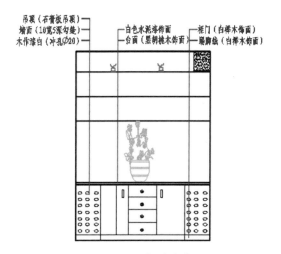

图 15-118　标注文字

15.6　绘制隔断装饰详图

下面以隔断的立面为例，讲解一下隔断立面详图的绘制方法，具体操作步骤如下：

① 在命令行中输入【LINE】命令，绘制 3 条长度为 2 000 的垂直线和一条长度为 1 400 的水平直线，效果如图 15-119 所示。

② 在命令行中输入【OFFSET】命令，把刚才绘制出的直线均向外偏移，以偏移出的线为偏移对象分别向外偏移 7、8、45，绘制门的基本轮廓，效果如图 15-120 所示。

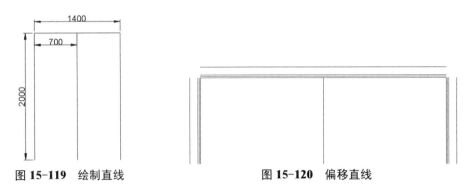

图 15-119 绘制直线   图 15-120 偏移直线

03 在命令行中输入【FILLET】命令，将偏移出的直线进行圆角处理，其圆角半径设置为 0，效果如图 15-121 所示。

04 再以绘制的直线的上侧边为偏移对象向下偏移，以偏移出的线为偏移对象分别向下偏移 100、1800，再以左右两边的直线为偏移对象向中间偏移，效果如图 15-122 所示。

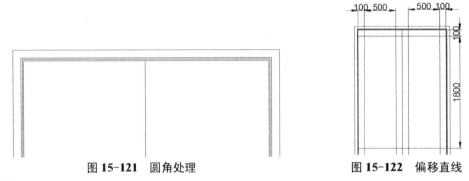

图 15-121 圆角处理   图 15-122 偏移直线

05 在命令行中输入【TRIM】命令，将偏移出来的线段进行修剪，删除多余的线段，效果如图 15-123 所示。

06 在命令行中输入【HATCH】命令，为绘制的矩形填充图案，将【图案填充图案】设置为【ANSI33】，将【填充图案比例】设置为 50，效果如图 15-124 所示。

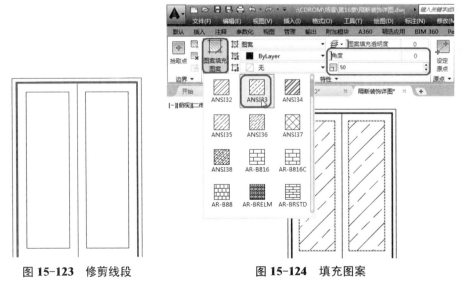

图 15-123 修剪线段   图 15-124 填充图案

07 在命令行中输入【LINE】命令，在绘图区绘制一个长度为 2 800、宽度为 2 820 的矩形，效果如图 15-125 所示。

08 在命令行中输入【OFFSET】命令，将左右两侧的边均向中间偏移，以偏移出的线为下次偏移对象，分别向中间偏移 400、100、140，将矩形的上侧边为偏移对象，以偏移出的线为下次偏移对象进行偏移，分别向下偏移 250、390，效果如图 15-126 所示。

图 15-125   绘制矩形

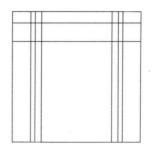

图 15-126   向内偏移

09 在命令行中输入【TRIM】命令，将偏移出的直线进行修剪，删除多余的线段，效果如图 15-127 所示。

10 使用【偏移】命令，以上侧边为偏移对象再次向下偏移，以偏移出的线为下次偏移对象，分别向下偏移 250、100、600、20、560、20、100、770、20、100、100、20，效果如图 15-128 所示。

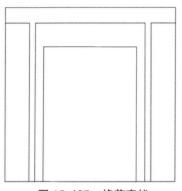

图 15-127   修剪直线

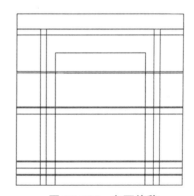

图 15-128   向下偏移

11 在命令行中输入【TRIM】命令，将偏移出的直线进行修剪，删除多余的线段，效果如图 15-129 所示。

12 在菜单栏中选择【绘图】|【图案填充】命令，为绘制的图形填充图案，将【图案填充图案】设置为【ANSI36】，将【图案填充比例】设置为 10，【图案填充角度】设置为 0 度，效果如图 15-130 所示。

13 打开随书附带光盘中的 CDROM\素材\第 15 章\隔断素材.dwg 文件，将其放置在适当位置，效果如图 15-131 所示。

14 使用移动工具，将之前绘制的门放置在相应的位置，并使用直线和曲线绘制图案，效果如图 15-132 所示。

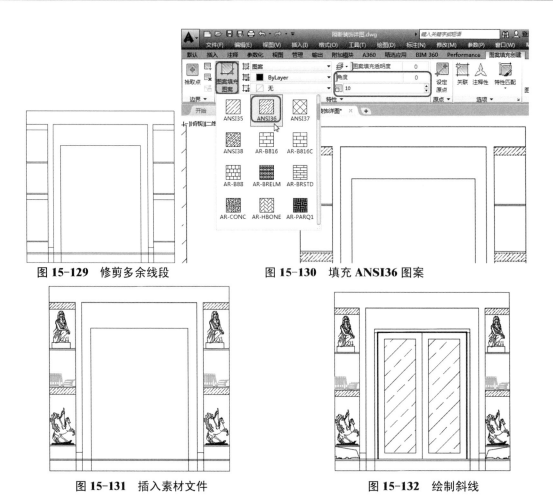

图 15-129　修剪多余线段　　　　图 15-130　填充 ANSI36 图案

图 15-131　插入素材文件　　　　图 15-132　绘制斜线

15 使用【单行文字】（DTEXT）命令对所绘制的图纸进行说明。在第一次使用【单行文字】命令时，需要对文字的高度和角度进行选择，确定后就可以输入所需要的文字了。最后，再使用【直线】命令将所输入的文字进行引出标注，适当设置颜色，如图 15-133 所示。

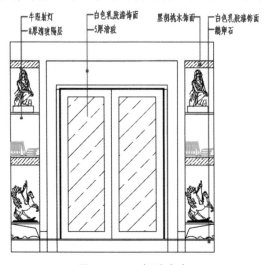

图 15-133　标注文字

办公室效果图的绘制

本章导读:

重点知识 ▶
- ◆ 办公室平面图的绘制
- ◆ 办公室立面图的绘制

本章以办公室设计为例,进一步讲解 AutoCAD 2016 在室内设计中的应用,同时也让读者对不同类型的室内设计有更多的了解,本章所绘制的室内设计图有办公室平面图和办公室立面图。

16.1 办公室绘制理论知识

好的办公环境能够提升企业的整体形象、提高办公效率,本节将从办公空间的构成与设计要素、设计要点、照明设计等方面对办公空间室内设计的基本知识作简单介绍。

16.1.1 办公 7A7A 间的构成与设计要素

现代办公空间一般由接待区、会议室、总经理办公室、财务室、员工办公区、机房、储藏室、茶水间等部分组成。

对办公空间的设计,主要强调 3 个要素:

- 把办公空间分为多个团队(3~6 人)区域,团队可以自行安排将它和别的团队区别开来的公共空间用于开会、存放资料等,按照成员间的交流与工作需要安排个人空间。
- 精心设计公共空间。不仅要有正式的会议室等公共空间,还要有非正式的公共空间,如舒适的茶水间、刻意空出的角落等。非正式的公共空间可以让员工自然地互相碰面,其不经意中聊出来的点子常常超出一次正经的会议,同时,员工间的交流得以加强。
- 赋予员工以自主权,自由地装扮其个人空间。

16.1.2 办公空间设计要点

办公空间设计需要考虑多方面的问题,涉及科学、技术、人文、艺术等诸多因素,应以人为本,以创造一个舒适、方便、卫生、安全、高效的工作环境为目标。其中【舒适】涉及建筑声学、建筑光学、建筑热工学、环境心理学、人类工效学等方面的学科;【方便】涉及功能流线分析、人类工效学等方面的内容;【卫生】涉及绿色材料、卫生学、给排水工程等方面的内容；【安全】问题则涉及建筑防灾、装饰构造等方面的内容。

办公空间的装饰设计要突出现代、高效、简洁的特点，同时从整体的风格设计、布局和装饰细节上体现出办公室独特的文化。

办公空间的设计，还必须注意平面空间的实用效率，对平面空间的使用应该有一定的预想，以发展的眼光来看待商务办公功能、规模的变化。在装修过程中，尽量对空间采取灵活的分隔，对柱的位置、柱外空间要有明确的认识和使用目的。

应重视个人环境兼顾集体空间，借以活跃人们的思维，提高办公效率。办公室的布局、通风、采光、人流线路、色调等的设计适当与否，对工作人员的精神状态及工作效率影响很大。

16.2 绘制办公室平面图

办公室平面图效果如图 16-1 所示。

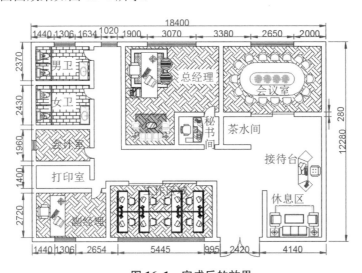

图 16-1 完成后的效果

16.2.1 绘制辅助线

在绘制办公室平面图之前，首先要在绘图区中绘制辅助线，以方便平面图的绘制。下面将讲解如何绘制辅助线，其具体操作步骤如下：

01 启动 AutoCAD 2016，按【Ctrl+N】组合键，弹出【选择样板】对话框，在该对话框中选择【acadiso】样板，如图 16-2 所示，单击【打开】按钮，按【F7】键取消栅格的显示。

02 在命令行中执行【LAYER】命令，按【Enter】键，弹出【图层特性管理器】选项板，单击【新建图层】按钮，将名称设置为【辅助线】，单击辅助线右侧的【颜色】按钮，弹出【选择颜色】对话框，在该对话框中将【颜色】设置为红色，单击【确定】按钮，如图 16-3 所示。

图 16-2　选择样板

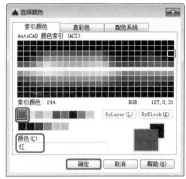

图 16-3　选择红色

03 返回到【图层特性管理器】选项板，单击辅助线右侧的【线型】按钮，弹出【选择线型】对话框，如图 16-4 所示。

04 在该对话框中单击【加载】按钮，弹出【加载或重载线型】对话框，选择【ACAD_IS002W100】线型，然后单击【确定】按钮，如图 16-5 所示。

图 16-4　【选择线型】对话框

图 16-5　选择线型

05 返回到【选择线型】对话框，在该对话框中选择刚刚加载的线型，单击【确定】按钮，如图 16-6 所示。

06 将【辅助线】设为当前图层，使用【直线】工具在绘图区绘制垂直长度为 14 000 的垂直直线，然后使用【偏移】工具将刚绘制的辅助线向右偏移 3 640、4 660、5 640、8 965、11 350、11 750、14 450、18 120，如图 16-7 所示。

知识链接：

（1）在绘图时，尽量保持图元的属性和图层的一致，也就是说图元属性尽可能都是 Bylayer。这样，有助于图面的清晰、准确和高效。

（2）图层设置的几个原则如下：

● 图层设置的第一原则是在够用的基础上越少越好。图层太多的话，会给绘制过程造成不便。

● 一般不在 0 层上绘制图线。

● 不同的图层一般采用不同的颜色，这样可利用颜色对图层进行分区。

431

图 16-6　选择加载的线型

图 16-7　绘制辅助线并偏移

07 继续使用【直线】工具，绘制水平长度为 20 000 的水平直线，并与上一步绘制的垂直直线互相垂直，如图 16-8 所示。

08 使用【偏移】工具将刚绘制的水平直线向下偏移 2 370、4 310、5 080、6 320、7 320、8 560、9 000、12 000，如图 16-9 所示。

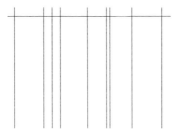

图 16-8　绘制水平直线

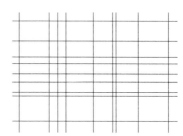

图 16-9　偏移直线

16.2.2　绘制墙体

当辅助线绘制完成后，接下来就要绘制户型图的墙体，其具体操作步骤如下：

01 在命令行中执行【MLSTYLE】命令，按【Enter】键弹出【多线样式】对话框，如图 16-10 所示。

02 在弹出的对话框中单击【新建】按钮，弹出【创建新的多线样式】对话框，将【新样式名】设置为【墙体】，单击【继续】按钮，如图 16-11 所示。

图 16-10　【多线样式】对话框

图 16-11　【创建新的多线样式】对话框

03 弹出【新建多线样式：墙体】对话框，在弹出的对话框中勾选【直线】的【起点】和【端点】复选框，将【偏移】分别设置为7、−7，如图16-12所示。

图 16-12 新建多线样式

04 设置完成后，单击【确定】按钮，在返回的【多线样式】对话框中单击【置为当前】按钮，然后单击【确定】按钮，如图16-13所示。

05 在命令行中执行【LAYER】命令，按【Enter】键，弹出【图层特性管理器】选项板，新建【墙体】图层，并将其置为当前图层，如图16-14所示。

图 16-13 将设置的墙体置为当前

图 16-14 新建【墙体】图层

06 在命令行中执行【MLINE】命令，在命令行中输入【J】命令，按【Enter】键确认，在命令行中输入【Z】命令，按【Enter】键确认，在命令行中输入【ST】命令，按【Enter】键确认，输入多线名称【墙体】，按【Enter】键确认，在绘图区如图16-15所示的交点指定起点。

07 在绘图区沿辅助线进行绘制，绘制后的效果如图16-16所示。

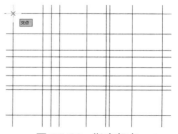

图 16-15 指定起点

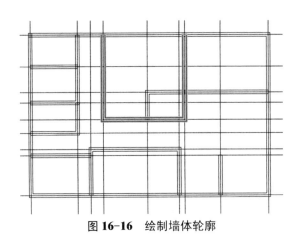

图 16-16　绘制墙体轮廓

08　使用【分解】工具将图形进行分解，然后使用【修剪】工具进行修剪，将辅助线隐藏，完成后的效果如图 16-17 所示。

09　将【辅助线】置为当前图层，使用【偏移】工具将最下方的水平直线向上偏移 3 680，然后将【墙体】图层置为当前图层，使用【多线】工具绘制墙体轮廓，将刚绘制的墙体分解并修剪，完成后的如图 16-18 所示。

10　使用偏移工具将最右侧的垂直辅助线向左偏移 4 510，然后将【墙体】图层置为当前图层，然后使用【多线】工具绘制墙体轮廓，将刚绘制的墙体分解并修剪，完成后的效果如图 16-19 所示。

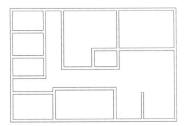

图 16-17　修剪后的效果

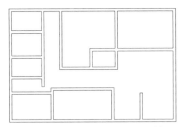

图 16-18　绘制墙体并修剪

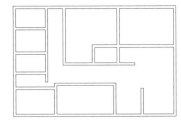

图 16-19　完成后的效果

16.2.3　绘制门窗

下面讲解绘制门窗的方法，操作步骤如下：

01　将【辅助线】置为当前图层，将多余的辅助线删除（保留最左侧的垂直辅助线和最上侧的水平辅助线），如图 16-20 所示。

02　使用【偏移】工具捕捉最左侧的垂直直线将其向右偏移 1 300、2 606、3 595、3 940、4 240、5 260、5 965、7 160、8 965、10 230、10 705、11 350、11 700、13 610、14 120、16 260，如图 16-21 所示。

03　使用【修剪】工具对图形进行修剪，完成后的效果如图 16-22 所示。

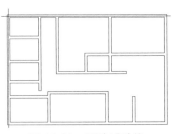

图 16-20　删除辅助线

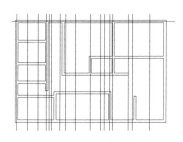

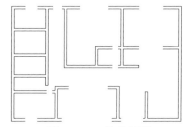

图 16-21　向右偏移辅助线　　　　　图 16-22　修剪图形

04 将垂直辅助线删除，然后使用【偏移】工具，将水平辅助线向下偏移 355、1 000、2 725、3 370、5 900、6 375、6 500、7 020，如图 16-23 所示。

提示

对平面图绘制步骤，需要说明的是，并不是将所有的辅助线绘制好后才绘制图样，一般是有总体到局部、由粗到细，一项一项地完成。

如果将所有的辅助线依次绘制完成，则会密密麻麻，无法分清。

05 使用【修剪】工具对图形进行修剪，完成后的效果如图 16-24 所示。

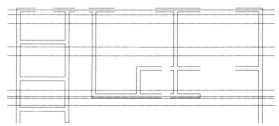

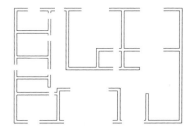

图 16-23　向下偏移辅助线　　　　　图 16-24　修剪图形

06 使用【直线】工具，对修剪的图形进行封闭处理，效果如图 16-25 所示。

07 在命令行中执行【LAYER】命令，按【Enter】键，弹出【图层特性管理器】选项板，新建【门窗】图层，将【颜色】设置为蓝色，并将其置为当前图层，如图 16-26 所示。

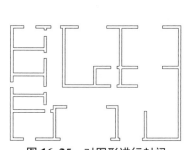

图 16-25　对图形进行封闭　　　　　图 16-26　新建【门窗】图层

08 使用【直线】工具，绘制一段长度为 645 的直线，如图 16-27 所示。

09 使用【起点、端点、方向】圆弧工具，绘制一个角度为 90 的弧线，如图 16-28 所示。

10 在命令行中输入【BLOCK】命令并按【Enter】键，弹出【块定义】对话框，在【名称】文本框中输入【门】，单击【选择对象】按钮，拾取刚绘制的门，按【Enter】键返回到【块定义】对话框，然后单击【拾取点】按钮，拾取圆弧的端点，按【Enter】键确认，返回到【块定义】对话框，单击【确定】按钮完成操作，如图 16-29 所示。

11 在命令行中输入【INSERT】命令，弹出【插入】对话框，将上一步创建的【门】图块插入到合适的位置，如图 16-30 所示。

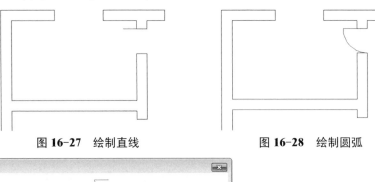

图 16-27　绘制直线　　　　　　　　图 16-28　绘制圆弧

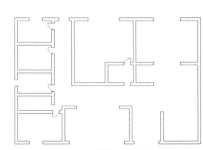

图 16-29　创建块　　　　　　　　图 16-30　插入【门】图块

12 使用【矩形】工具绘制两个长度为 2 132、宽度为 140 的矩形，并放置到合适的位置作为推拉门，如图 16-31 所示。

13 继续使用【矩形】工具绘制两个长度为 1 325、宽度为 140 的矩形，并放置到合适的位置，如图 16-32 所示。

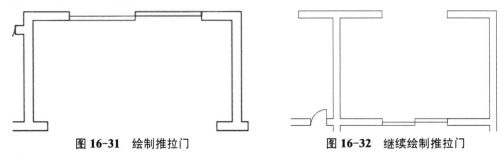

图 16-31　绘制推拉门　　　　　　　图 16-32　继续绘制推拉门

14 连续使用【直线】工具绘制两个长度为 1 210 的直线，并使用【起点、端点、方向】圆弧工具，绘制两个角度为 90 的弧线，如图 16-33 所示。

15 继续使用【直线】工具，绘制直线，然后使用【偏移】工具将上一步绘制的直线向下偏移 70，偏移 4 次，绘制窗，如图 16-34 所示。

16 使用同样的方法绘制其他的窗，如图 16-35 所示。

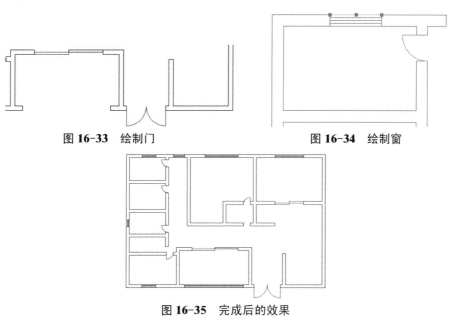

图 16-33　绘制门　　　　　　　　图 16-34　绘制窗

图 16-35　完成后的效果

16.2.4　放置家具

下面讲解如何放置家具，具体操作步骤为：打开随书附带光盘中的 CDROM\素材\第 14 章\素材 1.dwg 图形文件，将素材放置到合适的位置，如图 16-36 所示。

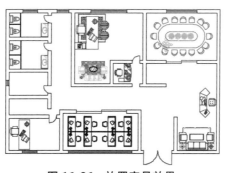

图 16-36　放置家具效果

16.2.5　标注文字并进行图案填充

下面进行文字标注，具体步骤如下：

01 打开【图层特性管理器】选项板，新建【标注】图层，将【颜色】设置为红色，并置为当前图层，如图 16-37 所示。

02 在命令行输入【TEXT】命令，根据命令提示，指定起点，将【高度】设为 500，【角度】设为 0，输入相应的文字，如图 16-38 所示。

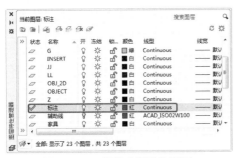

图 16-37 新建【标注】图层

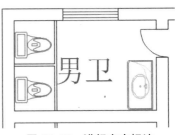

图 16-38 进行文字标注

03 使用同样的方法对其他区域进行标注，完成后的效果如图 16-39 所示。

04 再次打开【图层特性管理器】选项板，新建【图案填充】图层，将【颜色】设置为白色，并将其置为当前图层，如图 16-40 所示。

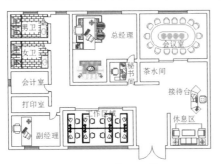

图 16-39 完成后的效果

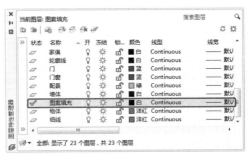

图 16-40 新建【图案填充】图层

05 在命令行中输入【HATCH】命令并按【Enter】键，在命令行中输入【T】，选择【设置】选项，弹出【图案填充和渐变色】对话框，将【图案】设置为【AR-B816】，将【比例】设置为 1，【角度】设置为 0，设置完成后单击【确定】按钮即可，如图 16-41 所示。

06 然后对其进行图案填充，如图 16-42 所示。

图 16-41 设置图案填充

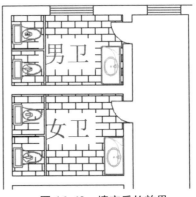

图 16-42 填充后的效果

07 再次使用【图案填充】工具，将【图案填充图案】设置为【EARTH】，将【角度】设置为 45，将【图案填充比例】设置为 80，如图 16-43 所示。

08 然后对其进行图案填充，如图 16-44 所示。

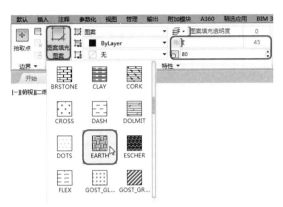

图 16-43 设置图案填充

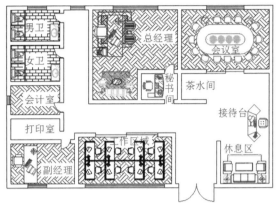

图 16-44 对其他房间进行填充

16.2.6 尺寸标注

下面将讲解如何进行尺寸标注，其具体操作步骤如下：

01 在命令行中输入【LAYER】命令，将【标注】置为当前图层，如图 16-45 所示。

02 在菜单栏中执行【格式】|【标注样式】命令，弹出【标注样式管理器】对话框，如图 16-46 所示，单击【新建】按钮，弹出【创建新标注样式】对话框，将【新样式名】设置为【尺寸标注】，将【基础样式】设置为【ISO-25】，单击【继续】按钮，如图 16-47 所示。

03 弹出【新建标注样式：尺寸标注】对话框，切换至【线】选项卡，将【基线间距】设置为 150，将【超出尺寸线】和【起点偏移量】设置为 150，如图 16-48 所示。

04 切换至【符号和箭头】选项卡，将【箭头大小】设置为 400，如图 16-49 所示。

05 切换至【文字】选项卡，将【文字高度】设置为 400，如图 16-50 所示。

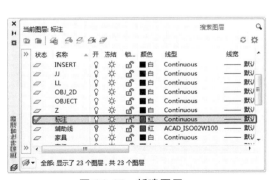

图 16-45 新建图层

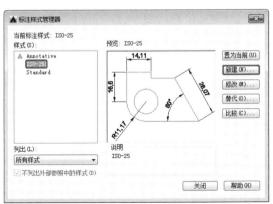

图 16-46 新建标注样式

图 16-48　设置线参数

图 16-47　设置新样式名

图 16-49　设置箭头参数

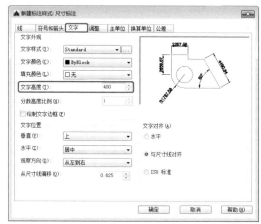

图 16-50　设置文字参数

06 切换至【调整】选项卡，勾选【文字位置】选项组中的【尺寸线上方，不带引线】单选按钮，如图 16-51 所示。

07 切换至【主单位】选项卡，将【精度】设置为 0，单击【确定】按钮，如图 16-52 所示。

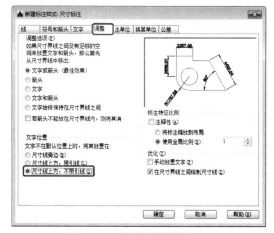

图 16-51　设置调整参数

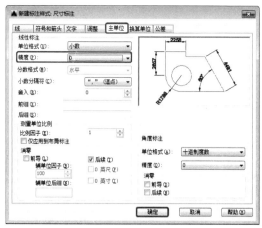

图 16-52　设置主单位参数

08 返回【标注样式管理器】对话框，选择【尺寸标注】样式，单击【置为当前】按钮，单击【关闭】按钮即可，如图 16-53 所示。

09 使用【线性标注】和【连续标注】对其进行标注，如图 16-54 所示。

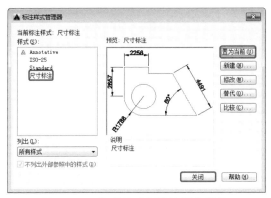

图 16-53 将【尺寸标注】置为当前

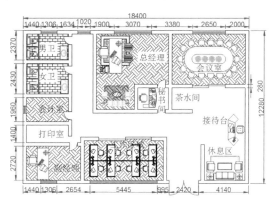

图 16-54 标注对象

16.3 绘制办公室立面图

办公环境从性质上讲是属于一种理性空间，应显出其严谨、沉稳的特点。办公室在装饰处理上不宜堆砌过多材料，画龙点睛的设计方法常能达到营造良好办公气氛的效果。办公室墙面常用乳胶漆和墙纸，也可利用材质的拼接进行有规律、有模数的分割。

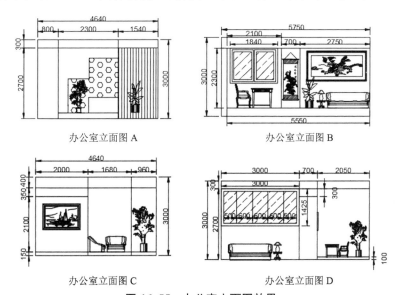

图 16-55 办公室立面图效果

16.3.1 绘制办公室立面图 A

下面讲解如何绘制办公室立面图 A，其具体操作步骤如下：

01 按【Ctrl+N】组合键，弹出【选择样板】对话框，选择【acadiso】，单击【打开】按钮，如图 16-56 所示。

02 按【F7】键取消栅格显示，在命令行中输入【RECTANG】命令，指定第一个点，在命令行中输入【D】，将矩形的长度设置为 4 640、宽度设置为 3 000，如图 16-57 所示。

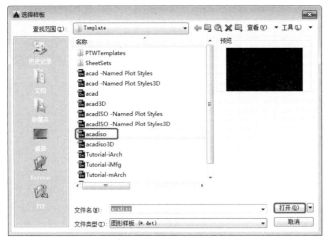

图 16-56 　选择样板 　　　　　　　　　　图 16-57 　绘制矩形

03 在命令行中输入【EXPLODE】命令，将矩形进行分解，在命令行中输入【OFFSET】命令，将矩形的上侧边向下移动 500、2 400，如图 16-58 所示。

04 继续使用【偏移】工具，将左侧边向右依次偏移 800、2 300，如图 16-59 所示。

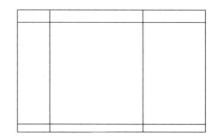

图 16-58 　分解矩形并偏移直线 　　　　图 16-59 　向右偏移直线

05 在命令行中输入【TRIM】命令，将多余的线段删除，如图 16-60 所示。

06 在命令行中输入【PLINE】命令，指定 A 点作为起点，如图 16-61 所示。

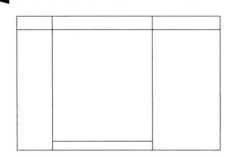

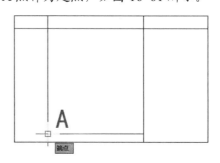

图 16-60 　删除对象 　　　　　　　　　图 16-61 　指定 A 点

07 开启【正交】功能，向右引导鼠标，输入数值 370，然后向上引导鼠标，将数值设置为1 300，再次向右引导鼠标，输入数值800，向上引导鼠标，将数值设置为800，向右引导鼠标，输入数值1 130，向下引导鼠标，输入数值1 500，向左引导鼠标，将数值设置1 150，向下引导鼠标，输入数值600，按【Enter】键进行确认，如图16-62所示。

08 在命令行中输入【HATCH】命令，在命令行中输入【T】命令，弹出【图案填充和渐变色】对话框，单击【图案】右侧的 按钮，将填充图案设置为【HEX】，单击【确定】按钮，如图16-63所示。

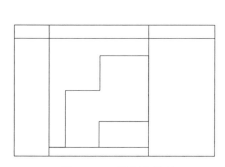

图16-62 绘制多线段

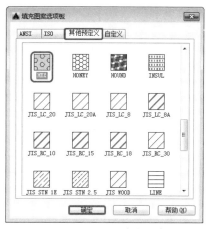

图16-63 设置填充图案

09 在【图案填充编辑】对话框中将【比例】设置为35，其余保持默认设置，单击【确定】按钮，如图16-64所示，然后对图形进行填充，按【Enter】键进行确认。

10 再次使用【图案填充】工具，设置【图案填充图案】为【ANSI31】，将【填充图案比例】设置为35，将【角度】设置为45，对图形进行填充，如图16-65所示。

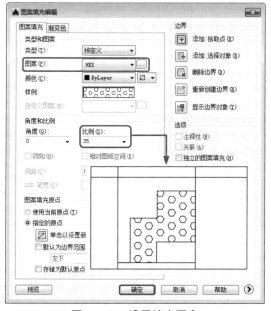

图16-64 设置填充图案

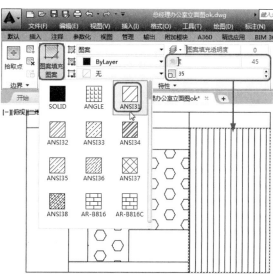

图16-65 对图形进行填充

443

11 打开随书附带光盘中的CDROM\素材\第16章\素材2.dwg图形文件，将素材放置到合适的位置，如图16-66所示。

12 在菜单栏中执行【格式】|【标注样式】命令，弹出【标注样式管理器】对话框，单击【新建】按钮，弹出【创建新标注样式】对话框，将【新样式名】设置为【标注样式】，将【基础样式】设置为【ISO-25】，单击【继续】按钮，如图16-67所示。

13 弹出【新建标注样式：标注样式】对话框，切换至【线】选项卡，将【基线间距】设置为100，将【超出尺寸线】和【起点偏移量】设置为100，如图16-68所示。

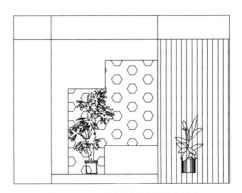

图16-66　放置素材后的效果

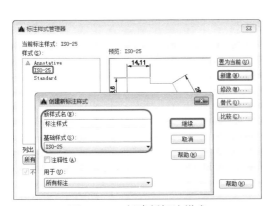

图16-67　创建新标注样式

图16-68　设置线参数

14 切换至【符号和箭头】选项卡，将【箭头大小】设置为200，如图16-69所示。

15 切换至【文字】选项卡，将【文字高度】设置为200，如图16-70所示。

图16-69　设置箭头大小

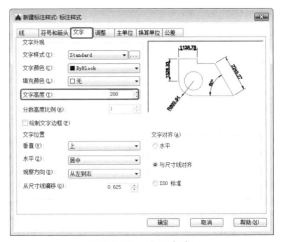

图16-70　设置文字

🔢 切换至【调整】选项卡，选中【文字位置】选项组中的【尺寸线上方，不带引线】单选按钮，如图 16-71 所示。

🔢 切换至【主单位】选项卡，将【线性标注】下的【精度】设置为 0，单击【确定】按钮即可，如图 16-72 所示。

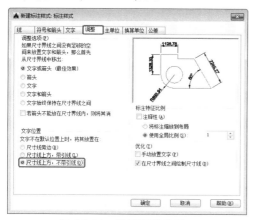

图 16-71 设置调整参数

图 16-72 设置主单位

🔢 选择【标注样式】，单击【置为当前】按钮，将当前样式设置为【标注样式】，然后单击【关闭】按钮，如图 16-73 所示。

🔢 使用【线性标注】和【连续标注】对图形进行标注，如图 16-74 所示。

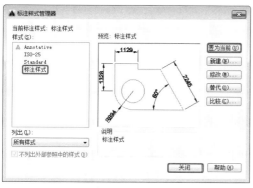

图 16-73 将【标注样式】置为当前

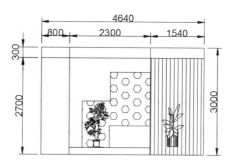

图 16-74 标注后的效果

 提示

在图形中插入块时，可以对相关参数如插入点、插入比例及插入角度进行设置。

16.3.2 绘制办公室立面图 B

下面讲解如何绘制办公室立面图 B，其具体操作步骤如下：

🔢 在命令行中输入【RECTANG】命令，指定第一个点，在命令行中输入【D】，将矩形长度设置为 5 750、宽度设置为 3 000，如图 16-75 所示。

02 在命令行中输入【EXPLODE】命令，将矩形进行分解，在命令行中输入【OFFSET】命令，将上侧边向下依次偏移400、2 300，如图16-76所示。

图 16-75　绘制矩形

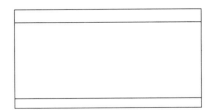

图 16-76　向下偏移直线

03 再次使用【偏移】工具，将左侧边向右依次偏移 200、2 100、700，如图 16-77 所示。

04 在命令行中输入【TRIM】命令，将对象进行修剪，如图16-78所示。

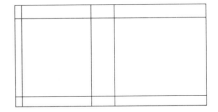

图 16-77　向右偏移直线

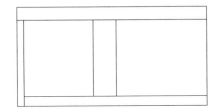

图 16-78　修剪对象

05 在命令行中输入【RECTANG】命令，指定第一个点，在命令行中输入【D】，将矩形长度设置为1 840、宽度设置为1 340，如图16-79所示。

06 在命令行中输入【RECTANG】命令，指定第一个点，在命令行中输入【D】，将矩形长度设置为820、宽度设置为1 220，并向内部偏移70后放至合适的位置，如图16-80所示。

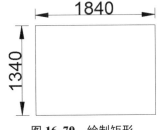

图 16-79　绘制矩形

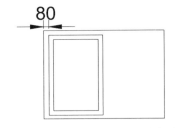

图 16-80　绘制矩形并将其放置到合适的位置

07 选择偏移的两个对象，在命令行中输入【MIRROR】命令，以第一个矩形的中点为镜像线，对图形进行镜像，如图16-81所示。

08 在命令行中输入【HATCH】命令，将【图案填充图案】设置为【ANSI33】，将【填充图案比例】设置为70，将【角度】设置为0，对图形进行填充，如图16-82所示。

09 在命令行中输入【BLOCK】命令，弹出【块定义】对话框，将【名称】设置为【窗户】，单击【选择对象】按钮，返回到绘图区选择绘制的窗户，按空格键进行确认，单击【拾取点】按钮，拾取窗户的中点，单击【确定】按钮进行确认，如图16-83所示。

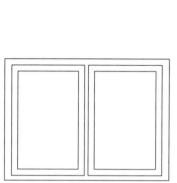

图 16-81　镜像对象

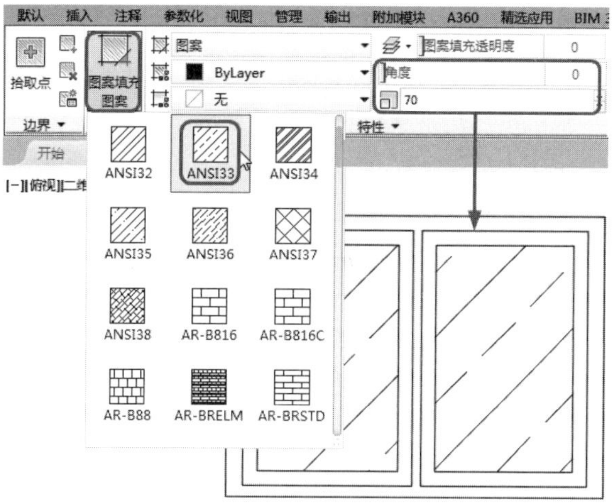

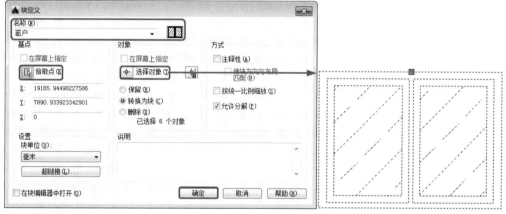

图 16-82　设置填充图案

图 16-83　创建块

⑩ 选择创建的窗户，在命令行中输入【MOVE】命令，将窗户移至合适的位置，如图 16-84 所示。

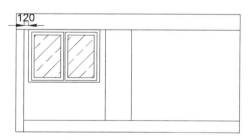

图 16-84　移动后的效果

⑪ 在命令行中输入【RECTANG】命令，指定第一个点，在命令行中输入【D】，然后在绘图区绘制一个长度为 560、宽度为 1 520 的矩形，如图 16-85 所示。

⑫ 继续使用【矩形】工具，在绘图区绘制一个长度为 560、宽度为 26 的矩形，如图 16-86 所示。

⑬ 在命令行中输入【EXPLODE】命令，分解新绘制的矩形，如图 16-87 所示。

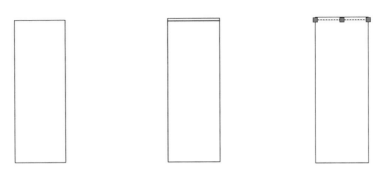

图 16-85 绘制矩形　　　图 16-86 再次绘制矩形　　　图 16-87 分解线段

14 选择分解后的对象的左侧边，在命令行中执行【OFFSET】命令，将其向左偏移 2 次，偏移距离为 10，如图 16-88 所示。

15 在【默认】选项卡的【绘图】组中单击【起点、端点、方向】按钮，然后在绘图区绘制多个圆弧对象，如图 16-89 所示。

16 在绘图区选择如图 16-90 所示的对象。

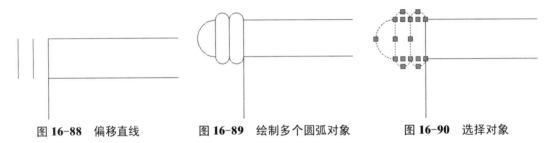

图 16-88 偏移直线　　　图 16-89 绘制多个圆弧对象　　　图 16-90 选择对象

17 在命令行中执行【MIRROR】命令，以分解后的长为 560 的直线中心点为镜像线，镜像选择的对象，如图 16-91 所示。

18 在场景中选择除矩形以外的所有对象，再次执行【镜像】命令，以矩形的宽的中心点为镜像线，镜像选择的对象，如图 16-92 所示。

19 在【默认】选项卡的【绘图】组中单击【直线】按钮，然后在绘图区绘制两条直线，如图 16-93 所示。

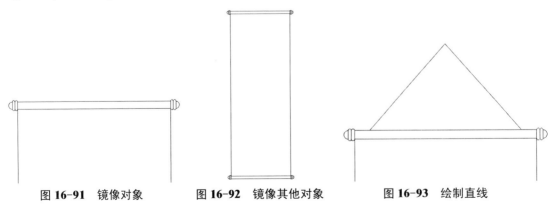

图 16-91 镜像对象　　　图 16-92 镜像其他对象　　　图 16-93 绘制直线

20 在【默认】选项卡的【绘图】组中单击【矩形】按钮，在绘图区绘制一个长为

560、宽为−160 的矩形，如图 16-94 所示。

21 在命令行中执行【HATCH】命令，在新绘制的矩形内单击鼠标拾取内部点，然后在【图案填充创建】选项卡的【图案】组中单击【图案填充图案】按钮 ，在弹出的下拉列表中选择【ANSI31】图案，在【特性】组中将【填充图案比例】设置为 5，如图 16-95 所示。

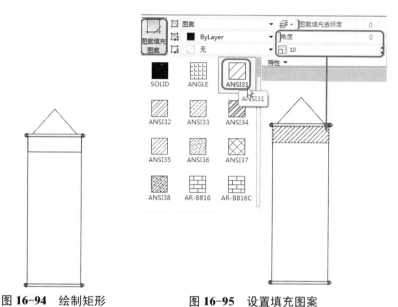

图 16-94 绘制矩形   图 16-95 设置填充图案

22 在绘图区选择图案填充对象和新绘制的矩形，在命令行中执行【MIRROR】命令，以大矩形的宽的中心点为镜像线，镜像选择的对象，如图 16-96 所示。

23 打开随书附带光盘中的 CDROM\素材\第 16 章\素材 2.dwg 图形文件，将素材放置到合适的位置，如图 16-97 所示。

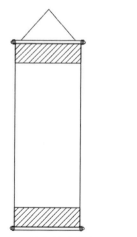

图 16-96 镜像填充的矩形   图 16-97 完成后的效果

24 在命令行中输入【BLOCK】命令，弹出【块定义】对话框，将【名称】设置为【画】，单击【选择对象】按钮，返回到绘图区选择绘制的画，按空格键进行确认，单击【拾取点】

按钮，拾取最上边的点，单击【确定】按钮进行确认，如图 16-98 所示。

㉕ 将画移动至合适的位置，如图 16-99 所示。

图 16-98 定义块

图 16-99 完成后的效果

㉖ 在命令行中执行【STYLE】命令，打开【文字样式】对话框，然后单击【新建】按钮，弹出【新建文字样式】对话框。在该对话框的【样式名】文本框中输入【文字】，单击【确定】按钮，如图 16-100 所示。

㉗ 返回到【文字样式】对话框，在【字体】选项组中，将【字体名】设置为【汉仪行楷简】，在【大小】选项组中，将【高度】设置为 70，然后单击【应用】按钮和【关闭】按钮，如图 16-101 所示。

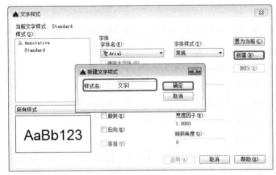

图 16-100 设置样式名

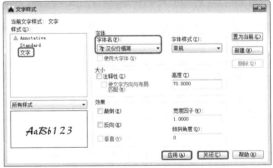

图 16-101 设置文字样式

 提示

进行图样尺寸及文字标注时，一个好的制图习惯是首先设置完成文字样式，即先准备好写字的字体。

㉘ 在【默认】选项卡的【注释】组中单击【多行文字】按钮 **A**，然后在绘图区绘制文本输入框，并输入文字，输入后的效果如图 16-102 所示。

㉙ 打开随书附带光盘中的 CDROM\素材\第 16 章\素材 2.dwg 图形文件，将素材放置到合适的位置，如图 16-103 所示。

㉚ 使用【线性标注】和【连续标注】对图形进行标注，如图 16-104 所示。

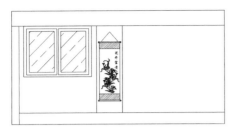

图 16-102　输入文字效果

图 16-103　放置完成后的效果

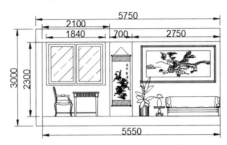

图 16-104　添加标注后的效果

16.3.3　绘制办公室立面图 C

下面讲解如何绘制办公室立面图 C，其具体操作步骤如下：

01 在命令行中输入【RECTANG】命令，指定第一个点，在命令行中输入【D】，将矩形的长度设置为 4 640、宽度设置为 3 000，如图 16-105 所示。

02 在命令行中输入【EXPLODE】命令，将上一步创建的矩形进行分解，在命令行中输入【OFFSET】命令，将上侧边向下偏移 400、300、2 100，如图 16-106 所示。

图 16-105　绘制矩形

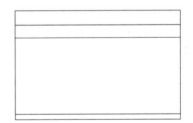

图 16-106　向下偏移直线

03 再次使用【偏移】工具，将左侧边向右偏移 2 000、1 680，如图 16-107 所示。

04 在命令行中输入【TRIM】命令，对其进行修剪，如图 16-108 所示。

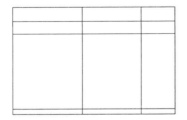

图 16-107　向右偏移直线

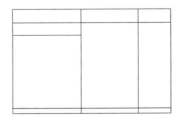

图 16-108　修剪对象

05 打开随书附带光盘中的 CDROM\素材\第 16 章\素材 1.dwg 图形文件，将素材放置到合适的位置，如图 16-109 所示。

06 使用【线性标注】和【连续标注】对图形进行标注，如图 16-110 所示。

图 16-109　放置素材

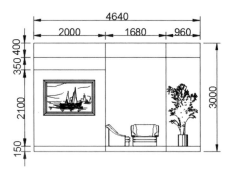

图 16-110　标注后的效果

16.3.4　绘制办公室立面图 D

下面讲解如何绘制办公室立面图 D，其具体操作步骤如下：

01 在命令行中输入【RECTANG】命令，指定第一个点，在命令行中输入【D】，将矩形的长度设置为 5 750、宽度设置为 3 000，如图 16-111 所示。

02 在命令行中输入【EXPLODE】命令，将上一步创建的矩形进行分解，在命令行中输入【OFFSET】命令，将上侧边向下偏移 300、300、2 300，如图 16-112 所示。

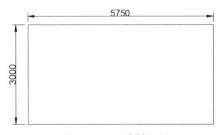

图 16-111　绘制矩形

图 16-112　向下偏移直线

03 再次使用【偏移】工具，将左侧边向右偏移 3 000、700，如图 16-113 所示。

04 在命令行中输入【TRIM】命令，对其进行修剪，如图 16-114 所示。

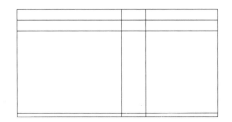

图 16-113　向右偏移直线

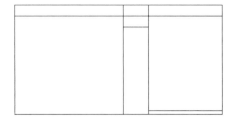

图 16-114　修剪对象

05 在命令行中输入【RECTANG】命令，指定第一个点，在命令行中输入【D】，将矩形的长度设置为 55、宽度设置为 700，如图 16-115 所示。

06 在命令行中输入【MOVE】命令，将上一步绘制的矩形移动至合适的位置，如图 16-116 所示。

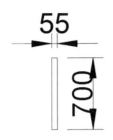

图 16-115　绘制矩形

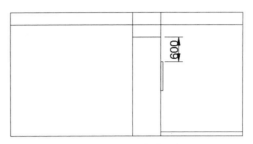

图 16-116　移动对象

07 在命令行中输入【RECTANG】命令，指定第一个点，在命令行中输入【D】，将矩形长度设置为 3 000、宽度设置为 1 425，如图 16-117 所示。

08 选择绘制的矩形，在命令行中输入【OFFSET】命令，将矩形向内部偏移 100，如图 16-118 所示。

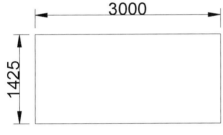

图 16-117　绘制矩形

图 16-118　向内部偏移矩形

09 在命令行中输入【EXPLODE】命令，将偏移后的矩形进行分解，选择分解后的左侧直线，如图 16-119 所示。

10 在命令行中输入【OFFSET】命令，将矩形的左侧边向右依次偏移 500、600、600、600，如图 16-120 所示。

图 16-119　分解矩形

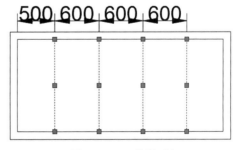

图 16-120　偏移对象

11 在命令行中输入【HATCH】命令，将【图案填充图案】设置为【ANSI33】，将【图案填充角度】设置为 0，将【填充图案比例】设置为 70，对图形进行图案填充，如图 16-121 所示。

⑫ 设置完成后，按【Enter】键进行确认，然后在命令行中输入【BLOCK】命令，弹
出【块定义】对话框，将【名称】设置为【窗户2】，然后使用上面讲过的方法，选择要定义
的对象，并拾取点，单击【确定】按钮，如图 16-122 所示。

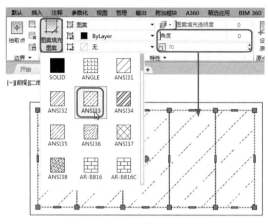

图 16-121　完成后的效果

图 16-122　创建块

⑬ 在命令行中输入【MOVE】命令，然后将其移动至合适的位置，如图 16-123 所示。

⑭ 打开随书附带光盘中的 CDROM\素材\第 16 章\素材 2.dwg 图形文件，将素材放置到
合适的位置，如图 16-124 所示。

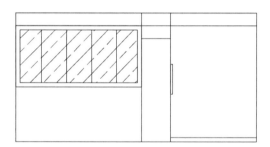

图 16-123　移动对象

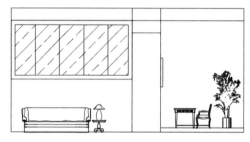

图 16-124　放置素材后的效果

⑮ 使用【线性标注】和【连续标注】对图形进行标注，如图 16-125 所示。

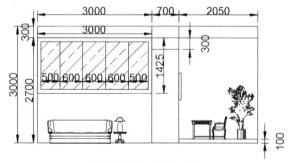

图 16-125　标注对象

⑯ 在命令行中输入【MTEXT】命令，指定第一点和第二点，然后输入文字，将【文
字样式】设置为 300，将【字体】设置为【汉仪超粗宋简】，将文字居中对齐，关闭文字编辑

器，如图 16-126 所示。

图 16-126　设置文字样式

17 使用同样的方法，设置其他文字，最终效果如图 16-127 所示。

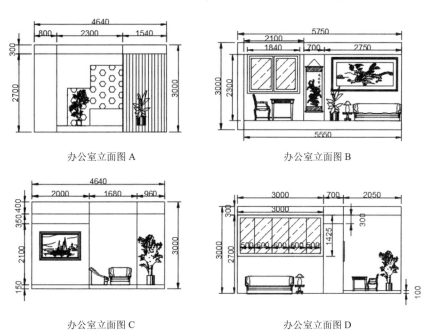

办公室立面图 A　　　　　　　　办公室立面图 B

办公室立面图 C　　　　　　　　办公室立面图 D

图 16-127　完成后的效果

顶棚布置图的绘制

本章导读：

重点知识 ▶

◆ 顶棚绘制的要求

◆ 顶棚的分类

◆ 绘制室内及办公室顶棚平面图

◆ 屋顶的绘制及布置灯具

本章将学习顶棚绘制的要求及分类，然后从绘制室内顶棚平面图、办公室顶棚平面图、屋顶的绘制和布置灯具实例来学习装修顶棚布置的绘制方法和具体的绘制过程。

17.1 顶棚绘制的要求

室内空间上部有结构层或装修层，为室内美观及保温隔热的需要，多数设顶棚（吊顶），把屋面的结构层隐蔽起来，以满足室内使用要求，又称天花、天棚、平顶。顶棚是室内装饰不可缺少的重要组成部分，也是室内空间装饰中最富有变化、引人注目的部分。顶棚设计的好坏直接影响到房间整体特点和氛围。例如古典型风格的顶棚要显得高贵典雅，简约型风格的顶棚则要充分体现现代气息。从不同的角度出发，依据设计理念进行合理搭配。

顶棚设计的要求主要有以下几点：

● 注意顶棚造型的轻快感。轻快感是一般室内顶棚装饰设计的基本要求。上轻下重是室内空间构图稳定感的基础，所以顶棚的形式、色彩、质地、明暗等处理都应充分考虑该原则。当然特殊气氛要求的空间例外。

● 满足结构和安全要求。顶棚的装饰设计应保证装饰部分结构与构造处理的合理性和可靠性以确保使用的安全，避免意外事故的发生。

● 满足设备布置的要求。顶棚上部各种设备布置集中，特别是高等级、大空间的顶棚上通风空调、消防系统、强弱电错综复杂，设计中必须综合考虑妥善处理。同时还应协调通风口、烟感器、自动喷淋器、扬声器等与顶棚面的关系。

17.2 绘制室内顶棚平面图

下面讲解绘制顶棚的方法，具体操作步骤如下：

01 启动软件，按【Ctrl+N】组合键，弹出【选择样板文件】对话框，选择【acadiso.dwt】，单击【打开】按钮，如图 17-1 所示。将文件命名为【顶棚布置图】，并保存到适当的位置。

02 打开【图层特性管理器】选项板，根据前面讲解的方法新建如图 17-2 所示的图层，并将【辅助线】置为当前图层。

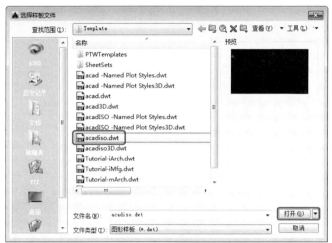

图 17-1　选择样板文件

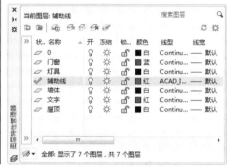

图 17-2　新建图层

03 打开【正交】模式，在绘图区绘制水平长度为 18 000，垂直为 12 000 且互相垂直的直线。

04 使用【偏移】工具，将水平直线向下偏移 1 230、4 905、5 705、7 800、11 400，如图 17-3 所示。

05 继续使用【偏移】工具，将垂直直线向右偏移 4 480、6 585、6 985、10 180、12 305、15 465、16 800，如图 17-4 所示。

图 17-3　偏移水平直线

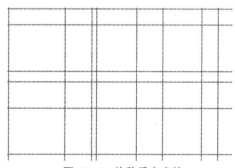

图 17-4　偏移垂直直线

06 在菜单栏中选择【格式】|【多线样式】命令，弹出【多线样式】对话框，在该对话框中单击【新建】按钮，弹出【创建新的多线样式】对话框，将【新样式名】设置为【墙体】，单击【继续】按钮，如图 17-5 所示。

07 弹出【新建多线样式：墙体】对话框，在弹出的对话框中选中【直线】的【起点】和【端点】复选框，将【偏移】分别设置为 10、-10，如图 17-6 所示。

08 设置完成后，单击【确定】按钮，在返回的【多线样式】对话框中单击【置为当前】

按钮，然后单击【确定】按钮，如图 17-7 所示。

图 17-5　新建【墙体】多线样式

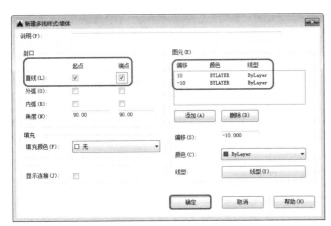

图 17-6　【新建多线样式：墙体】对话框

图 17-7　将【墙体】样式置为当前

09 在命令行中执行【MLINE】命令，在命令行中输入【J】命令，按【Enter】键确认，在命令行中输入【Z】命令，按【Enter】键确认，在绘图区绘制如图 17-8 所示的墙体。

```
命令： MLINE
当前设置：对正 = 无，比例 = 20.00，样式 = 墙体
指定起点或 [对正(J)/比例(S)/样式(ST)]： J
输入对正类型 [上(T)/无(Z)/下(B)] <无>： Z
当前设置：对正 = 无，比例 = 20.00，样式 = 墙体
```

10 将【辅助线】图层隐藏，将上一步绘制的墙体进行分解，然后使用【修剪】工具对图形进行修剪，完成后的效果如图 17-9 所示。

11 将【辅助线】取消隐藏，将最下方的辅助线向上偏移 2 080，然后在命令行中执行【MLINE】命令，将【比例】设为 10，绘制如图 17-10 所示的墙体，根据前面讲解的方法进行修剪处理。

12 使用【偏移】工具将最下方的辅助线向上偏移 4 195、5 195，并使用【修剪】工具

将图形进行修剪，然后使用【直线】工具将图形进行封闭，如图 17-11 所示。

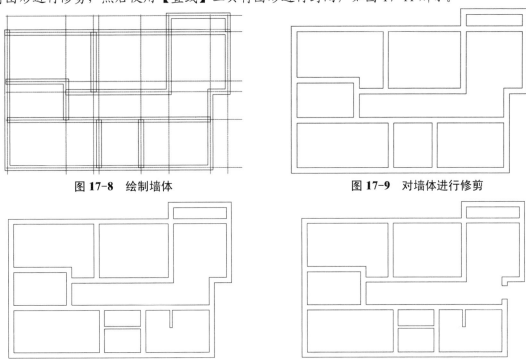

图 17-8　绘制墙体　　　　　　　　　图 17-9　对墙体进行修剪

图 17-10　绘制墙体并修剪　　　　　　图 17-11　封闭图形

⑬　将【辅助线】删除，保留最左侧的垂直辅助线，然后使用【偏移】工具将辅助线向右偏移 2 400、3 600、5 080、5 575、6 180、6 665、7 040、7 495、8 140、8 780、10 380、12 005、13 405、15 465，如图 17-12 所示。

⑭　使用【修剪】工具，对图形进行修剪，使用【直线】工具对图形进行封闭处理，如图 17-13 所示。

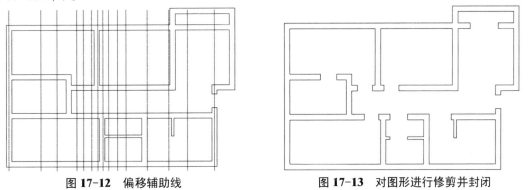

图 17-12　偏移辅助线　　　　　　　　图 17-13　对图形进行修剪并封闭

⑮　将偏移的辅助线删除，然后使用【偏移】工具将辅助线向右偏移 1 200、2 780、5 485、8 185、10 445、12 105、14 685、16 230，如图 17-14 所示。

⑯　使用【修剪】工具将图形进行修剪，然后使用【直线】工具对图形进行封闭处理，如图 17-15 所示。

⑰　使用前面讲解的方法绘制如图 17-16 所示的门窗。

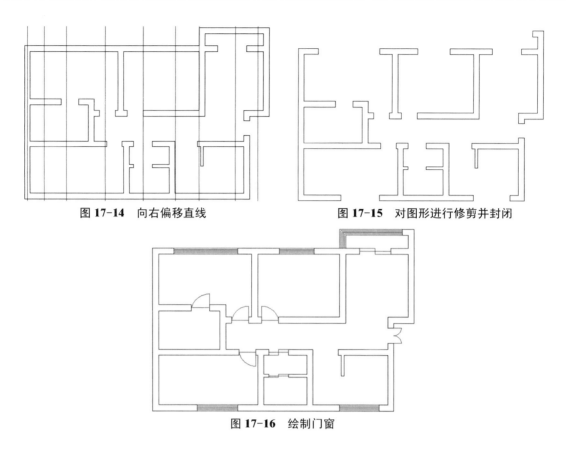

图 17-14 向右偏移直线　　　　　图 17-15 对图形进行修剪并封闭

图 17-16 绘制门窗

17.3　顶棚的分类

顶棚主要有以下几种形式。

- 直接式顶棚：直接式顶棚是指直接在楼板底面进行抹灰或粉刷、粘贴等装饰而形成的顶棚，一般用于装修要求不高的房间，其要求和做法与内墙装修相同。屋顶（或楼板层）的结构下表面直接露于室内空间。现代建筑中有用钢筋混凝土浇成井字梁、网格，或用钢管网架构成结构顶棚，以显示结构美。

- 悬吊式顶棚：悬吊式顶棚建成吊顶，它是为了对一些楼板底面极不平整或在楼板底敷设管线的房间加以修饰美化，或满足较高隔声要求而在楼板下部空间所作的装修。在屋顶（或楼板层）结构下，另吊挂一顶棚，称吊顶棚。吊顶棚可节约空调能源消耗，结构层与吊顶棚之间可作布置设备管线之用。

吊顶的类型多种多样，按结构形式可分为以下几种。

- 整体性吊顶：它是指顶棚面形成一个整体、没有分格的吊顶形式，其龙骨一般为木龙骨或槽型轻钢龙骨，面板用胶合板、石膏板等。也可在龙骨上先钉灰板条或钢丝网，然后用水泥砂浆抹平形成吊顶。

- 活动式装配吊顶：它是将其面板直接搁在龙骨上，通常与倒 T 型轻钢龙骨配合使用。这种吊顶龙骨外露，形成纵横分格的装饰效果，且施工安装方便，又便于维修，是目前应用推广的一种吊顶形式。

- 隐蔽式装配吊顶：它是指龙骨不外露，饰面板表面平整，整体效果较好的一种吊顶形式。
- 开敞式吊顶：它是指由特定形状的单元体及其组合而成，吊顶的饰面是敞口的，如木格栅吊顶、铝合金格栅吊顶，具有良好的装饰效果，多用于重要房间的局部装饰。

17.4 绘制屋顶并布置灯具

吊顶棚通常由面层、基层和吊杆三部分组成。

- 面层：做法可分现场抹灰（即湿作业）和预制安装两种。现场抹灰一般在灰板条、钢板网上抹掺有纸筋、麻刀、石棉或人造纤维的灰浆。抹灰劳动量大，易出现龟裂，甚至成块破损脱落，适用于小面积吊顶。预制安装所用预制板块，除木、竹制的板块以及各种胶合板、刨花板、纤维板、甘蔗板、木丝板以外，还有各种预制钢筋混凝土板、纤维水泥板、石膏板以及钢、铝等金属板、塑料板、金属和塑料复合板等。还可用晶莹光洁和具有强烈反射性能的玻璃、镜面、抛光金属板作吊顶面层，以增加室内高度感。
- 基层：主要是用来固定面层，可单向或双向（顶棚成框格形）布置木龙骨，将面板钉在龙骨上。为了节约木材和提高防火性能，现多用薄钢带或铝合金制成的 U型或 T 型的轻型吊顶龙骨，面板用螺钉固定，或卡入龙骨的翼缘上，或直接搁放，既简化施工，又便于维修。中、大型吊顶还设置主龙骨，以减小吊顶龙骨的跨度。
- 吊杆：又称吊筋。多数情况下，顶棚是借助吊杆均匀悬挂在屋顶或楼板层的结构层下。吊杆可用木条、钢筋或角钢来制作，金属吊杆上最好附有便于安装和固定面层的各种调节件、接插件、挂插件。顶棚也可不用吊杆而通过基层的龙骨直接搁在大梁或圈梁上，成为自承式吊顶。

下面讲解如何绘制屋顶，操作步骤如下。

01 将当前图层设为【屋顶】图层，使用【矩形】工具绘制如图 17-17 所示的矩形。

02 使用【样条曲线】工具，绘制如图 17-18 所示的样条曲线。

03 使用【矩形】工具绘制如图 17-19 所示的矩形。

04 继续使用【矩形】工具绘制如图 17-20 所示的矩形。

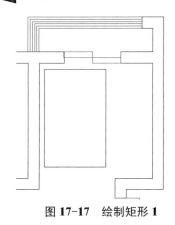

图 17-17 绘制矩形 1

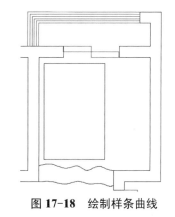

图 17-18 绘制样条曲线

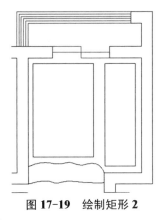

图 17-19　绘制矩形 **2**

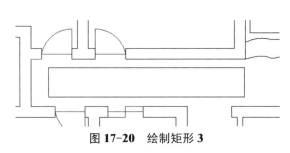

图 17-20　绘制矩形 **3**

05 使用【图案填充】工具，弹出【图案填充和渐变色】对话框，如图 17-21 所示，单击【图案】后的预览按钮，弹出【填充图案选项板】对话框，在【其他预定义】选项卡中选择【NET】填充图案，如图 17-22 所示。

图 17-21　【图案填充和渐变色】对话框

图 17-22　选择【NET】填充图案

06 单击【确定】按钮返回【图案填充和渐变色】对话框，将【比例】设为 100，单击【添加：拾取点】按钮在卫生间内分别连续单击，按【Enter】键完成操作，如图 17-23 所示。

知识链接：

　　当使用【图案填充】命令时，所使用图案的比例因子均为 1，即原本定义时的真实样式。然而，随着界限定义的改变，比例因子应做相应的改变，否则会使填充图案过密或过疏，因此在选择比例因子时可使用下列技巧进行操作。

　　当处理较小区域的图案时，可以减小图案的比例因子值，相反地，当处理较大区域的图案填充时，则可以增加图案的比例因子值。比例因子应恰当选择，比例因子的恰当选择要视具体的图形界限大小而定。

> 当处理较大的填充区域时，要特别小心，如果选用的图案比例因子太小，则产生的图案就像是使用 Solid 命令所得到的填充结果一样，这是因为在单位距离中有太多的线，不仅看起来不恰当，而且增加了文件的大小。
>
> 比例因子的取值应遵循【宁大不小】的原则。

07 使用【直线】工具，绘制长度为 829 的直线，并使用【矩形阵列】工具对刚绘制的直线进行阵列处理，如图 17-24 所示。

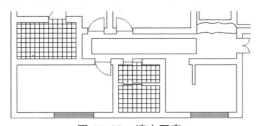

图 17-23　填充图案

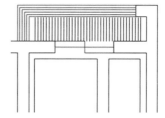

图 17-24　绘制直线并阵列

08 将当前图层设为【灯具】图层，使用【直线】工具，打开【正交】模式，绘制长度为 1 070 且互相垂直的直线，如图 17-25 所示。

09 使用【圆】工具，捕捉交点为圆心，绘制两个半径分别为 125 和 158 的同心圆，如图 17-26 所示。

10 使用【椭圆】工具，选择同心圆的圆心作为椭圆的端点，向下移动光标，输入椭圆长轴为 294，按【Enter】键，再输入短轴半径 85，按【Enter】键完成操作，如图 17-27 所示。

图 17-25　绘制垂直直线　　　　图 17-26　绘制同心圆　　　　图 17-27　绘制椭圆

11 使用同样的方法，过同心圆的点作为端点，绘制一个长轴和短轴分别为 336、186 的椭圆，如图 17-28 所示。

12 使用【环形阵列】工具，选择两个椭圆为阵列对象，指定中心点为同心圆的圆心，将阵列数设为 4，按【Enter】键完成操作，如图 17-29 所示。

图 17-28　继续绘制椭圆

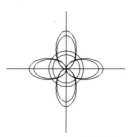

图 17-29　阵列后效果

> **知识链接：**
>
> 吊灯（chandelier）是吊装在室内天花板上的高级装饰用照明灯，所有垂吊下来的灯具都归入吊灯类别。吊灯的花样最多，常用的有欧式烛台吊灯、中式吊灯、水晶吊灯、羊皮纸吊灯、时尚吊灯、锥形罩花灯、尖扁罩花灯、束腰罩花灯、五叉圆球吊灯、玉兰罩花灯、橄榄吊灯等，吊灯适合于客厅、卧室、餐厅、走廊、酒店等大堂。一般较美丽的吊灯通常都有较复杂的造型和灯罩，如果潮湿多尘，灯具常容易生锈、掉漆，灯罩则因蒙尘而日渐昏暗，不去处理的话，吊灯明亮度平均一年降低约 30%，不出几年，吊灯会昏暗无光彩。

13 在命令行中输入【BLOCK】命令，并按【Enter】键弹出【块定义】对话框，在【名称】文本框中输入【水晶灯】，将插入点选择为圆心，其他保持默认，单击【确定】按钮，如图 17-30 所示。

14 在命令行中输入【INSERT】命令，并按【Enter】键弹出【插入】对话框，如图 17-31 所示。选择【水晶灯】将其插入到图中的固定位置，如图 17-32 所示。

15 在空白区绘制两条长度为 500 且互相垂直的直线，然后使用【圆】工具，捕捉直线的交点绘制一个直径为 300 的圆，然后使用【偏移】工具，将圆向内偏移 50，如图 17-33 所示。

图 17-30　创建块　　　　　　　　　　　　　　图 17-31　【插入】对话框

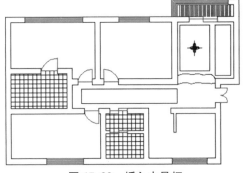

图 17-32　插入水晶灯

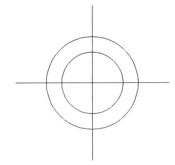

图 17-33　绘制吸顶灯

16 同样将此图形保存为图块，命名为【吸顶灯】，并插入到相应位置，如图 17-34 所示。

17 使用【直线】工具绘制两条长度为 600 且互相垂直的直线，然后使用【圆】工具，捕捉交点绘制直径为 400 的圆，如图 17-35 所示。

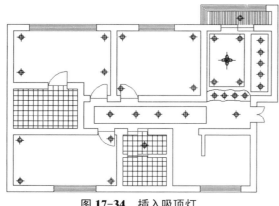

图 17-34　插入吸顶灯

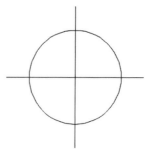

图 17-35　绘制直线和圆

⑱　继续使用【圆】工具，以直线和圆的交点作为圆心，绘制 4 个直径为 100 的小圆，如图 17-36 所示。

⑲　继续将此图形保存为图块，命名为【吊灯】，并插入到相应的位置，如图 17-37 所示。

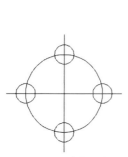

图 17-36　绘制吊灯

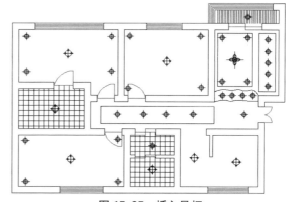

图 17-37　插入吊灯

知识链接：

　　顶棚上的照明装置应结合具体情况处理。嵌入或半嵌入顶棚的灯具，称嵌入灯，多用于层高较低的房间；利用错层吊顶棚作反射面，人们不能直接看到的灯具，称暗灯或槽灯；采用透光的吊顶棚面层，在面层后面装置各种灯具，使整个空间获得均匀柔和的照明，称为发光顶棚。不论是使用嵌入灯、槽灯或发光顶棚，设计时都要考虑是否便于检修和更换灯具。同时要注意散热通风，以防止光源的高温烤灼附近易燃物，引起火灾。照明装置的光源背面还可用石膏抹灰或衬以金属板，增加反射光。吊顶上设风口、嗽叭口时，为了防止昆虫、鼠类窜入，应罩以金属网和格片加以保护。大型吊顶棚还要设供人携带工具进出操作的检修口，必要时设检修走道，通往各个需要工作（如换灯泡、灯管以及维修等）的地点。此外，还需设消防装置。

---

⑳　在命令行中输入【STYLE】命令并按【Enter】键，弹出【文字样式】对话框，然后单击【新建】按钮，弹出【新建文字样式】对话框，将【样式名】设为【标注】，单击【确定】按钮，如图 17-38 所示。

21 返回到【文字样式】对话框，将【字体】设为宋体，将【高度】设为 500，然后单击【置为当前】按钮并关闭，如图 17-39 所示。

图 17-38 新建文字样式　　　　　　　图 17-39 设置字体及高度

22 将【文字】图层置为当前图层，然后使用【单行文字】和【直线】工具对图形进行文字标注说明，如图 17-40 所示。

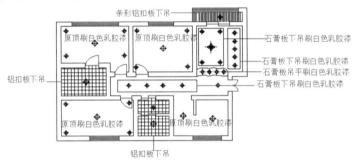

图 17-40 对图形进行文字标注

23 打开【图层特性管理器】选项板，新建【尺寸标注】图层并置为当前图层，如图 17-41 所示。

24 在命令行中输入【DIMSTYLE】命令，并按【Enter】键，弹出【标注样式管理器】对话框，选择【ISO-25】样式，单击【修改】按钮，如图 17-42 所示。

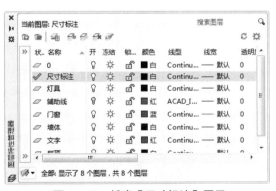

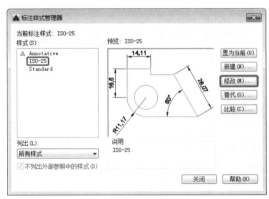

图 17-41 新建【尺寸标注】图层　　　　图 17-42 修改【ISO-25】样式

25 弹出【修改标注样式：ISO-25】对话框，切换至【文字】选项卡，将【文字高度】设为 300，如图 17-43 所示。

26 切换至【主单位】选项卡，将【精度】设为 0，如图 17-44 所示，然后单击【确定】按钮。

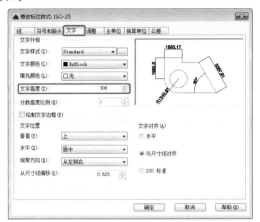
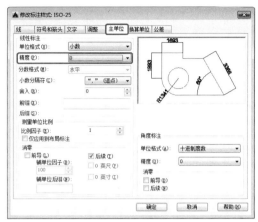

图 17-43　设置文字高度　　　　　　图 17-44　设置精度

27 返回【标注样式管理器】对话框，单击【置为当前】按钮并关闭对话框，使用【线性标注】工具对图形进行标注，如图 17-45 所示。

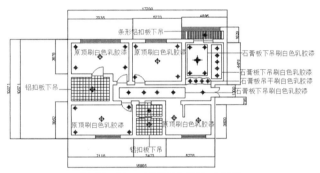

图 17-45　对图形进行尺寸标注

28 打开【文字样式】对话框，将【高度】设为 2 000，单击【置为当前】按钮并关闭对话框，如图 17-46 所示。

29 将【文字】图层置为当前图层，然后使用【单行文字】工具对图形进行文字标注，然后使用【多段线】工具，将宽度设为 100，在文字下方绘制多段线，完成后的效果如图 17-47 所示。

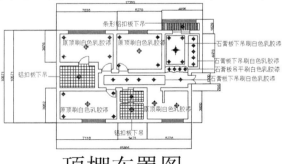

图 17-46　设置【高度】　　　　　　图 17-47　完成后的效果

17.5　绘制办公室顶棚平面图

下面讲解绘制办公室顶棚的方法，具体操作步骤如下：

01 启动软件，单击左上角的软件图标，在其弹出的下拉列表中选择【新建】命令，如图 17-48 所示。弹出【选择样板】对话框，选择 acadiso，单击【打开】按钮，如图 17-49 所示。

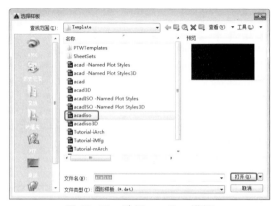

图 17-48　选择【新建】命令　　　　　　**图 17-49　选择 acadiso 样板**

02 打开【图层特性管理器】对话框，根据前面讲解的方法新建如图 17-50 所示的图层，并将【辅助线】置为当前图层。

图 17-50　新建图层

03 在菜单栏中选择【格式】|【线型】命令，如图 17-51 所示，弹出【线型管理器】对话框，加载【ACAD ISOO2W100】线型并置为当前，单击【确定】按钮，如图 17-52 所示。

图 17-51　选择【线型】命令　　　　　　**图 17-52　加载线型**

04 在命令行中执行【LAYER】命令，弹出【图层特性管理器】对话框，单击【颜色】下的颜色块，弹出【选择颜色】对话框，并在该对话框中选择【洋红色】，单击【确定】按钮，如图 17-53 所示。

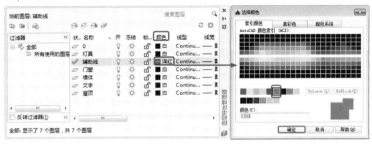

图 17-53　设置颜色

05 打开【正交】模式，在绘图区绘制水平长度为 10 120、垂直长度为 7 190 且互相垂直的线段，如图 17-54 所示。

06 在命令行中执行【OFFSET】命令，将竖直的线段分别向右偏移 3 100、6 500、7 010、10 120 的距离。将水平线段向下偏移 2 330、2 710、3 970、5 300、7 290 的距离，偏移效果如图 17-55 所示。

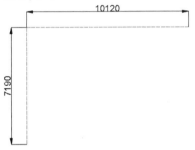

图 17-54　绘制垂直线段

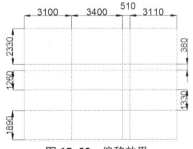

图 17-55　偏移效果

07 在菜单栏中选择【格式】|【多线样式】命令，如图 17-56 所示，弹出【多线样式】对话框，在该对话框中单击【新建】按钮，弹出【创建新的多线样式】对话框，在弹出的对话框中将【新样式名】设置为【墙体】，单击【继续】按钮，如图 17-57 所示。

图 17-56　选择【多线样式】命令

图 17-57　新建【墙体】多线样式

08 弹出【新建多线样式：墙体】，在该对话框的【封口】选项组中勾选【直线】的【起点】和【端点】复选框，然后在【图元】选项组中将【偏移】分别设置为 10、−10，如图 17-58 所示。

09 设置完成后，单击【确定】按钮，在返回的【多线样式】对话框中单击【置为当前】按钮，然后单击【确定】按钮，如图 17-59 所示。

图 17-58 设置【新建多线样式：墙体】对话框

图 17-59 将【墙体】样式置为当前

10 在命令行中执行【MLINE】命令，在命令行中输入【J】命令，按【Enter】键确认，在命令行中输入【Z】命令，按【Enter】键确认，在绘图区绘制如图 17-60 所示的墙体。命令行的提示信息如下：

```
命令： MLINE
当前设置: 对正 = 无，比例 = 20.00，样式 = 墙体
指定起点或 [对正(J)/比例(S)/样式(ST)]: J
输入对正类型 [上(T)/无(Z)/下(B)] <无>: Z
当前设置: 对正 = 无，比例 = 20.00，样式 = 墙体
```

11 将【辅助线】图层隐藏，在菜单栏中选择【修改】|【对象】|【多线】命令，如图 17-61 所示，然后弹出【多线编辑工具】对话框，通过该对话框对墙体进行编辑，编辑效果如图 17-62 所示。

12 将【辅助线】取消隐藏，将除最左侧的垂直线段外其余垂直线段删除，如图 17-63 所示。

13 在菜单栏中选择【修改】|【偏移】命令，如图 17-64 所示。将最左侧的垂直线段向右偏移 1 910、4 290、7 690、8 365、9 355，偏移效果如图 17-65 所示。

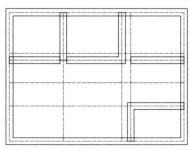

图 17-60 绘制墙体

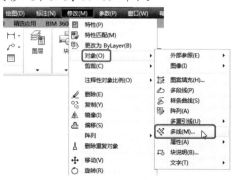

图 17-61 选择【多线】命令

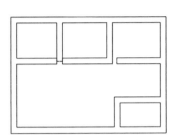

图 17-62 墙体编辑效果

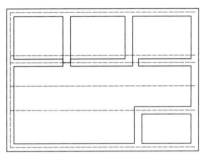

图 17-63 删除线段

图 17-64 选择【偏移】命令

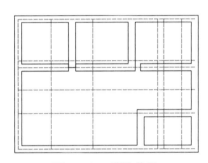

图 17-65 偏移效果

14 在菜单栏中选择【修改】|【修剪】命令，执行该命令后再按【Enter】键，如图 17-66 所示。对刚偏移的对象进行修剪，修剪效果如图 17-67 所示。

图 17-66 选择【修剪】命令

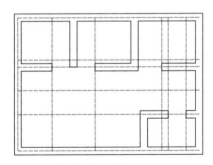

图 17-67 修剪效果

15 将【辅助线】隐藏，将【门窗】图层置为当前图层，打开随书附带光盘中的 CDROM\ 素材\第 16 章\办公室顶棚素材.dwg 图形文件，并将其放置到如图 17-68 所示的位置。

16 利用前面的方法，应用多线功能绘制窗，并将其放置到如图 17-69 所示的位置。

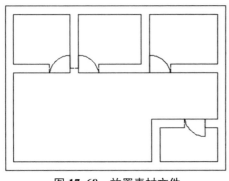

图 17-68　放置素材文件

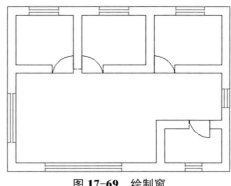

图 17-69　绘制窗

17.6　绘制屋顶并布置灯具

　　灯饰有纯为照明或兼做装饰用，在装饰的时候，一般来说，浅色的墙壁，如白色、米色等均能反射多量的光线，达到 90%；而颜色深的背景，如深蓝、咖啡色等，只能反射 5%～10%的光线。

　　一般室内装饰设计，彩色色调最好用明朗的颜色，照明效果较佳，不过，也不是说凡是深色的背景都不好，有时为了实际上的需要，强调浅颜色与背景的对比，另外打灯光在咖啡色器皿上，更能让咖啡色显眼或富有立体感。

　　下面通过实例讲解如何绘制层顶并布置灯具。操作步骤如下：

　　01　将当前图层设为【屋顶】图层，使用【矩形】工具绘制一个长度为 4 500、宽度为 3 000 的矩形，如图 17-70 所示。

　　02　使用【偏移】命令将绘制的矩形向内偏移 150 的距离，并以此向内偏移 3 次，偏移效果如图 17-71 所示。

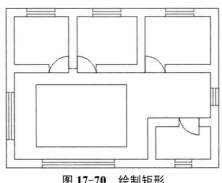

图 17-70　绘制矩形

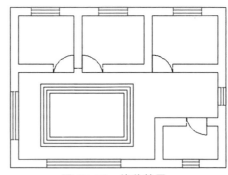

图 17-71　偏移效果

　　03　继续使用【矩形】命令，以前面绘制的最大和最小矩形的角点为对角点绘制 4 个如图 17-72 所示的矩形。

　　04　使用【修剪】工具对图形进行修剪，修剪效果如图 17-73 所示。

　　05　在【默认】选项卡中单击【绘图】组中的【多段线】按钮，如图 17-74 所示，绘制 4 个菱形并将其调整到如图 17-75 所示的位置。

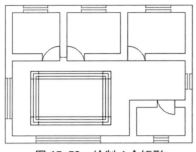

图 **17-72** 绘制 **4** 个矩形

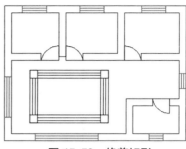

图 **17-73** 修剪矩形

图 **17-74** 选择【多段线】命令

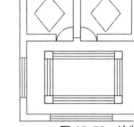

图 **17-75** 绘制效果

06 在菜单栏中选择【绘图】|【图案填充】命令，如图 17-76 所示。执行该命令后根据命令行的提示，输入字母【T】，弹出【图案填充和渐变色】对话框。单击【图案】后的预览按钮，弹出【填充图案选项板】对话框，在【其他预定义】选项卡中选择【HEX】填充图案，单击【确定】按钮返回【图案填充和渐变色】对话框，将【比例】设置为 25，如图 17-77 所示。

命令行的提示信息如下所示：

命令: HATCH

拾取内部点或 [选择对象(S)/放弃(U)/设置(T)]: t

拾取内部点或 [选择对象(S)/放弃(U)/设置(T)]:

拾取内部点或 [选择对象(S)/放弃(U)/设置(T)]: 正在选择所有对象

正在选择所有可见对象

正在分析所选数据

正在分析内部孤岛

拾取内部点或 [选择对象(S)/放弃(U)/设置(T)]:

图 **17-76** 选择【图案填充】命令

图 **17-77** 设置图案填充

07 单击【确定】按钮，返回到绘图区，单击需要填充的图形对象，填充完成效果如图

17-78 所示。

08 将【灯具】图层置为当前图层，在命令行中执行【POLYGON】命令，绘制一个边长为 330 的正四边形，在命令行中执行【CIRCLE】命令，绘制一个正多边形的内切圆，完成效果如图 17-79 所示。

09 在命令行中执行【LINE】命令，绘制两条互相垂直的十字线段位于圆的正中心，绘制效果如图 17-80 所示。

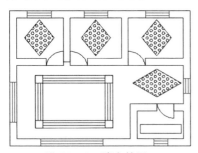

图 17-78　填充效果

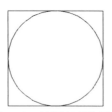

图 17-79　绘制正四边形和圆

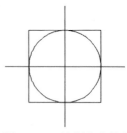

图 17-80　绘制十字线段

10 在命令行中执行【CIRCLE】命令，绘制 3 个半径分别为 375、500、860 的同心圆，然后在最大圆的任意象限点上绘制一个半径为 150 的圆。在命令行中执行【LINE】命令，在圆的中间绘制两条相交的线段，如图 17-81 所示。

11 在命令行中执行【ARRAYPOLAR】命令，将绘制在象限上的圆进行圆形阵列，完成效果如图 17-82 所示。系统显示命令行操作提示如下：

命令:_ARRAYPOLAR　　　　　　　　　　　　　　　　//执行【ARRAYPOLAR】命令
选择对象: 找到 1 个　　　　　　　　　　　　　　　//选择要阵列的对象
选择对象:　　　　　　　　　　　　　　　　　　　　//按【Enter】键确认
类型=极轴　关联=是　　　　　　　　　　　　　　　//系统提示
指定阵列的中心点或 [基点(B)/旋转轴(A)]:　　　　　//指定圆心为中心点
选择夹点以编辑阵列或 [关联(AS)/基点(B)/项目(I)/项目间角度(A)/填充角度(F)/行(ROW)/层(L)/旋转项目(ROT)/退出(X)] <退出>: I　　　　　　　　　　　//输入 I
输入阵列中的项目数或 [表达式(E)] <6>: 8　　　　　　//将阵列数设为 8
选择夹点以编辑阵列或 [关联(AS)/基点(B)/项目(I)/项目间角度(A)/填充角度(F)/行(ROW)/层(L)/旋转项目(ROT)/退出(X)] <退出>:　　　　　　　　　　//按【Enter】键确认

12 在命令行中输入【BLOCK】命令并按【Enter】键，弹出【块定义】对话框，在【名称】文本框中输入【吸顶吊灯】，将插入点选择为圆心，其他保持默认，单击【确定】按钮，如图 17-83 所示。

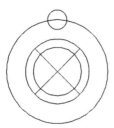

图 17-81　绘制圆和线段

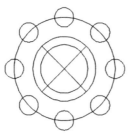

图 17-82　阵列效果

图 17-83　创建块

474

⑬ 使用同样的方式创建【大型吊灯】块。

⑭ 在命令行中输入【INSERT】命令并按【Enter】键，弹出【插入】对话框，选择【吸顶吊灯】将其插入到图中的合适位置。使用同样的操作将【大型吊灯】也插入到图形中。插入图块效果如图 17-84 所示。

⑮ 在菜单栏中选择【格式】|【文字样式】命令，弹出【文字样式】对话框，单击【新建】按钮，弹出【新建文字样式】对话框，将【样式名】设为【办公室顶棚标注】，然后单击【确定】按钮，如图 17-86 所示。

⑯ 返回到【文字样式】对话框，将【字体】设为【楷体】，将【高度】设为 500，然后单击【置为当前】按钮并关闭对话框，如图 17-87 所示。

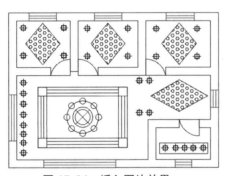

图 17-84　插入图块效果

图 17-85　选择【文字样式】命令

图 17-86　新建文字标注样式

图 17-87　设置字体及高度

⑰ 将【文字】图层置为当前图层，然后使用【单行文字】和【直线】工具对图形进行文字标注说明，如图 17-88 所示。

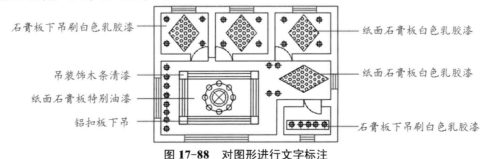

图 17-88　对图形进行文字标注

18 在命令行中执行【LAYER】命令，打开【图层特性管理器】选项板，新建【尺寸标注】图层并置为当前图层，将线型【颜色】设置为蓝色，如图 17-89 所示。

19 在命令行中输入【DIMSTYLE】命令，并按【Enter】键，弹出【标注样式管理器】对话框，选择【ISO-25】样式，单击【修改】按钮，如图 17-90 所示。

图 17-89　新建【尺寸标注】图层

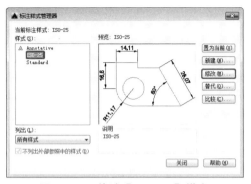

图 17-90　修改【ISO-25】样式

20 弹出【修改标注样式：ISO-25】对话框，切换至【符号和箭头】选项卡，将【箭头大小】设置为 400，如图 17-91 所示。

21 切换至【文字】选项卡，将【文字高度】设为 350，如图 17-92 所示。

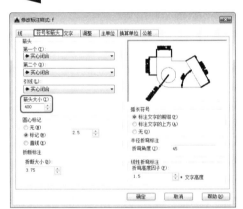

图 17-91　设置箭头大小

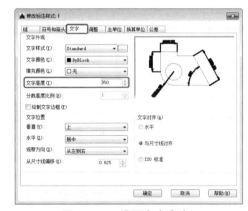

图 17-92　设置文字高度

22 切换至【主单位】选项卡，将【精度】设为 0，如图 17-93 所示，单击【确定】按钮。

23 返回【标注样式管理器】对话框，单击【置为当前】按钮并关闭对话框，使用【线性标注】工具对图形进行标注，如图 17-94 所示。

24 打开【文字样式】对话框，将【高度】设为 2 000，单击【置为当前】按钮并关闭对话框，如图 17-95 所示。

25 将【文字】图层置为当前图层，使用【单行文字】工具对图形进行文字标注，然后使用【多

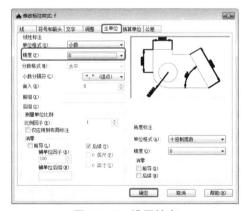

图 17-93　设置精度

段线】工具，将宽度设为 100，在文字下方绘制多段线，完成后的效果如图 17-96 所示。

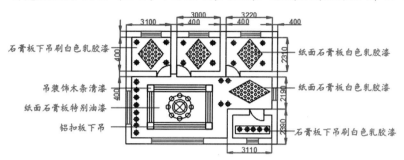

图 **17-94** 对图形进行尺寸标注

图 **17-95** 设置文字高度

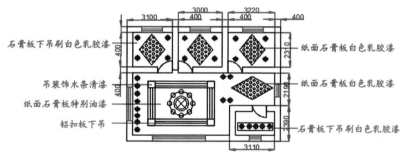

图 **17-96** 完成后的效果